U0877068

石油和化工行业“十四五”规划教材

化工安全控制工程

郎宪明　主编
曹江涛　季久玉　副主编

Chemical Process Safety and Control Engineering

化学工业出版社
·北京·

内容简介

本书深入探讨化工安全控制工程，针对化工行业高风险特性，围绕安全仪表系统的应用展开。本书内容涵盖关键概念介绍、功能安全解析、化工风险识别与评估、保护层安全功能分配、风险控制措施、安全控制系统及安全仪表系统工程设计七大方面。通过实际案例，详细阐述 HAZOP 分析、LOPA 方法、泄压与防爆技术等风险控制手段，以及紧急停车系统、火焰燃烧管理系统等安全控制系统的关键作用。同时，本书还着重介绍了安全仪表系统的构成、设计原则及其在加氢工艺装置中的应用，旨在为企业提供全面、实用的化工安全控制工程指导，帮助企业提升生产安全水平，降低事故风险，增强企业竞争力。

本书可作为高等院校自动化类专业、与安全仪表系统相关的理工科其他专业的教学用书，也可作为安全仪表系统设计人员、流程工业安全技术人员的培训教材或参考用书。

图书在版编目（CIP）数据

化工安全控制工程 / 郎宪明主编；曹江涛，季久玉副主编. -- 北京：化学工业出版社，2025. 8. --（石油和化工行业“十四五”规划教材）. -- ISBN 978-7-122-48916-6

Ⅰ. X93

中国国家版本馆 CIP 数据核字第 2025EH2964 号

责任编辑：郝英华　　文字编辑：吴开亮
责任校对：刘曦阳　　装帧设计：张　辉

出版发行：化学工业出版社
（北京市东城区青年湖南街 13 号　邮政编码 100011）
印　　装：三河市君旺印务有限公司
787mm×1092mm　1/16　印张 16¼　字数 431 千字
2026 年 1 月北京第 1 版第 1 次印刷

购书咨询：010-64518888　　售后服务：010-64518899
网　　址：http://www.cip.com.cn
凡购买本书，如有缺损质量问题，本社销售中心负责调换。

定　　价：59.00 元

版权所有　违者必究

前言

化工行业通常涉及大量的化学品，高温、高压、易燃易爆等危险物质，工艺过程中存在着较大的安全风险。另外，化工行业通常需要高度自动化和现代化的技术，人机耦合度高，一旦发生意外，后果不堪设想。化工安全控制工程是保障生产安全、环境保护和员工健康的重要工作。化工安全控制工程方案的制定和执行对于减少事故风险、提高企业竞争力具有重要意义。本书从化工工程的特点和风险出发，以安全仪表系统在化工行业应用为主题，通过大量的实际案例阐述各种方法的应用实践，旨在帮助企业更好地理解和掌握。本书共分为 7 章内容。

第 1 章对本书中涉及的一些关键性概念做概括性介绍，使读者初步了解本书探讨的内容。

第 2 章为功能安全。介绍了功能安全的概念、国内外功能安全发展现状，功能安全评估与安全评估和可靠性计算的关系，安全仪表系统构成，安全仪表系统与基本过程控制系统的区别与联系。

第 3 章为化工风险识别与评估。介绍了风险及风险辨识、危险与可操作性（HAZOP）分析，并通过实际案例系统地介绍 HAZOP 分析的应用实践。

第 4 章为保护层安全功能分配。介绍了安全完整性等级（SIL）定级时的流程及其应用，并介绍了可容忍风险和 SIL 的关系，预防保护层和减轻保护层的概念，系统阐述了 LOPA 方法的分析流程。

第 5 章为化工风险控制。介绍了风险控制定义、工艺风险，风险预防与控制措施，泄压系统与泄压量计算，防爆技术应用，旨在帮助读者了解化工风险控制的具体措施。

第 6 章为安全控制系统。介绍了紧急停车（ESD）系统、火焰燃烧管理系统（BMS）、火灾报警及可燃气检测系统（FGDS）和报警管理，并通过相关标准规范和实际工程案例帮助读者了解化工生产中安全控制系统的关键作用。

第 7 章为安全仪表系统工程设计。描述了工程设计概念、安全要求规格书、安全仪表系统设计原则，并通过加氢工艺装置案例，使读者了解安全仪表系统工程设计过程。

本书所涉及的部分案例的修改意见由中国昆仑工程有限公司沈阳分公司仪电室李宏高级工程师提供，花靖开、郭慕盈、杨帅奇、郭兴旺、孙玉杰、邸康宁、陈紫阳等研究生参与了部分书稿的资料整理、图表绘制等工作；全书由郎宪明主编，负责全书的统稿，曹江涛、季久玉任副主编。特别感谢金鑫副教授、刘继臻教授级高级工程师、金玲教授等在课程和教材建设与改革过程中给予的指导、支持和帮助。本书对广大从事安全仪表系统工作的工程技术人员，以及高等院校自动化、仪表、工业安全相关专业的教师、本科生均具有参考价值。

由于作者水平有限，书中的不足之处在所难免，恳请读者批评指正。

编者

2025 年 11 月

目录

第 4 章 保护层安全功能分配/ 117

第 5 章 化工风险控制/ 160

第6章 安全控制系统/ 204

第7章 安全仪表系统工程设计/ 227

参考文献 / 250

第1章

绪　论

学习目标

1. 通过学习典型的化工安全事故案例，掌握化工生产过程中常见的事故类型、原因及其背后的安全隐患，了解如何通过工艺改进、设备维护和安全管理来预防类似事故的发生。

2. 理解安全生命周期管理的各项活动及其重要性，从系统设计到运行的每个阶段，学习如何实施、维护和改进与安全相关的系统，以确保系统功能的安全性。

3. 掌握化工过程中常见的安全风险评估方法，了解化工工艺中涉及的设备、材料和操作的定量和定性风险评估方法，并学习控制措施。

1.1 安全事故回顾

目前全国有近30万家危险化学品生产经营单位，其中安全保障能力比较差的小化工企业占比达80%以上，生产各类化学品达3万多种，这些小化工企业基础薄弱，安全管理水平远远落后于发达国家。化工行业安全事故多发的原因主要包括两个方面：一是很多企业发展重效益、轻安全；二是有机合成往往会涉及磺化、硝化、重氮化、氧化等反应过程，容易放出大量热量，给生产装置带来威胁。而且，随着化学工业的快速发展，化工生产和危险化学品储存规模越来越大，新装置、新产品、新技术大量涌现，部分企业和研发单位对这些新变化可能引发的事故认识不足，对安全风险和核心安全因素的研究不系统，这极大地增加了事故发生的可能性和事故造成后果的严重程度。在化工生产过程中，任何一项制度、工艺的缺陷，安全数据的缺失，设备隐患，工作疏忽或违规违章，都有可能导致重特大事故，给人民的生命和财产安全造成无可挽回的损失。

下面列举几个典型化工事故案例情况。

1.1.1 物料燃爆事故

(1) 天津某公司“8·12”爆炸事故

① 事故介绍。2015年8月12日23时30分左右，该公司危险品仓库发生特别重大火灾爆炸事故，本次事故的爆炸总能量约为450t TNT当量，两次爆炸分别形成直径×深度

为 15m×1.1m、97m×2.7m 的圆形大爆炸坑，事故造成 165 人遇难、8 人失踪、798 人受伤，304 幢建筑物、12428 辆商品汽车、7533 个集装箱受损，并造成严重的大气、水、土壤等方面的环境污染，需要开展中长期环境风险评估，进一步监测、判断本次事故对人群健康的潜在风险与损害。截至 2015 年 12 月 10 日，依据《企业职工伤亡事故经济损失统计标准》（GB 6721—1986）等标准和规定统计，事故已核定的直接经济损失达 68.66 亿元。

② 事故原因分析。事故发生后，中共中央、国务院高度重视，对事故发生原因进行详细调查分析，该公司危险品仓库运抵区南侧集装箱内存储的硝化棉由于湿润剂散失出现局部干燥，在高温、干燥等环境因素的作用下加速分解放热，积热自燃引起周围集装箱内硝化棉燃烧，放出大量气体，箱内温度、压力升高，致使集装箱破损，大量硝化棉散落到箱外，形成大面积燃烧，其他集装箱（罐）内的硝酸铵、精萘、硫化钠、糠醇、三氯氢硅、一甲基三氯硅烷、甲酸等多种危险化学品被引燃。随着温度的持续升高，硝酸铵分解速度不断加快，达到其爆炸温度后发生了爆炸。据爆炸和地震方面的相关专家分析，在大火持续燃烧和两次剧烈爆炸的作用下，现场可能发生过多次爆炸，但造成重大危害的主要有两次。经爆炸科学与技术国家重点实验室模拟计算得知，首次大爆炸的能量约为 15t TNT 当量，第二次大爆炸的能量约为 430t TNT 当量，综合考虑事故期间发生过多次小规模爆炸，认定本次事故爆炸总能量约为 450t TNT 当量。另外，该公司违法违规经营和储存危险货物，硝酸铵储存超标，港口管理体制不顺、职责不明、安全管理不到位等也是造成此次事故的重要原因。

（2）山东某公司“12 · 31”爆炸事故

① 事故介绍。2008 年 12 月 20 日，该公司在乙腈装置安装未完成的情况下，开展设备调试，对热介质熔盐进行加温熔化。12 月 31 日，工人开始将熔盐输送至固定床反应器的熔盐加热系统，11 时左右，循环加温达到 220～230℃，熔盐槽的两个排气口冒出灰色烟雾，随后有火焰产生，现场人员立即使用蒸汽将火扑灭，但未采取其他控制措施。2009 年 1 月 1 日，开始调试熔盐炉与工艺系统相连接的固定床反应器，15 时 30 分，固定床反应器的熔盐加热系统升温至 280℃时，熔盐槽两个排气口陆续冒出黄烟和灰烟，紧接着发生了爆炸。17 时，另一个固定床反应器再次冒出黄烟，继而冒出灰烟，并发出刺耳的响声，发生第二次爆炸，由于首次爆炸后采取了隔离防范应对措施，第二次爆炸无人员伤亡。本次爆炸事故共造成 5 人死亡、1 人重伤、8 人轻伤，直接经济损失达 160 万元。

② 事故原因分析。该公司由于安全生产资金投入不足，乙腈装置使用的四台固定床反应器是从武城县某化工有限公司购买的二手设备，原来用于生产甲基异丙基酮，壳程热媒物质为 350 号导热油，虽然该公司购进后，进行了常规清洗，但普通化学清洗（清洗剂、碱液、清水清洗）方法难以将壳程积存的油垢和积炭洗净。而该公司所用热媒熔盐的主要成分为硝酸钾、硝酸钠和亚硝酸钠，由于硝酸盐受热容易分解为亚硝酸盐和氧气，亚硝酸盐和氧气反应生成硝酸盐，因而亚硝酸钠在熔盐中能够抑制硝酸钠和硝酸钾分解。固定床反应器壳程中存有积炭和油污等有机物，受热分解后产生还原性较强的单质碳。高温下，硝酸盐分解产生的氧气首先与单质碳反应，使亚硝酸盐对硝酸盐分解的抑制作用丧失，同时氧气与碳的放热反应促进了硝酸盐的分解，致使反应速度逐渐加快，进而产生化学爆炸。另外，设备选择失误，忽略了高温条件下熔盐和有机物禁配的原则，熔盐在高温有机物刺激下加速分解，剧烈放热；安全管理不到位，常规热媒熔盐起火后，没有引起企业的高度重视，丧失了防止爆炸事故发生的黄金时机等，这些均是造成该事故的重要原因。

1.1.2 工艺过程事故

(1) 江苏某公司"12·9"爆炸事故

① 事故介绍。2017 年 12 月 9 日，该公司四车间 3000t/a 间二氯苯装置当班操作人员开始压料操作，由于制氮机损坏，擅自改用压缩空气将二楼保温釜中经脱水后的间二硝基苯压到高位槽。之后，操作人员对保温釜排空卸压，结束压料，疑似保温釜视镜位置喷出明火火柱，回火引起保温釜内物料燃烧，同时保温釜法兰盖处有大量黑烟冒出。几秒钟后，高位槽底部物料大量泄漏，产生燃烧现象，随后二楼泄漏区域发生爆炸。本次事故造成 10 人死亡、1 人受伤，直接经济损失达 4875 万元，事故释放的爆炸总能量相当于 14.15t TNT 当量。

② 事故原因分析。氯化工艺由于反应速度快、放热量大，反应物料具有燃爆危险性，硝化产物、副产物具有爆炸危险性等特点，必须引起人们的高度重视和警醒。该公司在生产间二硝基苯时，保温釜压料严重超压，由正常设计的 1.5kgf(1kgf=9.8N) 氮气压料，擅自提升为 5.8kgf 的压缩空气压料，造成保温釜内物料从视镜处泄漏、冲料，摩擦产生的静电引燃物料，继而引发装置外侧下方的成品精馏釜等发生爆炸。另外，安全管理混乱、氯化反应操作规程不完善、作业人员应急处置能力差、装置自动化控制系统存在严重缺陷、单一温度显示仪表造成当班工人判断失误等都是导致本次事故的重要原因。

(2) 山东某公司"2·3"爆炸事故

① 事故介绍。2018 年 2 月 3 日 10 时 50 分，该公司氯甲基三甲基硅烷生产装置东侧氯化反应釜上方三楼回流冷凝器气相管道附近有大量白色烟雾逸出，紧接着厂房东南侧尾气吸收系统附近也有白色烟雾逸出，白色烟雾快速蔓延至厂房上部及两侧。10 时 51 分左右，厂房内发生爆炸，造成 5 人死亡、5 人受伤，直接经济损失达 1770 余万元。

② 事故原因分析。该公司氯甲基三甲基硅烷生产装置中的四甲基硅烷与氯气发生放热反应过程中，由于反应剧烈放热，未及时冷却降温，温度迅速升高导致反应失控，反应釜内大量液体即四甲基硅烷迅速汽化，反应釜超压，四甲基硅烷等物料从反应釜上部喷出，与空气混合形成爆炸性混合气体，遇点火源发生爆炸，并引发连环爆炸。本次事故暴露出该企业危险化学品安全主体责任不落实、安全管理薄弱、职工安全意识不强等问题。

1.1.3 蒸馏过程爆炸事故

(1) 浙江某公司"1·3"爆炸事故

① 事故介绍。2017 年 1 月 2 日，该公司当班员工由于 24h 上班，身体疲劳，在岗位上瞌睡，较平时晚了 4h 投料，并在滴加浓硫酸 20～25℃条件下保温 2h 后交班，但未将投料时间延迟、反应时间不够的情况交接清楚，为事故的发生埋下隐患。白班车间工人接班后，本应将反应釜升温至 60～68℃并保温 5h，以确保目标反应基本反应完全，由于不知道反应时间不够的信息，未升温保温就直接开始减压蒸馏，在蒸馏了约 20min，发现没有甲苯蒸出的情况下，使用蒸汽旁路通道，继续加大蒸汽量，致使反应釜温度和蒸汽连锁切断装置失去作用，约 0.5h 后，发生爆燃。

② 事故原因分析。该公司对蒸汽旁通阀管控不到位，既未采取加锁等杜绝使用措施，也未在旁通阀上设置警示标志，当班工人擅自加大蒸汽开量且违规使用蒸汽旁路通道，致使主通道气动阀门自动切断装置失去作用；该公司不掌握反应产物达到 105℃会剧烈分解、反应釜内压力会急剧上升的情况，致使蒸汽开量过大，外加未反应原料继续反应、放热，釜内温度不断上升，并超过反应产物（含乳清酸）的分解温度。反应产物（含乳清酸）急剧分解

放热，体系压力、温度迅速上升，最终导致反应釜超压爆炸。

（2）浙江某公司“6·9”爆炸事故

① 事故介绍。2017年6月5日，该公司重启公司2车间中试项目，6月8日晚，几名工人用真空泵将前道工序得到的物料抽到13号水汽釜中进行蒸馏脱溶作业，回收二氯甲烷。水汽釜夹套通蒸汽加热升温后，二氯甲烷开始馏出并逐渐增大馏出量，其间由于冷凝器冷却效果不好，工人用循环水为冷凝器降温，并将冷冻盐水管道上的首板拆除。40min后，冷凝器切换成冷冻盐水，随后水汽釜继续加热脱溶。2h后，操作工观察DCS画面发现水汽釜升温速度加快，并迅速由65℃上升到200℃以上（超出量程），发生爆炸，现场伴有浓烟和火光。事故造成3人死亡、1人受伤，直接经济损失达525万元。

② 事故原因分析。根据地方安全监管部门的初步调查，该公司在未经过全面风险论证分析、不具备中试安全生产的条件下，在小试500mL的基础上放大10000倍进行试验，在进行中间体1-氧-4,5-二氮杂环庚烷脱溶作业后期物料浓缩时，由于加热方式不合理，测温设施无法检测釜内液体的真实温度，导致浓缩的产品温度过高而发生剧烈热分解并发生爆炸。事故发生后，相关机构对本次事故物料进行有关热稳定性检测，测试结果显示蒸馏产品在二氯甲烷溶液中相对稳定，一旦脱溶浓缩，热敏性增强，75.6℃就开始分解，危险性非常高。由于欠缺物料热稳定性及反应风险参数等工艺安全信息，设定的操作参数（脱溶温度可达100℃）严重偏离安全温度范围，为本次事故埋下了隐患。同时，本次事故也暴露出事故企业重发展、轻安全，安全生产意识不强，安全生产主体责任不落实，未按要求开展化工反应安全风险评估，有关操作人员素质不符合要求，安全监管不到位等突出问题。

1.1.4 粉尘爆炸事故

（1）江苏某公司“8·2”爆炸事故

① 事故介绍。2014年8月2日7时34分，该公司抛光二车间发生特别重大铝粉尘爆炸事故，造成146人死亡、114人受伤，直接经济损失达3.51亿元。爆炸冲击波沿除尘管道向车间传播，扬起除尘系统内和车间积聚的铝粉尘，发生系列爆炸。

② 事故原因分析。调查分析，现场车间环境具备了粉尘爆炸的五要素（可燃粉尘、粉尘云、引火源、助燃物、空间受限），进而引发爆炸。事故车间除尘系统较长时间未按规定清理，导致铝粉尘积聚。除尘系统风机开启后，打磨过程中产生的大量高温颗粒在集尘桶上方形成粉尘云。部分除尘器由于长期使用，维护不当，导致集尘桶锈蚀破损，桶内铝粉受潮，发生氧化放热反应，达到粉尘云的引燃温度，引发除尘系统及车间的系列爆炸。最重要的是，事故车间没有泄爆装置，爆炸产生的高温气体和燃烧物经除尘管道瞬间从各吸尘口喷出，导致全车间所有工位操作人员直接受到爆炸冲击，造成群死群伤。另外，该公司对安全生产重视不够、安全监管责任不落实，相关政府监管部门对该公司违反国家安全生产法律法规、长期存在安全隐患治理不力等问题失察，都是造成本次事故的重要原因。

（2）江苏某公司“4·16”爆炸事故

① 事故介绍。2014年4月16日上午10时，该公司造粒车间发生粉尘爆炸，引发大火，导致造粒车间整体倒塌，造成9人死亡、8人受伤，其中2人重伤，直接经济损失约1594万元。

② 事故原因分析。工人在造粒塔正常生产、没有采取停车清空物料措施的状态下，对造粒塔进行加装气锤改造，工人直接在塔体底部锥体上进行焊接作业，导致造粒系统内的硬脂酸粉尘发生爆炸，继而引发连续爆炸，造成整个车间燃烧、厂房坍塌。另外，企业技术力量不足、人员素质偏低、未对硬脂酸粉尘作业场所进行风险辨识、没有进行有效的燃爆危险

性评估，也是导致本次事故的原因。

上述事故案例为我国化工行业近年来由不同原因引发的事故，虽然事故总量呈现下降趋势，但与发达国家相比，安全生产形势依然严峻。在化工事故当中，因为化学物质本身不稳定、化工反应工艺过程自身不安全等内在因素造成的事故占绝大多数，而由于工作人员粗心大意、操作失误和擅离职守等因素引起的事故是少数。主要的事故原因是对化工反应安全风险评估重要性的认识不足，以及对反应风险形成机理和核心安全参数研究不系统、不透彻，对风险辨识不到位，类似的化工事故还有很多。化工生产事故的发生，不仅造成了国家的财产损失，还威胁到了工作人员和周边居民的人身安全，对周边环境也造成了不可忽视的影响。只有开展严格的化工反应安全风险评估，确定反应工艺危险度和风险等级，以此改进设施设计，完善风险管控措施，才能提升本质安全水平和安全生产保障能力，实现工艺精确、设计精细和生产精准。

1.2 化工行业特性

化学工业（简称化工）泛指在生产过程中表现为化学反应或生产相关化学产品的工业。化学工业主要包括酸、碱、盐、稀有元素、冶金、硅酸盐、石油化工、天然气、橡胶、塑料、农药、医药、化肥、合成纤维、染料、日用化学品等工业。化工产品不仅与人们的生活密切相关，还渗透到国民经济的各个领域，如飞机、船舶、汽车、机械制造、建筑和农业等。伴随着我国经济的飞速发展，化学工业必将在我国的经济、社会、生活中发挥更重要的地位。

化工生产的主要特点如下所述。

（1）生产中所涉及的危险化学品多

化工生产使用的大多数物质属于易燃、易爆、有毒、有害或具有腐蚀性的危险化学品。在生产、使用、储存等环节中会涉及对这些物质进行处理，蕴含着隐患和风险。而且，在生产过程中，会产生许多中间产物和副产物，导致大量废气、废液、废渣的产生，如果处理不及时或处理不当，会对人身安全和生态环境造成严重的影响。例如，2017 年新疆某化工厂气化炉在进料过程中发生煤尘燃爆，造成 5 人死亡、27 人受伤。

（2）生产装置大型化

化工生产过程一般是在由多种设备（如反应设备、罐、管路、阀门、泵、仪表等）连接而成的整套装置中进行的。世界各国的化工生产规模越来越向大型化发展。例如，合成氨生产装置规模如今已发展到 100×10^4 t/a 以上，乙烯装置规模已达 45×10^4 t/a 以上。采用大型装置可以明显降低单位产品的建设投资和生产成本，有利于提高劳动生产率。但是，生产装置在向大型化发展的同时，技术也越来越复杂，设备制造和安装成本也越来越高。装置资本密集，所以一次事故就会引起巨大的经济损失。例如，1989 年 10 月，美国休斯敦化工区爆炸事故造成 23 人死亡和 130 多人受伤。化工区内两套占地面积约 $65000m^2$ 的聚乙烯装置被彻底破坏，财产损失达到 7.5 亿美元。

（3）工艺条件苛刻

化工生产是在高温、高压、低温、负压等条件下进行的，这种生产性质决定了其工艺参数指标的控制相当严格，也十分苛刻。例如，在轻柴油裂解制乙烯进而生产聚乙烯的过程中，轻柴油在裂解炉中的裂解温度为 800℃；裂解气要在深冷（−96℃）条件下进行分离；高压聚乙烯的操作压力高达 340MPa；而聚酯生产在真空条件下进行，操作压力仅有 1×

10^{-4} MPa。在这些苛刻条件下，任何一个小的失误都有可能导致灾难性后果。为了生产的安全和稳定，工艺条件控制要求十分严格，不允许超过规定界限操作，这对生产设备的制造、维护及人员素质都提出了严格要求。另外，化工生产过程中大多涉及化学反应，化学反应往往是整个化工生产的核心，主要包括氧化、加氢、硝化、过氧化、异构化等反应过程。随着反应物结构发生变化，大多数化学反应过程表现出一定的热效应，即吸收或释放一定的热量，有时还会有气体、副产物生成，使反应体系的温度、压力等条件随反应进行而不断发生变化。化学反应的非线性特点使工艺参数稍有变化或生产操作不当，就会导致事故发生，甚至演变成影响面广、危害长远的重大灾害事故。

（4）生产过程自动化程度高

现代化工企业的生产方式已经从过去的手工操作、间歇生产转变为高度自动化、连续化生产；生产设备由敞开式变为密闭式；生产装置由室内走向露天；生产操作由分散控制变为集中控制，继而又发展为计算机控制。化工生产装置采用了大量先进技术，如自动控制、安全联锁、信号报警装置和电视监视及显示等。其中，应用于生产过程的集散控制系统（DCS）已成为企业生产的重要硬件设施，其运行状况直接影响着企业的安全生产和经济效益。2004 年，某化工厂合成气装置 2 号洗涤塔过氧，待处理中发生爆炸。直接原因是操作工没有认真监盘，未能及时发现气化炉裂解、严重超温，造成裂解气洗涤塔过氧危况运行。

1.3 安全生命周期

安全生命周期是指从方案的确定阶段开始到所有的电气/电子/可编程电子安全相关系统、其他技术的安全相关系统或外部风险降低设备等不再可用时为止的整个周期。在这个时间周期内发生为实现安全相关系统所必需的活动。

安全生命周期是用系统的方式建立的一个框架，用以指导过程风险分析、安全相关系统的设计和评价。安全生命周期（图 1-1）包括了系统的概念、范围与定义、危险和风险分析、安全要求、计划编制、实现、安装和试运行、安全确认、操作/维护和维修、停用或处理等各个阶段。通过这种一环扣一环的安全框架，安全生命周期中的各项活动紧密地联系在一起；又因为对每一个环节都有十分明确的要求，所以各个环节的实现又相对独立，可以由不同的人负责，各个环节间只有时序方面的互相依赖。由于每一个阶段都是承上启下的环节，因此如果某一个阶段出现了问题，其后所有的阶段都要受到影响。所以当某一个阶段出现了问题或者外部条件发生了变化时，整个安全生命周期的活动就要回到出现问题的阶段，评估变化造成的影响，对该阶段的活动进行修改，甚至重新进行该阶段的活动。因此，整个安全相关系统的实现活动往往是一个渐进的、迭代的过程。

安全相关系统从无到有整个过程的始终，都不能忽略其中任何一个阶段。例如，如果在系统设计时出现了疏漏，那么根据这种有缺陷的设计所实现安装的安全相关系统，即使实现水平再高、再可靠，也无法保证安全功能的实现。因此，只有在安全相关系统概念提出开始直到系统停用的整个生命周期内，每一步都按照标准要求严格去做，才能提高所有的操作条件和失效模式下的安全置信度，安全问题必须从系统的角度，在生命周期的所有阶段中综合考虑。

综上，安全生命周期带来的好处可以归纳如下。

① 有效避免安全相关系统的系统失效。系统失效与质量管理、安全管理及技术安全等条件相关，安全生命周期管理模式，在安全相关系统的安全生命周期内配备了一套完整的管

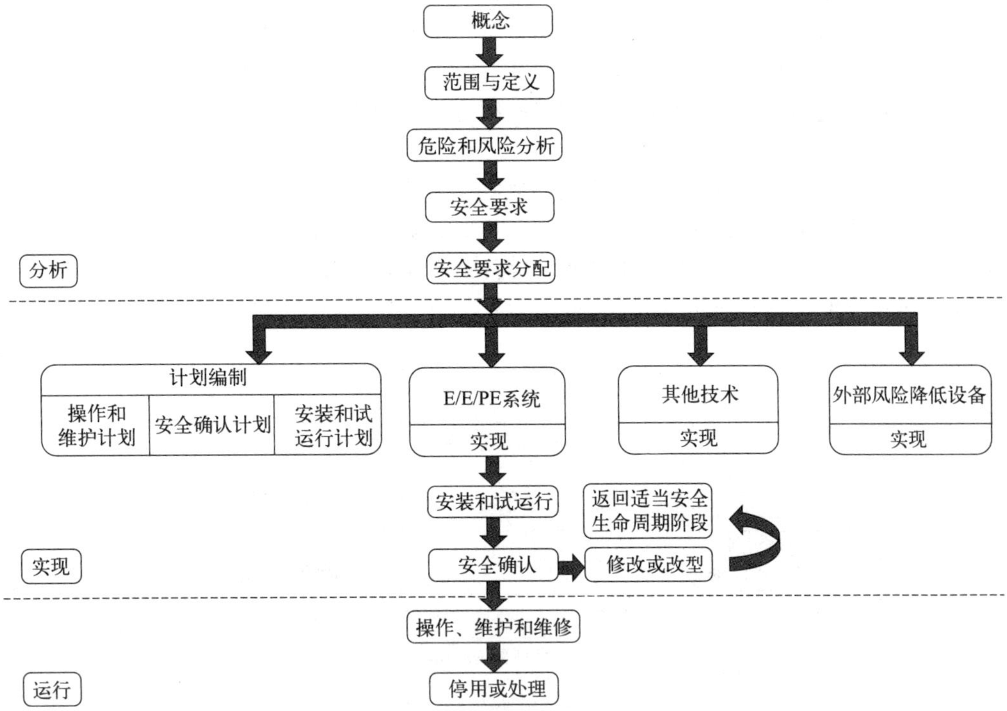

图 1-1　安全生命周期

理制度与程序，保证安全相关系统的功能安全。

② 为安全相关系统的实现提供了一个良好的结构化开发框架，使安全相关系统的开发可以按部就班地进行，并且可以保证系统的质量和可靠性。

③ 能够按照不同阶段更加明确地为安全相关系统的开发应用建立文档、规范，为整个安全相关系统提供结构化的分析、设计和实现方案。

④ 与传统非安全系统开发周期类似。已有的开发、管理的经验和手段都能够被应用。

⑤ 安全生命周期框架虽然规定了每一阶段活动的目的和结果，但是并没有限制过程，实现每一阶段可以采用不同的方法，促进了安全相关系统实现各个阶段的方法的创新。

⑥ 从系统的角度出发进行安全相关系统的开发，涉及面广，同时包含了一种循环、迭代的理念，使安全相关系统在分析、设计、应用和改进中不断完善，保证更好的安全性能和投入产出比。

1.4 安全风险评估

反应风险研究的目的是评估风险和控制风险。以反应风险研究获取的数据为基础，开展反应安全风险评估，主要包括热风险评估、压力扩展风险评估、毒物扩散风险评估，以及设备和管道腐蚀风险评估。通常情况下，热风险评估过程中同时考虑了气体释放的压力风险，评估方法普适性和科学性较强，评估结果应用的实际性和有效性显著。腐蚀风险评估根据装备材质和工艺条件，可以独成体系，随时开展。腐蚀风险评估主要依据腐蚀风险研究获得的具体数值，在设备选型和设计加工过程中，考虑合适的腐蚀裕量。随着技术的进步，压力扩展和毒物扩散风险评估的复杂性将逐渐被人们所接受。尽管实际过程中并不多见，但是，将进一步补充热风险评估存在的不足，实现风险评估与控制技术的完整。开展反应风险研究，首先是对工艺使用的化学物质进行物质风险研究，在物质风险研究的基础上，以工艺研究为基础，对合成工艺涉及的每一步过程开展风险研究，并对失控反应进行风险控制措施研究，为反应安全风险评估提供技术参数。

化工过程中最严重的风险是燃烧和爆炸风险。因此，化学过程中的燃烧和爆炸风险评估非常重要。物质发生燃烧和爆炸将导致非常严重的后果，随着体系的压力升高、体积增大及物质燃爆和有害气体的释放，将造成严重的经济损失及人员伤亡。

燃烧和爆炸的基本原理如图 1-2 所示。

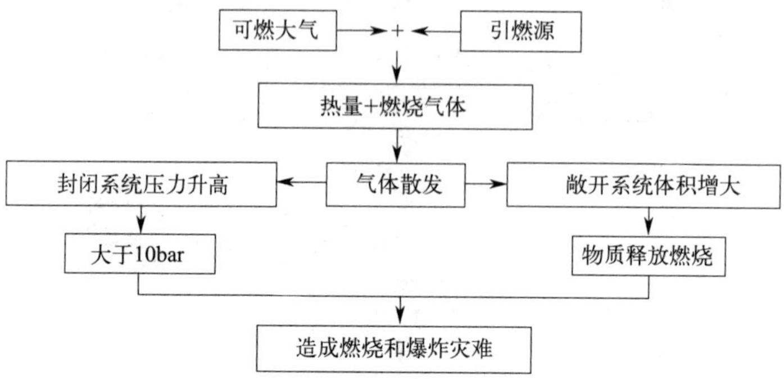

图 1-2　燃烧和爆炸的基本原理

化学过程燃烧和爆炸风险主要来自有机溶剂使用风险、固体物质风险、静电风险和工艺反应风险。工艺过程所使用的有机溶剂的沸点、闪点、最高允许浓度、爆炸极限、刺激性和分解性等是风险的主要来源，风险评估的原则依据具体数据，这些数据通过风险研究获取，防范措施可以采取惰化操作原则，人为地消除或隔断“火三角”中的氧气一角，保证有机溶剂使用的安全，避免工艺过程中由于使用有机溶剂导致的燃烧和爆炸的发生。固体物质风险主要来自可燃固体物质的燃烧和爆炸，同时，固体物质还存在粉尘爆炸性。固体物质风险与该类物质的最低引燃能量相关，风险规避措施是：固体物质的操作严格遵循净化原则，周围泵类等电气设备根据固体物质的性质，选择符合相关标准要求的等级；操作区域安装必要的引风装置，避免粉尘积聚，从而避免由于粉尘引发的燃烧和爆炸。静电风险来自静电荷的聚集，物质对电子的吸引力大小不同，可以发生电子转移，失去电子的带正电荷，得到电子的带负电荷。如果物体对大地绝缘，电荷停留在物体的内部或表面无法流动，呈现相对静止状态，这种电荷称为静电荷。静电荷的聚集对化学物质的运输、存储和使用带来巨大的燃烧和爆炸风险。1989 年震惊全国的青岛油库爆炸就是因为油罐积聚电荷，在遭到雷击时，导致五个油罐连续爆炸燃烧，直接经济损失达上亿元。静电导致燃烧和爆炸发生的防范原则是跨接和接地。装运易燃液体的槽罐车必须配备导除静电的装置；灌装易燃液体时，灌装管应采用导电橡胶制成，并应将灌装管插到桶底或罐底；装料桶或装料罐一定要接地；操作人员要穿戴接地鞋。另外，静电对人体也有害。工艺过程的重要风险是燃烧和爆炸风险，因此化学过程中的燃烧和爆炸风险评估非常重要，首先需要明确危险性较强的工艺过程的安全隐患，例如工艺过程中产生的易燃蒸气，工艺过程中使用的具有粉尘爆炸性质的物质和热不稳定的物质，工艺过程中的放热反应如氧化反应、催化反应及聚合反应等危险工艺过程，工艺过程中生成的有毒气体及溢出情况，进而确定工艺过程中潜在的主要危险源。工艺过程中的风险防范，要遵循的安全原则是预防原则和保护原则。预防原则是指采取一些预防措施，控制工艺反应过程，消除不可控因素的存在。应该选择本身安全的工艺过程，最好选择风险小的工艺过程，同时预先周密地考虑工艺过程中潜在的风险，并合理地进行工艺控制，如控制加料速度、控制物料配比、控制反应温度、控制气体排出速度、控制搅拌速度等。

以反应风险研究为基础，开展反应安全风险评估，首先需要明确项目概况，包括采用的工艺路线和生产规模等信息；要在满足化学品生产许可的情况下进行生产，包括危险化学品使用和生产的安全许可、应急管理部批准的生产许可、环境影响评价及相关许可、地方环境保护部门的许可、建设和规划许可及消防控制许可等；以物质风险研究为基础开展物质风险评估，需要明确原料处理操作风险，确定各种原材料、中间体、产成品、废弃物的安全操作条件；在反应风险研究的基础上，对操作过程风险进行评估，研究测试包括表观反应热、绝热温升、分解反应及二次分解反应风险等，反应安全风险评估内容包括数据信息、危险识别和控制信息，完成危险和可操作性评估；另外，要重视安全管理，要对操作人员进行严格的上岗前培训，操作人员需要明确政府法规须知、规章制度须知、设备调控须知、岗位调控须知，需要对操作人员进行操作技术培训、分析技术培训、安全设计培训、岗位技能培训和设备维护培训；对项目生产过程中可能造成的安全事故、健康和环境危害进行评估，清楚工艺过程中使用或产生的致敏物质、高毒性物质、粉尘排放物质、臭味释放物质、难降解物质的处理方法，有毒气体、有毒待处理废物的产生及其处理方法，生产厂区应急系统的应急处理能力及处理结果，确定各项安全防范措施。

1.5 化工安全保护层分析

美国化工过程安全中心将过程工业的安全保护层定义为“能够阻止化工过程偏离的设备、系统和行动”。一个典型石油化工企业的安全保护层主要包括 3 个层次：预防层、保护层和减缓层，如图 1-3 所示。其中，预防层确保储存危险有害物质和能量的设备处于安全状态，包括本质安全设计、基本过程控制系统、关键报警、操作监控和人员干预；保护层是指避免事故发生的措施，或者在泄漏事故发生后能够检测到泄漏物质，收容泄漏物质，遏制泄漏事故进一步恶化，包括安全仪表系统；减缓层是指在事故发生后可以减轻事故后果所采取的措施，包括机械防护减缓措施（如安全阀、爆破片、火炬系统等）、被动物理保护系统（如围堰、隔离系统等）等。

① 本质安全设计（process inherently safe design，PISD）。本质安全设计是指在工艺过程设计中，通过选择合适的工艺过程和技术、设计特定的设备结构、设置合理的操作参数，以及优化过程装置、设备、布置等因素，从本质上降低或消除潜在的过程风险，这是最直接、最根本的安全措施，同时也是最有效的降低安全成本的工程手段，应在工程设计早期阶段的危险和风险分析评估中优先考虑。

② 基本过程控制系统（basic process control system，BPCS）。基本过程控制系统是执行基本过程控制功能的控制系统，它能使生产过程的温度、压力、流量、液位等工艺参数维持在规定的正常范围之内。BPCS 是主动的、动态的，它必须根据系统的设定要求和生产过程的扰动状态不断动态运行，才能保持生产过程的连续、稳定运行。

③ 关键报警、操作监控和人员干预（critical alarm，operational monitoring and human intervention）。通过 PID 调节、过程报警和操作人员的操作，将过程参数控制在工艺过程正常范围内。当过程参数出现偏差达到报警值时，操作人员根据情况采取相应的操作，使其回到正常范围。

④ 安全仪表系统（safety instrumented system，SIS）。安全仪表系统由传感器、逻辑控

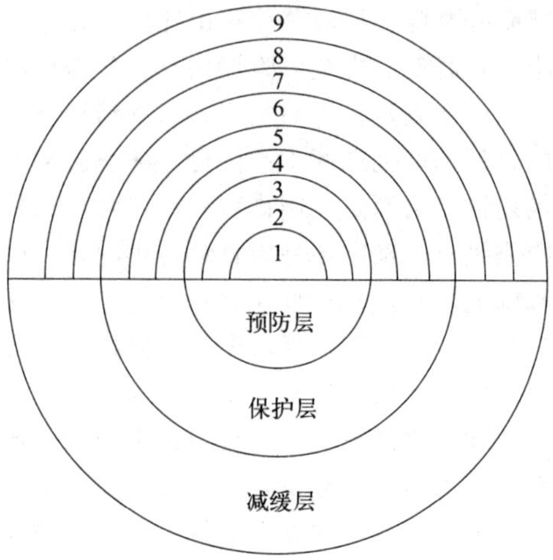

图 1-3　典型石油化工企业安全保护层（CCPS）

制器和最终执行元件组成，涵盖紧急停车（ESD）系统、火灾报警及可燃气检测系统（FGDS，简称火气系统）、火焰燃烧管理系统（BMS）、安全联锁系统等。当生产过程偏离严重时，系统将生产过程引导至安全状态。SIS以安全完整性等级为指针，以安全生命周期为框架，规定了各阶段的技术活动和功能安全管理活动要求。安全仪表系统是重要的保护层，其安全仪表功能（SIF）是分等级的，不同等级的安全仪表系统降低风险的作用是不同的，而其他保护层削减风险的作用一般情况下是确定的。因此，尤其是从设计的角度来说，如果削减后的风险仍不可接受，还需要增加保护措施，主要通过提高安全仪表功能安全完整性等级来实现。

⑤ 机械防护减缓措施（mechanical repletion layer）。典型的如安全阀、爆破片、火炬系统等，当BPCS、SIS等保护层失效时，机械防护减缓措施将发挥作用。

⑥ 被动物理保护系统（passive physical protection system）。典型的如围堰、隔离系统等，用于阻止泄漏扩散，降低泄漏后发生的火灾爆炸等事故的后果的严重程度。这些设施失效率较低，如果设计或维护得当，安全防护可靠性高。

⑦ 主动保护系统（active protection system）。典型的如自动喷淋冷却系统、泡沫灭火系统等，当检测到有毒有害气体或火焰时，系统自动启动，以减轻事故影响。

⑧ 厂区应急响应（plant emergency response）。前述的保护层均失效或缺失导致事故发生后，启动企业级的应急响应程序，包括人员的紧急疏散、消防、医疗救助等应急管理程序。该保护层更多地涉及危险状态时的人员管理而非技术措施。

⑨ 社区应急响应（community emergency response）。发生重大事故如火灾、爆炸、毒性气体泄漏等，影响波及企业周边社区居民时，启动社区应急响应程序。社区应急响应程序的编制应遵循国家、地方和行业法规，以及对工艺过程危险性的整体分析和环境影响评价。用于社区应急响应的报警和通信设备应避免受到火灾等重大危险事件的影响，与其他仪表设备相比，应该具有较高的独立性，并且要进行周期性测试。

安全保护层应是独立保护层，即不受其他保护层失效的影响。此外，其还需要满足有效性（按照设计的功能发挥作用）、可审查性（确认保护层构成元件设计、安装、运行、维护良好）要求，以及起到对事故发生频率的缩减和对事故后果的减缓的作用。

1.6 化工风险控制

保证化工生产的安全，最为重要的措施是预防措施，预防措施是化工生产安全的基础要求。为了保证化工生产安全，首先需要对工艺风险的发生条件进行确认，将事故消除在萌芽状态。预防的主要目的是研究风险和控制风险，确定保证安全的关键部位，评价各种危险的程度，确定安全的设计准则，提出消除或控制危险的措施。另外，预防措施还可以提供制订或修订安全工作计划的信息，确定安全性工作的优先顺序、进行安全性试验的范围及进一步分析的方法。可以采用故障树分析方法确定不希望发生的事件。例如：编写初始危险分析报告，进行分析结果的书面记录，确定系统或设备的安全要求，编制系统或设备的性能及设计说明书等。安全操作的安全条件通过工艺设计和工厂建设来达到，并依据仪器条件、报警设施、系统控制等相关条件建立完善。此外，在操作规程中需要严格控制操作条件。化工生产中常见的风险预防措施及相关重要影响因子介绍如下。

1.6.1 温度和压力控制

温度和压力控制是化工生产中的关键风险控制方法。通过控制温度，可以间接控制压力，并确保化学反应在适宜的温度范围内进行，以保证产品收率和质量，同时防止危险情况的发生。反应温度的控制至关重要，过高可能导致分解反应、压力升高、副反应产生，甚至引发爆炸；过低则可能导致反应速率减慢、物料累积，一旦温度恢复，可能因反应物浓度过高而引发冲料或爆炸。另外，过低的温度还可能导致物料冻结，造成管道堵塞或破裂，引发火灾或爆炸。

化工生产中，仪表和控制系统是监控合成工艺的主要工具，必须具备防爆功能，并能准确地指示温度、压力等关键工艺参数。操作人员需依据设计要求执行正确的仪表操作程序，考虑反应失控的情况及其后果。在工艺设计初期，应采用 HAZOP（危险与可操作性）分析、FTA（事故树分析）、ETA（事件树分析）等方法分析可能的风险，并明确风险发生后的后果，采取适当的控制措施。

对于自动化程度高、连续性强的生产装置，温度控制应实现自动测量、记录、调节、报警和切断。紧急冷却是控制温度的重要措施，需要独立的冷却系统以防正常冷却系统失效。紧急冷却使用的冷却介质应具有良好的流动性，而且搅拌效果必须良好，以确保传热能力。紧急冷却不能将温度降至物料凝固点以下，以免物料凝固影响传热，导致事故。

1.6.2 紧急猝灭

精细化工生产中，紧急猝灭是重要的风险控制措施，其目的是通过加入猝灭介质来稀释和冷却反应体系，降低反应物浓度或温度，以减缓或终止目标反应和分解反应，防止反应失控。猝灭剂的选择、猝灭温度的确定、猝灭剂的加入速度和多少是建立猝灭措施的关键因素。猝灭剂通过吸收热量或作为反应终止剂来减慢或停止反应。水是常见的猝灭剂，但由于其参与反应或导致固体析出的风险，在某些情况下不宜使用，需要选择特定溶剂。猝灭剂与反应物料的混合状态对猝灭效果影响大，尤其在聚合、发泡、高黏度物料中，不均匀混合会降低搅拌转速，影响猝灭效果。

紧急冷却、紧急减压和应急卸料也是风险控制措施。紧急冷却需配备独立冷源；紧急减压通过拆卸爆破片和安全阀实现；应急卸料则是将反应物料转移到装有抑制剂或稀释剂的安全容器中，要求管道通畅，能在公用工程故障时转移物料。这些措施共同构成了化工生产中的风险控制体系。

1.6.3 加料控制

化工的间歇或半间歇工艺中，理想的合成工艺是加料控制型反应，以减少由动力学控制型反应带来的风险。正确的物料加入是化工生产的关键，包括正确的物料、量、时间和速度。加料错误可能导致严重的合成风险。为避免错误，原料的存储和标识必须准确，物料使用前需严格取样分析，加料后还需要跟踪测试以确保反应正常进行和产物质量。

物料加入速度的控制对生产稳定性和安全生产至关重要，尤其是对于反应热大、速率快的过程。不稳定的物料加入可能导致冲料事故，甚至引发爆炸或火灾。技术进步使反应器加料与温度、搅拌的联锁自控设计变得容易实现，有助于避免物料累积和混合不充分。对于放热明显的反应，分段加料是一种控制手段，通过将反应分成小部分进行，减少热累积，但需要评估每次加料后的热累积风险。

反应风险研究结果应考虑失控反应风险的控制。在冷却或控制失效时，体系可能以无法控制的速率反应，导致温度升高，引发分解或二次分解反应。TMRad（绝热条件下达到最大反应速率的时间）是评估风险控制时间的关键参数。工艺反应的风险研究应通过差示扫描量热法（DSC）或加速速率量热法（ARC）确定 TMRad，以有效控制风险，防止事故发生。

1.6.4 应急释放

风险控制的最后一道防线是应急释放。对于加压反应以及有气体放出的反应，在超压或失控情况下，采取应急释放措施是一种常用的保护方法。应急释放系统的设计要考虑设备材质、设备布局、辅助设施，以及设备和管路的大小尺寸等。要正确地计算应急释放排气管尺寸要求，计算过程中应正确使用安全因子，并认真校正应急释放排气管的尺寸，充分考虑应急释放时可能对下游设备产生的影响及妥善的处理措施。应急释放面积的计算比较复杂，为了确认应急释放泄压面积，首先对系统需要应急释放的物质进行分类，分清楚在应急条件下需要应急释放的是原材料、中间产物、目标产物、副产物还是各种成分的混合物，释放的气体压力是溶剂蒸气压力、生成气体压力还是混合组分气体压力或混合组分的蒸气压力。应急释放包括原料蒸气、中间体蒸气、产物蒸气及溶剂蒸气的释放，以及混合组分气体或蒸气的释放。如果应急释放不单纯是气相，同时还包含多相物质，通常要求的应急释放面积比单纯气体或蒸气释放的面积大。应急释放是针对失控情况而言的，在反应失控的情况下，发生分解反应及二次分解反应，气体与液体形成的气泡共同释放。同时，液体中夹带大量的气泡，导致液体体积的剧烈膨胀和液位的大幅度升高，当达到排气口时，液体与气体共同排出。在应急释放系统设计手册中，由于能形成泡沫的化学物质不是很多，通常不考虑泡沫的表现行为，仅考虑液位上涨的情况，其适用于不形成泡沫的条件。然而，当液体夹带气体形成泡沫时，实际上是气、液两相的共同释放。因此，应急释放系统设计手册的使用需要慎重考虑。对于化学物质，可以采用小型测试泡沫生成设备对应急释放的可能性进行测试。在没有泡沫生成的情况下，冷凝器可以起到冷却的作用，而对于有泡沫生成的系统，由于大量气泡的存在，冷凝器通常不能起到很好的冷却作用。

研究风险、评估风险、控制风险是化工安全技术与工程的关键技术，开展风险研究、风险评估与风险控制对保障化工过程安全，实现风险可知、可控和化工绿色制造具有重要的科学价值，也是行业发展的必经之路。

<<<<习　题>>>>

1. 分析化工行业中导致安全事故的主要原因，并提出三个可行的预防措施，确保类似事故不再发生。

2. 简要说明化工行业的特点及其对生产过程的影响。

3. 安全生命周期的定义是什么？为什么它在安全相关系统开发中如此重要？

4. 简述反应安全风险评估的核心步骤和目的。

5. 请选择一个化工安全保护层进行分析，并描述其在化工过程中的应用及其重要性。

6. 温度和压力控制在化工生产中的重要性是如何体现的？

参考答案

第2章

功能安全

学习目标

1. 理解功能安全的定义，包括整体安全的分类，固有安全、本质安全和功能安全的含义，以及功能安全的参数。

2. 了解安全仪表系统的定义、组成与功能，以及其在石化生产中的重要性与故障影响。同时明确传感器、逻辑控制器和执行器的作用。

3. 理解基本过程控制系统和安全仪表系统的功能区别，包括两者在执行功能、运行状态、失效表现、访问控制和诊断措施等方面的不同。

4. 明确将基本过程控制系统和安全仪表系统分开设置的原因，如功能差异、失效特点、安全要求、共因失效和人力因素等。

2.1 功能安全介绍

功能安全（functional safety）是安全仪表系统是否能有效地执行其安全功能的体现。一个安全仪表系统可以具有多个安全仪表功能，每一个安全仪表功能针对特定的风险对工业过程进行保护。安全仪表系统必须在工业系统出现危险情况时正确执行其对应的安全仪表功能，这一点对于确保工业过程处于安全状态非常重要。安全仪表系统的这种特性被称为功能安全。安全仪表系统的功能安全水平高，意味着该安全仪表系统能正确、有效地执行其安全功能的能力强，即能较大程度地减小风险发生的概率。

《电气/电子/可编程电子安全相关系统的功能安全》基础标准 IEC 61508 在起草阶段就已经得到了人们的广泛关注。通过对其中的一些概念和方法的分析，解决了困扰人们多年的以电气、电子、可编程电子技术为基础的安全相关系统安全保障的理论与实践问题。IEC 61508 提出了一种保证安全的哲学思想和科学的安全管理程序，同时能更有效地节约成本。很多国家已经将功能安全标准定为强制性标准。

2.1.1 安全概念

为说明功能安全的理念，首先必须理解工业技术界对安全的定义及其理念变迁。

“安全”的基本解释是没有危险、不受威胁、不出事故。从传统的理念上看，安全是一个美好而绝对的境界，是人们追求的境界。但现实中绝对安全是不存在的，以绝对安全为目标是不现实的。但这并不意味着人们放弃安全工作，而是将安全工作的目标确定在一个相对安全的点上。因此，工业技术界为“安全”作出了一个全新的定义，即安全是不存在不可接受的风险。这个定义有如下两个意义。

（1）把安全从一个绝对的概念转变为一个相对的概念

在这个概念中，安全不再是一个高不可攀的绝对目标，而是风险可被接受即安全。从此，安全成了有现实目标的工作。

此处引入了一个新的概念——可容忍风险（tolerable risk），它是指综合了当前社会政治、文化、经济、道德、技术等因素的能够接受的风险。在这个概念的引导下，安全工作的全部内涵就是将风险控制在可容忍的范围内。

（2）将对安全的控制转变为对风险的控制

风险（risk）是指出现伤害的概率及该伤害严重性的组合。以这一概念为引导，安全工作产生了两种方式：一种是降低伤害的概率；另一种是降低伤害的严重程度。

伤害（harm）是指对人体健康的损害或损伤，以及对财产或环境的损害。也就是说，安全工作的保护对象可以是人、环境或财产，也可以是动物、植物等。不论对象是谁，风险一定要与保护对象联系在一起才可以分析。

而对工业安全来说，其仍然是一个宽泛的概念，通常指工业生产过程中没有不可容忍的风险。由于生产过程不同，危险源特征差异很大。例如：机械领域生产过程中的主要危险是机械伤害、电气伤害；烟花爆竹行业中的主要危险源是爆炸物；而石油化工领域生产过程中的主要危险是能量或物料违背设计意图的意外泄漏导致的火灾、爆炸、毒害等，在石油化工领域习惯称为过程安全，也称工艺安全。通常需要对每一个工业生产场所进行详细的危险识别和风险评估，才能确定包括哪些危险源、应该如何控制、风险实际控制水平，最终确定是否实现了工业安全。

2.1.2 功能安全概念

新的工业安全概念确立之后，接下来以此为基础来理解什么是功能安全。

首先，什么是整体安全。人类面临的威胁来自很多方面，因此安全也是多方面的。对安全的分类有多种方式。例如，以领域分类，包括煤矿安全、非煤矿山安全、石油化工安全、建筑施工安全、电力安全、核工业安全等；再如，以危险源分类，包括电气安全、机械安全等。为更好地说明功能安全，不妨做以下分类，安全问题可分为内部的问题和外部的问题。对于内部问题，又可分为产品随机失效产生的问题和人的错误产生的问题；对于外部问题，又可分为自然的威胁（如地震、洪水、雷、雨等）、外界其他非故意的侵害（如各种运行的电力设备之间的相互影响等）、人的有意侵害（如人为破坏、黑客、小偷、强盗等）。

其次，与整体安全相关，还需要了解固有安全、本质安全和功能安全的概念。固有安全（inherent safety）是工业安全的最理想状态，是保证安全首选的重要方法。它要求通过生产系统或产品的根本再设计、化学品存量的削减，或者在该设施改用不太危险的化学品，降低或消除事故发生的可能性。例如，长输管道全部等压设计，最坏情况下管道内压力也不会超过管道的承压，那么这条管道对于压力来说就是固有安全设计，整条管道不需要任何压力保护；核反应堆在运行参数偏离正常时能依靠自然物理规律趋向安全状态的性能。本质安全是实际追求。通常情况下很难做到固有安全，随着技术的发展，人们在不断追求高速、高效的同时，又受限于成本控制，因此本质安全设计就是实际追求。在设备、设施或技术工艺内加入能够从根本上防止事故发生的功能，包括“失误—安全”功能和“故障—安全”功能，操作者即使操作失误，也不会发生事故或伤害，或者说设备、设施和技术工艺本身具有自动防止人的不安全行为的功能；设备、设施或技术工艺发生故障或损坏时，还能暂时维持正常工作状态或自动转变为安全状态。功能安全（functional safety）用于保证系统或设备中与安全有关功能的正确行使。它要求系统识别工业现场的所有风险，并将它控制在可容忍的范围内。

这几种安全的关系是：为了实现工业安全，最理想的是进行固有安全设计，或者选择本质安全，但实现本质安全的前提是实现功能安全。

IEC 61508 标准对功能安全的定义：功能安全是与受控设备（equipment under control，EUC）和 EUC 控制系统有关的整体安全的一部分，它取决于电气/电子/可编程电子安全相关系统和其他风险降低措施功能的正确行使。该定义是基于“电气/电子/可编程电子安全相关系统的功能安全”这一狭窄领域的，但仍然可以看到功能安全的全貌。

什么是功能呢？人类自从开始生产以来，就产生了产品和服务，随着人类社会的进步，生产和生活越来越多地依赖于生产的产品和服务。每个产品和服务都有其自身的功能。例如：电话有通信的功能；笔有写字的功能；衣服有御寒、遮体、装饰等功能；车有运输功能。每个产品或服务为其用户提供的使用特性就是它们的功能。在诸多功能中，有一些功能是与安全有关的。例如：压力容器的功能是可以承载内部压力，失效可能造成爆炸；铁路信号系统能够指挥火车按预设规程运行，失效可能会导致撞车；一条输油管线的功能是将油从一个地方输送到另一个地方，失效方式之一是爆裂，另一个失效方式是泄漏，会造成环境污染，还可能会造成人员伤亡。所有的功能都有可能失效，产品或服务中与安全有关的功能失效后就会产生安全问题，这也是目前安全生产领域中造成问题最多的环节。

因此，功能安全的定义，就是安全功能的正确行使。这里包括三重含义：其一，使功能以一个预定的概率实现。例如，一旦要求该功能实现，其失效的概率要小于 1/10、1/100、1/1000、1/10000 等。也就是说，以与安全有关的功能能够实现的概率，来保证安全的实现。其二，使功能的实现时时处于监视中，当与安全有关的功能一旦丧失，可及时获得相应信息。其三，与安全有关的功能一旦丧失，使其将会导致的伤害事件不发生，或者至少降低严重性。

功能安全虽然在实践中起了很大作用，但仍然有其不适用的方面。功能安全完全适用于内部的安全问题，即产品随机失效产生的问题，以及人的错误产生的问题，这是它的强项。对于外部问题，即自然的威胁和外界其他非故意的侵害，功能安全的办法是针对风险，设置一个降低风险的功能，然后保证功能的正确实施。但外部风险如果超出所设置的降低风险的能力范围，则功能安全的作用将全部或部分丧失，就如一座能抵抗 7 级地震的房子遇到了 8 级地震。对于人的有意侵害，功能安全的作用就仅限于对防护设备的保障，就如同在战争中，功能安全仅可保障武器发挥正常功能，战争能否打得赢，就非其能力范围了。

2.1.3 功能安全参数

(1) 安全生命周期与功能安全管理

IEC 61508 中提出了安全生命周期（safety life cycle，SLC）的概念，即安全相关系统实现过程中所必需的活动从项目的概念阶段开始，直至所有的 E/E/PE 安全相关系统和其他风险降低措施停止使用为止的时间周期。E/E/PE 安全相关系统整体安全生命周期包括的活动非常多，其主要活动概括总结如图 2-1 所示。其中涉及功能安全评估的活动为 1、3 阶段。第 1 阶段主要是根据对受控设备风险评估的结果确定 E/E/PE 安全相关系统应具有的安全功能及其安全完整性等级，第 3 阶段主要是对刚设计完成或安装完成试运行后或已运行多年的

E/E/PE安全相关系统进行功能安全评估，验证其实现的安全完整性等级是否能够满足安全要求，否则E/E/PE安全相关系统应进行修改，修改后必须重新进行功能安全评估，直至满足安全要求为止。

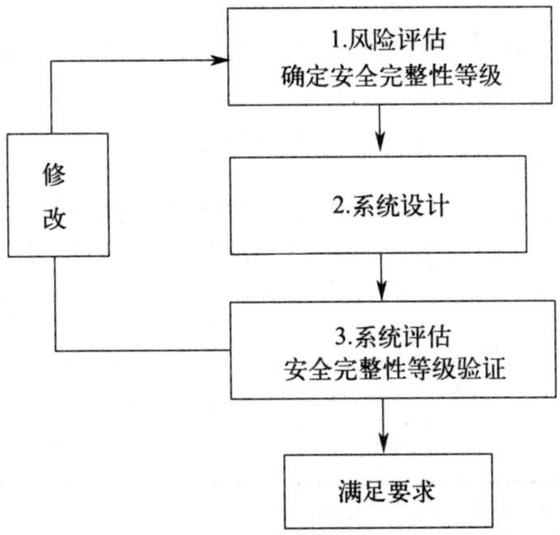

图2-1 E/E/EP安全相关系统整体安全生命周期的概况

功能安全管理贯穿整个SLC。对于过程工业，功能安全管理是过程安全管理（process safety management，PSM）的一部分，也应纳入SIS工程项目管理和质量保证体系中。功能安全管理涉及SLC各阶段相关组织和人员的责任、人员的能力、活动的计划与控制、文档管理等方面。典型的功能安全管理活动包括确认（verificaiton）、验证（validation）、功能安全评估（functional safety assessment）及审计（audit）。就E/E/PE安全相关系统而言，相对于硬件的随机失效，人为因素导致的失效、设计失效等，都归类为系统性失效。系统性失效只能通过安全生命周期的有效功能安全管理才能避免或降低。

（2）功能安全评估

功能安全（functional safety，FS）是与EUC和EUC控制系统有关的整体安全的组成部分，取决于E/E/PE安全相关系统、其他风险降低措施的功能的正确行使。它包含安全相关系统的安全功能和安全功能的执行能力两层含义。E/E/PE安全相关系统的功能安全评估，即评估以E/E/PE为原理的安全相关系统的安全功能是否正确，以及其执行预期的安全功能的能力，也可以说是对E/E/PE安全相关系统的功能和性能进行评估。

功能安全评估是功能安全管理的重要内容。上述已结合安全生命周期阶段介绍了进行功能安全评估的时机。功能安全评估活动的次数、评估范围取决于以下内容。

① 项目的规模；

② 技术复杂程度；

③ 安全完整性等级要求；

④ 项目的时间跨度；

⑤ 失效事件的后果；

⑥ 各设计环节的标准化程度；

⑦ 安全法律法规的要求；

⑧ 是否有类似项目的设计经验。

（3）安全完整性等级与失效概率（频率）

安全完整性是在规定的时间段内和规定的条件下，安全相关系统成功执行规定的安全功能的概率。安全完整性等级是对安全相关系统执行其安全功能的能力的一种衡量。安全完整性等级还与受控设备或过程的风险降低因子（risk reduction factor，RRF）相对应（表2-1）。

因此，从另一角度来说，安全完整性等级也是受控设备或过程本质安全性的一种度量。需要指出的是，安全完整性等级是针对某个特定的安全功能而言的。工业应用中的E/E/PE安全相关系统往往具有多个回路，每个回路实现一种安全功能。因此，一个具有多个不同功能回路的E/E/PE安全相关系统应该具有针对不同回路的多个安全完整性等级。

IEC 61508按照要求时危险失效平均概率（average probability of dangerous failure on demand，PFD_{avg}）和每小时危险失效平均频率（average frequency of a dangerous failure per hour，PFH）将两种运行模式下的SIL划分为离散的4级，见表2-1和表2-2。

表2-1　低要求运行模式的安全完整性等级

低要求运行模式		
安全完整性等级(SIL)	要求时危险失效平均概率(PFD_{avg})	风险降低因子(RRF)
4	$10^{-5}\sim<10^{-4}$	$10^4\sim10^5$
3	$10^{-4}\sim10^{-3}$	$10^3\sim10^4$
2	$10^{-3}\sim10^{-2}$	$10^2\sim10^3$
1	$10^{-2}\sim10^{-1}$	$10\sim10^2$

注：风险降低因子是要求时危险失效平均概率的倒数。

表2-2　高要求（连续）运行模式的安全完整性等级

高要求(连续)运行模式	
安全完整性等级(SIL)	每小时危险失效平均频率(PFH)
4	$10^{-9}\sim10^{-8}$
3	$10^{-8}\sim10^{-7}$
2	$10^{-7}\sim10^{-6}$
1	$10^{-6}\sim10^{-5}$

低要求运行模式和高要求（连续）运行模式是根据对不同使用方式的安全相关系统的动作要求的频率来区分的。2010年版IEC 61508对运行模式的定义进行了修改，并对连续运行模式单独定义。在低要求运行模式下，对一个E/E/PE安全相关系统提出动作要求的频率不大于每年1次，如过程工业的SIS；在高要求运行模式下，对一个E/E/PE安全相关系统提出动作要求的频率大于每年1次，如机械行业的SRECS；连续运行模式是正常运行的一部分，如航空航天控制系统。低要求运行模式是过程工业中最普遍的模式；高要求和连续运行模式在制造加工业、铁路运输业和航空航天工业中比较常见。

需要指出的是，在纯粹的连续运行模式中，动作要求是持续存在的，如果没有其他保护层，SIF的危险失效将立刻导致意外事件发生。在这种模式下，检验测试（proof test）及单通道（1oo1表决）系统的自动在线诊断将不会产生任何安全作用。通常半年或一年对E/E/PE安全相关系统进行1次安全检验测试，也称为周期性检验测试。

（4）平均失效前时间（MTTF）、平均恢复时间（MTTR）、平均失效间隔时间（MTBF）

平均失效前时间（mean time to failure，MTTF）是使用最广泛的可靠性参数之一。它描述了系统从开始正常工作直到系统发生失效的平均时间，是失效前时间的期望值。其定义中的失效包括危险失效、安全失效和无影响失效。如果失效率是常数，则$\lambda=\frac{1}{MTTF}$。MTTF既可应用于可维修系统，也可应用于不可维修系统。对于不可维修系统，MTTF代表系统的平均寿命。

2010版IEC 61508提出了平均恢复时间（mean time to restoration，MTTR）和平均维修时间（mean repair time，MRT）。MTTR是随机变量修复时间的期望值，是达到恢复的预期时间，包括检测失效发生所需要的时间，以及检测和判断失效后维修所需要的时间。MRT是预期的大体维修时间，与MTTR相比，不包括检测失效的时间。MTTR只用于可维修系统。

平均失效间隔时间（mean time between failure，MTBF）是仅用于可维修系统的术语。顾名思义，它是两次相邻失效间隔时间的期望值，代表可维修系统的平均寿命。

在数学上，MTBF＝MTTF＋MTTR。由于MTTR远小于MTTF，因此MTBF近似等于MTTF。

2.1.4 国内外功能安全的发展现状

（1）功能安全标准及应用

近年来，欧美工业发达国家及地区都在研究并致力于解决安全相关系统的功能安全问题，已发布了一系列功能安全相关标准。1996年，美国仪器仪表协会（ISA）制定完成了第一个关于过程工业安全仪表系统的标准——ANSI/ISA-84.01。随后，国际电工委员会（IEC）于2000年出台了功能安全国际标准——IEC 61508《电气/电子/可编程电子安全相关系统的功能安全》。该标准是功能安全的通用标准，是其他行业制定功能安全标准的基础。从此，功能安全逐步成为研究热点。2003年，IEC发布了适用于石油、化工等过程工业的标准IEC 61511。随即，美国用IEC 61511取代了ANSI/ISA-84.01国家标准。之后，适用于其他行业的功能安全标准相继出台，如核工业的IEC 61513、机械工业的IEC 62061、医药工业的IEC 60601等。这些标准均对安全相关系统的功能安全提出了要求，但没有明确达到要求的方法和步骤。目前，IEC 61508已于2010年发布了第二版；IEC 61511在2016年推出了新版。

在功能安全标准出台之初，英国、澳大利亚等国家就开始强制采用该标准。日本已将IEC 61508国际标准转变为JIS-C-0508国家标准，并在电子、航天、铁路、汽车、原子能、化工、冶金等许多领域得到了应用。由于西方国家针对安全管理的研究和应用已经趋于成熟，它们往往将功能安全国际标准同本国的工业实践相结合，由本国安全监管部门提出明确的标准应用指南。例如，在挪威海上石油开采工业中，就采用了IEC 61511标准。在标准的基础上，相关管理部门根据自身的管理经验，制定了一系列指南，从而使标准更容易理解，更方便使用。在应用标准的过程中，还加入了自身对于国际标准的理解和一系列改进，更加丰富了国际标准的内涵。例如，在IEC 61511标准中，对于系统性失效并没有要求进行定量的风险分析，但是挪威海上采油作业中根据工业生产中的系统性失效平均概率，对其进行了估算，作出了系统性失效定量化的初步探索。欧盟结合实际应用，于2005年起草了有关可燃和有毒气体检测系统的功能安全分析导则（prEN50402）及爆炸性气体环境保护系统功能安全评估规则（prEN15233）。另外，有关防爆电气的IEC国际标准正在将功能安全引入正压型、增安型、特殊型防爆电气设备的安全装置。

在没有相应行业功能安全标准的工业领域中，行业监管部门往往通过吸取IEC 61508的总体框架和一般方法的精髓，结合本行业的实际，开发适合本行业的功能安全规范。例如，在美国的采矿业中，为了减少事故造成的人身伤亡，引入了基于可编程电子器件的自动采矿系统，但是对于这种应用尚无相应的功能安全标准可以遵照执行，因此在安全管理上还是存在一定的隐患。1995—2001年间，发生了11起矿难，其中4起造成人员死亡。为了加强对自动采矿系统的安全管理，矿山安全和健康监察局（Mine Safety and Health Administration）委托国家职业安全与健康研究所（National Institute for Occupational Safety and Health）制定了基于PE的采矿系统功能安全框架。这个框架吸取了IEC 61508中的安全生命周期等基本概念，并结合安全等级规定，针对采矿业的自身特点作出了相应的规范，在应用中取得了良好的效果。世界著名石油、石化公司，如壳牌石油（Shell）、道化学、美孚石油、新加坡石化公司等都通过应用功能安全标准，取得了良好的社会、经济效益。2001 年，Shell 旗下的一个研究机构 GSI（Shell Global Solutions International B. V.）发布了企业内部应用规范《仪表保护功能的分类与实施》《仪表保护功能的管理》及《仪表保护系统技术规范》。CNOOC-SHELL 项目及其他 Shell 的国内项目都在不折不扣地执行其标准规范。马来西亚国家石油公司 2000 年对新建项目开始应用 IEC 61508/IEC 61511，并对照 IEC 61508/IEC 61511 标准逐步开始对在役装置进行审查。

在我国，功能安全引入较晚。SHB Z06—1999《石油化工紧急停车及安全联锁系统设计导则》初步采用了 IEC 标准中的一些理念，SY/T 10045—2003《工业过程中安全仪表系统的应用》等同采用了 ISA-84. 01—1996，SH/T 3018—2003《石油化工安全仪表系统设计规范》采用了 SIL 等级但未提及安全生命周期和功能安全管理。我国于 2006 年、2007 年分别等同采用了 IEC 61508 和 IEC 61511，发布了 GB/T 20438. 1～7—2006《电气/电子/可编程电子安全相关系统的功能安全》和 GB/T 21109. 1～3—2007《过程工业领域安全仪表系统的功能安全》，这两个功能安全标准仅为推荐性国家标准，而非强制性标准，并且尚未发布与标准相应的应用指南或指令，这在某种程度上限制了功能安全标准在我国的实施步伐。GB/T 50770—2013《石油化工安全仪表系统设计规范》已于 2013 年 9 月实施，该标准更加贴近 IEC 61508 和 IEC 61511，而且上升为国家标准。国家标准 GB/T 32202—2015《油气管道安全仪表系统的功能安全　评估规范》和 GB/T 32203—2015《油气管道安全仪表系统的功能安全　验收规范》已于 2015 年正式发布。

（2）评估和认证服务

在国外，功能安全评估和认证起步较早，并且已经被广大用户、设备供应商和集成商、工程承包商所接受。用户通过权威的第三方机构进行评估和认证，对自己选用的安全系统更加放心，也使设备制造商能够生产出更加可靠的设备，提高自身竞争力。目前，国外比较著名的评估和认证机构及公司有德国的 TÜV 和美国的 Exida。功能安全评估和认证项目及机构详见表 2-3。

表 2-3　功能安全评估和认证项目及机构

项目	机构
过程和产品安全增强(IEC 61508-1)	Exida、OAC、TÜV 等
管理过程评估(IEC 61508-1)	Sira、TÜV
产品安全特性评估(IEC 61508/IEC 61511)	AEA、BASEEFA、Exida、FM、TÜV、UL
产品和过程认证(IEC 61508)	TÜV、UL
人员资格认证(IEC 61508/IEC 61511)	CFSE(Exida、TÜV、Honeywell、Pilz、Rockell、Siemens 等)、TÜV
应用项目安全评估(IEC 61511)	澳大利亚、挪威、英国官方机构

目前，我国有些研究机构已开展功能安全评估工作，如中国石化安全工程研究院已在中石化内部开展功能安全评估工作，但只局限于对过程进行风险分析和硬件安全完整性等级计算等工作。上海工业自动化仪表研究所有限公司已经建立了功能安全相关实验室，并对某化工厂的工业煤气输送系统开展了功能安全评估工作。北京市劳动保护科学研究所尝试对中石化某公司某竣工验收项目的安全仪表系统进行了评估，从项目风险分析开始，明确危险事件，从而对可能引发该危险事件的安全仪表系统进行评估，但也只考虑了随机硬件失效。机械工业仪器仪表综合技术经济研究所开展了油气管道 SCADA 系统等项目的功能安全评估工作。另外，该所筹建了“系统功能安全测试实验室”，拟开展产品的功能安全认证工作。同时，该所开展了一系列功能安全标准和相关技术培训及功能安全人员资格认证。

(3) 功能安全产品

目前，国外很多可编程控制器（programmable logical control，PLC）、智能安全仪表等产品已经通过了功能安全产品第三方认证，达到了 IEC 61508 或 IEC 61511 标准规定的相应 SIL 等级要求，或者通过使用证明（Proven in Use）的原则达到了一定的 SIL 等级。例如，西门子（Siemens）、霍尼韦尔（Honeywell）、罗克韦尔（Rockwell）、黑马、横河（Yokogawa）、欧姆龙（Omron）、倍加福（Pepperl+Fuchs）、贝加莱（B & R）、三菱电机（Mitsubishi Electric）、施耐德（Schneider）、皮尔兹（Pilz）、A&D 等厂家的安全控制器、安全总线大都符合 IEC 61508 标准并得到了 SIL3 等级认证，即安全仪表系统的逻辑控制器大多达到了 SIL3 等级。可见，自动化厂家将安全仪表系统的安全性能提高过多地放在了逻辑控制器上，这实际是一个误区。事实上，制约 SIL 等级提高的瓶颈大多是“最终执行机构”——电磁阀或切断阀等。近年来，已出现带有自诊断功能的智能型电动执行机构，其安全完整性等级可达到 SIL2。至于安全仪表系统的前端——传感器，一些自动化厂家的智能传感器已达到了 SIL2 等级，如西门子安全测量仪表（传感器）经过使用证明达到了 SIL2 等级，通过冗余的多通道设计，可实现安全完整性等级高达 SIL3。

我国石化、化工、冶金、电力等高危行业的大型企业采用的紧急停车（emergency shutdown，ESD）系统、火灾报警及可燃气检测系统（FGDS）往往是国外产品。一些典型的国产化系统，如中石化北京设计院开发的炼油核心装置“催化裂化机组综合控制系统”“连续重整装置催化剂再生控制系统”，中国铁道科学研究院研制的 TR-9 型容错铁路联锁系统等，其核心控制设备也都是国外设备。而且，目前国内尚无经过第三方功能安全认证的自动化安全产品。

2.1.5 功能安全评估与安全评估和可靠性计算的关系

功能安全评估是基于风险分析的对安全相关系统的安全评估，可以说是传统安全评估的延伸和扩展，它包括对安全相关系统的功能和性能进行评估两个方面，即基于风险分析的安全完整性等级选择和安全完整性等级验证。

安全完整性等级选择的实质就是在受控系统原始风险和可容忍风险的基础上确定 E/E/PE 安全相关系统的目标安全完整性等级。受控系统的原始风险分析属于传统的工业风险分析（安全评价）范畴，虽然会影响安全相关系统的目标 SIL，但其所用方法与 E/E/PE 安全相关系统本身并没有直接关系，而且安全完整性等级选择多处于工程项目中 E/E/PE 安全相关系统的设计阶段，而对于工业生产中在役的 E/E/PE 安全相关系统或 E/E/PE 安全相关系统新产品，人们更关注的是其本身执行安全功能的可靠程度，即 E/E/PE 安全相关系统本身的安全性能如何，因此，本书没有将安全完整性等级的选择作为重点，而重点阐述了安全完整性等级的验证方法。

根据 IEC 61508 定义，安全完整性是在规定的时间段内和规定的条件下，安全相关系统成功实现所要求的安全功能的概率。这个定义与可靠性的概念是一致的。因此，可靠性理论和方法可以应用于功能安全研究领域，尤其是安全完整性等级验证中。

IEC 61508 对 E/E/PE 安全相关系统的设计、运行和维护提出了新的要求。E/E/PE 安全相关系统 PFD_{avg} 或 PFH 的计算实质上就是可靠性理论在功能安全评估中的延伸。但是 E/E/PE 安全相关系统又具有自身的一些特点，如安全仪表系统（SIS）多处于休眠状态、设备的多失效模式、冗余表决、检验测试及其非理想性或不完善性、维修等，使 SIS 安全性能评估的问题与传统的系统可靠性分析既有相似又存在差异；而其他 E/E/PE 安全相关系统，如机械行业的安全相关电气控制系统（SRECS）、轨道交通信号系统中的列车防护系统

(ATP) 和计算机联锁系统 (CI)，以及航空航天行业中的安全控制系统与过程工业的 SIS 有所不同，它们同样具有设备的多失效模式、冗余结构及维修的特点，但它们多处于主动工作状态，而且检验测试和单通道的自动在线诊断对系统本身的安全意义较 SIS 小。

2.1.6 功能安全及安全完整性

IEC 61508 将功能安全定义为与 EUC 和 EUC 控制系统有关的、整体安全的一部分，取决于电气、电子、可编程电子安全相关系统，其他技术安全相关系统和外部风险降低措施机制的正确施行。

IEC 61511 将功能安全定义为与工艺过程和 BPCS 有关的、整体安全的一部分，取决于 SIS (安全仪表系统) 和其他保护层机能的正确施行。

就安全仪表系统而言，功能安全探讨的是系统本身的绩效问题，即 SIS 在实现其安全功能时，能够降低风险的能力。因此，功能安全成为 SIS 设计和运行管理的核心问题之一。要达到功能安全目标，就会涉及基本过程控制系统不曾考虑的一系列技术和管理要求。安全仪表系统与功能安全标准也正是沿着这一脉络，不断地推陈出新。在过程工业中，具有里程碑意义的典型功能安全标准是德国的 DIN V 19250《控制技术测量和控制设备应考虑的基本安全原则》、DIN V VDE0801《安全相关系统中的计算机原理》，美国的 ANSI/ISA-84.01—1996《安全仪表系统在过程工业中的应用》，以及现今大家熟知的 IEC 61508《电气/电子/可编程电子安全相关系统的功能安全》和 IEC 61511《过程工业领域安全仪表系统的功能安全》。

SIS 执行安全功能时的绩效或可能达到的功能安全水平，采用安全完整性 (safety integrity) 来表征。安全完整性定义为在规定的状态和时间周期内，SIS 圆满完成所要求的安全功能的概率。

安全完整性包括硬件安全完整性 (hardware safety integrity)、软件安全完整性 (software safety integrity) 及系统性安全完整性 (systematic safety integrity)。

硬件安全完整性用于表征在危险失效模式 (dangerous failure mode) 下，随机硬件失效 (random hardware failure) 的可能性。随机硬件失效是指系统在正常使用状态下，在某个时间点，一个或多个元件随机出现故障 (fault)，依据硬件内可能的降级机制 (degradation mechanism)，导致发生某种功能的失效。通过对系统的失效模式及其影响进行分析 (failure modes and effects analysis，FMEA)，借助有效的失效率数据，可以对硬件的安全完整性进行评估计算，并且可以准确到合理的水平。另外，可以通过采取冗余结构 (redundant architectures) 设计等措施，有效提高硬件的安全完整性。

软件安全完整性用于表征可编程电子系统中的软件，在规定的状态和时间周期内，实现其安全功能的可能性。

系统性安全完整性用于表征在危险失效模式下的系统性失效。导致系统性失效发生的典型因素包括：系统设计错误或缺陷，不当的安装、调试，不当的操作，缺乏维护管理，以及软件设计漏洞和组态缺陷等。系统性失效在很大程度上都是由人为失误造成的，要准确地计算、评估其失效率非常困难，因此，IEC 61508/IEC 61511 都强调在安全生命周期的框架下，通过有效的功能安全管理来提高系统性安全完整性。

要注意必要的风险降低和安全完整性之间的概念关联和转换，风险用于度量特定危险事件发生的后果和概率。依据设定的“可接受风险”目标，确定“必要的风险降低”要求；进一步地，依据“必要的风险降低”要求，确定安全仪表系统的安全完整性等级。风险与安全完整性概念如图 2-2 所示。

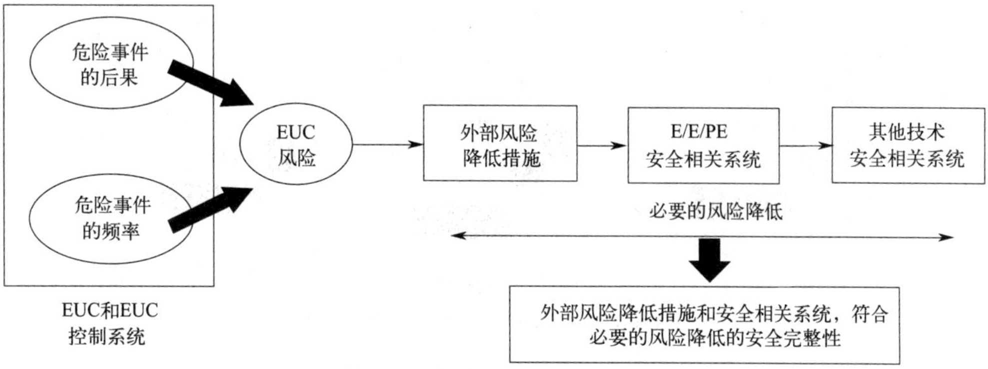

图 2-2　风险与安全完整性概念

(1) SIS与SIF

ANSI/ISA-84.01—1996将安全仪表系统（safety instrumented systems，SIS）定义为由传感器（sensor）、逻辑控制器（logic solver）和最终控制元件（final control element）组成的系统，用于当与预定的过程条件或状态出现背离时，将过程置于安全状态。其他常用的术语包括紧急停车（ESD）系统、安全停车系统（safety shutdown system，SSD）和安全联锁系统（safety interlock system）。

SIS的定义如图2-3所示。图2-3中双线框内的设备为SIS的有机组成部分。SIS用户接口可以包括在SIS中，其他接口如果对SIS的安全功能有潜在影响，可以将其视为SIS的一部分。

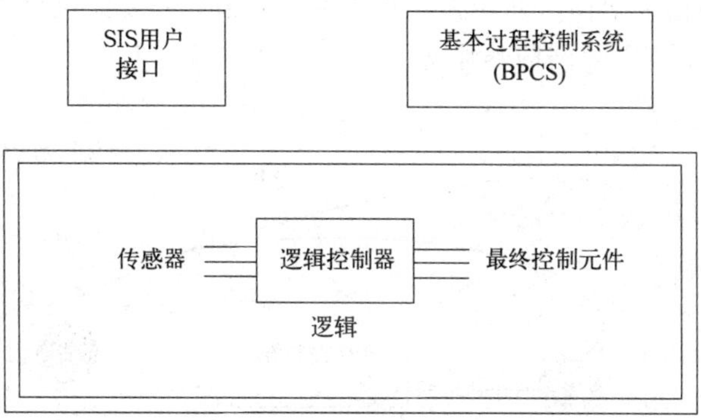

图 2-3　SIS的定义

在IEC 61508中，SIS被称为安全相关系统（safety related system），将被控对象称为被控设备（EUC）。

IEC 61511将SIS定义为用于执行一个或多个安全仪表功能（safety instrumented function，SIF）的仪表系统。SIS是由传感器、逻辑控制器和最终控制元件组合而成的，如图2-4所示。

IEC 61511又进一步指出，SIS可以包括也可以不包括软件。另外，当操作人员的手动操作被视为SIS的有机组成部分时，必须在安全要求规格书（safety requirement specification，SRS）中对操作人员动作的有效性和可靠性作出明确规定，并包括在SIS的绩效计算中。

IEC 61511对SIS的定义较之ANSI/ISA-84.01—1996，体现了技术和理念的进步。就其共同之处而言，都是将SIS定义为包括传感器、逻辑控制器（或按照logic solver直译为逻辑

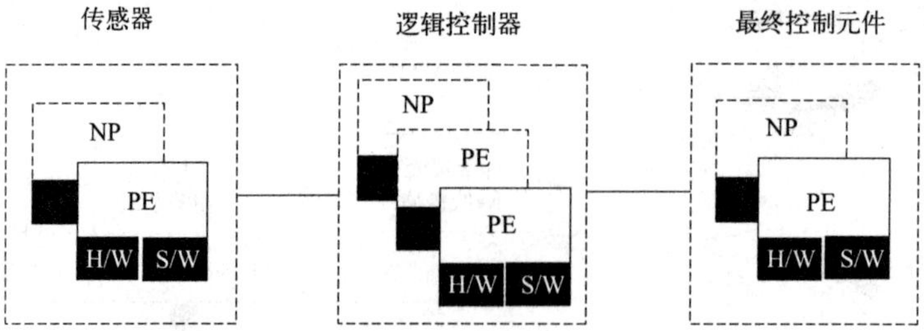

图 2-4　SIS 结构

NP—非可编程；PE—可编程电子；H/W—硬件；S/W—软件

解算器）和最终控制元件在内的整个系统。这就意味着，任何对 SIS 的表述，都不能将其仅仅理解为逻辑控制器本身。

IEC 61511 提出了安全仪表功能（SIF）的概念。SIF 被定义为由 SIS 执行的、具有特定安全完整性等级（safety integrity level，SIL）的安全功能，用于应对特定的危险事件，达到或保持过程的安全状态。SIF 的特定安全完整性等级要求，是取得功能安全所必需的。安全仪表功能可以是安全仪表保护功能，也可以是安全仪表控制功能。需要说明的是，这里所说的安全仪表控制功能，以连续模式（continuous mode）操作并具有特定的 SIL，用于防止危险状态发生或者减轻其发生的后果，与常规的 PID 控制功能是完全不同的概念。

SIF 也就是由 SIS 执行的安全功能，物理结构上由传感器、逻辑控制器和最终控制元件构成，如图 2-5 所示。但是，SIF 的最根本特征是"应对特定的危险事件"并实现必要的风险降低。

SIF 是在过程危险和风险分析中辨识出来的，要根据必要的风险降低要求确定 SIL 要求。因此，SIF 是进行 SIL 评估的基础。

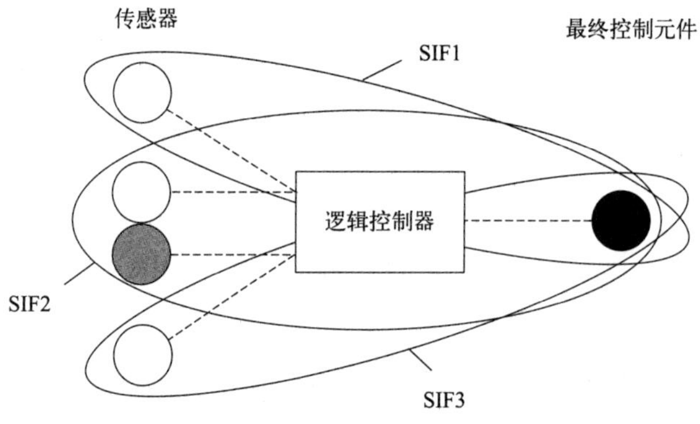

图 2-5　SIF 示例

（2） IEC 61508 介绍

功能安全的概念源于国际电工委员会（IEC）的一个系列标准 IEC 61508，其全称是《电气/电子/可编程电子安全相关系统的功能安全》。该系列标准由 7 个部分构成，分别如下所述。

①《电气/电子/可编程电子安全相关系统的功能安全 第 1 部分：一般要求》（IEC 61508-1）主要规定了标准的符合性、文档目的与要求、功能安全管理目的与要求、安全生命周期的要求、功能安全评估目的与要求。

②《电气/电子/可编程电子安全相关系统的功能安全 第2部分：电气/电子/可编程电子安全相关系统的要求》（IEC 61508-2）主要规定了标准的符合性、文档、功能安全管理、电气/电子/可编程电子安全相关系统安全生命周期要求、功能安全评估。

③《电气/电子/可编程电子安全相关系统的功能安全 第3部分：软件要求》（IEC 61508-3）主要规定了标准的符合性、文档、安全相关软件管理的附加要求、软件安全生命周期要求、功能安全评估。

④《电气/电子/可编程电子安全相关系统的功能安全 第4部分：定义和缩略语》（IEC 61508-4）主要包括了IEC 61508标准第1部分至第7部分所使用的术语和解释。

⑤《电气/电子/可编程电子安全相关系统的功能安全 第5部分：确定安全完整性等级的方法示例》（IEC 61508-5）提供风险的基础概念和风险与安全完整性之间的关系；提供了确定电气/电子/可编程电子安全相关系统安全完整性等级的一系列方法。

⑥《电气/电子/可编程电子安全相关系统的功能安全 第6部分：IEC 61508-2和IEC 61508-3的应用指南》（IEC 61508-6）提供了IEC 61508-2和IEC 61508-3的应用信息、硬件失效概率评估技术示例、诊断覆盖率和安全失效分数的计算、与硬件相关的共因失效影响的量化方法、软件安全完整性表的应用示例。

⑦《电气/电子/可编程电子安全相关系统的功能安全 第7部分：技术和措施概述》（IEC 61508-7）提供了和IEC 61508-2和IEC 61508-3有关的各种安全技术和措施概述、随机硬件失效控制、系统性失效的避免等。

由于该系列标准提炼了不同行业安全工作的经验，并总结出一套基本的思想，因此在实践中得到了很好的应用。目前国际上已基本形成了以功能安全为思路基础的，包括风险分析、基础安全产品生产、安全产品认证、安全集成、安全评估等在内的安全保障产业链。国际电工委员会也将这套标准作为IEC的基础标准。

2.2 安全仪表系统构成

什么是安全仪表系统呢？按照IEC 61511中的定义，安全仪表系统是由传感器、逻辑控制器和执行器组成的，能够行使一项或多项安全仪表功能的仪表系统。考虑一个压力容器的简单例子，为了防止该容器内压力超过额定值而发生爆炸，所以安装了一个安全仪表系统。该安全仪表系统由一个压力变送器、一个阀门和一个PLC组成，如图2-6所示。图2-6中的安全仪表系统的工作原理也十分简单。压力变送器检测容器内压力并将其变换成合适的信号传送给PLC，PLC判断压力是否超过了额定值，若是，则打开阀门以降低容器内压力。这被称为安全仪表系统的一个安全仪表功能。很明显本例子中安全仪表系统只有一个安全仪表功能。对于这个例子，组成系统的3个设备中只要有一个发生故障而失效，那么安全仪表系统的安全仪表功能将失效。换句话说，安全仪表系统将不能对压力容器内的压力进行限制，也就是不能达到保障安全的目的。

设计一个安全仪表系统时，应该使该安全仪表系统具有正确的安全功能。另外，必须考虑安全仪表功能能够很好地被执行。在上面的例子中，压力变送器每个月一次的故障率和每年一次的故障率将使安全仪表系统的安全性能差异很大。安全完整性水平关心的就是安全功能是否能够很好地得到执行。

安全仪表系统的功能包括如下方面。

图 2-6 安全仪表系统示例

① 监视生产过程的状态，判断生产过程是否出现发生某种潜在危险的条件。

② 当出现发生危险的条件时，自动执行其规定的安全仪表功能，防止危险事件发生。换句话说，安全仪表系统一旦执行了其安全仪表功能，则将没有危险事件发生。

③ 减轻危险事件造成的影响，即通过减少损失或减轻影响后果的办法来降低风险。

在一些情况下，安全仪表系统实现安全仪表功能的目的是减小风险，或者说是减小潜在危险发生的概率；在另外一些情况下，实现其安全仪表功能的目的是减弱已发生的危险事件的后果；还有一些情况，则是以上两种情况的综合。

在过程工业领域，常常听到安全联锁系统、安全仪表系统、安全停车系统、紧急停车系统、仪表保护系统等，不同的公司有着不同的叫法。ISA SP84 委员会内部也一直在讨论这些系统的术语。曾经考虑采用安全系统，但不同的群体对其有着不同的理解。对许多化学工程师来说，“安全系统”被视为管理规程和工程实践，而不是控制系统。现在常用的紧急停车（ESD）系统，在电气工程师英文字典中，意思是静电放电（electrostatic discharge）。许多人并不愿意将紧急（emergency）一词放在系统的名称里，因为该词倾向于负面。另外，一些人同样不喜欢“安全停车系统”。因为只要与“安全”一词存在关联，就会立即引人注意。

美国化学工程师学会化工过程安全中心（AIChE CCPS）1993 年出版的《化工过程安全自动化指南》一书中，采用了安全联锁系统（safety interlock system，SIS）这一术语。ISA SP84 委员会的一些成员认为，联锁仅代表了安全控制系统的众多类型中的一个。ISA 委员会决定采用安全仪表系统（safety instrumented system）这一术语，很大程度上是为了与 AIChE 的 SIS 这一简称保持一致。AIChE CCPS 于 2001 年出版的《保护层分析》一书中，也使用 SIS 这一缩略语。近年来，更多的是将 SIS 定义为“安全仪表系统”。

那么，安全仪表系统的定义是什么呢？ANSI/ISA-91.00.01—2001《过程工业紧急停车系统和关键安全控制辨识》标准中，定义为：“用于将工艺过程或工艺特定设备置于安全状态的仪表和控制系统。不包括用于非紧急停车或常规操作的仪表和控制系统。紧急停车系统包括电气、电子、气动、机械及液动系统（也包括那些可编程的系统）”。换句话说，安全仪表系统用于对工厂的危险工艺状态作出响应。这些工艺状态本身是危险的，如果不采取动作，可能会造成危险事件的发生。安全仪表系统必须正确响应，以防止危险事件的发生或减轻危险事件的后果。

国际上也用其他的方式来描述这些系统。国际电工委员会标准 IEC 61508《电气/电子/可编程电子安全相关系统的功能安全》采用“安全相关系统”（safety related system）这一术语。E/E/PE 代表电气（electric）/电子（electronic）/可编程电子（programmable electronic）。它意指继电器、固态逻辑及基于软件的系统。

一般来说，标准关注的是与人身安全有关的系统。但是，同样的概念也可用于为保护设备和环境而设计的系统。事实上，在企业内部很多方面都涉及风险，而非仅仅人身安全。因此，用于人身保护的安全相关系统的文字描述，同样适用于资产和环境保护等系统应用。

在石油化工生产过程中，安全仪表系统的危险故障和安全故障都会给企业带来很大的经济损失，化工安全仪表系统不仅需要有很高的安全性，还需要有很好的可用性。如何设计化工安全仪表系统以满足功能安全要求值得继续研究。安全仪表系统的可靠性和安全性是有限的，在安全仪表系统正式投入工业现场使用之前，必须评估系统的可靠性和安全性，重点关注要求时失效概率（probability of failure on demand，PFD）、安全时失效概率（probability of failing safely，PFS）等指标。自 2014 年国家安全生产监督管理总局（现应急管理部）发布《国家安全监管总局关于加强化工安全仪表系统管理的指导意见》以来，社会上已有多款获得功能安全认证的三重化冗余、四重化冗余的逻辑控制器，各类获得功能安全认证的变送器、阀门、电磁阀、安全栅、继电器等产品，对我国推广应用化工安全仪表系统提供了强大的支撑。

目前国内化工装置上选用的逻辑控制器，生产制造商主要有德国 HIMA 公司、美国 Triconex 公司、美国 Honeywell 公司、日本 Yokogawa 公司、中国浙江中控和北京康吉森等。根据睿咨询 2019 年提供的数据，目前国内厂家的逻辑控制器在化工 SIS 市场上的占有率已超过国外公司。

Tricon CX 系列逻辑控制器是美国 Triconex 公司的最新产品，其综合了 Tricon、Trident 等早期系统的优势，其控制器能处理 31 个 I/O 机架、186 个 I/O 模块和 5900 个物理 I/O。单一点对点网络中可连接多达 254 个节点，可实现超过 750000 个三重化 I/O 的管理。另外，I/O 部署可实现集中式和分散式应用。Tricon CX 系列逻辑控制器内置对用户透明的诊断和冗余管理，在故障条件下可保持 SIL3；扫描速度快（20ms），控制器存储多达 60000 个 SOE，I/O 模块能提供 1ms SOE（事件顺序记录）时间戳；可直接 HART 集成并可贯通至资产管理系统。控制器支持多达 254 个节点的点对点通信，可实现与 DCS、SCADA（数据采集与监视控制）和 HMI（人机接口）之间的全局互联互通。可在线更换处理器、通信设备和 I/O 模块；在线修改和变更、在线模块更换和热备用槽支持系统连续运行；可采用离线仿真实现更快速的应用测试；可对应用逻辑进行安全验证/二次验证，实现应用逻辑的自动测试与文档化。

HIMax 系统是德国 HIMA 公司的最新产品，其继承了先前 H41q 和 H51q 产品的四重化冗余可靠性技术，具有自诊断监控、故障切断处理（看门狗控制机制）、可调整扫描运算周期等特点。产品支持冗余、两重化、四重化等多重化配置；系统最多可配置 200 个 I/O 模块和 16 个机架，网络内可容纳 250 套系统；支持面板式安装和机架式安装，可选择三种不同的安装尺寸、两种不同的接线法；支持多重任务处理系统；用户可对每个任务定义循环时间。I/O 模块可自动存储 500 条诊断信息，处理器模块可自动存储 2500 条诊断信息；维护日志支持重装、下载、运行、停止、强制等所有操作信息的记录。

TCS-900 系统是浙江中控技术股份有限公司（简称浙江中控）自主开发、具有自主知识产权的产品，可广泛应用在紧急停车系统（ESD）、燃烧管理系统（BMS）、火灾及气体报警系统（FGS）、大型压缩机组控制系统（CCS）等场合。TCS-900 系统逻辑结构如图 2-7 所示。

TCS-900 系统采用三重化（TMR）、硬件容错（HIFT）等可靠性技术，已通过 TÜV Rheinland 认证，达到 IEC 61508 SIL3 等级。其具有双模块冗余结构、三重化表决架构、四阶梯降级模式 3-3-2-2-0、五级表决机制和与 DCS 一体化等功能。TCS-900 系统由工程师站和安全控制站构成，控制站由控制器模块、安全输入模块及其端子板、安全输出模块及其端子板、网络通信模块等组成。

TCS-900 控制器和 I/O 模块具有三个独立的通道，控制站支持五级表决，控制器和 I/O 模块均支持冗余配置，两个冗余模块同时工作，无主备之分。冗余模式下，如果检测到某个模块出现故障，控制站将自动选用健康模块的数据进行处理和运算，故障的模块支持在线更

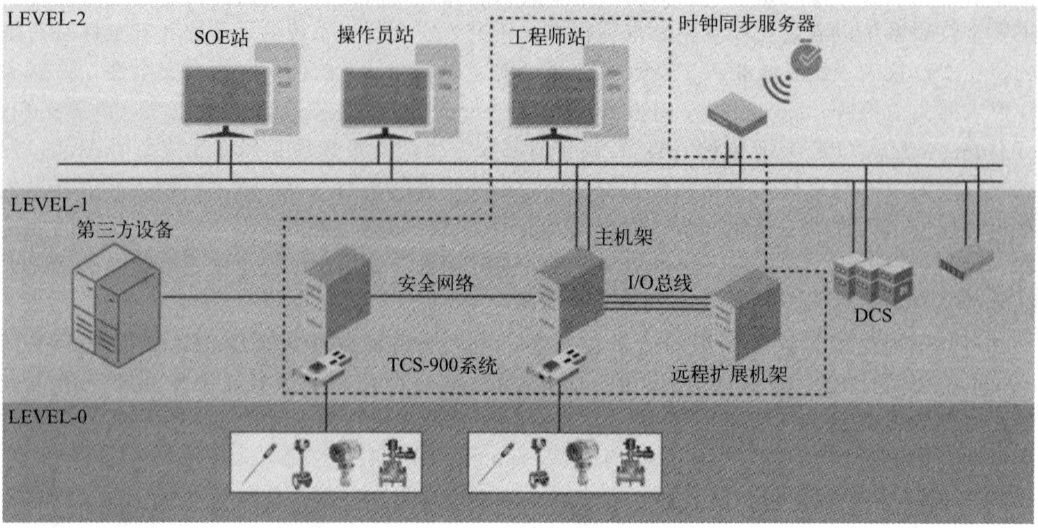

图 2-7　TCS-900 系统逻辑结构

LEVEL-0—第一层，为实际的物理过程；LEVEL-1—第二层，为传感和操作物理过程的活动；LEVEL-2—第三层，为监控和控制物理过程的活动

换，如图 2-8 所示。

输入模块内的三个通道同时采集同一个现场信号并分别进行数据处理，经表决后分别发送到三条 I/O 总线，控制器从三条 I/O 总线接收数据。如果输入模块冗余配置，则先进行冗余数据选择，再进行数据表决，并将表决后的数据发送到三个独立的处理通道，各处理通道完成数据运算后，控制器对三通道中的运算结果进行表决，并将表决结果分别发送至三条 I/O 总线，输出模块从三条 I/O 总线接收数据。如果控制器模块冗余配置，则先进行冗余数据选择，再进行数据表决，并将表决后的数据送至三个独立的输出通道进行数据输出处理，处理结果通过硬件电路表决后输出驱动信号。如果输出模块冗余配置，将同时驱动负载，组成 2×2×3 结构。

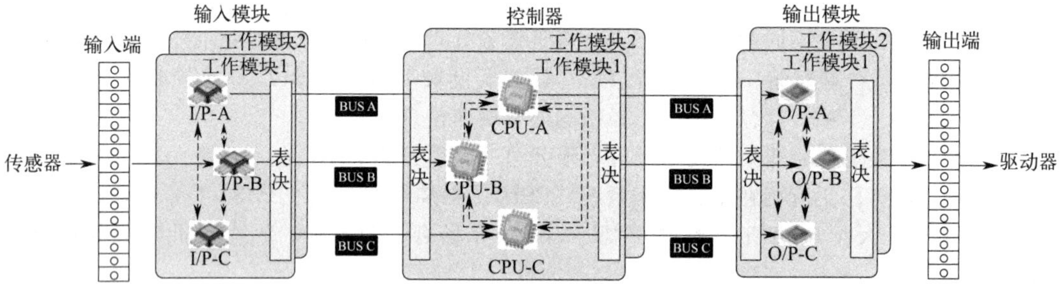

图 2-8　TCS-900 系统表决与冗余结构示意

安全仪表系统需要伴随化工装置运行十多年，其安全生命周期贯穿整个化工装置的生产，不能仅靠工程设计时的设计安全来解决所有问题，日常维护管理的重要性不言而喻。新建化工装置 SIL 验证由第三方认证机构出具的 SIL 认证报告作为理论保证，而在役装置若在 3 年一次的 SIL 验证计算中仍使用证书数据，则导致的结果便是无论装置运行多少年，验证结果均无变化。以静态的失效数据作为依据，无法反映仪表阀门等设备由于工作寿命临近而失效暴增的情况，这无形中为装置的安全生产埋下了隐患。在装置持续运行的过程中，由于

仪表工作环境及工作时间的不同，工厂自己建立的针对不同型号仪表的故障数据库更能反映本企业所使用仪表的可靠性。随着装置运行时间的增加，仪表故障频率及数量都会发生相应的变化，因此在后续功能安全评估过程中考虑使用本企业仪表失效数据库的数据进行验证计算，这样能更直观地反映随着装置运行时间增加，仪表的寿命及可靠性的变化，为企业安全仪表系统日常管理提供更可靠的支持。对在役装置的重点关注是建立在有效的仪表故障管理及有效的检验测试基础上的，使用动态的失效数据进行有效的 SIL 验证，才能保证装置的安全、稳定运行。

周期性检验测试对化工安全仪表系统的长周期、可靠运行也非常关键。由于安全仪表系统的特殊性，并不是所有的故障都能自我显现出来。因此，每个安全回路必须定期地进行测试和维护，确保系统对实际要求作出恰当的响应。检验测试的频率，应该在编制功能安全要求规格书（SRS）时确定。所有的测试都要形成文档记录，这将保证审核活动能够顺利进行。通过审核，确定设计阶段的初始假设，例如，失效率、失效模式及检验测试时间间隔等，以及其和系统实际操作状况相比是否合理。在役装置的仪表管理应尽可能分析出检测仪表所有可能发生的失效，并对每种可能发生的失效制订针对性的检验测试方案，可要求仪表制造商提供相应支持。若在 SIL 验证周期内只进行了部分检验测试内容，则应采用不完美测试公式验证计算。100％的检测覆盖率仅在理论上存在，再详尽的检验测试都无法保证完成一次检验测试后的仪表能与新投运仪表的可靠性完全相同。仪表部件及电子线路随着时间的推移存在着无法直观检测的老化情况，虽然无法直接检测，但其由于老化造成的失效在某种程度上是可预见的。例如，同一地区、相近时间建造的类似装置，仪表工作的外在环境条件是类似的，若在日常维护中发现了由于老化、腐蚀等造成故障的仪表，则应对相邻时间点安装的仪表进行相关方面的重点关注，可在发生类似故障时及时更新替换或维修故障仪表。对于有一定历史、替换过数次仪表的装置，则可在下一轮仪表替换周期临近时进行相关方面的检查。以上这些日常管理，均需要安全仪表失效数据库的支持。化工企业在有条件的情况下应建立自己的安全仪表失效数据库，通过整理归档日常安全仪表系统运行维护及检验测试时发现的问题，累积日常使用中安全仪表系统的相关失效数据。

当今社会，随着信息技术的飞速发展，传统制造行业面临着巨大挑战，新一轮工业革命的浪潮席卷而来。德国、美国等发达国家相继提出“工业 4.0”和“工业互联网”的概念，积极推动工业转型升级，促进经济发展。顺应时代发展的脉搏，我国也提出了“中国制造 2025”，加快实现我国由工业大国向工业强国转变的步伐。化工行业面对数字化转型战略机遇，引入物联网、大数据、人工智能等新一代信息技术，发挥数字化、网络化、智能化优势，为企业创造价值，更好地实现本质安全。例如，在设计阶段采取措施使生产设备或生产系统本身具有安全性，即使在误操作或设备发生故障的情况下也不会发生事故。但挑战也是巨大的，最大的挑战来自智能化系统的功能可靠性和功能安全性。试想一下，如果家里使用机器人保姆，它随时会因功能失效而停止工作，也可能会因功能错乱攻击人，你还敢用它吗？所以，如果数字化、网络化、智能化的系统的功能可靠性和功能安全性难题不解决，智能制造就不可能被广泛接受和应用。

2.3 安全仪表系统与基本过程控制系统

基本过程控制系统（BPCS）是执行常规正常生产功能（如 PID 控制、积分控制等）的控制系统。这里的基本过程控制系统与执行过程优化等复杂“高级”过程控制的系统相对应。据统计，工业中95%以上的控制系统都是基本过程控制系统。由此可看出，基本过程控制系统执行基本生产控制功能，以达到生产过程的正常操作要求。

安全仪表系统则监视生产过程的状态，判断危险条件，防止风险的发生或减轻风险造成的后果。因此，一个生产过程应该具备基本过程控制系统和安全仪表系统这两类不同功能的系统。基本过程控制系统用来执行系统的基本控制功能，而安全仪表系统则监视生产过程的状态，以保证整个系统的安全运行。图 2-9 所示为 SIS 和 BPCS。

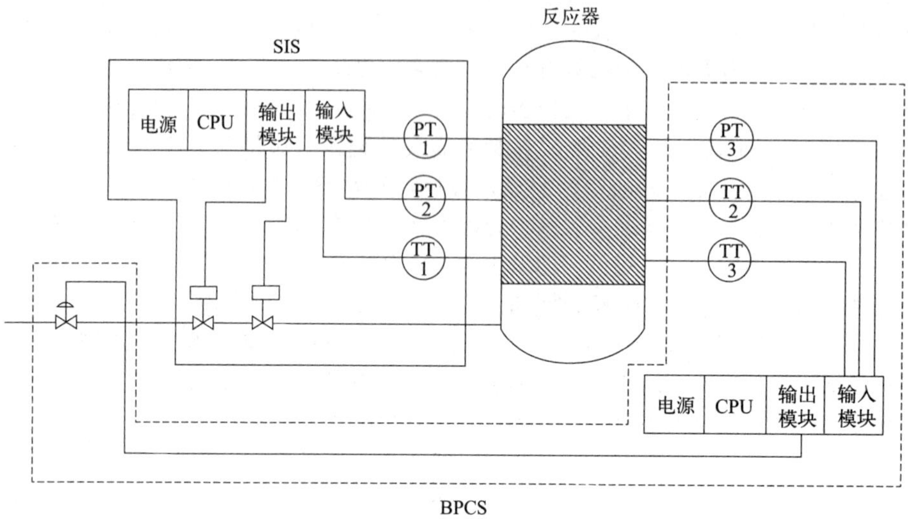

图 2-9　SIS 和 BPCS

显而易见，基本过程控制系统与安全仪表系统的功能完全不同。基本过程控制系统执行基本过程控制功能以达到生产过程的操作要求；安全仪表系统则监视生产过程的状态，判断是否出现危险条件，防止风险的发生或减轻风险发生后造成的后果。基本过程控制系统是主动的、动态的，是用来满足生产需要的，因此，它必须根据系统的设定要求和生产过程的扰动状态不断地动态运行，才能保持生产过程的连续稳定运行。一旦其终止运行，则整个生产过程也就随之失去控制。

相反地，安全仪表控制系统则是被动的、休眠的。在基本过程控制系统正常运行时，安全仪表系统一般是处于静态的。它在很长一段时间内都会处于“休眠”状态，而且理想状态是它能一直“休眠”下去。因为，安全仪表系统处于“休眠”状态，正表明了基本过程控制系统控制下的生产过程的安全运行。例如，对于一个减压阀，在正常情况下，它是处于关闭状态的。只有在出现危险条件，也就是当压力超过一定的极限标准时，安全仪表系统才会动作，即减压阀才会打开。如果压力永远都不会超过极限标准，那么减压阀永远都不会发挥作用，而是一直处于“关闭”的“休眠”状态。但是如果压力超标时，减压阀因为失效而不能打开，那么安全仪表系统发生了要求时失效。发生要求时失效的概率和安全完整性水平是紧密联系的。

对于基本过程控制系统来说，其大部分失效是显而易见的。例如，在自动化生产线上的机器人，其职责是把放在地点 A 的物体挪到地点 B。如果它把地点 B 的物体挪到了地点 A，就发生了一个显而易见的系统失效。再如，某工业过程中的控制阀发生了故障，即不能在需要时达到特定的开关状态，那么必定会影响正常的生产过程，由此产生的故障现象会立刻显现出来。对于基本过程控制系统来说，其失效会在生产的动态过程中自行显现，很少存在“隐藏”的失效。

安全仪表系统的失效就没有那么明显了。这是由安全仪表系统的运行方式所决定的。正是由于安全仪表系统大部分时间处于“休眠”状态，所以很难觉察它是否出现了失效或存在问题。就好比一个人无法知道扔在地下室的备用发电机在需要时是否还能正常运行；无法知道7年没工作过的限压阀在某天突然超压时是否还能起到限压的作用。正因如此，确定休眠系统是否还能正常工作的唯一方法，就是对该系统进行周期性的诊断或测试。因此，安全仪表系统需要人为地进行周期性的离线或在线测试。有些安全系统带有内部的自诊断测试系统。

过程控制通常由气动、电动模拟量单回路控制器完成，而安全功能采用完全不同的硬件来执行，例如，硬接线的继电器系统就是典型的安全系统之一。从20世纪70年代开始，电子分散式控制系统（DCS）逐渐取代单回路控制器。在20世纪60年代后期，可编程逻辑控制器（PLC）得到发展并逐步取代继电器系统。由于这两类系统都是软件可编程的，有人自然地认为将常规控制和安全功能在同一系统（通常是DCS）实现，应该是有益的。所谓的益处，包括单一的电源、集成的通信、减少培训和备件、更简单的维护，以及更低的总体成本。一些人相信现代DCS的可靠性和冗余配置，“足够好”地适用于这样的混合使用设想。但是，所有的本土和国际标准、指南，以及推荐的工程惯例，都明确地要求执行这两种不同功能的系统分开设置。

2.3.1 控制和安全定义

关键系统需要进行全面的测试和文档管理。基本过程控制系统是否也需要同样严格的测试和文档管理，是有争议的。美国政府在1992年颁布过程安全管理（PSM）法规（29 CFR 1910.119）后，很多人就有疑问：是否有必要将对安全系统的文档和测试的强制要求，同样应用到常规控制系统？例如，大多数组织对安全仪表系统的测试规程进行了严格的文档管理，但对其所有的常规控制回路可能并未这样做。有过程工业中的业主曾向OSHA的代表质询，是将PSM法规贯彻于DCS的所有（6000个）回路，还是只贯彻于与安全仪表系统相关的300个回路？OSHA的答复是包括所有。用户的感受如同俗语所说，这是压垮骆驼的那根稻草，是想让他们破产。

这样的争论，推动了ANSI/ISA-91.01—1995《过程工业紧急停车系统和关键安全控制辨识》标准的制定。其修订版ANSI/ISA-91.00.01—2001标准于2001年颁布。这个简短的标准（只有区区两页）包括了过程控制、安全控制，以及安全关键控制的定义。

ANSI/ISA-91.00.01—2001标准将“基本过程控制系统（basic process control system，BPCS）”相对于“高级或先进”过程控制系统定义为“用于工艺过程的常规控制功能（如PID控制和顺序控制）的控制设备”。据统计，在绝大多数的陆地生产设施中，此类控制系统占整个仪表系统的95%以上。许多人将DCS、PLC或它们的混合系统，都归入此类。

ANSI/ISA-91.00.01—2001标准将“紧急停车（ESD）系统”定义为“用于将工艺过程或工艺过程中特定的设备，置于安全状态的仪表和控制系统。不包括非紧急停车或常规操作的仪表和控制设备”。据统计，在绝大多数的陆地生产设施中，此类控制系统占整个仪表系统的10%以下。

ANSI/ISA-91.00.01—2001标准也定义了“安全关键控制（safety critical control）”即“控制系统因失效不能正常操作，将直接导致毒性的、反应性（活性）的、易燃性的或爆炸性的化学物质灾难性释放”。这意味着在没有其他安全保护层的场合，任何存在的控制或安全保护层的失效将即刻造成危险事件发生。此种情况下的控制即为安全关键控制。这类回路的占比应该非常少。

基于以上的定义，用户可以告诉 OSHA，他们的 6000 个 DCS 回路不是安全相关的，因此不需要像 300 个安全仪表回路那样，进行同等严格程度的文档管理和测试。

这并不是说分散控制系统的设计不需要进行全面的分析、形成文档，以及操作管理，只是不要求按照安全仪表系统那样的广度和深度进行监管。

2.3.2 过程控制的特征——主动的或动态的

认识并理解过程控制与安全控制之间的本质不同非常重要。过程控制系统是主动的或动态的。它们有模拟输入、模拟输出，完成数学计算和数据处理，并有反馈回路。因此，过程控制系统中的大多数失效，从本质上是可以自我显露的。例如，考虑一台机器人在自动生产线上的情形。正常情况下，机器人抓起部件 A 并放置到区域 B。如果系统出现故障，会很容易被发现。因为它不再将部件 A 放置到区域 B。系统或工作或不工作一清二楚，没有“隐藏的”失效存在。此类系统只有一种失效模式并且是显露的，不需要采取全面的诊断措施检测这些失效。一台用于过程调节的调节阀故障全开或全关，它可能马上影响到生产，人们很快就会发现存在的问题。即使阀门开度停留在某一位置，因被控对象失调也会很容易地找到问题所在。对于这样的失效或问题，全面地测试和诊断通常是不需要的。

需要频繁更改控制方式。过程控制系统必须有足够的灵活性，允许操作中的频繁干预。过程参数（例如：设定值、PID 参数整定、手动和自动之间的切换等）需要在正常操作过程中不时更改。也可能将系统的某一部分置于旁路，工艺过程改由手动控制。对常规控制系统来说，这是再平常不过的事情。简单、方便及快捷访问是基本要求，以满足这些更改需要。

2.3.3 安全控制的特征——被动的或休眠的

安全系统正好相反，它们是休眠的或被动的。它们在很长的操作时间内什么也不做，当然也不希望它们有所动作。以安全阀为例，正常时，该阀是关闭的。只有当压力达到某一设定限值时才打开。如果压力一直不超过设定值，那么该阀不需要动作。存在于这些系统中的失效不可能自我暴露。如果安全阀堵塞了，不可能马上被发现。如果 PLC 系统处于“休眠”状态，短路故障将使其无法执行断开功能，在没有监视计时器（watchdog timer）时，系统本身就没有能力辨识出该问题的存在，维护人员也无从判断。一个输出模件采用晶闸管开关元件，它可能出现一直处于励磁（energized）状态的故障，很多系统无法辨识此类问题。如果在正常操作时输出是励磁的，你如何辨识这个状态的好坏呢？如果一个使用中的阀门已经 7 年没有进行过全行程操作，你有多大把握说它还能正常关闭呢？如果一台备用发电机有 2 年没有启动过，当需要投用它时，你又有多大把握说它功能正常呢？同样地，你的割草机整个冬天都放置在仓库里，其油箱和汽化器里还装满了汽油，你有多大把握保证来年再用时仍然正常启动？任何系统在正常境况下不动作（或不改变状态），你就没有十足的把握说需要它动作时它一定能启动。要想知道这些平时休眠或静止的系统的功能是否正常，唯一的方法就是测试，或者必须有人为测试系统，或者必须能自我测试。因此，对休眠的、被动操作的安全相关系统，需要全面的诊断能力。另一种选择是采用本质上故障安全（fail-safe）的系统，危险失效基本不存在，但通常不是所有的部件都能做到故障安全。

这意味着用于常规控制的系统，总体上可能不适用于安全应用。安保（即访问控制）和诊断是两个突出的主要问题。

安全系统要求高等级的访问控制，以便满足其安保特性及变更管理规程。安全功能不应该被随意篡改。如何为操作人员访问某些功能提供便利，同时又要屏蔽其他不允许访问的功能？如何判断对系统的某一区域作出改变时，同时又不会影响到与之无关的其他区域的关键功能？许多控制系统没有采取非常有效的访问控制措施。

在安全控制系统中要求有全面的诊断措施，是因为并不是所有的失效都能够自我显露出来。许多人误以为所有的现代电子系统都包括全面的诊断能力。事实并非如此。这样做有着很简单的经济原因。

（1）需要限制更改

安全系统很少允许人机交互。操作人员与工艺流程互动，并采用常规控制系统控制工艺流程。如果控制系统不再能够保持控制状态，通常由独立的报警系统指示问题所在。操作人员随后可依据规程进行人工操作。如果自动控制系统和人工干预都达不到所需的矫正效果，最后一道防线即 SIS 应该自动地并且独立地实施其功能。在操作人员和安全系统之间仅有的交互操作，是在工艺装置开车时，以及在对系统的某一部分进行维护作业时进行旁路。要注意在旁路期间，应该执行严格的操作规程。人们必须清醒地认识到 SIS 是最后一道可以依赖的防线。这些系统应该有严格控制的访问机制。人们最不愿意看到的是在人们都不知情的情况下，系统的功能被某操作人员禁止掉。这样的事情确实曾发生过。

（2）要求模式与连续模式

AIChE CCPS 1993 年版的《化工过程安全自动化指南》和 1996 年版的 ANSI/ISA-84.01，都将安全系统视为低要求模式系统，尽管那个时候还没有采用这一术语。如果安全系统设计合理，那么过程要求（demand）不会太频繁（如每年一次）。近年来发布的 IEC 61508，因适用于所有工业领域，其中介绍了高要求或连续模式系统的概念。简单来说，就是这些系统的动作要求会很频繁。典型例子是汽车的刹车操作。连续模式的概念也已写入过程工业标准 IEC 61511 并被 ISA SP84 标委会接受。

新变化催生新问题。衡量安全系统性能水平的安全完整性等级（SIL）的概念，起初仅应用于低要求模式系统。“要求时失效概率（probability of failure on demand，PFD）”这一概念，对那些一年内可能对 10 个或 10000 个要求需要作出响应的系统来说并不适用。对于这种情况，标委会采用危险失效率（dangerous failure rate）取代概率来衡量不同的 SIL 等级。失效率和概率之间在数值上相差有 10000 倍，这简单地基于每年大约有 10000 小时。

连续模式系统，在概念上基本类似于 ANSI/ISA-91.01 标准所指的“安全关键控制”。ISA SP84 标委会的成员对过程工业中的连续模式应用，甚至都难以举出例子。例如，每天进行装卸作业的批量反应器需要在高液位时频繁地关闭阀门。有些人视其为连续模式，但是它是（控制不稳的）基本过程控制，而非安全保护。

2.3.4 控制系统和安全系统分别设置

在过程工业中，是否将控制系统和安全系统整合在一个系统，至今仍存在争议。换句话说，能将所有的安全功能集成到过程控制系统中吗？支持者试图服众的理由：这两种系统如今的技术都是可编程的，过程控制系统很可靠，也能够做成冗余，为什么不呢？而反对者的辩驳理由很简单，业界的所有标准、推荐的工程惯例及指南都建议将过程与安全控制分开并单独设置。

将控制和安全功能整合在一起的支持者也引用这样的理由，即控制系统是主动的和动态的，并且从本质上其故障能自我显露出来（如前面所述），正好弥补安全系统的故障是隐藏的缺憾。例如，一台模拟调节阀的开度是连续变化的，很容易辨识出存在的问题。由安全系统控制安装在调节阀上的电磁阀，再由电磁阀驱动调节阀的开关操作，这不是很完美吗？事实并非如此，这样做满足不了全部的安全要求。简单地改变阀门开度并不能确保它能完全关闭或达到密封要求，这样做无法测试电磁阀的功能是否完好。如果阀门出现不能关闭的故障（任何东西都会坏掉，只是不确定什么时候），就不可能完成安全动作。有意将控制和安全整合在一起，要进行谨慎、全面的分析，判断能否贯彻安全要求，还有许多其他问题需要考虑到。

过程安全领域的先驱之一特雷弗克利兹（Trevor Kletz）曾指出："安全系统，如紧急关断系统，应该完全独立于过程控制系统，并且如果条件允许，最好是硬接线的。如果它们基于计算机，应该独立于控制计算机。"

下面介绍在各种技术规范或文献中对这两种系统如何配置给出的建议。

(1) HSE-PES

英国人清楚地给出了隔离的要求。他们的技术文件《可编程电子系统的安全相关应用》（Programmable Electronic Systems in Safety Related Applications，Part1&2）分成两章。第一章是面向经理等管理人员的，仅有 17 页，而图 2-10 在其原著中就占了一整页；该技术文件的第二章，是面向工程技术人员的，大约 170 页。要求具有独立的传感器、独立的逻辑单元，以及独立的阀门。

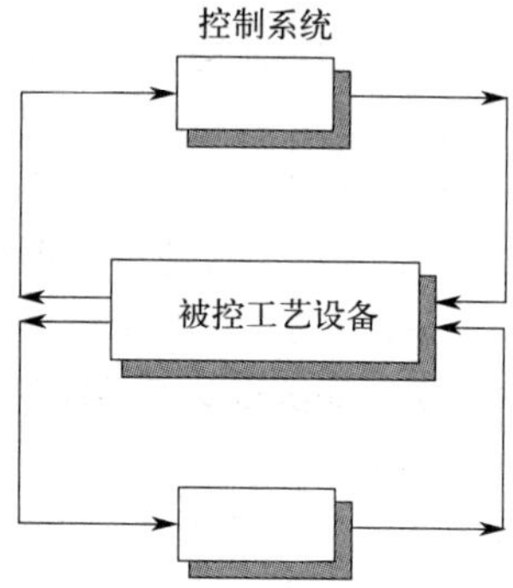

图 2-10　英国健康和安全执行局的建议

(2) AIChE CCPS

美国化学工程师学会化工过程安全中心（AIChE CCPS）1993 年版的《化工过程安全自动化指南》，大约 50 页专注于所谓的联锁系统及其附加的背景材料。作为指南，该书并没有采用诸如"应该"（shall）这类强制要求的字眼，而是用像"通常……"这样的语句，总是持开放的态度进行解释。但是，有一些陈述，如下面的这一段，则是很坦诚和直截了当的：

"通常地，逻辑控制器应该与基本过程控制系统（BPCS）中的类似部件分开设置。进一步地，一般来说，SIS 输入传感器和最终控制元件也要与 BPCS 中相类似的部件分离开。"有什么理由可以否定该文献中"通常地"和"一般来说"这样的建议？这可是由来自最终用户在内的业界专家编写的指南要求。

"在 BPCS 和 SIS 传感器、执行器、逻辑控制器、I/O 模件，以及机架或卡件箱……之间，提供物理的和功能的隔离，以及明显的标识。"换句话说，物理上将部件隔离开，就能保证一个系统内的失效不会影响到另一系统。执行不同的逻辑也是同样的道理，如果将两个系统混在一起组态，当功能要求规格书中存在错误时，将使这两个系统具有同一软件缺陷。在图纸文档和现场安装采用不同的系统标识，人们就可以认识到："这是安全设备，我需要小心并遵循严格的工作规程。"

(3) IEC 61508

该国际标准适用于所有工业领域，并涵盖采用继电器、固态及可编程技术的安全系统（或者简称为 E/E/PE，即电气/电子/可编程电子系统）。

"EUC（被控设备）控制系统应该与 E/E/PE 安全相关系统、其他技术的安全相关系统，以及外部的风险降低设施分开设置并各自独立。"

如果该要求不能被满足，整个控制系统都需要按照安全相关系统设计，并遵循本标准中指明的要求。如飞行器的控制。难以想象设置一套独立的安全系统，当飞机在 35000 英尺（ft，1ft=0.305m）的高空失效时，将其置于安全状态。在某些情况下，控制和安全是如此紧密地混合在一起，那么整个系统必须按照安全相关系统对待。

（4） ANSI/ISA-84. 00. 01—2004

在最初的1996年版标准中，有下面两句关于隔离要求的陈述。这些陈述非常直白并易于解释。

“SIS的传感器应与BPCS中的传感器分开设置。”但如果有足够的冗余，或者如果危险分析表明有足够的其他安全保护层提供了充足的保护，可以例外。

“逻辑控制器应该与BPCS……隔离。”只在不可能将常规控制从安全功能中隔离出来时才能例外，例如燃气透平这样的高速转动设备。

ISA标准通常每五年修订一次。考虑到完全重写ISA SP84标准的难度，标委会最终同意直接采用IEC 61511作为新的ISA标准。但是IEC标准中关于隔离的表述，不像ISA SP84 1996年版标准那么明确。事实上，正是因为在这一问题上的争论和诉求，使新标准的发布推迟了一整年。用户不想强制隔离它们。很多人认为，对于非常小的系统，或者安全性能要求低的系统，如果措施得当，将控制和安全整合在一起是可以接受的。新标准的相关要求如下：

条款9.5.1中写道：“……的设计应该被评估，相对于保护层的全部安全完整性要求，应该确保公共原因……的可能性以及……保护层与BPCS之间的关联失效足够低。”很自然地，对“足够低”的解释是开放性的，以及对如何制定评估要求也是可探讨的。

条款9.4.3中写道：“如果声称BPCS的风险降低能力大于10倍，应该按照本标准设计。”“风险降低”这样的性能化设计术语，将在本书后面的章节中阐述。本条款的意思是，如果将常规控制功能和安全功能整合在一个系统中，即使声称的安全性能等级仅在SIL1范围内，系统的设计也要符合本标准。对于小系统，这可能是切实可行的；而对于大系统，这种系统配置方式总体上不具有可操作性。

条款11.2.4中写道：“如果无意证明基本过程控制系统符合本标准，那么基本过程控制系统应该分开设置并且独立于安全仪表系统之外，独立的范围应确保SIS安全完整性不受损害。”诸如确定“独立范围”的陈述再一次表明了对其解释的开放性。

条款11.2.10写道：“组成安全仪表功能的仪表设备，如果同时也用于基本过程控制，该仪表设备的失效在导致基本过程控制功能失效时不能对安全仪表功能触发一个‘要求’，否则该仪表不应同时用于基本过程控制。除非进行了必要的分析，确认全部风险是可接受的。”换句话说，现场仪表也应该被分开设置。但是，仍然保留了这样弹性的规定，即如果“分析”证明整合在一起的系统是合理、可行的。进行怎样的合理性分析评判？简单来说，其分析思路和方法要足以服众。

（5） API RP 14C

美国石油学会14C“离岸生产平台水面上基本安全系统分析、设计、安装，以及测试推荐的工程惯例”，用于离岸平台停车系统的设计。对于不同的工艺单元，硬性地规定了如何确定停车系统的输入和输出。但是，它没有给出对逻辑单元设计的任何要求（它假定普遍使用气动逻辑系统）。

“安全系统应该提供两个层面的保护……。这两个层面的保护应该是除常规操作控制设备之外独立设置的。”

这些文件中某些规定可能会被随意解释。例如：一台安全阀和一套气体检测器可以被看作是“除常规操作控制设备之外独立设置的”两个层面的保护措施吗？14C明确了如何确定系统的I/O和功能逻辑，但没有给出哪些类型的逻辑单元可以使用。离岸平台已经使用了气动、继电器、PLC，甚至三重化（TMR）等安全系统，并且都声称满足了RP 14C的要求，事实上也可能确实如此。

(6) API RP 554

美国石油学会推荐的工程惯例 554“过程仪表和控制(Process Instrumentation and Control)”适用于炼油厂。它关于隔离要求的陈述更加直截了当。“停车和控制功能宜分别设置并采用各自独立的硬件……”，同时“停车系统仪表设备宜专门设置，并与预停车报警和过程控制系统分开”。换句话说，安全相关逻辑系统和相应的现场仪表，宜专门设计和安装，并与控制和报警分开设置。该技术文件及 14C 都是推荐的工程惯例，不是强制标准。它更多地使用“宜”而非“应该”。

(7) NFPA 85

美国国家消防协会颁布了锅炉和燃烧器管理系统的标准，例如，“关于锅炉和燃烧系统危险的规范”。这些技术文件都可视为“硬性规定”的标准。硬性要求的标准一般是直截了当地陈述，易于解释，因此对一些人来说觉得很舒服。该标准非常清晰地提出隔离要求。“独立性要求：执行燃烧器安全管理功能的逻辑系统，不应与任何其他逻辑系统整合在一起”。一套 DCS 可能需要 6000 个 I/O 点对一台大型工业锅炉进行控制，但其燃烧器管理系统仍然是独立设置的系统。另一句规定说道：“逻辑系统应仅限于一台锅炉。”换句话说，采用可组态多个程序的冗余逻辑系统同时操控多个燃烧器管理系统，是不能被接受的。但是，对那些自保设施，可能不必遵循 NFPA 标准。

(8) IEEE 603

电气电子工程师学会已经颁布了用于核能发电站设计的标准，如用于核电站安全系统的标准规范(Standard Criteria for Safety Systems for Nuclear Power Generating Stations)。过程工业当然不像核能工业那样严格。在该标准中，隔离安全层的概念更加清晰、明确。

“安全系统设计应该确保在失效存在时，其他系统的后续动作不能妨碍安全系统满足其要求”。

一些核电设施采用四重化冗余计算机配置，两两串联后再并联。有时将两套这样的四重化冗余系统再并联在一起使用。在美国，通常在采用四重化系统时，还附加“常规模拟”系统作为备用。

几年前在英国的杂志期刊上曾登载了一篇文章，探讨如何对英国核电站使用的可编程安全系统进行软件测试。案例动用了 50 名工程师花费 6 个月对系统进行检验测试。石化企业能否承受 25 人/年对每套安全系统进行检验测试？美国核管理委员会(Nuclear Regulatory Commission，NRC)曾告诉本文章的一位作者，别说 25 人/年，在核能工业更可能是几百人/年。

2.3.5 共因失效与系统(或功能)失效

对公共原因失效(共因失效)有一些不同的叫法和定义。共因失效一般可定义为，单一的诱因或失效，对系统的多个部件或多个部分造成影响。

表征此类问题的一个方法是用“β 因数”。在冗余系统的一个“分支”或“部分”中，某些失效会影响到另外分支或部分中同样的部件，造成整个系统失效。此类失效占总失效的百分比即为 β 的数值。例如：假设中央处理器(CPU)有 1×10^{-6} 个失效/小时的失效率，如果 CPU 三重化配置并且所有三个并排布置在同一个机箱中，某些失效就可能一次影响到两个或三个 CPU(如设计、制造或软件错误)。β 因数为 10%，意味着该系统会以 10^{-7} 个失效/小时的失效率将该系统整体置于失效状态。请注意，β 因数模型是纯粹的经验模型，它并不客观存在，仅仅是一个模型或者说是对真实情形的估计。有很多文献介绍了估算 β 百分数值的方法。

系统失效也称为功能失效。因影响到整个系统，有时也分类为共因失效。系统失效的例子通常包括设计、操作失误，以及维护当中的人为失误。受热、振动及其他外部因素，也可以视作系统失效。系统失效会影响冗余和非冗余系统。如果在电磁阀的设计要求中存在系统错误，可导致诸如电磁阀低温不能正常操作等问题。如果采用的是冗余阀门，系统失效也是共因失效。一些系统失效可能相对容易地辨识出来（如设计错误），但是要估算此类失效的数量或占比（例如，试图使用β因数计算）通常是很困难的，因为它们难以量化。例如：工程设计错误数量有多少？或者维护技师校验三个变送器时，都校验不准确的概率是多少？

核工业的一份研究表明，在核电站的全部失效中，有25%是与共因失效有关的。对冗余控制系统的调查发现，共因失效占比为10%～30%。让人惊讶的是，一些完全冗余的系统仍然存在单点失效。例如，一套网络化的计算机系统有7条冗余通信线路，不幸的是，它们都分配在同一根光缆中，一旦该光缆被切断，整个系统就会瘫痪。当然没有人会刻意按照这种方式设计通信系统。失效的这个点，就是很多问题最终集中到的那个症结所在，形象地打个比喻，当失效出现在这个点时，相当于一个人什么也“看不到”了。

如果常规控制功能和安全功能在同一系统中执行，总会有潜在的因素导致共因故障。系统之间在物理上隔离得越彻底，越不可能出现单点失效对这些系统同时造成影响。“不要把所有的鸡蛋放到一个篮子里”，不管这个篮子多么结实、可靠，总存在不可预见的情形导致它摔落到地上。什么东西都会坏掉，问题只是什么时候发生。

2.3.6 人力因素

各种标准明确要求将常规控制系统和安全系统分开设置，但它们都没有真正地说到为什么。这些问题实际上是显而易见的，很多可归结为人力因素。

安全系统要求对变更进行严格的管理。如果将常规控制和安全功能整合在一个系统中，怎样有效地保证操作员灵活访问需要改变的某些功能，而锁定那些不允许触碰的功能？如何保证在修改系统的一个局部（如软件逻辑）时，不会影响到系统中其他与之无关的安全功能？如何保证将某常规控制回路置于旁路（正常操作中司空见惯），同时又不会影响到安全报警或动作？避免出现操作错误的唯一有效途径是将不同的系统分开设置。

一个实际的例子有助于对此加深印象。一家公司从另一个企业收购了一个在役工厂。从母公司派了一位工程师到该工厂对常规控制系统和安全系统进行技术审核。工程师发现，所有的常规控制功能和安全功能都是在DCS上实现的。进一步检查发现，有三分之一的安全功能被随意地废弃了（即被删除了），三分之一设置为旁路，剩下的三分之一经测试发现有的功能也不正常。人们有充分的理由认为，建立并遵循适当的操作和管理规程，就可避免类似问题的发生。总之，对安全系统的旁路、维护、测试等操作及变更管理，都必须建立严格的工作步骤或规程。不幸的是，有意或无意地违反各种规程时有发生。如果我们所有人都是合格的驾驶者，严格遵守相应的交通规则，就可减少对安全带或安全气囊的依赖。

习　题

1. 简述功能安全的定义，并说明其在工业安全中的重要性。
2. 解释安全完整性等级的概念，以及它与风险降低因子的关系。
3. 说明安全仪表系统的组成部分及其功能。

4. 简述基本过程控制系统和安全仪表系统的功能区别，并说明为什么要将它们分开设置。

5. 解释平均失效前时间（MTTF）、平均恢复时间（MTTR）和平均失效间隔时间（MTBF）的含义。

6. 根据 IEC 61511，安全仪表功能（SIF）的定义是什么？SIF 由哪些部分构成？

参考答案

第3章

化工风险识别与评估

学习目标

1. 掌握风险的基础知识，包括风险定义、评估及其在化工安全中的关键作用。

2. 学会应用化学品风险矩阵对潜在危害进行评估，并据此制定风险缓解措施。

3. 理解工艺物料的特性和操作条件如何影响工艺安全，以及如何运用危害分析方法来识别和评估风险。

4. 深入理解 HAZOP 分析的流程和方法，包括团队组建、分析步骤和结果记录，以提高化工生产中的风险评估和问题解决能力。

5. 通过分析典型案例，学习如何将理论知识应用于实际化工安全问题，提炼经验教训，增强解决复杂问题的实际能力。

3.1 风险及风险辨识概述

3.1.1 风险

风险是指某种特定的危险（事故或意外事件）发生的严重性与可能性的组合。通过风险定义可以看出，风险是由两个因素共同作用组合而成的，一是该危险发生的可能性，即危险概率；二是该危险发生后所产生的后果。对事故而言其后果往往是不确定的，如爆炸或人员伤害等，但发生的概率不确定，每 1 年发生一次爆炸和每 10 年或每 100 年发生一次爆炸，给人们产生的影响是不同的。

因此，我们要辨识出每个作业单元可能存在的危险并判定这种危险发生的可能性，二者相乘才是最终的风险。风险确定后进行风险分级，并根据不同级别的风险采取相应的风险控制措施。

风险的数学表达式为

$$R=L\times S$$

式中 R——风险值或风险度；

L——发生事故的可能性，重点考虑事故发生的频次及人体暴露在这种危险环境中的频繁程度等；

S——发生伤害后果的严重等级，主要从人身健康和安全（S/H）伤害程度、财产损失情况（F）、非财务性与社会影响（E）三个方面评判。

3.1.2 化学品的风险矩阵

风险矩阵（risk matrix）是一种将事故发生的可能性和后果的严重性进行综合评估，从而确定风险大小的定性评估方法。风险矩阵是一种将风险可视化的工具，常用一个二维表格对风险进行半定性分析。

应用风险矩阵评价风险时，将风险事件的后果严重性相对定性地分为若干级，将风险事件发生的可能性也相对定性地分为若干级，然后以严重性为表列，以可能性为表行，在行列的交点上给出定性的加权指数，所有加权指数构成一个矩阵，而每一个指数代表了一个风险等级，如图 3-1 所示。

可能性	严重性				
	微小	较小	一般	重大	特大
	1	2	3	4	5
极有可能	M	H	H	E	E
很可能				H	E
可能	采矿业风险典型分布情况			H	E
偶尔可能	L			H	H
不太可能	L	L	M	M	H

发生可能性等级					
E 极高	Ⅱ	Ⅲ	Ⅲ	Ⅳ	Ⅳ
D 高	Ⅱ	Ⅱ	Ⅲ	Ⅲ	Ⅳ
C 中等	Ⅰ	Ⅱ	Ⅱ	Ⅲ	Ⅳ
B 低	Ⅰ	Ⅱ	Ⅱ	Ⅲ	Ⅲ
A 极低	Ⅰ	Ⅰ	Ⅱ	Ⅱ	Ⅲ
	1 无关紧要	2 较小	3 中等	4 重要	5 灾难性
	风险影响程度				
风险等级 Ⅰ—可接受 Ⅱ—轻微 Ⅲ—中等 Ⅳ—重大					

可能性 ▲				
F4	Ⅳ	Ⅱ	Ⅰ	Ⅰ
F3	Ⅳ	Ⅲ	Ⅱ	Ⅰ
F2	Ⅳ	Ⅳ	Ⅲ	Ⅱ
F1	Ⅳ	Ⅳ	Ⅳ	Ⅲ
	严重性 ►			

图 3-1 不同的风险矩阵

风险矩阵的优点是简洁明了、易于掌握、适用范围广；缺点是确定风险可能性、后果严重性依赖于经验，主观性较强。风险矩阵的制订不仅要结合企业的安全风险评价管理制度，还要结合目前国内法律法规的要求。风险矩阵如果制订得过于宽松，则不适宜当前严峻的安全管理形势；风险矩阵如果制订得过于严格，则会大大提高各个偏差导致的后果的风险等级，造成保护措施投资大幅度增加等。因此，企业需要制订一个合适的风险矩阵并应用于 HAZOP 分析中。

3.1.3 分析对象与分析方法

工艺风险评估的基础条件是首先进行风险识别。化工生产过程的风险识别包括化学物质风险识别、目标工艺反应过程风险识别、未知二次分解反应过程风险识别及工艺生产过程中设备及其操作风险识别等。

其中，工艺生产过程中设备及其操作风险识别可以通过危险与可操作性（HAZOP）分析、检查表（check list）法、事件树分析（ETA）方法、事故树分析（FTA）方法等不同的方法开展。在工艺放大生产初始设计阶段或在生产阶段进行定性的识别。而化学物质风险识别、目标工艺反应过程风险识别和未知二次分解反应过程风险识别则需要通过信息资料的查询和实验室反应风险测试研究来获取相关数据和结论。

化学物质风险识别需要进行大量的安全数据收集和必要的测试工作，包括参与反应的所有化工原料，以及工艺过程中形成的各个中间体的稳定性测试研究等。大多数参与反应的化学物质的安全数据，包括反应原料、中间体、产品和相关杂质等，可以通过查询物质安全数据表（MSDS）得到，而有些特殊的化工原料、中间体及相关杂质的安全性数据不属于常规数据，需要通过实验测试求取。重要的安全性数据包括物质的燃烧性、闪点、引燃温度、爆炸极限、最低引燃能量、自燃温度等。

3.1.4 工艺物料性质

工艺物料的性质是化工生产风险识别与评估中的核心要素之一。在化工生产过程中，物料的物理化学性质决定了其在生产、储存、运输和使用过程中的潜在危险性。因此，对工艺物料性质的深入了解是确保生产安全、预防事故发生的前提。工艺物料性质主要包括物料的物理性质、化学性质、反应性、毒性、腐蚀性、易燃易爆性等。

（1）物料的物理性质是风险评估的基础

物理性质包括但不限于物料的熔点、沸点、密度、溶解性、挥发性、热稳定性等。例如，易挥发的物料在常温下容易形成爆炸性混合物，增加了火灾和爆炸的风险。物料的熔点和沸点决定了其在生产过程中的状态，从而影响到工艺条件的选择和控制。物料的密度差异可能导致分层或混合不均，进而影响反应的均匀性和效率。了解物理性质有助于设计合理的工艺流程和安全措施，如选择合适的反应器类型、确定适宜的操作温度和压力范围等。

（2）化学性质是决定物料反应行为的关键因素

化学性质包括物料的酸碱性、氧化还原性、聚合性、分解性等。物料的酸碱性决定了其在反应中的作用，影响酸性或碱性催化剂的使用。氧化还原性物料在接触空气或水时可能发生剧烈反应，甚至引发火灾或爆炸。聚合性物料在一定条件下可能自发聚合，导致反应失控。了解物料的化学性质有助于预测可能的副反应和危险反应，从而采取预防措施，如控制反应温度、使用阻聚剂等。

（3）反应性是物料在特定条件下与其他物质发生化学反应的能力

在化工生产中，反应性不仅影响产品的收率和质量，还直接关系到生产过程的安全性。物料的反应性评估需要考虑其与空气、水、其他化学品的反应性，以及在不同温度和压力下的反应速率和放热情况。例如，某些物料在高温下可能迅速分解，释放出有毒气体或引起爆炸。因此，对于高反应性的物料，必须在设计工艺流程时考虑有效的冷却和控制措施，以及紧急情况下的安全排放和隔离系统。

（4）毒性是物料对生物体产生有害作用的能力

在化工生产中，许多物料都具有一定的毒性，可能通过吸入、皮肤接触或摄入进入人体，造成急性或慢性健康问题。毒性评估需要考虑物料的急性毒性、慢性毒性、致癌性、致畸性等。对于有毒物料，必须在生产过程中采取严格的个人防护措施，如佩戴合适的防护装备、设置通风系统等，并确保物料的储存和运输符合相关安全规定。

（5）腐蚀性是物料对设备和容器造成化学破坏的能力

腐蚀不仅会缩短设备的使用寿命，还可能导致物料泄漏，增加安全风险。腐蚀性评估需要考虑物料对不同材料的腐蚀作用，如对金属、塑料、橡胶等的腐蚀性。在设计工艺流程时，必须选择合适的材料以抵抗物料的腐蚀作用，或采取适当的防腐措施，如涂层、衬里等。

（6）易燃易爆性是物料在一定条件下能够燃烧或爆炸的特性

易燃易爆性评估需要考虑物料的闪点、自燃点、爆炸极限等参数。对于易燃易爆物料，必须在生产过程中严格控制火源和点火源，如使用防爆电器、设置静电消除装置等，并确保有良好的通风系统以防止可燃气体或蒸气的积聚。

在对工艺物料性质进行风险评估时，除了上述性质外，还需要考虑物料的来源、储存条件、使用量、环境影响等因素。通过综合分析这些因素，可以对物料的潜在风险进行全面评估，并制定相应的风险控制措施。例如，对于高风险物料，可以采取限制使用量、增加安全距离、设置紧急响应计划等措施。

工艺物料的性质是化工生产风险识别与评估的重要组成部分。通过对物料性质的深入了解和科学评估，可以有效地预防和控制生产过程中的各种风险，保障生产安全和员工健康。在实际操作中，化工企业应建立完善的物料管理系统，定期对物料性质进行评估和更新，确保风险评估的准确性和时效性。

3.1.5 工艺危害分析方法

随着科学技术的发展，各行各业的生产技术都得到了极大的进步。现阶段，在我国的化工行业中，生产过程连续性不强、整体操作烦琐，化工生产过程中存在的安全隐患就更多，导致事故频繁发生。为避免事故的发生，在风险事故发生之前，人们就运用各种方法系统地、连续地认识所面临的各种风险，以及分析风险事故发生的潜在原因及后果，做好辨识工作。结合欧洲先进的风险识别方法，本节介绍了几种用于化工行业的反应风险识别的分析方法。

（1）检查表法

检查表（check list）法是按照系统工程的分析方法，在对一个系统进行科学分析的基础上，找出各种可能存在的风险因素，然后以提问的方式将这些风险因素列成表格，通过检查发现系统中存在的安全隐患，提出改进措施的一种方法。检查表法是在化工生产过程中，不断地总结经验并加以完善，逐步形成的一种最基本的方法。检查表法适合间歇式或半间歇式化工生产操作，可以将整个工艺生产过程看作一个系统，再将系统分成若干个子系统，找出各个子系统存在的风险因素，针对各个风险因素，查找有关的控制标准或规范，然后根据风险因素依次列出问题清单并重点填写预防及控制措施。

通常用行和列组成的矩阵来表示检查表，每一行注明要检查的对象，每一列表示一个工艺操作，编制简单、易于理解的标准化图形，人员只需要填入规定的检查内容，再统计汇总其数据，即可用于量化分析或比对检查。以简单的数据、容易理解的方式制成图形或表格，必要时标上检查记号，并加以统计整理，用于进一步分析或核对检查。化工风险分析没有通用的检查表，但可根据以往的经验制定符合工艺要求的检查表。通常，在化工中，检查表应包含公用工程检查表（表 3-1）和工艺过程状态检查表（表 3-2）。在一个已知的工艺条件下，分别查找出公用工程设备、仪表发生故障和工艺操作发生偏差可能导致的危害。检查表法要对工艺过程中的每一个动作进行详细的分析，检查工艺条件是否符合工艺设计，是否存在不足及遗漏。检查表法需要将工艺过程描述得清楚、准确，按操作先后顺序依次排列，避免在事故分析中遗漏重要环节。为了更加准确地分析出潜在的风险，可以采用 What if——“如果……会怎样”的提问方法辨识风险情况，辨识出的风险可在其位置上标记出来。例如：在 A16 处标记，说明在执行工艺步骤 A 时，加料速度的偏差会产生危险，具体的危险性、后果及控制措施可以汇总到表 3-3 中，并详细描述。

表 3-1　公用工程检查表

偏差	工艺步骤							
	A	B	C	D	E	F	G	…
1. 电源								
2. 水								
3. 蒸汽								
4. 冷冻盐水								
5. 氮气								
6. 压缩空气								
7. 真空								
8. 通风								
9. 吸收								

表 3-2　工艺过程状态检查表

偏差	工艺步骤							
	A	B	C	D	E	F	G	…
10. 清洁								
11. 设备检查								
12. 清空								
13. 设备通风								
14. 设备更换或保养								
15. 物料量、流速								
16. 加料速度								
17. 加料次序								
18. 反应物的混合								
19. 静电危险								
20. 温度								
21. 压力								
22. pH 值								
23. 加热或冷却								
24. 搅拌								
25. 与载热体反应								
26. 催化剂、惰化剂								
27. 杂质								
28. 分离								
29. 连接								
30. 废物清除								
31. 工艺中断								
32. 取样分析								

表 3-3　偏差危险性分析表

工艺步骤	序号	危险性	后果	控制措施	备注
A	A16	…	…	…	…
…					

检查表法可以在化工反应风险研究的基础上对工艺风险进行评估。检查表法的优势在于

覆盖的危险范围广，而且相对容易应用，不需要很多的前期培训，不足之处在于容易导致分析不充分、分析的深度有限。所以检查表的编制应由具有丰富经验的人员来完成，编写时思路不受局限，开放性强。要求编写者系统、完整地罗列出工艺步骤及偏差情况，尽可能不遗漏重要的、可能导致风险的因素。检查表法能够做到定性分析，不能作出定量的评价，而且检查表法只能在已知的工艺条件下进行分析。

（2）事件树分析

事件树分析（event tree analysis，ETA）是一种运用图形进行演绎的逻辑分析方法。事件树分析主要运用逻辑思维的规律和形式，进行事故的起因、发展、结果和全部过程的分析。利用事件树分析事故的发生过程，以“人、机、料、法、环”等综合系统为对象，来分析各环节事件发生的成功与失败两种情况，从而预测系统可能出现的各种结果。事件树分析的基本原理是分析任何事物从初始到最终结果所经历的每个环节，分出成功（或正常）或失败（或失效）两种可能情况作为两种途径的分支。将成功记为 Y，并作为上分支，将失败记为 N，并作为下分支；然后分别从这两个状态开始，仍然将成功记为 Y，并作为上分支，将失败记为 N，并作为下分支的两种可能持续地分析下去。这样一直分析到最后结果为止，就形成了一个水平放置的树状图（图 3-2）。

从事故发生的过程来看，任何事故的瞬间发生，都是由于在事物的一系列发展变化环节中，接二连三地出现“失败”所致。因此，利用事件树的原理对事故的发展过程进行分析，不仅可以掌握事故过程的规律，而且可以识别导致事故发生的危险源。

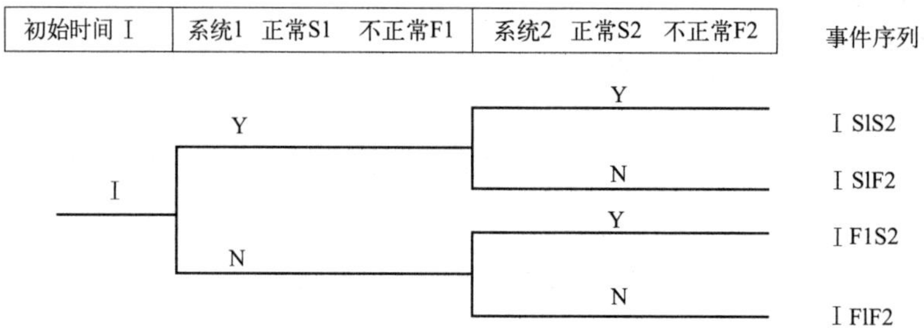

图 3-2　事件树分析的分支树状图

完整的事件树分析通常包括四个步骤。首先确定初始事件；其次对消除事件的安全功能进行识别；再次编制事件树，描述导致事故发生的顺序并确定事故顺序的最小割集；最后编制分析结果。

① 确定初始事件。事件树分析首先是要确定初始事件，确定初始事件是事件树分析的重要环节。初始事件是指可能引发系统安全性后果的系统内部故障或外部事件，如设备故障、系统故障、工艺异常或人为操作失误。如果所确定的初始事件能够直接导致一个具体的事故发生，事件树分析就能够较好地确定事故原因。

② 识别能消除初始事件的安全功能。设计初始事件的安全功能可以看作是为防止初始事件发生并造成后果的预防措施。安全功能通常包括以下 5 个方面：

a. 系统能够自动地对初始事件作出相应保护性反应，包括自动停车系统；

b. 当初始事件发生时，联锁报警器能向操作人员发出警报信号；

c. 操作人员按照设计要求或操作规程对报警信号作出相应反应；

d. 启动冷却和压力释放等应急系统，以减轻事故可能造成的严重后果；

e. 设计限制初始事件可能会造成影响的围堰或封闭方法。

③ 编制事件树。所谓编制事件树，是指由初始事件开始，展开事故序列，来确定由初

始事件引起的有可能发生的事故。分析人员应按事件顺序列出安全功能动作或安全措施。有些情况下，几个事件有可能会同时发生。在估计安全系统对异常状况的反应时，分析人员应该仔细考虑正常工艺的控制对异常状况的反应。

④ 编制分析结果。编制分析结果是指分析人员将事件树分析研究的结果进行汇总，进而列出不同的事故后果，并且从事件树分析中得到一些建议和控制措施。

事件树建立的原则是根据系统工艺操作简图由左至右进行绘制；在表示各个事件的节点上，一般是表示成功事件的分支向上，表示失败事件的分支向下，并且每个分支上注明其发生概率，然后分别求出它们的积与和，作为系统的可靠系数。事件树分析中，形成分支的每一个事件的概率之和，一般等于1。

事件树分析适用于多环节事件或多重保护系统的风险分析和评价，不仅可以用于定性分析，也可以用于定量分析。

对事件树的整个分析过程进行简单列举，并进行简要的说明如下。

根据图3-3的反应装置流程，对提取出原料A的输送泵与阀门系统进行事件树分析，如图3-4和图3-5所示。

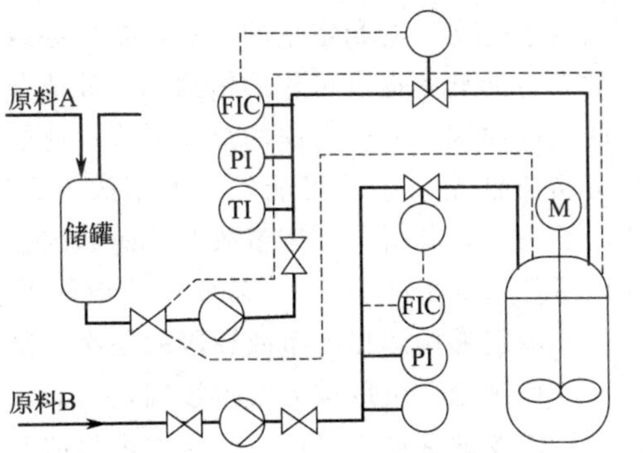

图3-3 反应装置流程示意

FIC—流量调节；TI—温度测量；PI—压力测量

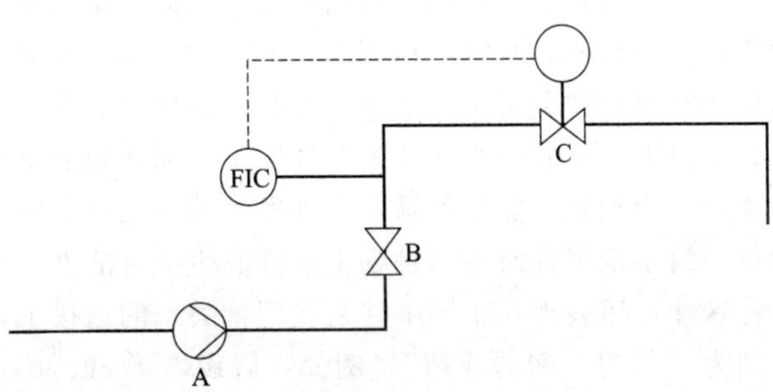

图3-4 原料A输送系统示意

由图3-5可以看出，导致事故的危险源包括三个方面：一是泵A失效；二是阀门B关闭；三是流量调节阀C开关不正常。

(3) 事故树分析

事故树分析（fault tree analysis，FTA）是安全系统工程中常用的一种事故分析方法。1961年，事故树分析的概念由美国Bell电话研究所的H. A. Watson首先提出，并应用于研究民兵导弹发射控制系统的安全性评价中。美国波音公司Hassle等人对这个方法又进行了重大改进，使之便于应用电子计算机来进行辅助定量分析。目前，事故树分析方法已应用于

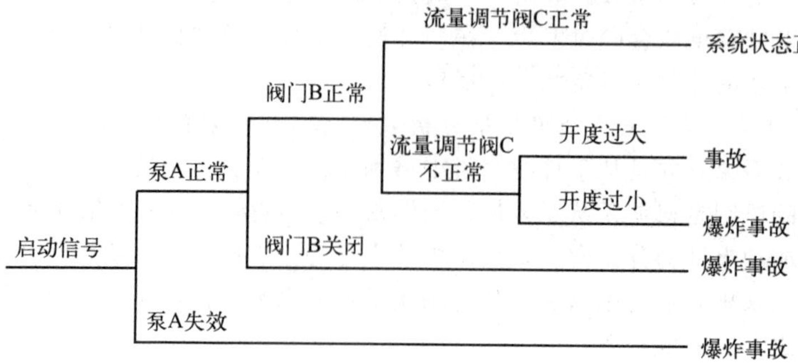

图 3-5　原料 A 输送系统事件树

化工、机械、电子、电力和交通等领域中。事故树分析方法可以进行故障诊断，对系统薄弱环节进行分析，指导系统安全运行。

事故树分析方法是一种演绎的安全系统推理的分析方法，这种方法是指通过带有逻辑关系的图形符号，把系统可能发生的某种事故与导致事故发生的各种因素连接起来，形成类似树一样的事故图，并对事故树进行定性的和定量的分析，找出导致事故发生的主要原因，并为确定安全措施、降低事故发生的概率提供可靠的依据。事故树分析方法能对事故进行定性分析，识别导致事故发生的主次原因与未曾考虑的潜在风险；还能进行定量分析，用以预测事故发生的概率。事故树分析方法是将系统可能发生的事故放在图的最上面，称为顶上事件，按照系统构成要素之间的关系，分析与灾害事故有关的原因。这些原因可能是其他一些原因的结果，称为中间原因事件（或中间事件），需要持续地往下分析，直到找出不能进一步往下分析的原因为止。这样就能够构建出各事故原因的层次，每一个中间原因事件与上下层原因的关系清晰明了。事故树理论上可以被分解得很细，然而，通常没有必要这么做，只要将事故树分解到能满足分析需要的深度就可以了。在大多数情况下，对于分析深度的要求是分析到能找到风险降低措施的程度。例如，在化工生产的工艺中进行事故树分析，只要能分析到发现泵出现故障就可以了，进一步深入地查找导致泵出现故障的原因并没有太多现实意义，就工艺过程安全而言，准备一个备用泵或增加泵的维修频率可能会显得更有意义。因此，通常在利用事故树进行分析时，只需分析到基本的装置，如分析到泵、阀门和控制仪表等发生故障的层次即可。在事故树分析中，如果所有基本事件全都发生，那么顶上事件必然要发生。但是，大多数情况下，只要一个或几个事件发生，那么顶上事件也会发生。在这种情况下，基本事件的集合称为割集，能够使顶上事件发生的最低限度的基本事件集合称为最小割集。事故树中的每个最小割集都对应一种顶上事件发生的可能性。

事故树分析法的特殊性，还表现在不同事件之间逻辑关系的连接上。事故树通常是含有两种逻辑途径的，分别为“与门”和“或门”。例如，假设考虑 A、B、C 三个原因导致了事件 X，如果是三个原因必须同时存在，才能够导致 X，在事故树上与 X 的连接就要通过“与门”的途径，而 A、B、C 的逻辑运算称作事件 X 的“与”，也可称为逻辑积，表达式为

$$X=A\cdot B\cdot C$$

相对应地，如果单一的 A、B 或 C 能导致事故 X 的发生，则是“或门”的途径，此时 A、B、C 的逻辑运算称作事件 X 的“或”，也可称为逻辑和，表达式为

$$X=A+B+C$$

事故树分析的步骤如下所述。

① 前期准备。前期准备包括下述三个方面的内容。

a. 确定所要分析的范围。在分析过程中，要合理地处理好所要分析的范围与外界环

境及其边界的条件，明确影响整个生产系统安全的主要因素。

b. 熟悉分析范围。对已确定的分析范围要进行深入的调查、研究，收集有关的资料，包括生产过程的设备、工艺流程、操作条件和环境因素等情况。而这一步是事故树分析的基础和依据。

c. 调查确定的分析范围曾经发生过的事故，以及将来可能会发生的事故，并收集相关资料。

② 事故树的编制。事故树的编制包括以下四个方面的内容。

a. 确定事故树的顶上事件。

b. 调查分析引起顶上事件的各种原因。直接原因可以是机械故障、人为因素或环境原因等。因此，可以从这几方面调查导致事故树顶上事件发生的所有事故原因，可以通过以往一些经验来确定导致顶上事件发生的原因，并进行影响分析。

c. 绘制事故树。找出造成顶上事件的各种原因后，可以采用一些规定的事件符号和适当的逻辑门，按照一定的逻辑关系，从事故树顶上事件开始，从上到下分层连接起来，层层向下，直至最基本的原因事件，这样就构成了一个反映因果关系的事故树。

d. 审查绘制的事故树。绘制成的事故树是事件之间的逻辑模型表达。既然是逻辑模型，那么各个事件之间的逻辑关系应当合理且严密。否则在后续的计算过程中会出现许多问题。在绘制过程中，一定要进行反复的推敲、修改。有时，除了局部做修改外，甚至需要重新绘制，直至符合实际情况为止。

③ 事故树分析。事故树分析包括定性分析和定量分析两方面的内容。

a. 定性分析。事故树定性分析主要是按照绘制的事故树，求取事故树的最小割集，根据定性分析结果，经过讨论确定并提出防止事故发生的安全措施。

b. 定量分析。事故树定量分析主要是根据引起顶上事件发生的各种基本事件发生的概率，计算事故树顶上事件发生的概率。根据事故树定量分析结果及事故发生后可能会造成的危害程度，对系统进行风险分析。

④ 事故树分析结果的总结和应用。在经过对事故树的详细绘制和分析后，要及时对事故树分析结果进行评价和总结，整理出事故树定性和定量分析的相关资料和数据，并提出改进意见和相应的预防措施。

（4）危险与可操作性分析

危险与可操作性（hazard and operability，HAZOP）分析是以系统工程为基础的一种可用于定性分析和定量评价的危险性评价方法，是目前世界上通用的一种安全评价方法，用于探明生产装置和工艺过程中的危险及其原因，寻求相应的对策。HAZOP 是于 20 世纪 70 年代早期提出的，由英国帝国化学公司首先开发应用，经过不断的改进与完善，现已广泛应用于各类工艺过程和项目的风险评估工作中。有些国家如英国，已通过立法手段强制其在工程建设项目中的推广应用。在我国，HAZOP 分析正处于起步阶段。HAZOP 分析是高度专业化的作业程序，是一种对项目做定性的风险分析和风险管理的技术方法。目前，各相关企业已经开始认识 HAZOP 分析的重要性，深刻地了解开展和建立 HAZOP 分析的必要性，同时将开展 HAZOP 分析作为 P&ID 设计审批的标志之一。

HAZOP 分析能够系统地分析所有超出最初设计意图范围的偏差，非常适合新技术和新工艺应用。它是针对化工工艺而设计的，同时也适用于其他工艺类型。在项目的系统生命周期中，HAZOP 分析适用于全过程，包括但不局限于以下 5 个阶段。

① 概念和定义阶段。在这一阶段，由于开展 HAZOP 分析所需的详细设计资料尚未形成，可以使用其他一些较为简单的危害分析方法（如检查表，“如果……会怎样”等）辨识出主要危害，以利于随后进行 HAZOP 分析。

② 设计和开发阶段。在这一阶段，形成详细的设计方案，并确定操作方法，编制完成设计文档，设计趋于成熟，基本固定，属于开展 HAZOP 分析的最佳时机。HAZOP 分析完成后，给评估设计造成影响，应建立设计变更管理办法。

③ 制造、安装和试运行阶段。在这一阶段，如果工艺相对复杂或危险性高，对操作的要求较高，试运行存在一定危险，或者在详细设计后期出现了设计的较大变动时，建议开车前再进行一次 HAZOP 分析。

④ 生产和维护阶段。在这一阶段，主要强调对于那些影响系统安全、可操作性或影响环境的变更，应考虑在变更前进行 HAZOP 分析。在进行 HAZOP 分析时，应确保在分析中使用最新的设计文档和操作说明。

⑤ 停用和处理阶段。对于这一阶段，当可能发生正常运行阶段不会出现的危险时，需要进行 HAZOP 分析。在系统的整个生命周期都应保存好分析记录，以确保能迅速地解决停用和处理阶段出现的问题。

3.2 危险与可操作性（HAZOP）分析

3.2.1 HAZOP 分析内容

HAZOP 分析是一种系统的、结构性的分析方法。在进行 HAZOP 分析时，分析团队应用一系列引导词来识别偏离设计意图时可能出现的事故剧情。

采用 HAZOP 分析开展工艺危险分析时，通常包括以下主要阶段。

① 发起阶段。明确工作范围、报告的编制要求、各参与方的职责，并组建分析团队。

② 准备阶段。开展分析工作所需时间估计及工作日程安排、准备必要的过程安全信息（图纸、文件等）、召集会议及行政准备（会议室等）。

③ 会议阶段。分析团队组织一系列会议，通过团队的讨论，识别和评估工艺系统潜在的危险和现有安全措施，根据需要提出建议的安全措施，并准确记录会议中讨论的内容。

④ 报告编制与分发阶段。在分析会议之后，编制工作报告，分发给相关方征求意见，然后定稿形成正式报告。

⑤ 措施项跟踪落实阶段。编制行动计划，跟踪落实 HAZOP 分析提出的建议措施（这是一个很重要的环节，但从严格意义上讲，它不属于工艺危险分析本身的工作范畴，应属于后续工作，由项目团队或工厂管理层负责，不是工艺危险分析团队的职责）。

HAZOP 分析各个阶段的主要任务如图 3-6 所示。

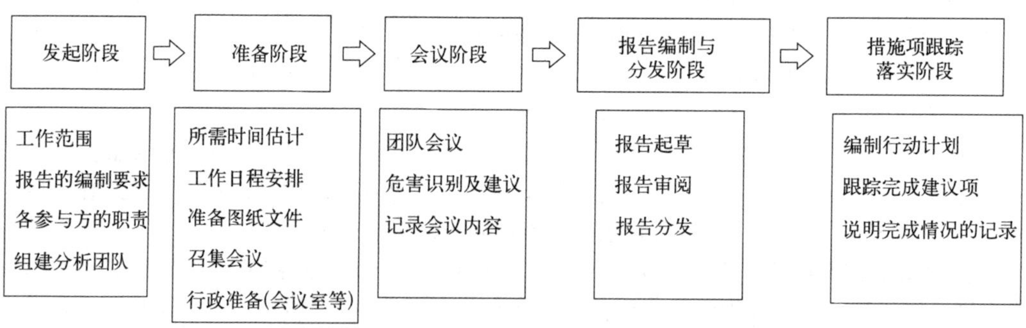

图 3-6　HAZOP 分析各个阶段的主要任务

HAZOP 分析一般包括下面 5 个步骤。

（1）定义危险与可操作性分析所要分析的系统或活动

首先要确定分析对象的功能、范围，因为所有的危险与可操作性分析所要分析的都是一个系统在正常的运行中各种可能的偏差，清楚地定义一个系统的设计功能或正常运行是分析工作的第一步。详细和清晰地记录这第一步工作对于 HAZOP 分析工作是很重要的。

在现实生活中很少有系统是完全孤立的。绝大多数系统是和其他系统相连或相互作用的。通过清楚地定义一个系统或运行的范围或边界，可以避免忽略边界附近重要系统的组成部分，也可以避免囊括不属于这个系统或运行的组成部分，从而避免混淆问题或浪费资源。

（2）定义分析需要关注的问题

分析需要关注的问题包括安全问题、环境问题、经济问题等。危险与可操作性分析可以聚焦在一个问题或风险上，也可以同时聚焦在几个问题上。在分析时还需要考虑可接受的风险限度。

（3）分解被分析的系统并建立偏差

在整个 HAZOP 分析团队集中开会之前，HAZOP 分析团队的主席和记录员应该做一些积极的准备工作，以确保团队开会的时间得到充分的利用。这些准备工作包括定义系统的组成部分（流程的节点）、建立可信的偏差、建立 HAZOP 分析工作表。一个有结构的 HAZOP 分析的规程是采用遵照特殊的引导词的方法。识别偏差的方法为参数方法。参数方法是指讨论节点设计意图，选择相关流程参数，然后将引导词与参数结合，形成有效的偏差。

（4）进行 HAZOP 分析工作

系统的 HAZOP 分析工作的流程如下。

① 介绍分析团队成员。

② 描述 HAZOP 分析过程。

③ 确认节点 1。

④ 分析团队确立节点 1 的设计意图。

⑤ 对节点 1 应用第一个偏差，并且询问分析团队“这个偏差的后果会是什么”，允许团队成员花一点时间来考虑发生偏离后产生的后果偏差。有时可能需要允许提示来推动讨论。如果这个偏差会导致事故，对第二个偏差重复这一个步骤。如果讨论的偏差不会导致事故，就没有必要考虑原因或安全装置。

⑥ 当分析团队讨论完这个偏差可能导致的所有需要分析的事故后，将讨论转为考虑造成偏差的原因。

⑦ 辨识用来防止和延缓系统的偏差的工程装置和管理控制。分析团队的讨论应该考虑到这些装置和控制可以是防止性的（即它们帮助防止偏差的发生）或延缓性的（即它们帮助减轻偏差所导致的事故的严重性）。

⑧ 如果分析团队认为一些系统的偏差的安全装置不够充分，分析团队就必须提出推荐建议。防止和延缓系统的偏差包括安全装置的数量、类型和有效性。

⑨ 总结对这个偏差所收集的信息。

⑩ 对这个节点所有的偏差重复步骤⑤～⑨。

⑪ 对所有的节点重复步骤③～⑩。

以上的工作内容，全部要记到工作表中。记录员负责文档的建立。咨询公司一般采用专门的 HAZOP 分析记录软件，如 Hazard Review-Leader、PHA-Works、PHA-Pro 等。其中，Hazard Review-Leader 是 ABS（美国船级社）专门进行危险辨识设计的软件，其用于会议记录较方便，可确保措辞一致。

(5) 运用 HAZOP 分析的结果进行决策

首先，要根据 HAZOP 分析的结果来确定被分析系统的风险的可接受性，即系统是否符合预先设立的风险的可接受性标准，一般可采用风险矩阵的方法，并根据已分析的结果来确定对这个系统的风险贡献最大的组成部分（子系统或步骤）。这些子系统或步骤是考虑改进机会的最主要的对象。其次，对这些子系统或步骤提出具体的和切实可行的改进建议，如设备改进、操作程序改进、行政措施改进等，包括预防性的维修计划、人员培训等。同时也要估算贯彻昂贵或较有争议的改进建议对未来运行的影响，对贯彻这些建议进行费用效益比较；在比较时，不要忘记考虑贯彻这些建议在整个生命周期内的效益和费用。最后，HAZOP 分析如果在跟踪措施责任上缺乏沟通，那么其效果会大大降低。HAZOP 分析会产生大量的工作表，其中掩藏了许多重要的条款，所以总结报告是很重要的。总结报告应能够告诉读者分析的目标、范围，描述完成了什么，最重大的发现是什么。HAZOP 分析的跟踪要分配到人和部门。最有效的沟通来自最高管理层，分析团队要为最高管理层准备一份有效的报告，这份报告要鲜明地体现出管理层所承诺和决策的行动。

3.2.2 人员组成及职责分工

(1) HAZOP 分析团队的组建模式

HAZOP 分析工作是现代企业项目管理工作的一个非常重要的环节。组建 HAZOP 分析团队是一项重要的项目策划工作，这必须在项目的早期阶段明确。HAZOP 分析团队的组建主要有以下两种模式。

① 第三方主导模式。业主发起 HAZOP 分析工作，但该项工作由业主委托第三方实施完成。由第三方代表业主组织和完成 HAZOP 分析工作，设计方或项目执行方配合 HAZOP 分析工作。在这种情况下 HAZOP 分析主席和记录员一般来自第三方。

② 自主完成模式。一些有实力的国际石油化工公司有时选择自己完成 HAZOP 分析工作。这些公司往往在过程安全管理方面，特别是在 HAZOP 分析方面，有长期积累的经验和长期培养的人力资源。在这种情况下，HAZOP 分析团队的核心人物如 HAZOP 分析主席、操作专家往往从公司的某个现有工厂或某个部门抽调过来。这些人长期在该公司工作，通常具有相应的经验和知识。

(2) HAZOP 分析团队成员的资格条件

① HAZOP 分析主席的资格条件。HAZOP 分析主席是 HAZOP 分析团队的组织者、协调者、指导者和总结者，必须具有相应的经验、知识、管理能力和领导能力。一般要求 HAZOP 分析主席具有以下资格条件。

a. 本领域工艺、设备、安全专业的技术人员。

b. 硕士研究生及以上学历，具有 5 年及以上工作经历；本科学历，具有 10 年及以上工作经历。

c. 对于企业专业技术人员，作为主席主持 HAZOP 分析项目不少于 1 项或参与 HAZOP 分析项目不少于 2 项；对于技术机构专业技术人员，具有 2 年以上 HAZOP 分析工作经历，作为主席主持 HAZOP 分析项目不少于 3 项或参与 HAZOP 分析项目不少于 6 项。

d. 必须参加公司 HAZOP 分析组长培训，并考试合格取得公司认可的 HAZOP 组长证书。

② 参加 HAZOP 分析的各专业成员资格条件。表 3-4 为 HAZOP 分析团队成员经验能力参考表，在选择团队成员时可供参考。

表 3-4　HAZOP 分析团队成员经验能力参考表

团队成员的关键技能	建议				要求
	主席	工艺设计/技术人员	运行人员	技术联系人	团队成员
经验级别/年	10*	5*	>5	1/2	20(小组总数)
了解国内外安全政策和设计惯例	必须	良好	良好	基本	必须
接受正式有关 HAZOP 分析的培训	必须	任选	任选	任选	必须
参与其他 HAZOP 分析项目	必须	任选	任选	任选	必须
具有当前 HAZOP 分析装置的运行经验	基本	基本	必须	基本	必须
了解装置设计规程和惯例	基本	必须	基本	基本	必须
了解所使用的风险评估方法	必须	良好	基本	任选	必须

注：1. 必须是指对 HAZOP 分析必须具有的技能；

2. 基本是指对需要的技能有一般的认识和理解；

3. 良好是指对需要的技能有良好的认识和理解；

4. 任选是指可以不需要；

5. * 是指 HAZOP 分析团队负责人和工艺设计/技术人员一起工作至少应具有 15 年的经验。

（3） HAZOP 分析团队成员的能力与职责

① HAZOP 分析主席。

a. 对 HAZOP 分析主席的基本要求。熟悉工艺；有能力领导一支正式的安全审查方面的专家队伍；熟悉 HAZOP 分析方法；有被证实的在石化企业进行 HAZOP 分析的记录，最好具有注册安全工程师专业资格或相当资格；有大型石化项目安全方面设计的经验。对于现役装置的 HAZOP 分析，可能要求 HAZOP 分析主席有装置运行和操作方面的经验。

b. HAZOP 分析主席的主要职责。HAZOP 主席应具有丰富的过程危险分析经验，在分析过程中起主导作用。HAZOP 主席在分析过程中应客观公正，引导分析小组的每位成员积极参与讨论，确保对工艺装置的每个部分、每个方面都进行分析与讨论。一般来说，HAZOP 分析主席的主要职责包括但不限于：

- 确认输入文件是否准确与齐备；
- 确定工作范围、划分节点、确定风险矩阵，并与分析小组成员达成一致；
- 编制 HAZOP 分析工作计划，组织主持 HAZOP 分析会议，激发小组成员展开讨论，控制讨论内容、局面和进程，保证会议顺利召开；
- 总结讨论中心议题，概括分析结果，确保工作组就分析结果达成一致，当团队成员之间就某个问题存在严重分歧而无法达成一致意见时，HAZOP 分析主席应决定进一步的处理措施，如咨询专业人员或建议进行进一步的研究等；
- 指导记录员对分析过程进行详细且准确的记录，特别是对建议和措施的记录；
- 将 HAZOP 分析结果向业主汇报，并审核由 HAZOP 分析秘书编制的 HAZOP 分析报告。

② 记录员。记录员的重要任务是对 HAZOP 分析过程进行清晰和正确的记录，包括识别的危险源和可操作性问题及建议的措施。HAZOP 分析记录员应该熟悉常用的工程术语，熟练掌握计算机辅助 HAZOP 分析软件，并且具有较强的计算机文字输入能力。在进行 HAZOP 分析的过程中，记录员在主席的指导下进行记录。

③ 工艺工程师。工艺工程师一般应是被分析装置的工艺专业负责人。有时业主也会派出工艺工程师参加会议，他们一般出自相同装置或在建装置的工艺工程师。对于在役装置的 HAZOP 分析，业主方参加 HAZOP 分析的工艺工程师应是熟悉装置改造、操作和维护的人员。在 HAZOP 分析的过程中，工艺工程师的主要职责如下：

a. 负责介绍工艺流程，解释工艺设计目的，参与讨论；

b. 落实 HAZOP 分析提出的与本专业有关的意见和建议。

④ 安全工程师。安全工程师主要协助负责检查安全生产状况，及时排查安全事故隐患。协助项目经理/设计经理计划和组织 HAZOP 分析活动，协调和管理 HAZOP 分析报告所提意见和建议整改措施的落实等。

⑤ 设备工程师。设备工程师主要负责设备的保养与维护，对于设备的异常工况具有丰富的处理经验，能帮助团队理解设备参数和设备损失等内容。

⑥ 操作专家。一般由业主方派出。熟悉相关的生产装置，具有班组长及以上资历，有丰富的操作经验和分析表达能力；清楚如何发现工艺波动和处理异常情况。主要职责如下：

a. 提供相关装置安全操作的要求、经验及相关生产操作信息，参与制订改进方案；

b. 落实并完成 HAZOP 分析提出的有关安全操作的要求。

⑦ 工艺控制/仪表工程师。工艺控制/仪表工程师要熟悉装置的控制系统与停车策略，一般来自设计方，有时业主也会派出工艺控制/仪表工程师。其主要职责如下：

a. 负责提供工艺控制和安全仪表系统等方面的信息；

b. 帮助 HAZOP 分析团队成员理解对工艺偏离的响应；

c. 落实 HAZOP 分析提出的与本专业有关的意见和建议。

⑧ 专利商或供货商代表（需要时）。专利商代表一般由业主负责邀请。专利商代表负责对专利技术提供解释并提供有关的安全信息，参与制订改进方案。供货商代表主要是指大型成套设备的厂商代表。在进行详细工程设计阶段的 HAZOP 分析时，需要邀请供货商参加成套设备的 HAZOP 分析会。

⑨ 其他专业人员。

a. 按需参加 HAZOP 分析活动，负责提供有关信息；

b. 落实 HAZOP 分析报告中与本专业有关的意见和建议。

3.2.3 HAZOP 分析步骤

(1) 基本步骤

HAZOP 分析顺序有两种，即“参数优先”和“引导词优先”，分别见图 3-7 和图 3-8。“参数优先”顺序可描述如下。

① 概述分析计划。在 HAZOP 分析开始时，HAZOP 分析主席确保分析成员熟悉所要分析的过程系统及分析的目标和范围。

② 划分节点。HAZOP 分析主席在会议开始之前划分好节点，并选择某一节点作为分析起点，作出标记。

③ 描述设计意图。工艺工程师或设计工程师解释该节点的设计意图，确认相关参数。

④ 产生偏离。HAZOP 分析主席选择该节点中的一个参数，确定使用哪些引导词，并选定其中的一个引导词与选定的参数相结合，产生一个有意义的偏离。

⑤ 分析后果。在不考虑现有的安全保护措施的情况下，HAZOP 分析团队在 HAZOP 分析主席的引导下，识别出该偏离所能导致的所有不利后果。

⑥ 分析原因。分析团队在主席的引导下，在本节点及该节点的上下游分析识别出能够导致该偏离的所有根本原因。

⑦ 确定安全保护措施。分析团队应识别系统设计中对每种后果现有的保护、检测和显示装置（措施），这些保护措施可能包含在当前节点中，或者是其他节点设计意图的一部分。

⑧ 确定每个后果的严重性和可能性。在考虑安全保护措施的情况下，根据风险矩阵确定该后果的风险等级。

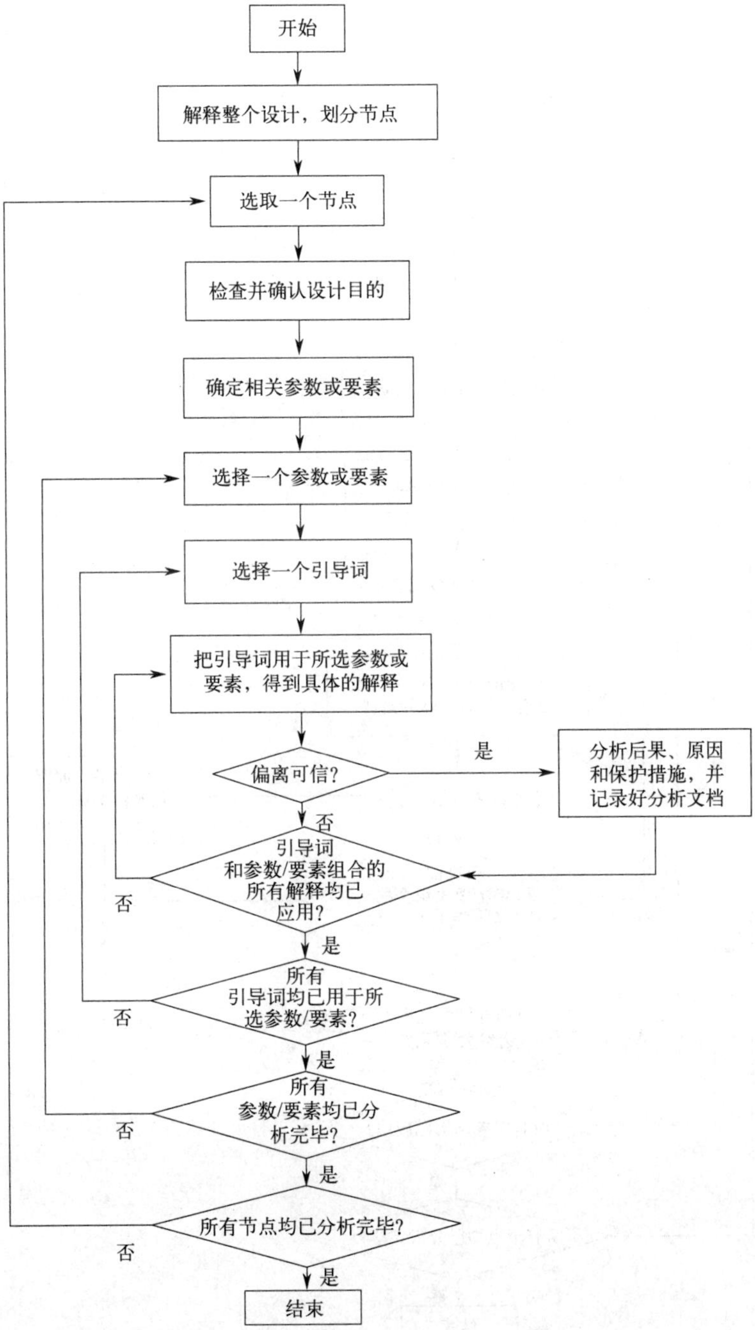

图 3-7　HAZOP 分析基本步骤——“参数优先”顺序

⑨ 提出建议措施。如果该后果的风险等级超出企业能够承受的风险等级，HAZOP 分析团队就必须提出降低风险的建议措施。

⑩ 记录。记录员对所有的偏离、偏离的不利后果和根本原因、保护措施、风险等级都要进行详细记录。

⑪ 依次将其他引导词和该参数相结合产生有意义的偏离，重复以上步骤⑤～⑩，直到分析完所有引导词。

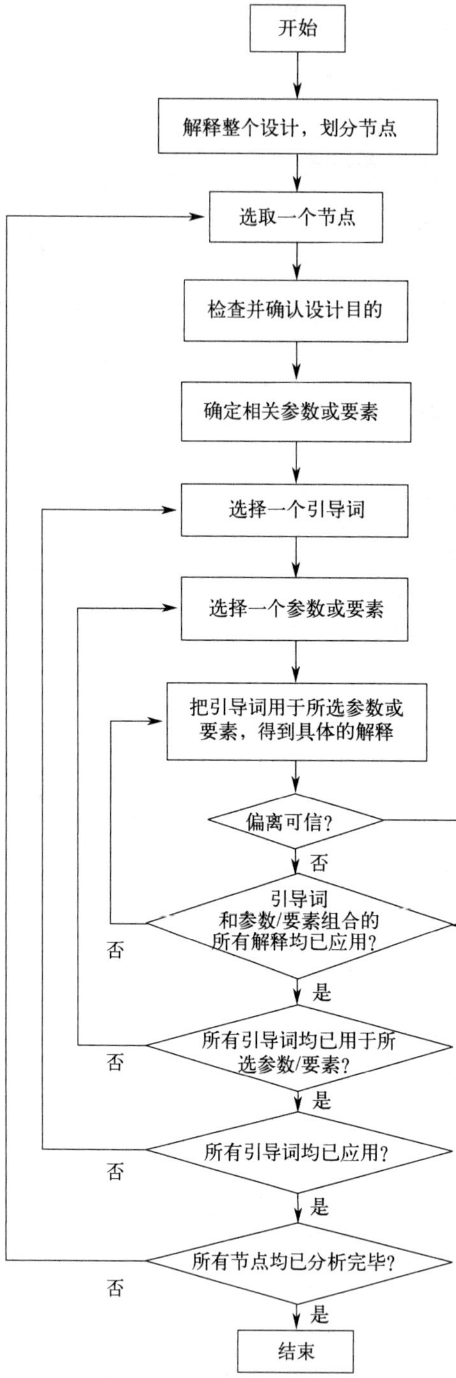

图 3-8　HAZOP 分析基本步骤——“引导词优先”顺序

⑫ 依次分析该节点的所有参数的偏离，重复以上步骤④～⑪，直到分析完该节点的所有参数。

⑬ 依次分析所有节点，重复以上步骤②～⑫，直到分析完所有节点。

HAZOP 分析的另一种分析顺序是“引导词优先”顺序，是将第一个引导词依次用于分析节点的各个参数或要素。这一步骤完成后，进行下一个引导词分析，再一次将引导词依次用于所有参数或要素。重复进行该过程，直到全部引导词都用于分析节点的所有参数或要素，然后分析系统下一节点，见图 3-8。

在进行某一分析时，HAZOP 分析主席及其团队成员应决定选择“参数优先”还是“引导词优先”。无论如何，要确保不漏掉对任何设计意图偏离的分析。如果 HAZOP 分析会议不受干扰，对于一个小型的或简单的化工过程，可能需要 2～6 天的时间才能完成 HAZOP 分析；对于一个大型的或复杂的化工过程，可能需要 2～6 个星期的时间才能完成 HAZOP 分析。

（2）节点划分

HAZOP 分析的基础是“引导词检查”，它是仔细地查找与设计意图背离的偏离。为了便于分析，可将系统分成多个节点，各个节点的设计意图应能充分定义。对于连续的工艺操作过程，HAZOP 分析节点可能为工艺单元；而对于间歇的工艺操作过程，HAZOP 分析节点可能为操作步骤。所选节点的大小取决于系统的复杂性和危险的严重程度。复杂或高危险系统可分成较小的节点，简单或低危险系统可分成较大的节点以加快分析进程。

对于连续工艺过程，分析节点划分时主要考虑设计意图的变化、过程中化学品状态的变化、过程参数的变化、单元的目的与功能、单元的物料、合理的隔离/切断点、划分方法的一致性等因素。

节点的划分一般按照工艺流程的自然顺序进行，从进入 P&ID（管道仪表流程图）的管线开始，继续直至设计意图的改变，或继续直至工艺条件的改变，或继续直至下一个设备。

上述状况的改变作为一个节点的结束、另一个节点的开始。常见节点类型见表 3-5。

表 3-5　常见节点类型表

序号	部分节点类型	序号	部分节点类型
1	管线	9	炉子
2	泵	10	热交换器
3	间歇反应器	11	软管
4	连续反应器	12	步骤
5	罐/槽/容器	13	作业详细分析
6	塔	14	公用工程
7	压缩机	15	其他
8	鼓风机	16	以上基本节点的合理组合

划分节点时要注意，如果划分的范围太大，分析团队有可能陷于困境，无法深入讨论，容易漏掉某些偏离的分析；如果划分的范围太小，则可能使 HAZOP 分析变得十分冗长。经验不足的 HAZOP 分析主席最好将节点划分得小一些，这样不容易遗漏对任何设计意图偏离的分析。分析节点范围一般由 HAZOP 分析主席在会前进行初步划分，具体分析时与分析团队成员讨论确定。划分节点后，可用不同的颜色在 P&ID 上加以区别。

（3）设计意图描述

设计意图是 HAZOP 分析的基准，应尽可能准确、完整。从上面的介绍可以知道 HAZOP 分析是对系统与设计意图偏离的缜密查找过程。为了便于分析，在 HAZOP 分析过程中还要将系统划分成多个节点，并由工艺工程师或设计工程师充分说明各节点的设计意图。HAZOP 分析主席应确认设计意图的准确性和完整性，以便使 HAZOP 分析能够顺利进行。因此，在收集信息资料时应注意，如果 HAZOP 分析在装置运行、废止阶段进行，应确保对体系所做过的任何变更均体现在设计意图的描述中。开始分析前，分析团队应再次审查工艺安全信息资料，若有必要，应进行修改和补充。

通常，多数设计文档中的设计意图局限于系统在正常运行条件下的基本功能和参数，而很少提及可能发生的非正常运行条件和不期望的现象（如可能引起失效的强烈振动、管道内的水锤效应和电压浪涌等）。但是这些非正常条件和不期望的现象在分析期间都应予以识别和考虑。此外，在设计意图中，不会明确说明造成材料性能退化的退化机理（如老化、腐蚀和侵蚀等）。但是在分析期间必须使用合适的引导词对这些因素进行辨识和考虑。

预期的使用年限、可靠性、可维护性、维修保障及维护期间可能遇到的危险，只要它们在 HAZOP 分析的范围内，也应予以辨识和考虑。

（4）偏离确定

对于每一个节点，HAZOP 分析团队以正常操作运行的参数范围为标准值，分析运行过程中参数的变动（即偏离），这些偏离通过引导词和参数的一一组合产生，即

偏离＝引导词＋参数

参数分为两类：一类是概念性的参数，如反应、混合和转化等；另一类是具体化的参数，如温度、压力和流量等。基本引导词及其含义见表 3-6。

表 3-6　基本引导词及其含义

偏离类型	引导词	含义	示例
否定	没有	完全没有达到设计意图	无流量
数量改变	过多或过高	数量上的增加	温度高
	过少或过低	数量上的减少	温度低
性质改变	额外或伴随	性质上的变化/增加	出现杂质；出现不该出现的相变
	部分	性质上的变化/减少	两个组分中只有一个组分被加入
替换	相反	设计意图的逻辑取反	管道中的物料反向流动或发生逆反应
	替换或错误	完全替代	输送了错误物料

与时间和先后顺序（或序列）相关的引导词及其含义见表 3-7。

表 3-7　与时间和先后顺序（或序列）相关的引导词及其含义

偏离类型	引导词	含义	示例
时间	过早	相对于给定时间早	某事件的发生较给定时间早
	过迟	相对于给定时间晚	某事件的发生较给定时间晚
顺序或序列	先于	顺序或序列提前	某事件在序列中过早地发生
	迟于	顺序或序列推后	某事件在序列中过晚地发生

除上述引导词外，还可能有对辨识偏离更有利的其他引导词，这类引导词如果在分析开始前已经进行了定义，就可以使用。

引导词与参数的组合可视为一个矩阵。其中，引导词定义为行，参数定义为列，所形成的矩阵中的每个单元都是特定引导词与参数的组合。为了全面地进行危险识别，参数应涵盖设计意图的所有相关方面，引导词应能引导出所有偏离。并非所有组合都会给出有意义的偏离，因此，考虑所有引导词和参数的组合时，矩阵可能会出现空格。

引导词法的优点在于系统性，有助于全面、系统地分析问题，对措施不足的设计工况提出建议措施；缺点是耗时长，重复工作较多。其非常适合新开发项目，或者已工业化但从没有进行过 HAZOP 分析的项目。某些 HAZOP 分析主席可能会利用他们个人的经验辨识偏离。但是，这不是 HAZOP 分析的最佳实践，因为这个方法适用于经验非常丰富的 HAZOP 分析主席。

（5）不利后果识别

后果是指偏离造成的后果。分析后果时应假设任何已有的安全保护（如安全阀、联锁、报警、紧停按钮、放空等）及相关的管理措施（如作业制度、巡检等）都失效。也就是说，HAZOP 分析团队应首先忽略现有的安全措施，分析在偏离所描述的事故剧情出现之后，可能出现的最严重后果。这样做的目的是能够提醒 HAZOP 分析团队关注可能出现的最严重的

后果，也就是最恶劣的事故剧情。

偏离造成的最终事故后果一般分为以下几类。

① 安全类，如爆炸、火灾、毒性影响。

② 环境影响类，如固相、液相、气相的环境排放和噪声影响。

③ 职业健康类，如对操作人员及可能影响人群的短期与长期健康影响。

④ 财产损失类，如设备损坏、装置停车、对下游装置的影响等。

⑤ 产品损失类，如产品产量降低、产品质量降低等。

后果也可能包括操作性问题。例如：工艺系统是否能够实现正常操作，是否便于开展维护和维修，是否会导致产品质量问题或影响收率，是否增加额外的操作与检维修难度等。另外，根据不同的 HAZOP 分析对象，后果识别可能也包含对公众的影响、对企业声誉的影响及工期的延误等。

从安全角度讲，后果识别时人身伤害的事故后果需要特别关注。

后果识别需要发挥 HAZOP 分析团队的知识和经验，以便 HAZOP 分析团队能够在 HAZOP 分析会议上快速地确定合理、可信的最终事故后果，而不能过分夸大后果的严重程度。此外，有的公司在标准中规定，在利用 HAZOP 分析估计后果时应该保守一些，其目的是保证必须考虑更安全的措施。例如：假设工艺设备由于超压而发生大口径的破裂，那么危险的工艺物料将发生泄漏。在发生火灾或蒸汽云爆炸前，泄漏持续的时间可能是几分钟，也可能是半个小时，甚至是一个小时。假设类似的泄漏 80% 能持续几分钟，20% 能持续半个小时以上，那么在 HAZOP 分析过程中，HAZOP 分析团队应该假设泄漏时间在 20% 的范围内。这样，可能发生火灾或爆炸的工艺物料的量就会增加，据此估计的事故是偏向保守的，据此设计的安全措施更多、装置更安全。表 3-8 列出了化学品或能量释放的一些后果。

表 3-8　化学品或能量释放后果举例

序号	化学品或能量释放的事件举例
1	常压储罐灾难性失效(瞬间或 10min 的释放)
2	常压储罐持续泄漏(10mm 直径漏孔)
3	压力容器失效(瞬间或 10min 的释放)
4	管路失效,全部破裂(管道尺寸≤150mm)
5	管路失效,全部破裂(管道尺寸>150mm)
6	管路泄漏(管道尺寸≤150mm)
7	管路泄漏(管道尺寸>150mm)
8	垫圈(有环加固)失效
9	装在法兰中的垫圈或盘根吹开,以及泵密封失效(任何类型)
10	泵密封失效(双机械密封失效)
11	灾难性泵密封失效(任何类型)
12	胶管失效,灾难性破裂
13	弹簧释放阀早开

(6) 原因识别

原因是指引起偏离发生的原因，是产生某种影响的条件或事件。例如，对仪表信号通道的干扰事件、管道破裂、操作人员失误、管理不善或缺乏管理等。原因分析是 HAZOP 分析的重要环节，原因分析过程可以增进对事故发生机制和各种原因的了解，同时有助于确定所需要的安全措施。当一个有意义的偏离被识别时，HAZOP 分析团队应对其原因进行分析。偏离可能是由单一原因或多个原因所致，通常原因可以分为以下几种。

① 直接原因。直接原因是指直接导致事故发生的原因。直接原因是一种简单的情况，如果直接原因得到纠正，则在同一地点再度发生相同事故时，可能能加以避免，但是无法防止

类似事故发生。

② 起作用的原因。起作用的原因是指对事故的发生起作用，但其本身不会导致事故发生。与起作用的原因相同的原因还有使能原因或条件原因。纠正起作用的原因或使能原因有助于消除将来发生的类似事故，但是解决了一次不等于所有问题都能解决。

③ 根原因。根原因如果得到矫正，能防止由它所导致的事故或类似的事故再次发生。根原因不仅应用于预防当前事故的发生，还能适用于更广泛的事故类别。它是最根本的原因，并且可以通过逻辑分析方法识别和通过安全措施加以纠正。

为了识别根原因，可能要识别一个导致另一个的一系列相互关联的事件及其原因。沿着这个因果事件序列应当一直追溯到根部，直到识别出能够矫正错误的根原因（通常根原因是管理上存在的某种缺陷）。识别和纠正根原因将会大幅度减少或消除该事故或类似事故复发的风险。

④ 初始原因。在一个事故序列（一系列与该事故关联的事件链）中第一个事件称为初始原因，初始原因就是在大多数安全评价方法中所指的原因，又称为初始事件或触发事件。近年来，在 HAZOP 分析和保护层分析领域将所识别的第一个事件明确界定为初始原因或初始事件。表 3-9 列出了部分典型的偏离原因。

表 3-9　部分典型的偏离原因表

序号	偏离原因
1	BPCS(基本过程控制系统)回路失效(包括气动控制回路失效)
2	压力调节器失效(单级)
3	温度控制阀失效
4	仪表保护设施的假动作
5	电力驱动泵(典型的是离心泵)假停(包括就地供电电路失效)
6	电力驱动压缩机假停
7	风机(引风型)失效
8	风机(鼓风型)失效
9	旋转设备(泵、风机和压缩机)失效
10	螺杆式输送器失效(早期堵塞)
11	螺杆式输送器物料过热(以及螺杆与外壳和套筒摩擦导致的过热)
12	供应失效
13	供应过度
14	停电(就地)
15	停电(全厂/单元范围)
16	过程供给迟钝
17	单向止逆阀开启失效(包含大量的倒流情况时，阀门无泄漏)
18	串联(1oo2)双备份止逆阀失效(包含大量的倒流情况时，阀门无泄漏)
19	人员失误，在常规任务中，每天执行一次或更多次，有检查表或助记提示
20	人员失误，在常规任务中，每月执行一次或更多次，有检查表或助记提示
21	人员失误，在非常规任务中，每月执行一次或更多次，有检查表或助记提示
22	被交通工具、铲车、起重机运行、起重机重物落下冲击
23	闪电击中
24	小火灾
25	大火灾
26	停搅拌

（7）现有安全措施识别

在分析偏离的后果时，分析团队应首先忽略现有的安全措施（如报警、关断或放空减压等），在这个前提下分析事故剧情可能出现的最严重后果。这种分析方法的优点是能够提醒分析团队关注可能出现的最严重的后果，也就是最恶劣的事故剧情。分析团队进而分析已经存在的有效安全措施，讨论现有的安全措施是否切合实际，是否能够将风险降低到可以接受的程度，现有的安全措施是否保护过度。安全措施可以是工程手段类型，也可以是管理程序类型。所有分析讨论的内容，在得到团队的一致确认后，应进行详细的记录。

在对危险或可操作性问题进行定性风险评估时，要依赖分析团队对初始事件可能的发生频率和后果严重度的经验估计和判断力。同时还必须正确地估计和判断现有安全措施（包括建议安全措施）对降低初始事件发生频率和减缓后果严重度的作用，也就是安全措施降低事故剧情风险的作用。在事故剧情中处于初始事件至失事点之间的措施称为防止类安全措施，对危险传播有不同程度的阻止作用；在事故剧情失事点以后的措施称为减缓类安全措施，一般只能减轻不利后果的严重度。同一种安全措施在事故剧情中所处的位置不同，可能起不同的作用。

典型第一级限制系统类措施如下。

① 合理设计和建造，并配套相应的检查、检测和维护措施，以保障过程系统持续的机械完整性（mechanical integrity）。

② 基本过程控制系统（BPCS），以确保控制系统成功地响应预期的变化。

③ 培训操作人员，以降低错误执行操作程序的可能性。

④ 隔离、专用设备或其他措施，以降低不相容物料被混合或接触的可能性。

⑤ 物料、设备、操作规程、人员和技术的变更管理。常见的防止类保护措施和减缓类保护措施见表 3-10。

表 3-10　常见的防止类保护措施和减缓类保护措施

防止类保护措施	减缓类保护措施
（1）操作人员对异常工况的响应，并将工况返回至安全操作范围 （2）操作人员对安全报警或异常工况的响应，并在后果事件发生前，人工停止工艺过程 （3）专门设计并采用在探测到特定的非正常工况时，自动将系统带入安全状态的仪表保护系统 （4）降低可燃性混合物出现时点火概率的点火源控制措施，预防火灾、爆炸等后果事件发生 （5）紧急泄放系统用于释放容器超压，预防容器破裂爆炸 （6）其他人工泄放和灭火系统	（1）密闭卸放措施，如安全卸放阀，从而缩短危险物料直接排放到大气后果事件的持续时间 （2）二次储存系统，如双层墙、二次围护、防火堤等 （3）抗爆墙和防火墙 （4）火灾、泄漏探测和报警系统 （5）自动或远程启动的隔离阀 （6）灭火器、水喷淋系统和消防水炮，以及水喷淋、水幕等有害物料蒸气云抑制系统 （7）有人建筑物的抗爆结构设计 （8）适用于特定后果事件的个体防护装备 （9）应急响应和应急管理规划

充分考虑初始事件的发生频率对确定安全措施也是有帮助的。例如：泵的故障可能是由于关断系统的误动作或泵的机械故障，或者出现了电力故障而导致的，见表 3-11。其引起的后果虽然可能是一样的，因而针对后果的安全措施可能是一样的，但是针对初始事件的安全措施会完全不同。

表 3-11　初始事件在分析安全措施中的作用

原因	初始事件	如何分析针对初始事件的安全措施
泵故障	关断系统的误动作	（1）分析关断系统的联锁是否必要 （2）分析关断系统的校验周期是否适当
	泵的机械故障	（1）分析泵的选型是否适当 （2）分析泵是否有启停状态信号反馈至中控 （3）分析泵的检维修方法，检维修周期是否适当，是否有明确的预防性维护计划
	电力故障	（1）分析装置的供电是否有冗余回路 （2）分析双路供电能否防止因一个事故（如火灾、管廊支架倒塌）导致两路电缆同时失效（共因失效） （3）分析关键转动设备是否需要其他动力来源（柴油驱动、应急发电机供电）

因此，对初始事件的分析及其发生频率的有效判断，会使分析更加深入，同时分析团队能够快速地确定是否需要采取额外的安全措施，或者进行进一步的其他分析与研究。

一个好的分析团队可以依据数据库、专家经验及企业的运行经验估计出常见初始事件最保守的发生频率。对于某些特殊设备或特殊事故剧情，应对初始事件发生的条件进行进一步分析，并粗略地进行定量分析（通常可以开展半定量分析），以便进一步获得更准确的频率。

安全措施应独立于偏离产生的原因。例如：某个流量控制回路发生故障是造成流量高的原因，则从该控制回路获得信号的仪表或报警不能视为现有安全措施。应优先考虑硬件的现有安全措施，如本质安全设计、基本过程控制系统、关键报警和人员响应、安全仪表系统、安全阀和爆破片、防火堤等。分析讨论的现有安全措施，在得到团队的一致确认后，应进行详细的记录。石油化工企业典型安全措施描述、说明与示例见表 3-12。

表 3-12　石油化工企业典型安全措施描述、说明与示例

安全措施	描述	说明	示例
本质安全设计	从根本上消除或减少工艺系统存在的危险		容器设计为可承受高温、高压等
基本过程控制系统（BPCS）	BPCS是执行持续监测和控制日常生产过程的控制系统，通过响应过程或操作人员的输入信号，产生输出信息，使过程以期望的方式运行。其由传感器、逻辑控制器和最终执行元件组成	BPCS可以提供三种不同类型的安全功能作为独立保护层（IPL）： （1）连续控制行动。保证过程参数维持在规定的正常范围内，防止初始事件（IE）发生 （2）报警行动。识别超出正常范围的过程偏离，并向操作人员提供报警信息，促使操作人员采取行动（控制过程或停车） （3）逻辑行动。行动将导致停车，使过程处于安全状态	压力、温度、流量、液位等BPCS控制
关键报警和人员响应	关键报警和人员响应是操作人员或其他工作人员对报警响应，或在系统常规检查后，采取的防止不良后果的行动		
安全仪表功能（SIF）	安全仪表功能通过检测超限（异常）条件，控制过程进入功能安全状态。一个安全仪表功能由传感器、逻辑控制器和最终执行元件组成，具有一定的安全完整性等级（SIL）	安全仪表功能（SIF）在功能上独立于 BPCS。SIL 分级可见 GB/T 21109	（1）安全仪表功能 SIL1 （2）安全仪表功能 SIL2 （3）安全仪表功能 SIL3
物理保护	提供超压保护，防止容器灾难性破裂	包括安全阀、爆破片等，其有效性受服役条件的影响较大	（1）单个簧式安全阀处于清洁的服役环境，未出现过堵塞或污垢，安全阀前后无截止阀或截止阀的开/关是可以监控的状态 （2）双冗余弹簧式安全阀，处于清洁的服役环境，安全阀的尺寸应满足危险场景发生时的泄放量要求，安全阀前后无截止阀 （3）为满足泄放量要求，安装多个安全阀 （4）单个弹簧式安全阀处于潜在堵塞的服役环境 （5）先导式安全阀处于清洁的服役环境，未出现过堵塞或污垢 （6）和爆破片串联的弹簧式安全阀等

续表

安全措施	描述	说明	示例
释放后保护设施	释放后保护设施是指危险物质释放后，用来减轻事故后果（如大面积泄漏扩散、受保护设备和建筑物的冲击波破坏、容器或管道火灾暴露失效、火焰或爆轰波穿过管道系统等）的保护设施		如可燃气体和有毒气体检测报警系统、便携式可燃气体和有毒气体检测报警器、火灾报警系统、电视监视系统、紧急切断阀、防火堤、防爆墙或防爆舱、耐火涂层、阻火器、隔爆器、水幕、自动灭火系统等
工厂和社区应急响应	在初始释放之后被激活，其整体有效性受多种因素影响		主要包括固定灭火系统、消防队、人工喷水系统、工厂撤离、社区撤离、避难所和应急预案等

（8）评估风险等级

评估风险等级是HAZOP分析的重要环节，因为HAZOP分析团队要判断一个危险剧情的现有安全措施是否充分，从而判断是否已经将风险降至可以接受的程度。如果认为现有安全措施已经可以将风险降至可以接受的程度，那么此危险剧情的分析到此结束。如果HAZOP分析团队认为现有安全措施不能使风险降至可以接受的程度，那么分析团队要提出一个或若干个建议安全措施。这种判断在很大程度上要依靠HAZOP分析团队的经验、知识和能力，并且要最终取得一致意见。

对于偏离导致的每一种后果，都应进行风险等级评估。进行HAZOP分析时最常用的风险等级评估工具就是风险矩阵。此外，对于评估出的严重后果或高风险危险事件，宜开展保护层（LOPA）分析和安全仪表功能的安全完整性等级（SIL）评估。

（9）提出建议安全措施

在建议新的安全措施前，HAZOP分析团队应首先审查风险。一般来讲，只有当分析团队认为在实施了现有安全措施后，剩余风险仍然超过企业的可接受标准时，才考虑建议安全措施，确保通过现有的安全措施和这些建议安全措施的实施使风险降低到企业可以接受的水平。

建议安全措施可以通过表3-13所示的几种方式提出。

表3-13 建议安全措施的提出方式

类型	说明
提醒式	在识别出剩余风险超过可接受标准后，仅概略要求额外的工程或管理工作以降低风险，或建议在HAZOP分析会议之外进行进一步的分析。也就是说，建议安全措施仅起到风险识别，引起相关方进一步行动的提醒作用。这可以加快分析的速度，但是相关方可能因没有全程参与讨论，在建议关闭时容易引起歧义或忽视
细节式	分析团队开展尽量详尽的讨论，并记录针对性工程措施，或管理程序所推荐的解决方法。这有助于措施的关闭，但可能使分析进度放慢，特别是在分析团队无法就建议安全措施达成一致的情况下
折中式	（1）介于以上两种方法之间的讨论深度，即分析团队只有在发现不符合设计标准、企业管理程序的情况下，或者分析团队快速达成一致时，才建议详细的安全措施。其他的问题，尤其是还没有达成一致的，则建议在HAZOP分析会议之外进行进一步的分析与研究。这个方法的好处就是达成一致的安全建议能够立即在图纸上作出标记，并在记录表格中详细记录，以便于相关方进一步行动；而分析不会因没有达成一致的建议而陷于停滞。已经发现不符合设计标准、企业管理程序的建议，或者分析团队快速达成一致的建议，应采用关闭式的描述方式，避免使用“建议”“考虑”“调查”这一类含混的用语。应直接使用“增加”“提供”“设置”等清晰的语言，从而提高HAZOP分析的有效性，避免后续执行中的误解与歧义。对于建议的细节内容也应做尽可能详细的记录 （2）仅对还没有达成一致的开放式建议使用“考虑”“建议”等不确定性的语言 （3）要注意在不同节点分析中建议的统一性。在某一节点的建议如果与其他节点相同事故剧情的安全措施有原则上的不同，则可能为建议的关闭带来巨大的障碍

为了避免分析过程中因安全措施的分析深度问题造成不必要的争执与延误，应该在HAZOP分析之前就对建议的分析深度达成一致，并在HAZOP分析的开始阶段进行提醒与强调。在分析的过程中由HAZOP分析主席根据讨论情况来控制，这就对HAZOP分析主席的讨论引导能力、过程安全技术的掌握提出了很高的要求。

建议的安全措施可以在记录表格内分为以下几种类型，以便于跟踪执行。

① HSE类问题。

a. 人员危险、职业健康影响。

b. 财产损失：设备损坏、维修停车时间。

c. 环境：有毒气体释放、水污染。

d. 企业声誉。

② 可操作性问题。

a. 优化操作程序；

b. 检测周期变化；

c. 取样周期变化；

d. 巡检频率变化；

e. 质量问题、产量损失、工期延误。

③ 图纸符合性问题。

a. 图号错误；

b. 位号错误；

c. 标注错误；

d. 说明错误；

e. 设计文件需要进一步完善。

④ 参考类。HAZOP分析中未发现剩余风险超过企业的可接受标准，但是讨论的信息非常有价值，因此也不应遗漏，可以记录在HAZOP分析记录表格中，信息仅供参考。

a. 重复出现的建议。建议安全措施可能是专项的，也可能是通用的。前者更为普遍些，但是在分析时，可能会在不同讨论中重复提出相同的建议安全措施。

所有重复出现的建议安全措施都应该记录在HAZOP分析记录表中，可以通过链接的形式来表达，也可以在记录后标注为“重复”，或“同建议项×××”。

b. 建议安全措施的记录。任何建议安全措施的表述必须与分析过程有相关性，内容清楚、毫不模糊。建议安全措施的责任方可能并未参加会议，如果存在对记录内容的误解，就会浪费时间和精力。

c. 建议安全措施的阶段性确认。对偏离发生的原因和后果进行分析并提出建议后，最有效的方法是在一个阶段（当天，这一个节点）会议结束后，除指定的行动方案外，每一位小组成员还必须得到一份会议记录以便尽快检查。

d. 建议安全措施的分类汇总。所有涉及操作规程（SOP）及修改操作规程的建议可以汇总为一个建议文档，所有涉及P&ID和其他技术图纸的校正/修改的建议可以汇总为另一个建议文档，以便复查或实施。也可以只编制一个包含所有建议安全措施的汇总表。采用哪种形式并不重要，主要是为了便于工作与建议安全措施的跟踪完成。

所给出的建议安全措施应该包含足够信息，并且清晰、容易理解，参见表3-14。

表 3-14 建议安全措施的效果对比

“不好”的建议安全措施	“好”的建议安全措施
增加一个压力指示器	为了便于操作工监测，在容器 V-101 北侧增加一块现场过程指示仪表（PI）
确认安全阀的口径	依据规范 API RP520，检验安装在容器 V-102 上的安全阀 PSV-11 的尺寸是否符合火灾条件
分析振动问题	在 2 个月内，对管线 6-3W-1243 进行振动计算（泵 P-201 启动时）
检查储罐的溢流液位	在操作规程 X-123 中增加：每日检查储罐 T-105 的液位，并确认溢流液位是否为该罐容量的 75%
增加本单元的维护	修正发动机 QM-350A 和 QM-350AB 的维护规程 Q-50，将每两个月更换润滑油过滤器一次改为每个月更换一次
确定泄压的必要性	依照 API521，评估容器 V-501 火灾工况时进行泄压的必要性
检查阀门是否关闭失效	（每次装置大修时）检查当执行机构停电时，紧急切断阀 V-5 是否有效关闭

所给出的建议安全措施还应该是可操作的（可信的、有效的及可执行的），例如：

a. 建议安全措施应与所分析的偏离、原因、后果有关，才能成为有效的安全措施。

b. 如果一个建议安全措施无法证明能够有效地试验、维护、检查、测试，则不列为有效的安全措施。

c. 一个建议安全措施如果与这一事故剧情的原因相关，则不列为安全措施，例如 FIC 流量控制失效，造成流量过大，FIC 上的 FAH 流量大报警则不是有效的安全措施。

d. 热膨胀阀（TRV）可能不是高温这一偏离的有效安全措施（TRV 往往是停车或关断后防止热膨胀超压的措施）。

e. 如果安全阀（PSV）对于所分析的事故剧情来说口径太小、背压过高、不能有效校验，则 PSV 不能作为有效的安全措施。

f. 安全阀有时是防止超压的安全措施，但不是反应失控的安全措施（应进一步分析 PSV 的口径、设定点、校验要求等）。

g. 止回阀往往不能简单认为是逆流的有效安全措施，止回阀也会有故障，应进一步分析止回阀的形式、管线的压差，以及其他关断措施。

h. 报警应在确认其有效后，才可以被认为是有效的安全措施。工艺参数转化为操作人员可以认知的信号后，操作人员还需要发现、决策、执行三个阶段，工艺流程也需要时间对操作人员的干预作出反应。因此，报警的设定值、报警的形式、报警所提示操作人员应作出的反应、报警发生到流程参数超出控制的时间等，都是评估报警有效性的必要内容。

3.2.4 典型 HAZOP 分析应用

（1）工程设计阶段的 HAZOP 分析

工程设计阶段开展 HAZOP 分析能分析安全措施的充分性，检查强制性标准在设计中的落实情况。在设计阶段进行 HAZOP 分析是最理想的选择。本节介绍了基础工程设计阶段开展 HAZOP 分析的关键步骤和分析要点，对“七环节”方法和“七问”方法进行了详细介绍。

① 工程设计阶段 HAZOP 分析的目标。工程设计阶段的 HAZOP 分析一般在基础设计阶段的后期和详细设计阶段进行。基础设计阶段的 HAZOP 分析主要针对工艺流程。详细设计阶段的 HAZOP 分析主要针对设备和重大的设计变更。在工程设计阶段开展 HAZOP 分析对未来二三十年内工艺装置的安全性和可操作性有着至关重要的影响。

一般来说，产品的安全性能和设施主要是在设计阶段决定的。就像人们在购买汽车时会特别注意安全方面的配置，而这些配置都是在汽车的设计阶段决定的。石油化工厂的设计阶段是石油化工厂的孕育阶段，这一阶段直接决定了工艺装置在未来生命周期内的安全性和可操作性。

工程设计阶段开展 HAZOP 分析的目标主要包括以下方面。

a. 检查已有安全措施的充分性，保证工艺的本质安全。现代的石油化工厂的安全防护策略基本上是按“洋葱模型”设置的，如图 3-9 所示。由于安全保护层是由里到外的包裹层状结构，故得名“洋葱模型”。保护层由里到外的排列顺序为限制和控制措施、预防性保护措施和减缓性保护措施。

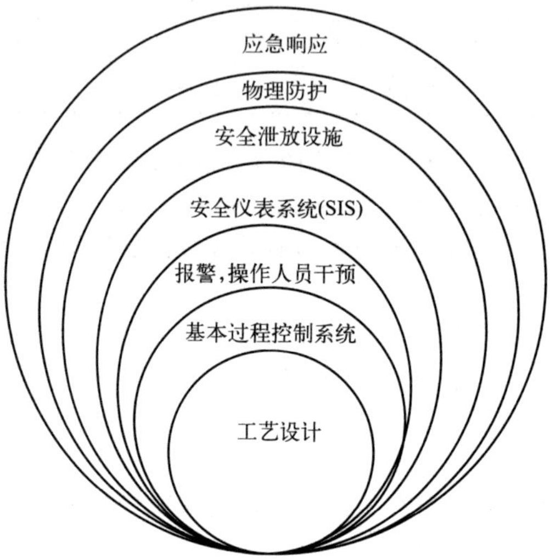

图 3-9　安全防护策略的“洋葱模型”

“洋葱模型”从里层到外层分别代表如下安全防护策略：

- 工艺设计；
- 基本过程控制系统；
- 报警，操作人员干预；
- 安全仪表系统（SIS）或紧急停车（ESD）系统；
- 安全泄放设施；
- 物理防护；
- 应急响应（水喷淋、应急预案）。

目前先进的、具有国际水平的工艺装置基本上采用了“洋葱模型”的防护策略。HAZOP 分析最主要的分析对象是工艺设计的管道仪表流程图即 P&ID。P&ID 基本包含了洋葱模型的所有安全措施，显示了所有的设备、管道、工艺控制系统、安全联锁系统、物料互供关系、设备尺寸、设计温度、设计压力、管线尺寸、材料类型和等级、安全泄放系统、公用工程管线等关于工艺装置的关键信息。

因此，通过分析 P&ID，基本可以分析所有安全措施的充分性，检查强制性标准规范在设计中的落实情况。

b. 控制变更发生的阶段，避免产生较大的变更费用。HAZOP 分析的主要目的是检查已有安全措施的充分性。在 HAZOP 分析过程中往往会提出大量的建议安全措施，这些措施的落实会产生变更费用。工艺装置生命周期和变更导致的费用关系如图 3-10 所示。

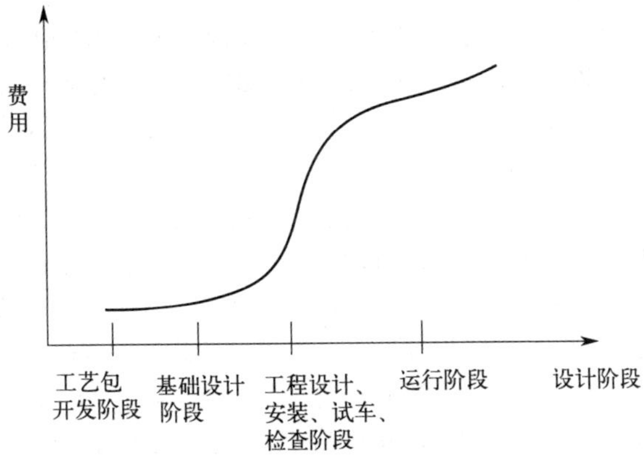

图 3-10　石油化工厂生命周期及设计变更费用关系

从图 3-10 可以看出，如果在设计阶段进行 HAZOP 分析，则执行 HAZOP 分析建议所产生的变更费用是最少的。

② 工程设计阶段 HAZOP 分析的策划。HAZOP 分析是设计阶段的工艺危险分析工作之一。设计阶段的工艺危险分析如图 3-11 所示。

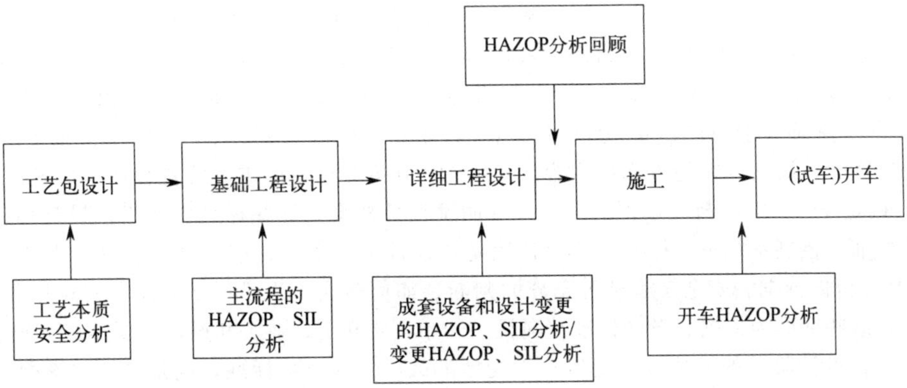

图 3-11　设计阶段的工艺危险分析

一套工艺装置从立项到投产大概经历了工艺包设计、基础工程设计、详细工程设计、施工和（试车）开车几个阶段。

工程设计阶段包含基础工程设计阶段和详细工程设计阶段。

基础工程设计阶段是在工艺包的基础上进行工程化的工程设计阶段。其主要目的是为提高工程质量、控制工程投资、确保建设进度提供条件。在基础工程设计阶段结束时，所有的技术原则和技术方案均应确定。对于国内一般的设计院或工程公司，在基础工程设计阶段，参加设计的主要专业是工艺专业、自控和设备专业。

详细工程设计是在基础工程设计的基础上进行的，其内容和深度应满足通用材料采购、设备制造、工程施工及装置运行的要求。

基础工程设计阶段的 HAZOP 分析主要是确定安全设施是否存在以及如何设置和设计。因此，基础工程设计阶段的 HAZOP 分析至关重要。基础工程设计阶段的 HAZOP 分析主要是针对主流程；详细工程设计阶段的 HAZOP 分析主要是针对成套设备（如压缩机）及基础工程设计阶段 HAZOP 分析后发生的设计变更。基础工程设计阶段的 HAZOP 分析安排在基础工程设计完成后、政府或上级单位审查前这一段时间进行，详细工程设计阶段的 HAZOP

分析应该在详细工程设计结束前完成。

从安全管理的完整性来讲，在安装施工前应该进行一个 HAZOP 分析回顾。这项工作的目的主要是在现场开始安装之前，对此前完成的 HAZOP 分析进行回顾，从而尽可能避免安装施工阶段可能出现的变更（因为在图纸阶段进行变更要比在安装后再作变更经济得多）。进行 HAZOP 分析回顾的主要工作内容包括：回顾此前 HAZOP 分析提出的建议安全措施，特别是对未能及时关闭的有关设计的建议安全措施进行讨论，必要时可以对原有的建议安全措施进行补充、修改甚至删除；回顾此前 HAZOP 分析工作完成后所发生的设计变更，必要时对变更部分重新进行 HAZOP 分析；更新 HAZOP 分析报告，形成一份新版报告。此项工作通常由原 HAZOP 分析团队负责完成。工作过程中，主要参考此前完成的 HAZOP 分析记录表进行讨论（讨论过程与正常的 HAZOP 分析类似）。在安装施工前开展的 HAZOP 分析回顾通常适用于规模较大的项目，或者是 HAZOP 分析后经历重大变化的项目。此阶段的工作只对 HAZOP 分析记录表中有建议项的事故剧情进行讨论，因此可以节省大量的讨论时间。

开车阶段是危险性较大的一段时间，很多重大过程安全事故发生在这个阶段。有些公司会在开车前，针对开车方案进行 HAZOP 分析，检查开车流程和开车设施的安全性。

③ 工程设计阶段 HAZOP 分析的步骤。在工程设计阶段开展 HAZOP 分析的关键步骤如下所述。

a. 确定是否进行 HAZOP 分析。HAZOP 分析的需求往往来自业主，有时来自专利商。这种需求一般是正式的，而且应当体现在双方的合同中。在合同谈判时要明确是否进行 HAZOP 分析，因为 HAZOP 分析需要人员、工时及费用的投入，参与人员包括设计方、业主（操作专家）、专利商和厂商的人员。一般专利商和操作专家由业主方派出。还要注意与设备的供应商事先就 HAZOP 分析工作在合同中明确，特别是约定人员的派出和落实 HAZOP 分析建议安全措施方面的内容。HAZOP 分析对项目的进度安排会产生影响。

b. 确定 HAZOP 分析所依据的标准。要明确设计标准，这些标准包括工艺设计标准、设备设计标准、控制系统设计标准、安全仪表系统设计标准等。这些标准是设计的基础，也是 HAZOP 分析的依据。安全措施是否充分的判断、如何落实 HAZOP 分析提出的意见和建议，主要是以这些标准为依据。设计标准在项目一开始就要确定，业主和设计方要达成一致意见。

在工程设计阶段的初期要确定风险承受标准或可接受风险标准，这是非常关键的。不同的行业、不同的国家、不同的公司可能有不同的可接受风险标准。可接受风险标准水平将影响装置的安全水平。

从风险角度来看，任何一个组织面临的风险要么是可以接受的，要么是不可接受的。许多国际大公司对于自己的风险承受标准有详细的规定和表述，并且在业务活动中执行这些标准。为了方便 HAZOP 分析，很多公司采用风险矩阵。表 3-15 所示是某公司采用的风险矩阵，很多公司采用的风险矩阵基本与此类似。

表 3-15　风险矩阵实例

后果严重等级	事故后果					发生的可能性				
	人员	财产	环境	声誉	法律法规	从未听说过	在国内发生过	在行业内发生过	在公司内发生过	在工作场所经常发生(次/年)
	People	Assets	Environment	Reputation	Law	A(1)	B(2)	C(3)	D(4)	E(5)
0	无伤害	无损失	无影响	无影响	完全符合					
1	轻微受伤，采取急救措施，不影响工作	经济损失达 8 万～80 万元	局部轻微污染	本公司内部影响	不符合本公司标准		低风险区			

续表

后果严重等级	事故后果					发生的可能性				
	人员	财产	环境	声誉	法律法规	从未听说过	在国内发生过	在行业内发生过	在公司内发生过	在工作场所经常发生(次/年)
	People	Assets	Environment	Reputation	Law	A(1)	B(2)	C(3)	D(4)	E(5)
2	中度伤害，正常工作受影响	经济损失达 80 万～800 万元	区域中等污染，但无持续影响	本省市或本行业内影响	不符合行业标准			中风险区		
3	部分丧失劳动能力，造成部分残疾或职业病	经济损失达 800 万～8000 万元	区域严重污染或受到投诉	国内范围的媒体影响	潜在的不符合法律法规				高风险区	
4	终身残疾，或者造成人员死亡	经济损失 >8000 万元	超过国标的大范围污染	国际互联网影响	违反国家法律法规					

c. 确定 HAZOP 分析程序。设计方一般采用业主的或业主认可的 HAZOP 分析程序。HAZOP 分析程序应详细规定如何进行 HAZOP 分析。在该程序中还要规定用何种方法进行 HAZOP 分析。一般认为 HAZOP 分析专指采用“引导词”的分析方法。但有的项目采用“基于经验”的分析方法。一般来说“引导词法”对 HAZOP 分析主席的要求低一些。“基于经验”的方法对 HAZOP 分析主席要求高，一般要求其是过程安全专家，最好具有实际操作经验。

d. 确定谁来发起 HAZOP 分析。HAZOP 分析工作一般由业主发起，设计单位给予配合。近年来完成的中海壳牌、赛科、扬巴一体化、福建炼化一体化等项目，其 HAZOP 分析都是由业主组织的。

如果业主缺乏组织 HAZOP 分析的经验，也可以由设计单位组织。在这种情况下，业主不仅要密切配合，更要高度重视这项工作，特别是需要得到业主方高层的关注和支持。

设计阶段的 HAZOP 分析也可以由业主委托的第三方机构进行，业主及设计单位派人参加。

无论何种情况，设计方都要有一个有经验的人专门负责此事，一般由过程安全工程师负责。

e. 确定哪些人参加 HAZOP 分析。前面已经对 HAZOP 分析团队的组成进行了详细的介绍。一般来说，工程设计阶段的 HAZOP 分析至少需要以下人员参加。

- HAZOP 分析主席：要具有相对的对立性（第二方、第三方）。
- HAZOP 分析记录员：最好是工艺人员。
- 业主（操作专家）。
- 工艺设计人员。
- 安全工程师。
- 专利商。
- 成套设备制造商（当进行成套设备 HAZOP 分析时）。

f. 确定 HAZOP 分析时间进度计划。HAZOP 分析的组织者要根据装置的规模、P&ID 的数量和难易程度估算 HAZOP 分析的时间。HAZOP 分析时间的长短直接决定了 HAZOP 分析本身需要的费用。这项工作一般由业主、HAZOP 分析主席、过程安全工程师完成。根据经验，对于中等复杂程度的 P&ID，在采用“引导词法”进行 HAZOP 分析时，平均每天大概能完成 3.5 张。在策划 HAZOP 分析工作时，可以据此对花费的时间进行估计。

HAZOP 分析的耗时一直是国内外关注的问题。传统的 HAZOP 分析采用引导词法，对每一个节点的每一个工艺参数的偏离进行检查和讨论，这是非常消耗时间的过程。以某大型化工工艺装置为例，如果采用传统的 HAZOP 分析，历时在 1 个月以上，这还要考虑采取多团队并行分析的方式。因此，对于比较成熟的工艺过程，即 HAZOP 分析团队成员非常熟悉被分析项目的工艺及设计要求，并且具有专家水平，则可以不必采取大范围的引导词法进行 HAZOP 分析，可以考虑采取更加灵活的方法，如基于经验的 HAZOP 分析方法。一般情况下，采用基于经验的 HAZOP 分析方法至少可以节省一半的时间。

由于 HAZOP 分析的对象是工艺设备、工艺管线和仪表，HAZOP 分析的结果对于下游专业有很大的影响。这意味着只要 HAZOP 分析没有完成，工艺方面很有可能产生变化。所以在安排工程进度时，必须考虑 HAZOP 分析工作对工程进度的影响，提前做好 HAZOP 分析策划和关闭等工作安排的策略。仅完成 HAZOP 分析，从 HAZOP 分析的工作量看，还不到一半。更重要的是，相关方如何落实 HAZOP 分析所提的建议。只有落实了 HAZOP 分析建议，HAZOP 分析才有意义。因此，关闭的时间也要进行考虑。

g. 确定 HAZOP 分析需要准备哪些文件。HAZOP 分析所需要的最主要的文件就是 P&ID，一般情况下设计单位需要单独出具一版供 HAZOP 分析的 P&ID 文件。

④ 工程设计阶段 HAZOP 分析的要点。对于一个项目而言，进行 HAZOP 分析前要制定一个作业程序，然后在进行 HAZOP 分析时按作业程序开展工作。这样的一个程序通常由业主制定或得到业主的认可。以下主要讨论 HAZOP 分析作业程序内容，也就是工程设计阶段 HAZOP 分析的要点。

a. 明确 HAZOP 分析的组织者。作业程序要明确项目经理是 HAZOP 分析工作的第一责任人。在实际工作中，项目经理关注此事，体现了项目管理层对此项工作的重视。HAZOP 分析的具体协调与安排等工作，一般由安全工程师、HSE（健康、安全、环境）经理、HSE 工程师、项目工程师等人负责。

b. 明确 HAZOP 分析的研究范围。在 HAZOP 分析程序中要确定对哪些工艺装置、单元和公用工程及辅助设施进行 HAZOP 分析。在作业程序中要明确 HAZOP 分析的主要对象是工艺管道仪表流程图（P&ID）和相关资料。设计阶段产生的文件种类成百上千，但 HAZOP 分析的对象主要是工艺设计的核心文件，这些文件是过程安全设计最重要的信息载体。

c. 明确 HAZOP 分析的时间段。工艺装置和公用工程主流程的 HAZOP 分析应安排在基础工程设计工作基本完成之后、上级主管部门审查之前进行。这种安排，可以使 HAZOP 分析的结果及对设计所作的变动体现在基础工程设计审查文件中。主管部门审查主要是确定投资，因此在主管部门审查前进行，可以考虑 HAZOP 分析带来的投资影响。但是，现在的项目进度安排往往很紧张，特别是国内项目，有些项目的 HAZOP 分析放在详细设计阶段的初期，这就要求准备工作必须充分，并且对 HAZOP 分析提出的建议的关闭策略达成一致意见。

d. 确定 HAZOP 分析组成员。前面已经介绍过，HAZOP 分析主席、HAZOP 分析记录员、工艺工程师、仪表工程师、专利商代表、安全工程师、生产及操作人员代表（业主代表）等是工程设计阶段 HAZOP 分析团队的主要成员。

e. 准备 HAZOP 分析所需的资料。HAZOP 分析所需要的主要资料是管道仪表流程图（P&ID）、工艺流程图（PFD）、物料平衡和能量平衡、设备数据表、管线表、工艺说明等文件。这些图纸和资料需要在 HAZOP 分析会开始前准备好。特别是 P&ID，应保证与会人员每人一套。P&ID 要信息完整、符合设计深度要求，以保证分析的准确性。

f. 选择 HAZOP 分析的管理软件。现在的 HAZOP 分析一般采用专门的 HAZOP 分析软件，进行记录和管理。要在程序中明确用哪一种 HAZOP 分析软件。国内外都有专业化开发的计算机辅助 HAZOP 分析软件。这些管理软件能有效地帮助记录 HAZOP 分析过程，管理 HAZOP 分析的有关信息，提高分析工作的效率。当然，也可以使用普通的办公软件如 Word 或 Excel 进行记录和管理。

g. HAZOP 分析会议前的准备。在进行 HAZOP 分析会议之前，HAZOP 分析主席和记录员应当提前几天开始工作。他们的主要任务：检查 HAZOP 分析所需资料是否齐全；与工艺设计人员沟通以便了解更多的信息；初步划分 HAZOP 分析节点（注：有时划分节点的工作也可以在分析会上进行）；在 HAZOP 分析记录软件中输入一些必要的信息。

h. 进行 HAZOP 分析。前面所述的几点实际上都是准备工作。在 HAZOP 分析会议的第一天，在分析工作正式开始前，HAZOP 分析主席最好对参会人员进行一个简短的 HAZOP 分析方面的培训，即使参会人员已经有相当丰富的经验。简短培训完毕后，参会人员一般会进行自我介绍，让大家了解其工作经验、专业特长，以及在 HAZOP 分析中的角色。在接下来的时间里，HAZOP 分析团队成员在 HAZOP 分析团队主席的领导下按 HAZOP 分析程序要求的步骤开展工作。HAZOP 分析基本按图 3-12 所示步骤进行。

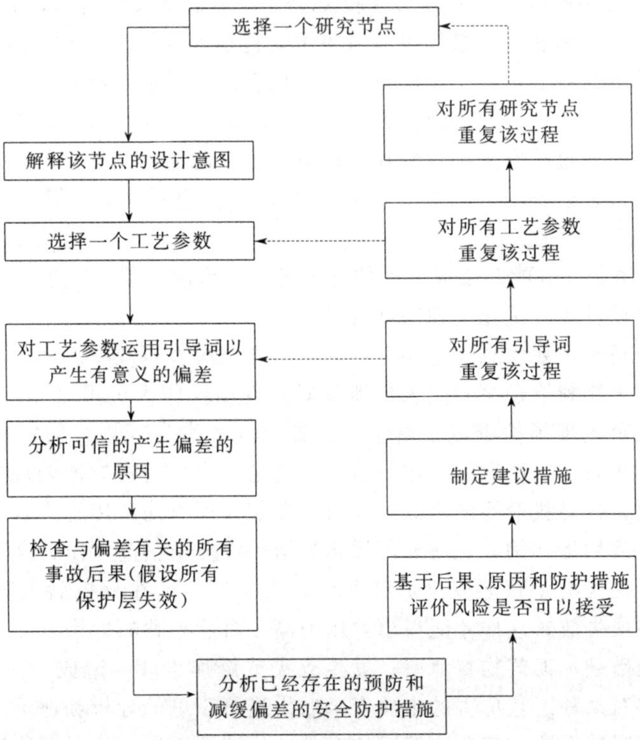

图 3-12　HAZOP 分析步骤

⑤ 工程设计阶段 HAZOP 分析注意事项。前面的章节已经对 HAZOP 分析的步骤进行了详细的介绍，这里不再重复。下面根据图 3-12 简单介绍工程设计阶段 HAZOP 分析一些需要注意的地方。

a. 选择一个分析节点。分析节点由 HAZOP 分析主席确定，可以在 HAZOP 分析会之前划分，也可以在开会时当场划分，以参会人员都没有异议为准。分析节点要标在大号的 P&ID 图纸上。大号的 P&ID 图纸一般应悬挂在黑板上或墙上，有时候也平铺在会议桌上，这样参会人员都可以看得见。

b. 解释该节点的设计意图。由设计方的工艺工程师简短解释每一个节点的设计意图。

解释时要简洁明了，解释清楚工艺过程即可。在介绍过程中可以随时回答参会者提出的一些问题。要特别注意介绍不同操作工况下的设计意图。HAZOP分析记录员要记录节点的设计意图。

c. 选择一个工艺参数。一般从最常见的工艺参数开始，如流量、温度、压力、液位和组成等。

d. 对工艺参数运用引导词以产生有意义的偏离。前几章已经进行了详细的介绍，由工艺参数和引导词组合形成偏离，如“流量”＋“低”形成“流量低”的偏离。

e. 分析可信的产生偏离的原因。这项工作需要发挥团队的知识和经验。尽管HAZOP分析是一个“头脑风暴”的讨论过程，但分析团队仍然要寻找“可信的”的原因，而不是不着边际。例如，造成管道“流量低”的原因一般有管路上的阀门误关、控制阀故障、上游泵故障等。这些都是“可信的”原因。但假设天上掉下陨石击中管线造成“流量低”就是“不可信的”原因。参会人员的经验越多，在这方面越容易达成共识。有些设计人员认为正确的设计应该永远不会出现问题，其实这太理想化了。操作人员会告知设计人员所有设计的东西都有可能出现问题，理想和现实总是有很大的差距。

f. 检查与偏离有关的所有事故后果（假设所有保护措施失效）。这项工作需要发挥团队的知识和经验。一个偏离造成的最终事故后果主要包括人身伤害、财产损失、环境破坏、声誉下降和违反法律等几种。从安全角度讲，人身伤害的后果需要特别关注。很多有经验的操作人员都会亲身经历或了解一些事故，在进行HAZOP分析时要多听取他们的意见。一位有经验的过程安全专家或过程安全工程师在分析事故后果时能给予很大的帮助和支持，特别是在HAZOP分析会议上能够较为快速地确定一个较为合理的火灾、爆炸、泄漏可能造成的后果。

HAZOP分析团队一般能在会议上评估绝大部分的事故后果。在很少的情况下，需要在会后借助专业安全软件进行量化的评估和计算。

在进行后果分析时，要注意工艺装置内人员分布情况在事故状态和平时是有区别的。例如，当装置一台工艺物料输送泵发生大量泄漏时，现场操作人员报警后，有可能设备人员、仪表人员或其他人员到现场检查或了解情况。如果此时发生闪爆，伤亡人数可能会比平常多。在进行后果分析时，要特别注意这一点。有的公司专门有这方面的规定。

需要指出的是，在寻找最终的事故后果时，要假设所有防护措施失效或不起作用，否则不能正确分析出事故后果。例如，对于丙烯精馏塔，在分析偏离“压力高”可能带来的后果时，即使P&ID上已经有了仪表安全联锁系统、安全阀，但在分析后果时也要假设联锁系统、安全阀不存在或失效，这样才能得出“压力高”可能导致的后果，即“塔系统超压，可能导致设备或管线破裂，工艺物料泄漏，发生火灾或爆炸事故，造成一人或多人伤亡”。通过这种方式，能够对某种工艺危害的本质安全后果进行正确的分析和评价，从而可以检查已有的安全措施（如联锁系统、安全阀等）的充分性，有助于进一步提出建议的安全措施。

和前面分析偏离产生原因类似，在分析偏离可能造成的后果时也要寻找“可信的”后果，而不能过分夸大后果的严重程度。

g. 分析已经存在的预防和减缓偏离的安全防护措施。人们都知道“安全第一、预防为主”这句安全管理的至理名言，过程安全管理更是如此。危险源、事件、事故、控制措施的关系如图3-13所示。

从危险源到事故发生并不是一蹴而就的。如果仔细分析工艺装置经常发生的火灾和爆炸事故，可以发现其发生路径一般如下：

存在危险源（如工艺设备或管线中存在的危险物料）→某种可以导致“偏离”的原因产生（如容器出口阀门关闭）→工艺操作状态产生“偏离”（如容器内“压力高”“液位高”

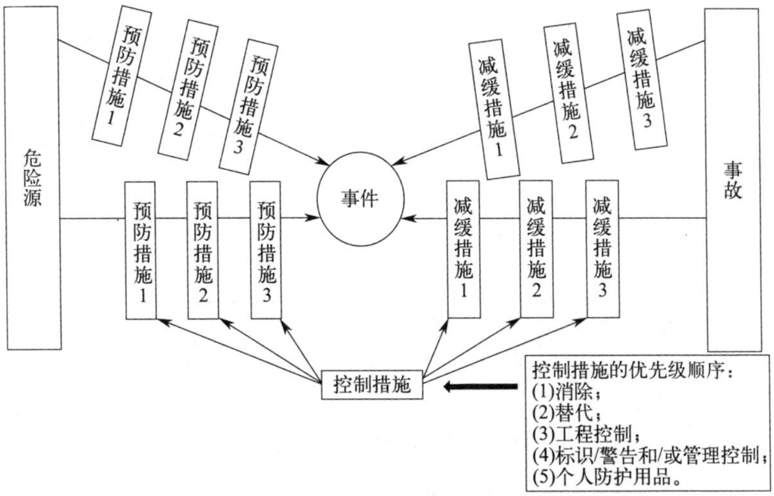

图 3-13 危险源、事件、事故、控制措施的关系

等)→危险“事件”发生（如容器因超压而破裂导致危险物料泄漏)→泄漏的物料遇到点火源(如静电、明火、高温表面等)→着火、爆炸→造成人员伤害、财产损失、环境破坏等各种后果。

简化一下，事故发生即是按如下“七环节”进行：

“危险源”→“原因”→“偏离”→“事件”→点火源→火灾、爆炸→后果“七环节”的演变路径就是一种简单的链状事故剧情。

工程设计阶段解决安全问题的出发点一定要放在“事件”之前的三个环节。在 HAZOP 分析过程中也是这个思路，即预防措施优先于减缓措施。无论是检查现有安全措施是否充分，还是提出建议措施，HAZOP 分析团队成员要尽量按照以下思路考虑，简称为“7问”法：

能否从根本上消除该危险源？→如果不能消除“危险源”，能否用一种危险性更小的物料代替目前的物料？→能否减少“危险源”的数量？→能否消除产生“偏离”的“原因”？→能否降低“原因”产生的频率？→能否消除“偏离”？→能否减少“偏离”的程度？

从风险控制策略的角度来看，上述优先级是从高到低的。这种风险控制策略不仅是 HAZOP 分析人员需要掌握的，也是一个工艺设计人员需要掌握的。

下面举一个例子解释这种思路。图 3-14 是一个丙烯精馏塔操作单元示意图。为了方便，本图省略了很多细节。

如果对该操作单元进行 HAZOP 分析，分析的偏离是“压力高”。

根据上面介绍的“七环节”方法，描述事故发生的事件序列如下：

“危险源”(塔系统存在大量丙烯)→“原因”(塔顶冷却水丧失而热介质继续向再沸器提供热量，见图中“1”“2”处)→“偏离”(塔系统发生“压力高”)→“事件”(系统超压塔系统某处发生大量泄漏)→点火源（装置存在点火源)→火灾、爆炸（泄漏的物料在装置内发生蒸汽云爆炸)→后果（造成人员伤害和财产损失)。

在检查已有安全措施和提出建议的安全措施时，根据“7 问”方法进行分析：

能否从根本上消除该危险源？(不能。该系统的危险源是丙烯，是产品之一，显然无法消除)→如果不能消除“危险源”，能否用一种危险性更小的物料代替目前的物料？（不能。理由同上)→能否减少“危险源”的数量？(有可能。HAZOP 分析人员要检查塔釜和回流罐的停留时间是否合适，如果停留时间过长，则系统可能存在更多的物料，因此可以考虑缩短

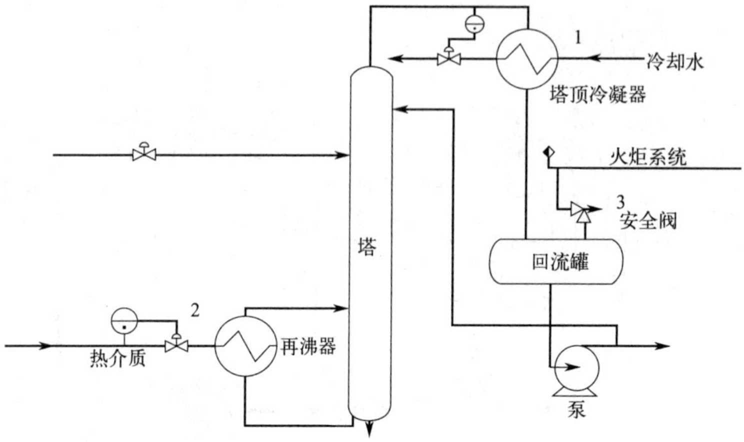

图 3-14　丙烯精馏塔操作单元示意图

停留时间增加安全性)→能否消除产生“偏离”的“原因”?(塔顶冷却水丧失这种情形是可能发生的，无法消除；但可以在“偏离”发生前阻止热介质继续向再沸器提供热量，因此 HAZOP 分析人员可以检查设计有无这种措施)→能否降低“原因”产生的频率?(“塔顶冷却水丧失”这种“原因”无法消除，但是可以设计更加可靠的循环水系统，使这种情形发生的频率大大降低)→能否消除“偏离”?(“偏离”是一个相对量。这里的“偏离”是“压力高”，是指相对于塔系统的操作压力或设计压力而言的。如果能够提高设备的设计压力，那么这个“偏离”会相对减小甚至消失，所以 HAZOP 分析人员要检查在设计上能否通过提高设计压力的方式消除“偏离”；前面已经分析过可以采取及时切断热介质继续向再沸器提供热量的方式，消除“偏离”，那么 HAZOP 分析人员要检查是否有这方面的安全措施，例如，可以设置联锁系统进行切断)→能否减少“偏离”的程度?(这里的“偏离”是“压力高”，为了降低系统压力，可以设计安全泄压设施，如安全阀、爆破片等安全设施；在事故工况下继续向塔内进料加剧了“压力高”的程度，因此可以考虑设计联锁设施切断塔的进料)。

通过采取这种方式，HAZOP 分析团队能够对关键的安全措施进行详细的检查和分析，从而保证 HAZOP 分析的质量，大大提高了工艺装置的本质安全性。从工艺装置的生命周期来看，前 3 个角度在工艺包开发或工艺包设计阶段有更多的实现机会；一旦进入基础工程设计或详细工程设计阶段，较为现实的解决方案主要是从后 4 个角度考虑。

h. 基于后果、原因和预防措施评价风险是否可以接受。这是很重要的一个环节，因为 HAZOP 分析团队要判断一个危险源的已有安全措施是否充分，从而判断是否已经将风险降低到了可以接受的程度。目前，国际上进行 HAZOP 分析时最常用的一个工具就是风险矩阵。风险矩阵方法是一种半定量的方法，经大量实践证明是有效的，已经广泛被业界接受。

i. 制定建议安全措施。在 HAZOP 分析过程中，当发现已有安全措施不充分时，HAZOP 分析团队应给出建议安全措施。所提出的建议安全措施应该遵循设计方的标准。例如，如果设计标准明确规定在压力容器上必须考虑双安全阀，那么当 HAZOP 分析团队发现设计图纸缺少一个安全阀时，建议增加一个安全阀会得到所有人的同意。在有些情况下，标准规范并没有规定如何去做，HAZOP 分析团队就要通过讨论确定建议的安全措施。因此，如前所述，HAZOP 分析团队成员必须有相当的经验、知识并熟悉设计惯例，以及在会议过程中有作出决定的能力。有时，在参会人员无法达成一致时，HAZOP 分析主席往往会决定会后由相关方对该问题进行专题研究。这样可以使 HAZOP 分析得以继续进行。

j. 用其他引导词重复前述步骤。有时不同的引导词产生的事件和后果是一样的，为了节省时间，可以直接在记录表格里注明，如“见上面‘流量低’工况”。

k. 对所有工艺参数重复上述步骤。即对所有的工艺参数重复上述步骤 c. ～j. 。

l. 遍历所有节点重复上述步骤。HAZOP 分析会议是非常消耗精力的过程，因此要在每天的会议过程中安排适当的会间休息时间。每天 HAZOP 分析的时间以不超过 6h 为宜。在每天 HAZOP 分析会议的结尾，HAZOP 分析主席一般会组织参会人员审核当天的工作，重点是审核 HAZOP 分析发现的问题及建议，确保当天的分析成果得到参会人员的认可。在接下来的几天甚至几周的时间内，除了简短的培训外，HAZOP 分析的主要工作基本上和第一天是一样的。

m. 编制 HAZOP 分析报告。HAZOP 分析结束后，应尽快编制 HAZOP 分析报告。HAZOP 分析主席是 HAZOP 分析报告编制的负责人。但实际的整理和文字工作一般由记录员完成，HAZOP 分析主席负责报告的审查工作。HAZOP 分析报告初稿完成后，要征求所有参会人员的意见。在吸收采纳参会人员的意见后，更改后的报告再次发给与会人员审核，直至没有意见。

n. 追踪安全建议措施的落实。HAZOP 分析建议的落实对于整个 HAZOP 分析工作来说是非常重要的一项工作，也是非常难的一项工作。在 HAZOP 分析的过程中，分析团队提出的任何建议都应该分配给某一个参会的人员并明确建议落实的完成时间。HAZOP 分析建议一般涉及 P&ID 的更新，因此 HAZOP 分析完成后设计组应出具一版新的 P&ID。属于设计阶段的建议必须在设计阶段关闭，属于制定操作规程方面的建议要正式移交给业主。一般来说，业主方和设计方都要有一个 HAZOP 分析工作的协调人。特别是设计方，要有一名专人负责 HAZOP 分析建议的关闭工作。这项工作一般由设计团队的过程安全工程师或 HSE 工程师担任。他们的主要工作是检查建议的责任方对 HAZOP 分析提出的某项建议的落实情况并进行记录，负责定期发布建议安全措施的跟进报告，向业主、HAZOP 分析参会人员、项目管理层汇报哪些建议已经关闭、哪些建议仍然处于开放状态。这是一项长期的工作，有些建议在设计阶段的末期才能关闭。总之，在设计阶段必须落实那些应该在设计阶段解决的建议。

o. 发布终版的 HAZOP 分析报告。在所有建议都得以落实后，在适当的时机，项目组应召开 HAZOP 分析建议的关闭会议，一般由业主、工艺工程师、安全工程师参加。他们对照 HAZOP 分析所提出的建议和更新后的 P&ID 和其他文件，逐条进行验证。全部建议得到验证并确认落实后，项目组应出具最终版的 HAZOP 分析报告，报告应含有建议的落实情况。最终版的 HAZOP 分析报告一般应经过业主书面认可。这意味着设计阶段的 HAZOP 分析工作正式结束。

p. 保留记录。要根据项目要求对 HAZOP 分析报告和分析用的 P&ID 进行归档保存。完整报告应交给业主：一方面，业主要继续落实需要在操作阶段执行的建议；另一方面，HAZOP 分析报告是业主操作、培训和制定操作规程的重要文件之一，也是在役装置进行 HAZOP 分析的基础文件之一。

（2）生产运行阶段的 HAZOP 分析

生产运行阶段的装置，特别是历史较长的生产装置，由于在其建设时期的过程安全技术相对落后、安全要求及标准较低，加上存在制造加工技术和设备材质等缺陷，因此在其工艺系统中埋下了安全隐患；另外，大部分企业 HSE 管理体系尚未得到有效建立和实施，对风险的识别和控制能力相对有限。这些都是生产运行阶段进行 HAZOP 分析需要重点关注和评估的内容。

① 生产运行阶段 HAZOP 分析的目标。处于生产运行状态的装置称为在役装置。在役装置有的在工程设计阶段开展过 HAZOP 分析，有的（大多数）在工程设计阶段没有做过

HAZOP 分析。由于技术和安全标准在进步，无论以前是否做过 HAZOP 分析，对在役装置每隔几年做一次 HAZOP 分析都是非常必要的。

在生产运行阶段实施 HAZOP 分析，可以全面、深入地识别和分析在役装置系统潜在的危险，明确潜在危险的重点部位，确定在役装置日常维护的重点目标和对象，进而完善针对重大事故隐患的预防性安全措施。这样，通过生产运行阶段的 HAZOP 分析可以将企业安全监管的重点目标更加具体化，更加符合企业在役装置的实际，有助于提高安全监管效率。生产运行阶段的 HAZOP 分析是企业建立隐患排查治理常态化机制的有效方式。

生产运行阶段 HAZOP 分析的目标主要包括以下几个方面：

a. 系统地识别和评估在役装置潜在的危险，排查事故隐患，为隐患治理提供依据；

b. 评估装置现有控制风险的安全措施是否足够，需要时提出新的控制风险的建议措施；

c. 识别和分析可操作性问题，包括影响产品质量的问题；

d. 完善在役装置系统过程安全信息，为修改、完善操作规程提供依据，为操作人员的培训提供更为结合实际的教材。

② 生产运行阶段 HAZOP 分析的特点。对于生产运行阶段的 HAZOP 分析而言，一个重要的特点就是装置已经建成并在役运行多年。对于装置而言，可能已经进行过技术改造；或者进行过多次工艺变更；曾经发生过设备故障、操作失误、未遂事故等。有的企业由于对工艺变更后的相关信息没有及时收集、归档，在设计阶段形成的 P&ID、图纸、数据、过程安全信息等内容可能与现场实际情况不符。

与设计阶段的 HAZOP 分析相比，由于装置在役运行，一个较为有利的条件就是所有分析的结果都可以与现场实物进行比较验证，在 HAZOP 分析过程中可以比较方便地开展现场分析，需要时可以到现场核实有关问题。

鉴于以上特点，在实施生产运行阶段的 HAZOP 分析时，要注意以下问题。

a. 生产运行阶段的 HAZOP 分析不是重新设计工艺流程，而是基于现有工艺流程及生产路线下的系统性风险评估，应在这样的前提下考虑安全措施。

b. 要充分理解装置工艺流程的设计意图及其相关的目的和要求。由于很难要求装置的原设计人员参与分析，一些流程的设计意图需要由现场经验丰富的技术管理人员和操作人员来解释。因此，这些人员的参加非常必要。

c. 要对装置已经历过的那段运行历史及生产过程中暴露出的各类问题有一个全面的了解，如曾发生的设备故障、操作失误、未遂事故等。

d. 工厂安全性与可靠性设计，通常是依据当时的设计规范或标准。生产运行阶段的 HAZOP 分析，应当审查这些相关规范或标准是否继续有效。

e. HAZOP 分析所强调的是识别潜在危险，同时找出降低危险的安全措施。至于如何采取更经济有效的措施，可能还需要结合其他方法作进一步评估。

f. 要检查并确认分析所依据的过程安全信息等资料与实际情况的符合性。如果所依据的资料与现场实际情况有较大差距，应在资料完善之后再开展 HAZOP 分析。

③ 生产运行阶段 HAZOP 分析的应用场合。生产运行阶段 HAZOP 分析在以下几种情况下进行。

a. 生产运行阶段的改造项目。改造项目 P&ID 确定之后的基础设计阶段或详细设计阶段需要 HAZOP 分析。时间安排应该尽量充裕一些，以期 HAZOP 分析能够系统、深入，设计能更加完善。此时进行 HAZOP 分析能及时改正错误，降低成本，减少损失。对大型技术改造项目实施 HAZOP 分析可参照工程设计阶段 HAZOP 分析的程序和做法。

b. 工艺或设施的变更。当工艺条件、操作流程或机器设备有变更时，需要进行 HAZOP 分析以识别新的工艺条件、流程、新的物料、新的设备是否带来新的危险，并确认变更的可行性。HAZOP 分析可以考虑成为企业变更管理的一项规定。

变更管理的一项重要任务是对变更实施危险审查，提出审查意见。这正是 HAZOP 分析的强项。通过 HAZOP 分析还可以帮助变更管理完成多项任务。例如：更新 P&ID 和工艺流程图；更新相关安全措施；提出哪些物料和能量平衡需要更新；提出哪些释放系统数据需要更新；更新操作规程；更新检查规程；更新培训内容和教材等。

c. 定期开展 HAZOP 分析。欧美国家规定，对生产运行阶段的装置，应当定期开展 HAZOP 分析；对高度危险装置，建议每隔 5 年开展一次 HAZOP 分析。

我国某大型石化企业规定：在役装置原则上每 5 年进行一次 HAZOP 分析；装置发生与工艺有关的较大事故后，应及时开展 HAZOP 分析；装置发生较大工艺设备变更之前，应根据实际情况开展 HAZOP 分析。

表 3-16 所列是国外某公司对在役装置进行 HAZOP 分析周期的规定。

表 3-16　某企业生产运行阶段 HAZOP 分析周期

HAZOP 分析周期	高度危险装置	中度危险装置	低度危险装置
第二次 HAZOP 分析	开车或初次分析后的 5 年	开车或初次分析后的 6 年	开车或初次分析后的 7 年
第三次 HAZOP 分析	先前分析后的 6 年	先前分析后的 8 年	先前分析后的 10 年
随后的 HAZOP 分析	先前分析后的 7 年	先前分析后的 10 年	先前分析后的 12 年

注：

1. 高度危险的装置是指系统的装量含有以下物料和压力范围的单个装置：

物料质量超过 1t，蒸气压力高于 50bar（g）；

易燃物料质量超过 10t，蒸气压力高于 5bar（g）；

易燃物料质量超过 200t，蒸气压力高于 1bar（g）；

易燃物料质量超过 10000t，蒸气压力高于 0bar（g）；

IDLH（立即威胁生命和健康的浓度）低于 10ppm（1×10^{-6}）的物质；

物料质量超过 10t，固有水域危险因素较高。

2. 中度危险的装置是指危险程度介于 1. 和 3. 之间的任何装置。

3. 低度危险的装置是指某一单一系统的装量含有以下物料的一个装置：

物料的蒸气压力均不高于 20bar（g）；

易燃物料的质量低于 1t，蒸气压力高于 5bar（g）；

易燃物料的质量低于 10t，蒸气压力高于 1bar（g）；

易燃物料的质量低于 100t，蒸气压力高于 0bar（g）；

物料的 IDLH（立即威胁生命和健康浓度）均不低于 1000ppm；

物料均无中度或高度固有水域危险因素。

④ 生产运行阶段 HAZOP 分析的组织与策划。生产运行阶段的 HAZOP 分析一般由企业提出并组织实施，也可以委托专业的安全评价机构或技术咨询机构来做。企业生产运行阶段的 HAZOP 分析报告，在有些国家，是需要报政府部门备案的，政府将重点监管高风险项目的整改关闭与安全措施落实情况。

由专业安全评价机构或技术咨询机构来实施生产运行阶段的 HAZOP 分析，其优点包括如下：

a. 分析所占用的时间比较紧凑，相对较短；

b. HAZOP 分析工作具有一定的独立性；

c. 可以将别人好的做法和经验带给企业。

缺点：分析成本相对较高；咨询机构可能对企业的管理模式、操作规程、实践经验不熟悉；企业商业机密的保密要通过合同约定。

由企业自主开展生产运行阶段的 HAZOP 分析，其优点包括如下：

a. 分析不受时间限制；

b. 分析成本低；

c. 有利于保密；

d. 企业员工参与分析活动，有利于企业管理人员、技术人员和操作/维修人员充分了解工艺设计意图，了解工艺过程的危险，学习相关的知识和技术，树立更完整的安全意识，对于 HAZOP 分析建议措施的落实也非常有利。

缺点：方法不当、组织不力及可能存在的思维定式会影响分析的结果和分析的质量。

在国际上，石化行业的大型跨国公司一般有自己的专业化 HAZOP 分析团队。我国企业应当积极培育建立自己的专业化 HAZOP 分析团队，自主开展生产运行阶段的 HAZOP 分析。

当生产运行阶段的 HAZOP 分析由企业自己组织时，企业首先要制订 HAZOP 分析任务书（或称为工作方案），以确定分析工作的目的、分析项目的范围、需要的资料、参加的人员、时间安排等，并确定 HAZOP 分析团队主席。方案在征求本企业各相关部门的意见后，由企业主管负责人批准实施。这样，HAZOP 分析工作才能得到各有关方面的配合与支持，人员、资料、时间等也能得到保证。

当企业委托专业的安全评价或技术机构来进行生产运行阶段的 HAZOP 分析时，HAZOP 分析的任务书或工作方案，可由企业与 HAZOP 分析承担方协商制定。

下面是某石化公司自己组织开展生产运行阶段 HAZOP 分析任务书的示例。他们的做法是：由企业 HSE 部门作为发起人，负责牵头制定工作方案并组织实施，即先由企业 HSE 部门提议，经与装置所在车间协商并确定 HAZOP 分析团队主席后，由三方共同制定、上报 HAZOP 分析任务书，经企业主管负责人批准后实施。

生产运行阶段 HAZOP 分析任务书示例

______项目/装置 HAZOP 分析任务书

目的：

分析识别生产运行阶段______装置存在的潜在危险并确认可行的解决方案，提出供参考的可操作性的改进措施。

范围：

包括与______装置所有相关工艺设备的分析，从装置的界区输入端开始，直到界区输出端为止。

需要的信息资料：

（1）管道仪表控制流程图（P&ID）；

（2）工艺流程图（PFD）；

（3）工艺技术规程；

（4）热平衡和物料平衡；

（5）装置及设备平面布置图；

（6）管道数据表、设备数据表；

（7）铅封阀台账；

（8）装置使用的危险化学品（MSDS）；

（9）标有安全阀最大荷载的安全阀门规格表；

（10）必要的泵性能曲线图；

（11）压力容器数据（最大压力和温度，以及临界操作温度）；

（12）工艺说明及操作规程、控制及停车原理说明；

(13) 报警设置点和优先次序，装置报警联锁台账；

(14) 历次事故（事件）记录或调查报告，国内同类装置的事故案例；

(15) 装置的操作规程和相关规章制度等资料；

(16) 装置历次安全评价报告（包括HAZOP分析报告）。

会议时间和地点：

(1) HAZOP分析时间为__至____。

(2) 分析地点为______。

本任务书经过各部门负责人签字同意，分析会议期间，团队成员应安排好各自的工作，不得缺席。

需要的人员：

(1) 分析团队主席（人员姓名）。

(2) 记录员及会务组织（人员姓名）。

(3) 生产装置生产主管或工程师（人员姓名）。

(4) 设备工程师或代表（人员姓名）。

(5) 技术代表（人员姓名）。

(6) HSE技术专家（人员姓名）。

(7) 操作人员，包含班长和操作骨干（人员姓名）。

(8) 其他需要临时召集的人员（包括但不限于）：

- DCS主管或工程师（人员姓名）；
- 仪表主管或工程师（人员姓名）；
- 静设备主管或工程师（人员姓名）；
- 动设备主管或工程师（人员姓名）；
- 环保主管或工程师（人员姓名）；
- 电气主管或工程师（人员姓名）。

发起人：

（签名）：

团队经理/车间主任：

（签名）：

HAZOP分析主席：

（签名）：

⑤ 生产运行阶段HAZOP分析的成功因素。

a. 选好HAZOP分析团队主席。生产运行阶段的HAZOP分析需要一位优秀的HAZOP分析主席。HAZOP分析主席不仅需要掌握HAZOP分析的方法，还需要有较强的组织会议的能力和沟通能力，同时还应当拥有比较丰富的生产和操作实践经验。HAZOP分析主席只有将能力、技术和实践经验充分地结合，才能有效地组织团队完成HAZOP分析。为确保HAZOP分析的质量，有的企业建立了选择HAZOP分析主席的内部标准，对HAZOP分析主席在工厂工作的年限、从事HAZOP工作的年限等有明确的规定。国外的HAZOP分析主席很多都是从装置操作工、技术员、工程师等一步步成长起来的。

该HAZOP分析主席应当接受过系统的HAZOP分析培训，而且此前曾作为分析团队成员参加过多次 HAZOP 分析，同时其必须熟悉此类装置的运行并具有操作方面的经验和知识。

如果装置原来进行过 HAZOP 分析，再次进行分析时，不宜再选择前一次的 HAZOP 分析主席担任本次分析团队的领导，这样有助于克服思维定式。

b. 团队成员应能代表多种相关技术专业并具有一定的经验。生产运行阶段的 HAZOP 分析团队一般应包括以下成员：

- HAZOP 分析主席经过专业的培训，掌握 HAZOP 分析方法，熟悉此类装置的运行并具有操作方面的经验和知识；
- 工艺工程师熟悉所分析的工艺、P&ID、基本设计规范；
- 设备工程师熟悉设备原理、设备安全管理；
- 仪表工程师具有设备和控制系统方面的知识和经验；
- 操作技师熟悉标准操作步骤及标准；
- 根据工艺装置的特点所需要的其他专业技术人员，有的可以临时召集，如设计工程师、环境工程师、DCS 专家、HSE 专家、工艺/化学专家、工业卫生专家、运行团队主管、维修主管。

选择团队成员专业构成时还需要考虑装置类型。例如，分析加氢裂化装置、聚丙烯装置、医药生产线、钢铁冶炼厂和海上平台的团队构成应当不同。

c. 充分发挥装置技术人员的作用。由于在役装置可能已经运行数年乃至几十年的时间，对装置运行期间情况的了解非常重要。企业自己组织开展的生产运行阶段的 HAZOP 分析，其团队成员要尽可能从负责本装置/单元生产的技术、设备、操作专家中选择。他们对装置的运行情况最熟悉和了解，也最关心本装置/单元可能存在的风险，他们的参加有利于保证 HAZOP 分析的质量，对后续安全措施的落实也是非常有利的，如果能请本装置/单元有经验的老师傅、老班长参与到 HAZOP 分析中，对分析工作也是很有益的。要注意充分发挥这些装置技术人员的作用，在工作安排上要保证这些人员能够全程参与。

d. 分析所依据的过程安全信息等资料要与实际情况相符合。过程安全信息的完整性和准确性对生产运行阶段的 HAZOP 分析极其重要，特别是 P&ID，必须符合现场的实际情况。生产运行阶段的装置已经生产运行了多年甚至几十年，如果企业未能严格落实变更管理的各项措施，将会导致工艺、装置的改动缺乏准确的记录。当这些改动未能在 P&ID 上准确反映，并且没有对这些改动的地方开展必要的安全审查及评估时，就可能埋下了 HAZOP 分析无法识别的安全隐患。

e. 重视现场评价。对在役装置开展 HAZOP 分析，一个较为有利的条件是大多数的分析结果都可以进行现场验证。因此，开展现场 HAZOP 分析是很有用的。为此，生产运行阶段 HAZOP 分析的工作地点最好选择在距离装置较近的地方。开展现场 HAZOP 分析的一般做法是顺着装置的流程从入口端一直走到出口端。现场评价能识别如下内容。

- 中央控制室和其他建筑物的位置、危险物质的存储位置、高风险的设备（如泵、压缩机和高温设备）。
- 设备通道和间隔；火灾监控覆盖是否被其他改变所影响。
- 关键的设备和操作，尤其是对于重要的机组。
- 安全阀的安装（水平隔离阀、液体收集器的潜在危险，波纹管安全阀泄放）。
- 铅封阀颜色标识，铅封管理的应用。
- 采样和排水带来的危险。
- 图纸出现争议和不符的地方，都可以及时在现场得到验证。

f. 合理安排 HAZOP 分析会议的时间。由于生产运行阶段的 HAZOP 分析团队成员大多是日常生产管理的骨干，在企业组织开展 HAZOP 分析时，要考虑这些团队成员的工作特点，统筹安排 HAZOP 分析会议的时间，既要保证这些人员参加 HAZOP 分析会议，又要兼顾正常生产。

某企业的做法：HAZOP 分析的时间要错开每天处理日常生产事务的高峰时间。如上午分析会议的时间安排在 10：00 开始，目的是给参加 HAZOP 分析会议的骨干留出在单位处理工作的时间。

某企业的 HAZOP 分析会议时间安排如下：

● 8：30—10：00 专业技术人员处理自身日常工作。HAZOP 分析主席、记录员和协调员做好 HAZOP 分析工作准备；车间在工作例会中关注前一天 HAZOP 分析结果中涉及的问题并安排整改工作。

● 10：00—12：00 进行 HAZOP 分析。

● 13：00—16：00 进行 HAZOP 分析。

● 16：00—17：00 HAZOP 分析主席、记录员和分析协调员做好当日分析工作小结，专业技术人员去处理各自日常工作，车间领导及时了解当天分析结果识别出的装置/单元存在的风险问题。

从日程安排可以看出：一方面兼顾了 HAZOP 分析和日常生产工作，另一方面参与分析的专家会及时将问题带回生产车间进行整改落实。这样，往往 HAZOP 分析还未结束，提出的问题已完成整改了大约 1/5。

g. 生产运行阶段 HAZOP 分析的其他经验做法。

● 在 HAZOP 分析开始时，HAZOP 分析主席应向团队成员说明分析的范围和目标，明确工作要求、时间安排等；最好做一些必要的培训，让熟悉工艺的人员进行工艺流程介绍；讲解装置涉及的化学反应的原理等。

● HAZOP 分析主席应引导大家畅所欲言。当出现意见冲突时，可以将有争议的问题推后处理。

● 在 HAZOP 分析过程中可参考、应用国外企业总结的 HAZOP 分析要点清单。

● HAZOP 分析记录一定要准确、全面，并应采用规范、统一的格式。记录员应在分析会议开始前到位，记录员应在 HAZOP 分析工作表上准确地记录团队关注的问题。若有不明确处，记录员需要进行确认。

表 3-17 为生产运行阶段加氢装置 HAZOP 分析结果纯建议清单（CCPS）。这是一个基于经验式的 HAZOP 分析案例。报告格式简洁，只记录了存在的问题（包括危险剧情描述）和整改意见。清单将问题编号与 P&ID 上的标识对应，一目了然，便于追溯和查找。

表 3-17 生产运行阶段加氢装置 HAZOP 分析结果纯建议清单

序号	问题描述(包括危险剧情描述)	P&ID	风险等级	整改意见
S-111	由于炉 F-4001 燃料气没有独立的紧急切断阀，进料流量过低时存在炉管干烧的可能	PR1/4	2	考虑在燃料气管线上增加独立的进料联锁紧急切断阀
S-112	由于炉 F-4001 没有一套独立、完整的长明灯线(副线没有阻火器，长明灯上没有独立的紧急切断阀)，在加热炉故障时存在事故恶化的可能	PR1/4	2	考虑将长明灯使用的燃料气从燃料气调节阀上游引出，在长明灯线上设置紧急切断阀，并在副线上增加阻火器
S-115	奥氏体不锈钢存在连多硫酸腐蚀，需要中和清洗。公司未明确规定清洗程序，相关设备(如加氢反应器和炉管等)存在腐蚀问题	PR1/4	2	考虑装置停工时打开容器前增加中和清洗过程

续表

序号	问题描述(包括危险剧情描述)	P&ID	风险等级	整改意见
S-118	换热器 E-4002/1-2 管、壳程的设计压力分别为 10.0MPa 和 2.5MPa,不符合目前项目技术规定一侧比另一侧对应设计压力更高的管壳式换热器的要求,其低压侧的设计压力应考虑提高到高压侧设计压力的 100/125,这样就可以不考虑在管子破裂的情况下(在低压侧设计卸放)的要求。在 E-4005/1-2 管存在类似的问题	PR1/5、6	2	考虑评估是否需要将换热器进行更换,以满足目前的项目技术规定的要求
S-101	由于在装置进料边界阀两端的放空阀(为螺纹连接阀)没有采取有效的隔离措施,在放空阀泄漏的情况下,存在发生事故的可能。在装置其他放空阀的地方存在类似隐患问题	PR1/2 共性问题	3	考虑在该放空阀加丝堵,如果放空阀为法兰连接,应加盲板
S-109	由于在蒸汽三阀组处没有加盲板和设置单向阀,存在污染蒸汽的可能	PR1/2	3	考虑将蒸汽三阀组增加盲板和单向阀
S-110	由于泵 P-4001/1、2、3 出口管路未改造管段都是 10.0MPa 等级的管段,而前后改造管段都为 16.0MPa 等级的管段,因此管段设计不一致	PR1/5	3	考虑将未改造管段统一升级为 16.0MPa 等级
S-127	安全阀前后没有排凝,不符合项目技术规定要求(在压力卸放阀和进口切断阀之间应装排净阀,在压力卸放阀和出口切断阀之间应装排净阀)	PR1/2	3	考虑评估是否在安全阀前后阀门之间加排净阀
S-128	汽提塔两个安全阀的设定压力为 0.53MPa,不符合安全阀阶梯定压的原则,而且两个安全阀无在线备用安全阀。另外,由于罐内气体硫化氢含量较高,温度在 120~140℃之间,安全阀旁路应设置双阀	PR1/7	3	(1)考虑将安全阀定压值设置为阶梯式,并增加在线备用安全阀,安全阀旁路设置双阀 (2)经确认,两个安全阀设计为一开一备(现场为两个安全阀都开),按照设计要求恢复即可
S-135	为满足低点排凝到废胺罐的要求,安全阀旁路平时直通大气,存在发生事故或人身伤害的可能 在外送废胺液时,关闭安全阀旁路,用氮气压送出装置	PR1/11	3	考虑将安全阀出口由排大气改为通火炬分液罐密闭排放
S-140	压缩机 K-4002 入口分液罐 D-4004 烧焦放空管线控制阀 HC4104 旁路为单阀	PR1/10	3	考虑在旁路增加一个截止阀
S-144	循环氢返工业氢压缩机入口缓冲罐 D-4003,压力控制阀 PV4106/B 前后管路压力等级不符,靠近 D-4003 管段压力等级为 2.0MPa,存在超压的可能	PR1/10	3	进一步确认该管段的压力等级和材质,如果存在问题,更换该管段
S-147	DMDS(二甲基二硫)泵 P-4014 出口部分管段在泵改造时已更换,新出口管段的压力等级为 16.0MPa,而原 DMDS 泵至重整装置的管段没有更换升级,存在过压的可能	PR1/15	3	考虑在 DMDS(二甲基二硫)泵至重整装置管段的根部设置高压等级的阀门,并在靠泵的一侧加盲板
S-152	新氢压缩机 K-4001 无工艺工况自动停机联锁,存在事故恶化的可能	PR1/10	3	考虑设置新氢压缩机自动停机联锁系统,如入口分液罐液位高时联锁停机

续表

序号	问题描述(包括危险剧情描述)	P&ID	风险等级	整改意见
S-154	高分罐紧急泄压阀 HC4103 没有纳入整个装置的紧急停车系统,存在事故恶化的可能	PR1/6	3	考虑紧急泄压阀 HC4103 纳入紧急停车系统
S-161	压缩机 K-4002 汽轮机预热 3.5MPa 蒸汽放空线没有消声器,存在噪声污染	PR1/105	3	考虑将 *DN*25 管径的 3.5MPa 蒸汽放空线并入 *DN*150 管径的 1.0MPa 蒸汽放空立管进行放空,如果噪声仍然过大,考虑在放空管上加消声器
S-103	由于 D-4002(加氢原料缓冲罐)在罐底出口异常关闭,而且罐液位报警失灵的情况下,会存在 D-4002(加氢原料缓冲罐)液位超高窜入火炬线的可能。而且,D-4002(加氢原料缓冲罐)氮封取消,通过打开 PSV-4001 安全阀副线来控制压力,不符合安全阀设置的要求	PR1/2	3	考虑在 D-4002(加氢原料缓冲罐)恢复氮封,并将安全阀旁路关闭
S-104	由于新氢分液罐 D-4003 有一条去 D-4002(加氢原料缓冲罐)的管线,在排放量过大的情况下,会导致 D-4002(加氢原料缓冲罐)存在过压的可能(现场有,图纸未标识)	PR1/2	3	考虑将新氢分液罐去 D-4002(加氢原料缓冲罐)的管线改至放空火炬分液罐
S-105	由于在控制阀 FV-4101 处只有一端设置排凝阀,新的设计标准要求控制阀两端均设置排凝阀,在控制阀故障需要检修时,存在事故恶化的可能。在其他有控制阀的地方存在类似的问题	PR1/2 共性问题	3	考虑在没有设置排凝阀的一端增加排凝阀

注:本表分析结果仅供参考。

⑥ HAZOP 分析结果的交流与跟踪。

a. 编制一份合格的 HAZOP 分析报告。为了有效地完成 HAZOP 分析,必须把分析结果形成 HAZOP 分析报告,交给管理层。HAZOP 分析报告一般由 HAZOP 分析主席和分析发起人合作完成。HAZOP 分析报告一般包含以下几个方面的内容:

- HAZOP 分析总结(含提出的建议、风险大小的统计分析等);
- HAZOP 分析的总体介绍(含 HAZOP 分析主席介绍、项目的背景、分析范围、时间和地点等);
- 装置/单元工艺描述;
- HAZOP 分析提出建议问题的总结描述;
- HAZOP 分析记录;
- HAZOP 分析参加人员;
- HAZOP 分析方法介绍;
- HAZOP 分析方法使用的引导词及参考要点清单。

HAZOP 分析报告应包括分析工作整体介绍和分析工作全程的记录。这其中又分为引导词和经验式 HAZOP 分析两种报告记录格式。引导词 HAZOP 分析报告一般是全过程记录。当然最后的建议问题清单需要单列出来,因为这是后续工作的重点。对于经验式 HAZOP 分析报告一般只关注需要建议整改的风险问题的记录。中途详细的分析过程和可接受的风险不加以记录。其报告格式更为简洁和直观,其目的是将更多的精力关注在无法接受风险的建议安全措施整改上面。报告可以是电子文件,也可以是硬拷贝。若是电子文件,应保留包括做过标记的 P&ID 硬拷贝件。HAZOP 分析报告应根据国家或地方法规归档保存(有时在装置寿命周期内保存)。一旦分析报告完成并得到签署,则 HAZOP 分析团队的工作即告一段落。

HAZOP 分析报告编制完成之前，团队成员一般会全过程地对关注的风险和建议的问题在团队再进行一次评审，以达成一致意见。尤其是在 HAZOP 分析期间，可能局部存在某些争议的问题需要进一步得到认可和澄清。

b. 召开一次 HAZOP 分析管理会议。生产运行阶段 HAZOP 分析管理会议旨在审查、验证 HAZOP 分析成果的有效性，将发现的问题的管理解决权转给有关的管理人员，以决定适当的解决计划。管理会议最主要的目的是接受和批准风险，包含对高风险项目提出的建议整改措施。尤其是对 HAZOP 分析团队经验和知识能力范围之外无法决定的事项，留待管理会议做进一步的评估和决策。

会议参加人员应包括：

- 团队主席（或一个团队的高级成员）；
- 能够接受或认可分析团队发现的高风险类项目的经理；
- 安全、技术、设备、生产部门的主管；
- 分析装置的工程师。

如果分析发现了很多维护问题，有时也邀请维护主管参加会议。

会议对于分析所发现的问题逐一讨论并决定对策，对于中等程度的风险：

- 可以接受该项目，不采取进一步行动，接受相关风险；
- 调配资源解决该问题；
- 提交更高的管理层决策（如安全生产委员会或操作完整性委员会）。

c. 召开 HAZOP 分析总结会议。HAZOP 分析总结会议是对生产运行阶段 HAZOP 分析任务的一次全面总结，也是对所有评估出的风险问题的确认和拟定下一步的整改措施。国外及国内合资公司的惯常做法是由公司分管生产负责人或由公司一把手亲自主持。这在某种程度上体现了公司对 HAZOP 分析任务的高度重视和关注。参会人员除 HAZOP 分析管理会议人员外，还包括公司各部门的高层，他们是接受风险和风险安全措施的批准者。

d. 生产运行阶段 HAZOP 分析问题跟踪。HAZOP 分析成功的关键在于跟踪落实 HAZOP 分析提出的建议措施，解决所有发现的问题。所有发现的问题均需采取行动，可以采取修改缺陷的方式，也可以做进一步的评估，以确认风险是否可以接受。但从严格意义上讲，生产运行阶段 HAZOP 分析问题的跟踪不属于工艺危险分析本身的工作范畴，应属于后续工作，由工厂管理层负责，不是 HAZOP 分析团队的职责。一般 HAZOP 分析完成后，不将跟踪工作指派给团队成员，应视为独立的工作。

（3）间歇操作 HAZOP 分析应用

在精细化工、制药和农药等领域，普遍存在间歇操作的工艺过程。间歇生产过程中，工艺物料在工艺设施中的出现具有很强的时间性。以间歇生产过程中的反应釜为例，在不同的时刻，其可能分别处于完全不同的状态，如清洗、进料、反应、保温、出料等。鉴于间歇生产过程的这一特性，在开展 HAZOP 分析时，需要针对生产过程的不同阶段分别进行分析。通常将生产过程分解成若干步骤，然后借助引导词对各个步骤分别进行分析。与连续流程生产的 HAZOP 分析相比较，间歇过程的 HAZOP 分析中增加了对时间和步骤相关偏离的分析，包括操作步骤执行得过早或过晚、操作步骤是否遗漏等情形。

间歇过程的 HAZOP 分析与连续流程的 HAZOP 分析一样，可以借助工艺风险矩阵来判断当前安全措施下的风险程度，并据此决定是否需要新增安全措施。间歇过程的工艺流程如图 3-15 所示。

本间歇过程的基本操作步骤如下：

① 用水清洗反应器 R301B，并用氮气置换（备注：容积为 $15m^3$、设计压力为 0.4MPa）。

② 用泵 PI301A 从储罐 V301 往反应器 R301B 内加入 $8m^3$ 甲苯作为溶剂。

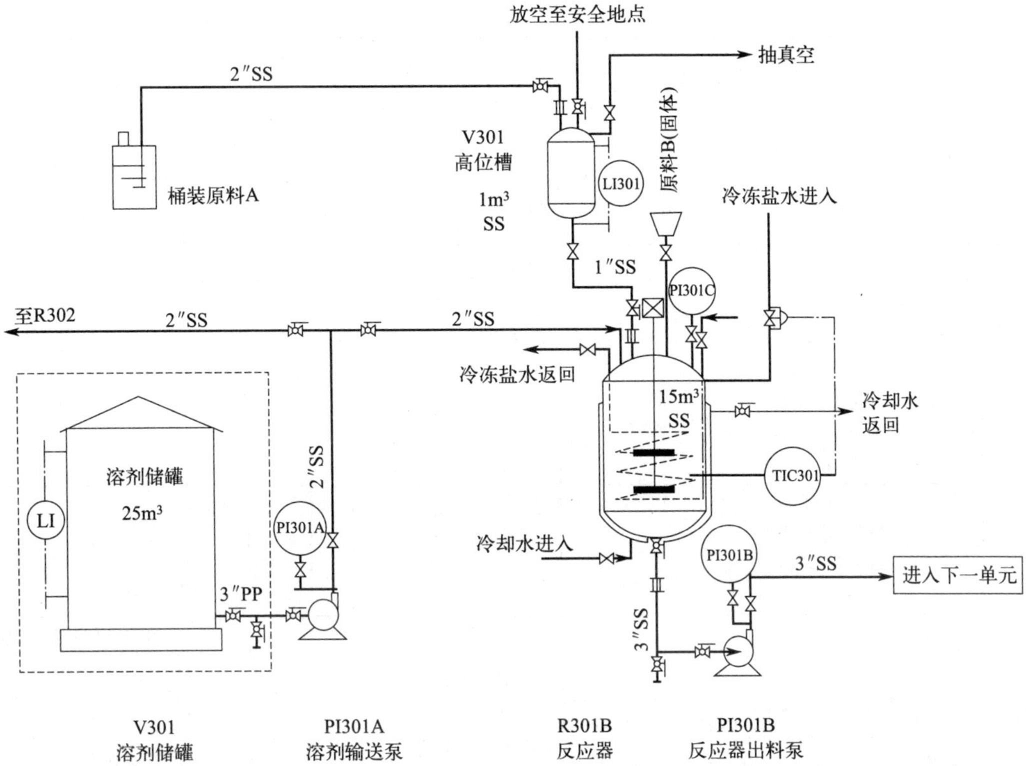

图 3-15　间歇过程工艺流程图

③ 利用真空从桶内将物料 A 转移至高位槽 V301，连续转移 3 桶（注：物料 A 易燃、无毒且不忌水，有一定的腐蚀性，所以采用不锈钢 SS304L 管道材料，反应器内衬搪瓷）。

④ 利用冷冻盐水将反应器内的溶剂冷却至 0℃。

⑤ 向反应器内加入 25kg 固体 B，边加料边搅拌。

⑥ 控制流量，向反应器内加入原料 A（共约 0.6m^3，加料时间为 6h），A 与 B 在反应器内反应并大量放热，不产生气体；经夹套内的冷却水冷却，保持反应器内温度不超过 10℃。

⑦ 反应约 6h 后，从反应器 R301B 取样。

⑧ 用泵 PI301B 将物料从反应器 R301B 转移至下游工艺单元的容器。

表 3-18 是上述间歇流程 HAZOP 分析的示例。示例中仅包括对步骤②的分析，其他步骤的分析方法类似。本次 HAZOP 分析的范围不包括溶剂储罐 V301。

表 3-18　间歇流程 HAZOP 分析工作表

节点编号	1
节点名称	某产品×××反应
节点描述	物料 A 和 B 在反应器内完成反应生产中间体 C
操作步骤	(1)用水清洗反应器 R301B,并用氮气置换 (2)用泵 PI301A 从储罐 V301 往反应器 R301B 内加入 8m^3 甲苯作为溶剂 (3)利用真空从桶内将物料 A 转移至高位槽 V301,连续转移 3 桶 (4)利用冷冻盐水将反应器内的溶剂冷却至 0℃ (5)向反应器内加入 25kg 固体 B,边加料边搅拌 (6)控制流量,向反应器内加入原料 A,与 B 反应,夹套冷却,保持反应温度不超过 10℃ (7)反应约 6h 后,从反应器 R301B 取样 (8)用泵 PI301B 将物料从反应器 R301B 转移至下游工艺单元的容器

会期	2012/7/18										
项目名称	×××产品生产装置										
工段	×××反应										
图纸	PID100-201-002 Rew. 0										
序号	引导词与参数	偏离	原因	后果	现有安全措施	S	L	RR	建议编号	建议类别	建议
步骤(1):用水清洗反应器 R301B,并用氮气置换											
	(略)										
步骤(2):用泵 PI301A 从储罐 V301 往反应器 R301B 内加入 $8m^3$ 甲苯作为溶剂											
	没有流量/流量过小	讨论了此情形,没有发现明显的危害									
	流量过大	讨论了此情形,没有发现明显的危害									
	非正常流量	向反应器 R301B 加入甲苯时,甲苯从反应器底部流出	反应器底阀未关闭	甲苯进入作业场所,可能引起着火	生产区域采取火源控制措施,包括采用防爆型的电气装置	S_4	L_3	B	1-1	安全	在反应器 R301B 的出料管及溶剂进料管上分别设置开关阀;当出料管道上的开关阀关闭时,才能开启溶剂管道上的开关阀向反应器 R301B 内转移溶剂
		向反应器 R301B 加入甲苯时,甲苯被错误送入反应器 R302	参考反应器 R302 的 HAZOP 分析								
	逆流	甲苯逆流进入泵 PI 301A 的出口管道	泵停转(如停电引起)	可能损坏泵,并导致生产时间损失		S_2	L_3	D	1-2	生产	考虑在泵 PI301A 的出口管道上增加一个止回阀
	温度过高	反应器 R301B 内温度过高	反应器外部发生火灾	溶剂加入反应器后,反应器内溶剂因外部着火烘烤,可能导致反应器超压甚至破裂		S_4	L_2	C	1-3	安全	为反应器 R301B 增加泄压装置,并核算以确保满足外部着火时的泄压要求
	温度过低	讨论了此情形,没有发现明显的危害									

续表

序号	引导词与参数	偏离	原因	后果	现有安全措施	S	L	RR	建议编号	建议类别	建议
	深冷	讨论了此情形,没有发现明显的危害									
	压力过高	讨论了此情形,没有发现明显的危害									
	低压/真空	讨论了此情形,没有发现明显的危害									
	液位过低/没有液位	讨论了此情形,没有发现明显的危害									
	液位过高	反应器R301B内的液位过高	泵PI301A持续向反应器R301B进料	反应器可能满载,甚至出现溶剂泄漏和着火	操作人员现场监控反应器内的进料情况。可以及时关闭进料阀门停止进料	S_3	L_3	C	1-4	安全	在反应器R301B附近设置泵PI301A的停止按钮,以便操作人员及时停泵,或在反应器R301B增加液位计并与溶剂进料开关阀联锁,超过设定液位值时及时关闭溶剂进料阀门
	浓度过高	讨论了此情形,没有发现明显的危害									
	浓度过低	讨论了此情形,没有发现明显的危害									
	错误物料	讨论了此情形,没有发现明显的危害									
	执行太早(或太晚)	没有进行氮气置换就向反应器R301B加入甲苯	操作失误	甲苯与空气在反应器内混合,可能形成爆炸性混合气体,甚至发生爆炸	采用微记录形式的操作程序	S_4	L_2	C	1-5	安全	反应器R301B的溶剂进料管采用挂壁设计(注:如果采用自动控制,可以对氮气置换和甲苯转料采用顺序控制)

续表

序号	引导词与参数	偏离	原因	后果	现有安全措施	S	L	RR	建议编号	建议类别	建议
	本步骤遗漏	讨论了此情形,没有发现明显的危害									
步骤(3):利用真空从桶内将物料 A 转移至高位槽 V301,连续转移 3 桶											
	(略)										
步骤(4):利用冷冻盐水将反应器内的溶剂冷却至 0℃											
	(略)										
步骤(5):向反应器内加入 25kg 固体 B,边加料边搅拌											
	(略)										
步骤(6):控制流量,向反应器内加入原料 A,与 B 反应,夹套冷却,保持反应温度不超过 10℃											
	(略)										
步骤(7):反应约 6h 后,从反应器 R301B 取样											
	(略)										
反应完成后停止冷却(物料在反应器内保温)											
	(略)										
步骤(8):用泵 PI301B 将物料从反应器 R301B 转移至下游工艺单元的容器											
	(略)										

(4)操作规程 HAZOP 分析应用

面向操作规程的 HAZOP 分析能有效地提高操作规程质量。分析方法与常规 HAZOP 分析方法相同，只是引导词的含义有所区别，常用双引导词和 8 引导词两类方法。

① 操作规程危险评价的必要性。在当今的安全管理工作中，操作规程已经被广泛认定为一种与操作人员相关的安全措施。因此，如何评价和审查操作规程的质量是企业迫切需要解决的一个问题。按照传统的观点，人们普遍认为：一部高质量的操作规程除了指导如何正确运行装置外，还必须指导如何安全生产，即必须考虑如何避免发生事故，或者在有可能发生事故的场合及操作步骤上提供正确、有效的处理方法。这种观点没有错误，但是忽略了一个实践中常见的重要问题，即操作人员在执行一个操作规程的过程中是否会出现危险，如何分析，如何避免？这就是国际上广泛应用的“面向规程的操作危险评价”（Hazard Evaluation of Procedure-Based Operations）方法所期望解决的问题。这种评价除了修正操作规程的漏洞外，也是提高操作人员素质的重要方面，有助于操作人员对操作规程的每一步做到不但知其然，而且知其所以然，从而保证了这种与操作人员相关的安全措施作用的充分发挥。

根据美国化学工程师学会化工过程安全中心（AIChE CCPS）提供的信息，从 1970 年至 1989 年 20 年间化工领域 60%～75%的主要事故不是发生在正常生产的、连续运行的操作模式，而是发生在开车/停车、提负荷/降负荷、取样操作、更换催化剂、非正常工况和紧急事故处理等非常规操作模式。在非常规操作模式下，操作人员的作用显得更加重要，因此也更加需要面向规程的操作危险评价。

② 操作规程 HAZOP 分析的要点。

a. 确定操作规程 HAZOP 分析的主要任务。操作规程 HAZOP 分析的主要任务：掌握如果操作人员执行现有操作规程的操作步骤出现偏离（失误）会发生什么。操作人员执行操作步骤的偏离主要是两大问题：

- 如果操作步骤出现跳越（也可以称为遗漏），会发生什么？
- 如果操作步骤执行得不正确（虽然没有跳越），会发生什么？

大量的实践统计表明，在执行操作规程中人员的失误导致事故主要就是上述两大类问题。分析方法是一步一步地按操作规程分析操作人员的失误。这种分析和 HAZOP 分析的目标和步骤十分相似，即也是一种基于团队“头脑风暴”通过会议讨论分析的方法，也是通过使用引导词组合操作偏离，沿偏离点反向查找初始原因，正向查找不利后果。只是引导词的含义和常规 HAZOP 分析有所不同。

b. 操作规程分级和任务分解。

● 为了避免规程分析工作量过大，应当采用一种分级的方法。分级方法首先筛选规程，逐一确定哪些部分属于极为危险的关键任务需要详细分析。对于任何任务，如果执行错了，将会影响安全、质量、生产或环境，则称为关键任务。

● 分析之前必须把待分析的关键任务分解成独立的“行动”（即操作人员执行的操作内容）。如果现有规程中每一步骤只有一个执行者，完成一个行动，并且只作用于一个目标，则最理想。

c. 确定操作偏离引导词。操作规程 HAZOP 分析是通过假设人为操作对操作规程步骤出现了偏离，从偏离点反向查找初始原因，正向查找不利后果。因此，非结构化和系统化的安全分析方法，如检查表法，无法适用于操作失误分析。由于执行操作规程与人为因素直接相关，因此组合偏离的引导词与常规 HAZOP 分析的引导词含义不完全相同。疏漏常用的引导词是：无（NO）、缺少（MISSING）和部分（PART OF）；对于规程的执行错误常用的引导词是：超限（MORE）、不达标（LESS）、伴随（AS WELL AS）、代替（REVERSE）和选错（OTHER THAN）。显然这些引导词大部分是面向间歇过程的，这体现了操作规程危险分析的特点。对于不同的规程分解项目，应当仔细地选择引导词，以便能够分析连续过程的非正常现象和具有间歇特征的现象。两类引导词分类如下：

疏漏问题
- 无(NO)
- 缺少(MISSING)
- 部分(PART OF)

执行问题
- 超限(MORE)
- 不达标(LESS)
- 伴随(AS WELL AS)
- 代替(REVERSE)
- 选错(OTHER THAN)

为了明确面向操作规程 HAZOP 分析的引导词含义，表 3-19 和表 3-20 给出了进一步说明。

表 3-19　操作规程 HAZOP 分析双引导词含义

引导词	用于操作规程一个步骤的含义
疏漏(步骤跳越)(OMIT)	步骤未执行或部分未执行。部分可能的原因是：操作人员忘记了操作该步骤、不了解该步骤的重要性或规程中没有包括该步骤
不正确(步骤执行错误)(INCORRECT)	操作人员的意图是执行该步骤(没有疏漏该步骤)；然而该步骤的执行没有达到原意图。部分可能的原因是：操作人员对规程要求的任务(“行动”)做得太多或太少；操作人员调整了错误的过程部分或操作人员将该步骤的顺序操作反了

表 3-20　操作规程 HAZOP 分析 8 引导词含义

序号	引导词	用于操作规程一个步骤的含义
1	缺少*(MISSING)	在规程中重点强调的一个步骤或警示预防措施被疏漏
2	无(否或跳越步骤)(NO、NOT 或 SKIP)	该步骤被完全跳越或说明的意图没有被执行
3	部分(PART OF)	只有规程全部意图的一部分被执行(通常是一个任务包括了两个或更多同时进行的“行动”。例如：“打开阀门 A、B 和 C”)

续表

序号	引导词	用于操作规程一个步骤的含义
4	执行超限(超量、超时)或过快(MORE或 MORE OF)	对规程说明的意图做过了头(例如:量加得太多;执行时间过长等)或步骤执行得过快**
5	执行不达限(量、时间)或太慢(LESS或LESS OF)	对规程说明的意图执行(量、时间)太少(小)或执行得太慢**
6	伴随(AS WELL AS或MORE THAN)	除了规程说明的步骤(正在执行的)正确之外,发生了其他事件,或操作人员执行了其他"行动"
7	执行过早或规程打乱(REVERSE或OUT OF SEQUENCE)	规程中的该步骤被执行过早,或此时的下一个步骤被执行,代替了要求执行的步骤
8	代替(做错了事)(OTHER THAN)	选错了物料,或加错了物料,或选错了设备,或理解错了设备,或操作错了设备等,即操作人员所做的"行动"不是规程本来的意图

带*的为可选引导词;

带**的不适用于简单的“开/关”或“启动/关闭”功能。

d. 应用引导词对操作规程的每一个步骤进行HAZOP分析。将引导词和操作步骤结合将产生一个偏离,HAZOP分析只考虑那些有实际意义的偏离,然后通过团队集体“头脑风暴”分析该偏离所涉及的原因和导致的后果,同时找出现有安全措施,必要时提出建议安全措施。这些分析和常规的HAZOP分析完全一致。需要注意的有以下几点。

- 对于每一个操作步骤本意的偏离,在应用8引导词识别操作步骤和行动时,团队应当避免关注那些操作人员失误的明显原因,而应当识别与人员失误相关的根原因。例如:“在训练时不适当地强调了该步骤”;“一个操作人员同时执行两个任务(行动)的可响应性(可能性)”;“阀门或操作设施不适当标记”;“仪表指示混乱或不可读数”;等等。
- 与人员失误相关的根原因必须结合操作人员的具体情况,现场的设备、管路、阀门、仪表等的实际情况,以及控制室的情况和周围环境的实际情况。
- 引导词“无”(NO)可能引出的原因:“没有列入规程的步骤”;“在这个步骤上,之前没有正式训练过就发给了上岗许可证”;“没有列入规程”;“开泵前的高点排气等准备工作没有正式训练过”。如果没有确切的说明书,这些方面的原因应当至少被团队讨论过。当评价操作失误时,团队还应当讨论由于疏漏的步骤引发的系统性原因,如人员疲劳、通信(交流)失误或理解错误等。

e. 完成操作规程HAZOP分析报告表。面向操作规程的HAZOP分析报告表和常规HAZOP分析报表完全一致,所不同的是报告内容针对的是操作规程和操作人员失误的安全问题。

操作规程HAZOP分析是减少规程错误的有效工具。为了从规程分析中获得最大效益,分析团队应当详细地将规程中有关步骤的偏离、偏离的不利后果、偏离原因、现有安全措施和建议安全措施记录下来,并且整理成HAZOP分析报告文档。这种文档是完整的工艺危险分析(PHA)报告的一部分,用来获取:

- 针对所有操作模式的危险;
- 有关人为因素的不利后果和安全措施。

操作规程HAZOP分析报告也可以是一个独立的报告。

f. 操作规程HAZOP分析的关闭和跟踪。操作规程HAZOP分析的关闭和跟踪是逐条将分析结果反馈到正在执行的操作规程中,补充遗漏项目、注意事项、警告、注释、提示和事故处理指南。审定和修正后的规程应当纳入操作规程的控制管理系统。涉及新增安全措施的建议,关闭和跟踪同过程安全HAZOP分析要求一致。

③ 双引导词操作规程 HAZOP 分析。对于操作危险性较小的场合，常采用双引导词分析方法，实践证明是合理的方法。有经验的 HAZOP 分析团队组长在比较评价结果时可采用本方法。

双引导词定义见表 3-19。人员失误的分类基础是疏漏错误和执行错误。双引导词的“疏漏”（或“步骤跳越”）（OMIT）包含了前面所述的“无”“缺少”和“部分”，引导词“不正确”（或“步骤执行错误”）（INCORRECT）包含了前面所述的“超限”“不达标”“伴随”“代替”和“选错”。

（5）电气/电子/可编程电子安全相关系统 HAZOP 分析应用

将 HAZOP 分析应用于电气/电子/可编程电子安全相关系统危险评估，是国际标准 IEC 61882［《危险与可操作性分析指南》（2001）］的主要目的。其背景是在 IEC 61882 之前发布了 IEC 61508［《电气/电子/可编程电子安全相关系统的功能安全》（1998）］标准和 IEC 61511［《过程工业领域安全仪表系统的功能安全》（2001）］。这两个标准全部由我国国家标准等同采用，即 GB/T 20438—2006《电气/电子/可编程电子安全相关系统的功能安全》和 GB/T 21109—2007《过程工业领域安全仪表系统的功能安全》。IEC 61508 在全世界引起很大反响，在过程工业领域迅速得到广泛应用。在这三个国际标准的推动下，将 HAZOP 分析应用于电气/电子/可编程电子安全相关系统也迅速得到推广。

实际应用表明，采用 HAZOP 方法分析电气/电子/可编程电子安全相关系统的潜在危险，不但可行且十分有效。实施原理与常规 HAZOP 方法完全一致，区别仅在于引导词和偏离的含义，该引导词和偏离是针对电气/电子/可编程电子安全相关系统的。IEC 61882 给出了常用的偏离和引导词解释，同时给出了对应的过程工业含义，以便对照，详见表 3-21。

表 3-21 偏离及其相关引导词的示例

偏离类型	引导词	可编程电子安全相关系统含义(PES)	过程工业含义
否定	无、空白(NO)	无数据或控制信号通过	没有达到任何目的，如无流量
量的改变	多、过量(MORE)	数据传输比期望的快	量的增多，如温度高
	少、减量(LESS)	数据传输比期望的慢	量的减少，如温度低
定性增加	伴随(AS WELL AS)	出现一些附加或虚假信号	出现杂质，同时执行了其他的操作或步骤
定性减少	部分(PART OF)	数据或控制信号不完整	只达到一部分目的，如预期流体部分发生传输
替换	相反(REVERSE)	通常不相关	管道中的物料反向流动及化学逆反应
	异常(OTHER THAN)	数据或控制信号不正确	最初目的没有实现，出现了完全不同的结果，如输送了错误物料
时间	早(EARLY)	信号与给定时间相比来得太早	某事件的发生较给定时间早，如冷却或过滤
	晚(LATE)	信号与给定时间相比来得太晚	某事件的发生较给定时间晚，如冷却或过滤
顺序或序列	先(BEFORE)	信号在序列中比期望来得早	某事件在序列中过早发生，如混合或加热
	后(LATE)	信号在序列中比期望来得晚	某事件在序列中过晚发生，如混合或加热

随着过程工业计算机控制系统的广泛应用，HAZOP 分析已经成为过程工业系统的一个重要组成部分，不但潜在危险与其相关，多种安全措施也与其相关。因此，在 HAZOP 分析中已经不可避免地涉及电气/电子/可编程电子安全相关系统的危险评估。

① 压电阀控制系统 HAZOP 分析应用。压电阀控制系统（见图 3-16）描述了 HAZOP 分析如何应用于详细的电子系统。

压电阀是一种由压电陶瓷元件驱动的阀门。压电陶瓷元件通过电力驱动，带电状态下可变长。充电的压电陶瓷关闭阀门，放电的压电陶瓷打开阀门。如果压电陶瓷没有失去或得到电荷，阀门状态保持不变。

该系统将一种易燃易爆的液体喷洒到反应容器（未显示）内。完整的系统包括反应器、管路和泵等，这些作为 HAZOP 分析的一部分。另外，这里只描述了电子部件的 HAZOP 分析。

该部件的操作是两种状态的切换过程，其设计是需要关闭阀门时为“状态 1”，需要开启阀门时为“状态 2”。

源自电容器 C_1 的电荷通过晶体管 VT_1 传导至耦合电容器 C_2，并通过线路传导给压电阀并关闭阀门。在这种情况下，晶体管 VT_2 和保护型晶体管 VT_3 关闭（高阻抗）。

电容器 C_2 通过晶体管 VT_2 放电，打开阀门。为防止压电阀不均匀充电（如受到机械应力或热应力），晶体管 VT_4 将低侧接地。

电缆采用静电屏蔽的双绞线以防止电磁干扰对阀门的影响。

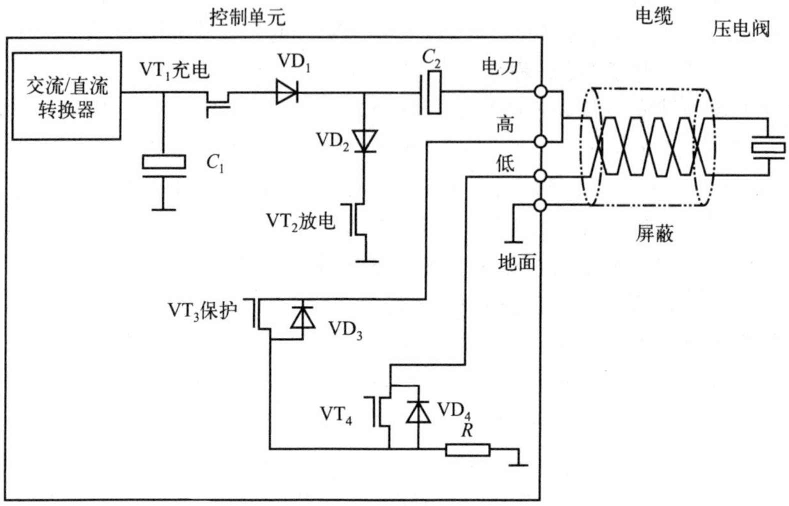

图 3-16　压电阀控制系统

a. 状态 1 描述：关闭阀门。

分析部分：从交流/直流转换器和电容器 C_1 通过晶体管 VT_1、二极管 VD_1 和电容器 C_2 到达阀门的动力侧，从阀门的接地侧通过晶体管 VT_4 和电阻器 R 到达地面的电缆。

b. 状态 2 描述：打开阀门。

分析部分：从阀门的动力侧通过晶体管 VT_3、二极管 VD_3 和电阻器 R 到达地面的电缆。

压电阀控制系统设计目的见表 3-22，压电阀控制系统 HAZOP 分析工作见表 3-23。

表 3-22　压电阀控制系统设计目的表

输入		功能	来源	目的地
状态 1：关闭阀门	(1)电容器 C_1 充电特性 电压 电容	(1)经晶体管 VT_1、二极管 VD_1、电容器 C_2 传递电荷	C_1 和转换器	(1)向阀门动力端提供动力
		(2)经晶体管 VT_4 和电阻器 R 将电荷转移到地面	阀门低端	(2)低端对地放电
	(2)至 VT_1、VT_3 和 VT_4 的控制信号	(3)从接地端经 VT_1 和 VT_4 控制开	来自控制器的信号	VT_1、VT_3 和 VT_4 过度对地放电
		(4)通过 VT_2 隔离		
		(5)通过 VT_3 防止过度充电		
		(6)防止电荷经 VD_2 回流	阀门电源端	
状态 2：打开阀门	(1)阀门放电侧特性 电压 电容	(1)通过 VT_1 隔离 C_1 和转换器	阀门和 C_2 的电源端	地面

表 3-23　压电阀控制系统 HAZOP 分析工作表示例

分析题目:压电阀控制系统							表页:1/2	
图纸编号:				修订编号:			日期:	
小组成员:开发工程师、系统工程师、质量经理							会议日期:××年××月××日	
分析的部分:	状态 1:系统关闭阀门							
设计目的:	在规定时间内把规定数量的电荷转移到压电执行器关闭阀门							
要素	引导词	偏离	可能原因	后果	现有措施	注释	建议措施	执行人
输入:电容器 C_1 充电	无	未充电,包括未传递电荷	(1)电力断供 (2)转换器故障 (3) C_1 故障 (4) VT_1 永久关闭 (5) VT_2 永久打开 (6) VT_1 故障 (7)二极管(VD_1、VD_3)故障 ①二极管 VD_1 电路断开,无电流流动 ②二极管 VD_3 短路,经 VD_4 到压电阀低端短路或经电阻器 R 到地面短路 (8) C_2 故障 (9)断线 (10) VT_4 故障 (11) R 故障 (12) VT_3 故障	(1)没有电流经 C_2 进入压电阀 (2)阀门不能关闭,永久打开 (3)反应物质窜入容器	无	该情况不可接受,要求变更设计	高液位报警测试程序	J. Smith
	较多	电荷比规定多	(1) C_2 充电过高 (2)转换器故障 (3)晶体管 VT_1 未及时关闭 (4) C_2 故障 (5)交流/直流转换器释放过高的电压 (6)晶体管 VT_1 未及时关闭故障保护 VT_3	(1)压电阀早于规定的时间关闭 (2)压电阀损坏	(1)流量计显示流量过高,通过晶体管 VT_3 给压电阀放电 (2)无显示	该情况不可接受	考虑高液位报警	Peter Peterson
	较少	电荷比规定少	(1)没有足够容量 (2)电缆绝缘故障,电荷消失 (3) VT_1 关闭太早 (4) VT_2 部分打开	C_2 充电不足,阀门关闭比规定时间晚	无	该情况不可接受	报警	J. Smith
	伴随	VT_1 及 VT_2 均打开	(1) C_2 充电不足 (2)阀门没有关闭,反应物质进入反应容器	不可控的化学反应	无显示	小差异可以接受	(1)报警 (2)测试程序 (3)重新设置 (4)确定可以接受的差异	J. Smith

② 应急计划的 HAZOP 分析应用。企业或组织需要制订计划以应对各种预期的紧急情况，这些紧急情况包括对炸弹威胁的反应、紧急电力供应或发生火灾时人员的逃离。这些计划的有效性和完整性能通过各种方式进行试验，通常是某种形式的演习。这种演习很有意

义，但花费较高，而且由于其自身性质，会中断正常的工作。在真实紧急情况下对应急系统进行测试的机会是很少的，甚至演习也不一定涵盖所有可能的情况。

HAZOP分析能提供一种成本相对较低的方式，识别应急计划中可能存在的多种不足，以此来弥补缺乏演习或紧急事件很少发生所导致的经验不足。

在海上油气平台上，为应对可能对生命构成威胁的事件，有必要提前做好疏散、撤离和救援（EER）的有效安排。这些安排旨在确保所有人员能够对危险形势迅速作出反应，并能快速撤离到安全的集合点，然后通过直升机或救生艇有控制地按先后顺序撤离平台，最后获得救援，并送往安全地带。有效的撤离和救援安排是整个海上设施系统必不可少的部分。在典型的撤离和救援计划中，通常有很多不同的阶段（要素）。例如：

a. 通过自动仪表或任一操作员手动发出通用报警（GPA）信号；

b. 将情况通报给当地守护船及岸上应急服务机构；

c. 人员沿着指定路线撤离到集合地点；

d. 集合，包括现场人员登记；

e. 穿戴救生设备等；

f. 等待海上平台经理（OIM）或其代表发出“准备弃用平台警报”（PAPA）；

g. 人员从集合点前往所选撤离方法对应的出口；

h. 通常通过直升机或特殊形式的救生艇撤离；

i. 如果没有更好的撤退办法，就直接跳入海里逃生；

j. 援救救生艇中的人员救助那些直接进入海里逃生的人员，并前往安全之地。

应急计划的HAZOP分析工作见表3-24。

表3-24　应急计划HAZOP分析工作表示例

<table>
<tr><td colspan="10">分析部分:报警系统</td></tr>
<tr><td colspan="10">设计目的:发出通用报警(GPA)信号</td></tr>
<tr><td colspan="10">要素:输入触发信号和电能
人员:来源为所有警报发生器
目的:平台上所有人员</td></tr>
<tr><td>序号</td><td>要素</td><td>引导词</td><td>偏离</td><td>可能原因</td><td>后果</td><td>安全措施</td><td>注释</td><td>建议安全措施</td><td>执行人</td></tr>
<tr><td rowspan="3">1</td><td rowspan="3">GPA触发信号和电能</td><td rowspan="3">无</td><td rowspan="3">无输入</td><td>(1)仪器或人员并未启动GPA</td><td>(1)未能警告人员</td><td>无</td><td>不太可能，但是有可能性</td><td rowspan="3">无</td><td rowspan="3"></td></tr>
<tr><td>(2)人员试图启动GPA,但信号未能到达报警器</td><td>(2)同上</td><td>双重连接和故障安全模式，即“电流接通,弹簧关闭”</td><td>不太可能</td></tr>
<tr><td>(3)没有电能</td><td>(3)同上</td><td>不间断电源</td><td>同上</td></tr>
<tr><td rowspan="2">2</td><td rowspan="2"></td><td rowspan="2">多</td><td rowspan="2">过多输入</td><td>(1)虚假的报警</td><td>人员收到不必要的警告</td><td>无</td><td>可能</td><td>启动报警是否需要两个按钮</td><td rowspan="2"></td></tr>
<tr><td>(2)恶作剧性质的报警</td><td>同上</td><td>纪律和守则</td><td>不太可能</td><td>无</td></tr>
<tr><td>3</td><td>输入</td><td>多</td><td>过多输入</td><td>电能过载</td><td>损坏报警系统</td><td>专用电源保护</td><td>不太可能</td><td>无</td><td></td></tr>
<tr><td>4</td><td></td><td>少</td><td>触发信号较少</td><td>触发信号只到达部分报警器</td><td>某些人员未听到报警</td><td>报警器的例行检查</td><td></td><td>无</td><td></td></tr>
</table>

续表

序号	要素	引导词	偏离	可能原因	后果	安全措施	注释	建议安全措施	执行人
5			过少的电能	能量部分损失	警报可能不响	专用电源	不太可能	无	
6		伴随	伴随启动发生	启动触发其他活动		不可能有其他专门的硬连接线路		无	
7			伴随着电能	错误的能量形式，如火花	可能造成损坏	有屏蔽的电源电路		无	
8		部分	部分输入	有信号无电能或有电能无信号	人员没有警惕性		上面均已考虑到		
9		相反	相反的输入	反向报警启动			系统不包括“解除警报”	开发“解除警报”系统	
			相反的电能	没有任何建设性意义					
10	输入	异常	有其他输入	多重输入	取决于输入的信号	不可能有专门的保护电路	可能需要现场试验系统	考虑耐高温电缆	
11	行动发出报警并传送给人员	无	未听见任何警报	(1)声音设备故障 (2)电缆损坏	未能警告人员	(1)双扩声系统 (2)双电缆 (3)双电源 (4)多声道扬声器	不太可能	无	
12		多	报警声音过大	音响设备动力过大	人员耳朵遭受损害	音响设备音量不能超过安全水平		无	
13		少	报警声音过小	声音太微弱	一些人员未听到报警	无		确保系统提供最小 15dB 的音量	
14		伴随	有其他报警和传输	报警失真、泛音或回音	对人员缺乏明确的信号	无		调查是否需要声学工程	
15		部分	部分报警传输	传输警报不足	人员未收到信号		如上述报警声过小		
16		相反	反向报警传输				见以上关于触发和“解除警报”的注释		
17		异常	未启动 GPA 报警，声音未传输	系统发出“啪啪”的错误声响	人员产生混乱，一些人可能错误地放弃平台	无		重新检查信号逻辑，使发出的“啪啪”声响仅能在 GPA 报警后发出	
18		早	报警和声音传输过早	在需要采取行动前过早地启动 GPA 报警	产生不必要的恐慌，导致工作混合	无		对平台上人员制定明确的指导方针	
19		晚	报警和声音传输过晚	在需要采取行动前过晚地启动 GPA 报警	有些人员可能被困或被迫使用其他和不太理想的路线	无		同上	

3.3 案例分析

3.3.1 HAZOP分析案例一

(1) 项目背景

根据国务院、国家安全生产监督管理总局（现应急管理部）相关文件及中国海洋石油总公司《关于推广应用HAZOP风险分析的通知》（海油总安〔2012〕758号）等有关要求，为提高某公司2200万吨/年炼油改扩建及100万吨/年乙烯工程项目的本质安全水平，对项目涉及“两重点一重大”的装置和单元，在项目基础设计阶段开展危险与可操作性（HAZOP）分析。目前，该公司项目总体设计已经完成，为确保基础设计的质量，该公司在基础设计阶段组织实施HAZOP分析。该公司炼化项目的工作范围包括400万吨/年渣油加氢、180万吨/年催化重整、100万吨/年乙烯等20个单元的危险与可操作性（HAZOP）分析服务。本次HAZOP分析对象为180万吨/年连续重整装置。

(2) 装置简介

本项目为该公司2200万吨/年炼油改扩建及100万吨/年乙烯工程中拟新建的180万吨/年催化重整（Ⅱ）装置。根据全厂总加工流程安排，本装置以轻烃回收装置来的混合重石脑油、加氢裂化装置来的重石脑油和乙烯裂解汽油抽余油为原料，采用连续重整工艺技术，生产C5+RONC为102的高辛烷值重整生成油，送至下游的芳烃抽提装置分离出苯和甲苯后作为全厂汽油调和组分，以满足新汽油标准对出厂汽油质量的要求。本装置副产的含氢气体与来自渣油加氢、蜡油加氢和柴油加氢装置的低分外排气（含氢气体）混合送至变压吸附（PSA）部分，生产99.9%的产品纯氢送往工厂的1号氢气管网，尾气经压缩机升压后作为全厂燃料气组分。

12万吨/年重整氢变压吸附（PSA）氢提纯单元是以重整气和低分气的混合气为原料，采用变压吸附（PSA）工艺分离提纯氢气的成套装置。PSA部分以重整气和低分气的混合气为原料，采用成都某公司的10-2-4变压吸附氢提纯技术，从原料气中提纯分离出纯度大于99.9%的氢气，然后送出界区去往氢气管网。原料气在提纯氢后，剩余的解吸气送至压缩机。

(3) HAZOP分析技术资料

① HAZOP分析过程中引用的180万吨/年连续重整装置相关资料见表3-25。

表3-25 180万吨/年连续重整装置技术资料清单

序号	资料
1	SEI绘制的管道仪表流程图(P&ID)
2	SEI绘制的工艺流程图(PFD)
3	180万吨/年连续重整装置工艺说明书
4	180万吨/年连续重整装置容器数据表
5	180万吨/年连续重整装置换热器数据表
6	180万吨/年连续重整装置板式塔数据表
7	180万吨/年连续重整装置反应器数据表
8	180万吨/年连续重整装置空冷器数据表
9	180万吨/年连续重整装置管道表

续表

序号	资料
10	180万吨/年连续重整装置界区条件表
11	180万吨/年连续重整装置设备数据表

② HAZOP分析过程中引用的12万吨/年PSA氢提纯装置相关资料见表3-26。

表3-26　12万吨/年PSA氢提纯装置技术资料清单

序号	资料
1	成都某公司绘制的管道仪表流程图(PID)
2	12万吨/年PSA氢提纯装置工艺说明书
3	12万吨/年PSA氢提纯装置设备一览表
4	12万吨/年PSA氢提纯装置报警联锁一览表
5	12万吨/年PSA氢提纯装置设备条件表
6	12万吨/年PSA氢提纯装置自控条件表
7	12万吨/年PSA氢提纯装置节流装置设计条件表
8	12万吨/年PSA氢提纯装置手控调节阀设计条件表

③ 本次180万吨/年连续重整装置HAZOP分析范围P&ID和PSA氢提纯HAZOP分析范围P&ID来自表3-27；连续重整装置共划分8个节点，PSA氢提纯共划分4个节点。

表3-27　180万吨/年连续重整装置HAZOP分析P&ID

序号	图纸号	P&ID图纸名称	备注
1	12700-PE-DW02-0105	预加氢原料罐部分管道仪表流程图	
2	12700-PE-DW02-0106	预加氢进料泵部分管道仪表流程图	
3	12700-PE-DW02-0107	预加氢进料加热炉部分管道仪表流程图	
4	12700-PE-DW02-0108	预加氢反应器部分管道仪表流程图	
5	12700-PE-DW02-0109	预加氢进料换热器部分管道仪表流程图	
6	12700-PE-DW02-0110	预加氢产物冷却部分管道仪表流程图	
7	12700-PE-DW02-0111	预加氢产物分离罐部分管道仪表流程图	
8	12700-PE-DW02-0112	预加氢循环压缩机入口分液罐部分管道仪表流程图	
9	12700-PE-DW02-0113	预加氢循环压缩机部分管道仪表流程图	
10	12700-PE-DW02-0114	汽提塔部分管道仪表流程图	
11	12700-PE-DW02-0115	汽提塔重沸炉部分管道仪表流程图	
12	12700-PE-DW02-0116	汽提塔回流罐部分管道仪表流程图	
13	12700-PE-DW02-0117	预加氢进料加热炉燃料气部分管道仪表流程图	
14	12700-PE-DW02-0118	汽提塔重沸炉燃料气部分管道仪表流程图	
15	12700-PE-DW02-0205	重整原料缓冲罐部分管道仪表流程图	
16	12700-PE-DW02-0206	重整进料加热炉部分管道仪表流程图	
17	12700-PE-DW02-0207	重整1号中间加热炉部分管道仪表流程图	
18	12700-PE-DW02-0208	重整2号中间加热炉部分管道仪表流程图	
19	12700-PE-DW02-0209	重整3号中间加热炉部分管道仪表流程图	
20	12700-PE-DW02-0210	重整第一、第二反应器部分管道仪表流程图	
21	12700-PE-DW02-0211	重整第三、第四反应器部分管道仪表流程图	
22	12700-PE-DW02-0212	重整进料换热器部分管道仪表流程图	
23	12700-PE-DW02-0213	重整产物空冷器部分管道仪表流程图	
24	12700-PE-DW02-0214	重整产物分离罐部分管道仪表流程图	
25	12700-PE-DW02-0215	重整循环氢压缩机部分管道仪表流程图	

3.3.2 HAZOP分析案例二

（1）项目背景

根据国务院、国家安全生产监督管理总局（现应急管理部）相关文件及中国海洋石油总公司《关于推广应用 HAZOP 风险分析的通知》（海油总安〔2012〕758 号）等有关要求，为提高某公司 2200 万吨/年炼油改扩建及 100 万吨/年乙烯工程项目的本质安全水平，对项目涉及“两重点一重大”的装置和单元，在项目基础设计阶段开展危险与可操作性（HAZOP）分析。目前该公司炼化项目总体设计已经完成，为确保基础设计的质量，该公司在基础设计阶段组织实施 HAZOP 分析。该公司炼化项目的工作范围包括 400 万吨/年渣油加氢、180 万吨/年催化重整、100 万吨/年乙烯等 20 个单元的危险与可操作性分析（HAZOP）服务。本次 HAZOP 分析对象为 180 万吨/年连续重整装置。

（2）装置简介

本项目为该公司 2200 万吨/年炼油改扩建及 100 万吨/年乙烯工程中拟新建的 180 万吨/年催化重整（Ⅱ）装置。根据全厂总加工流程安排，本装置以轻烃回收装置来的混合重石脑油、加氢裂化装置来的重石脑油和乙烯裂解汽油抽余油为原料，采用连续重整工艺技术，生产 C5＋RONC 为 102 的高辛烷值重整生成油，送至下游的芳烃抽提装置分离出苯和甲苯后作为全厂汽油调和组分，以满足新汽油标准对出厂汽油质量的要求。本装置副产的含氢气体与来自渣油加氢、蜡油加氢和柴油加氢装置的低分外排气（含氢气体）混合送至变压吸附（PSA）部分，生产 99.9%的产品纯氢送往工厂的 1 号氢气管网，尾气经压缩机升压后作为全厂燃料气组分。

12 万吨/年重整氢变压吸附（PSA）氢提纯单元是以重整气和低分气的混合气为原料，采用变压吸附（PSA）工艺分离提纯氢气的成套装置。PSA 部分以重整气和低分气的混合气为原料，采用成都某公司的 10-2-4 变压吸附氢提纯技术，从原料气中提纯分离出纯度大于 99.9%的氢气，然后送出界区去往氢气管网。原料气在提纯氢后，剩余的解吸气送至压缩机。

（3）相关资料的准备

HAZOP 分析是对装置的整体评估，涉及工艺技术、设计、操作、安全等方方面面的信息。一个完整的资料文档系统可以使分析更顺畅、更全面。部分技术资料清单见表 3-28。

表 3-28　180 万吨/年连续重整装置 HAZOP 分析技术资料清单

1. 工艺流程中的化学反应
2. 最大的液存量
3. 主要参数可接受的上限和下限：温度、压力、流量、组成
4. 如果超出了设计极限，引发的安全和健康方面的问题
5. 建设用材质
6. 设计说明（包括工艺、布置、管道及防腐设计说明）
7. P&ID 的界区条件
8. 设备的设计规格
9. 操作手册
10. 设备及管线规格
11. 对停工、自锁、检测、安全系统的描述
12. 收集最新的物性及危险数据（MSDS 数据）：毒性；放射性；渗透性极限；热力学、化学稳定性；反应活性；腐蚀性；物质混合的危险性；可燃性；材料紧急处理手册
13. 材料运输、储存和处理手册
……

3.3.3 HAZOP 分析案例三

本案例选自《安全评价方法指南》（CCPS，2008），个别内容进行了删改。案例工艺过程属于尚未建成的中试装置，潜在的危险隐患比较多，可能更适用于设计阶段实施过HAZOP分析和从未实施过HAZOP分析的在役工厂。案例给出了HAZOP分析团队会议的讨论发言记录，有助于读者深入理解HAZOP分析方法的精髓。考虑到我国化工企业的国情，还应当具体问题具体分析，案例内容仅供参考。案例中计量单位保留英制。

（1）HAZOP 分析对象

① 背景。本案例 HAZOP 分析对象是一个已开展了一年的氯乙烯（VCM）风险投资项目，简化的部分 P&ID 如图 3-17 所示。工程上设计了一套氯乙烯中试装置，用于生产二氯乙烷（EDC）。该公司计划每次仅运行中试装置几天时间，在这几天时间内，装置工程师在可控条件下改变不同工艺参数（如进料率、炉温等），并对 EDC 和 VCM 进行取样分析，以优化工艺性能并发现可能出现的生产问题。VCM 生产过程中的副产物及废气送入焚烧炉进行焚烧处理。

该公司将在某地区建造该中试装置，世界级规模的 VCM 生产厂都将在此建设。该公司期望现在就着手使社区居民和工厂员工适应这个新项目。此外，尽管该中试装置的运行主要依靠该公司工程技术开发中心的工程师和化学师，但该地区其他工厂的操作人员也可以协助中试装置的操作运行。因此，该中试装置也可以为其他世界级规模 VCM 生产厂的操作人员提供一些培训。

该公司化工与 VCM 项目组要求中试装置在开车前进行危险评估。之前进行的危险评估已经为保证和提高 VCM 过程安全提供了很多有用的信息。项目组认为再进行另外一些类似的评估也很有必要，并肯定会卓有成效。此外，项目组希望通过采用合适的危险评估技术，确保有效减少中试装置操作阶段的事故。在此阶段，任何一起重大事故都会给社会造成负面影响，从而影响项目进度。因此，该公司的当务之急是向社区居民、员工和承包商证明这个中试装置是可以安全运行的。

② 可用的资源。过去一年，该公司获得了大量有关 VCM 的知识与实验室经验。该公司从事这个项目的工程师和化学师非常熟悉 VCM 生产过程中的各种危险。此外，该公司收集了大量 VCM 工艺的信息资料。以下资料可用于中试装置的危险评估：

- 工艺流程图（PFD），包括操作参数及上下限；
- 管道仪表流程图（P&ID）；
- 机械完整性数据，如施工材料和泄放系统设计；
- 实验室的实验报告和经验；
- 装置平面图和设备布置图；
- 先前的故障假设分析和预危险分析报告（以及在这些分析中用到的信息——MSDS、实验报告、有关 VCM 文献等）；
- 现有的操作程序（裂解炉和焚烧炉的开车程序）；
- 主要部件的设计规格。

所有这些信息资料都可用在这次危险评估中。在这些资料中，最为重要的是操作参数及其上下限，以及一套准确的 P&ID。

③ 危险评估技术的选择。项目组的化学师负责此次危险评估项目，他委派该公司工艺危险分析团队的危险分析工程师来领导这次评估，并要求其选择合适的危险评估方法。

中试装置定义明确，有足够的细节可用于危险评估方法的选择。虽然中试装置与未来的

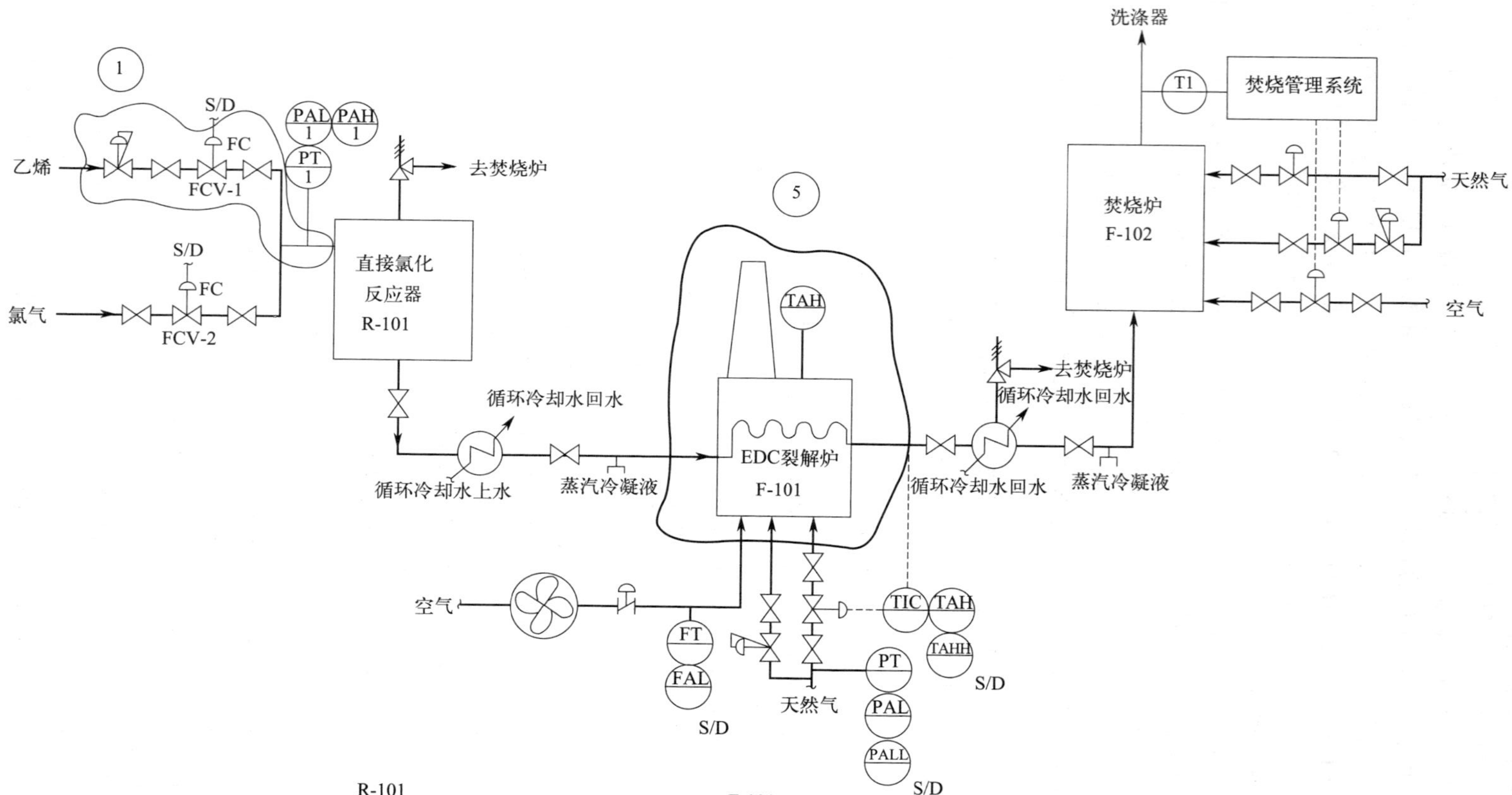

R-101
直接氯化反应器
尺寸：10′1.0.×30′T-T
设计：120psi/300℉
材料：不锈钢

F-101
EDC裂解炉
设计：200×10^{6}BTU/h
炉管压力：150psi/1000℉
炉管材料：蒙乃尔合金

F-102
焚烧炉
设计：200×10^{6}BTU/h(1BTU/h=0.293W)
材料：耐火衬里碳素钢

图 3-17 HAZOP 分析对象 P&ID

VCM 工厂相比规模较小，但在工艺上与 VCM 工厂有相似的压力、温度和流量等，这些参数作为中试装置设计的一部分，目前都是已知的。

本次评估将检查整个中试装置，以确定过程安全隐患。危险分析工程师经过慎重考虑排除了故障树分析、事件树分析、原因-后果分析和人员可靠性分析等方法。他认为这些方法对一些特定类型事故的评估更有效。同时排除了相对危险分级的方法，因为中试装置规模较小，而且所有主要设备都要评估。预危险分析方法在之前的评估中已经用过，而且其更适合审查宽泛的问题，如工厂选址等。因此，本次评估中也排除了该方法。由于该公司没有这类装置或材料的综合检查表（虽然部分采用适用规范和标准的设施已有检查表），因此排除了检查表分析法。

最终，危险分析工程师将选择范围缩小到故障假设、FMEA（失效模式分析）和 HAZOP 分析这几种危险评估方法。这几种方法都适合这次特定的危险评估。该工程师具有相当丰富的 HAZOP 分析经验，因此他选择 HAZOP 分析方法进行中试装置的危险评估。

④ 分析准备。

a. 首先，危险分析工程师需要选择参与 HAZOP 分析的人员。他认为以下具有相关经验的人员是成功进行 HAZOP 分析所必需的。

- HAZOP 分析主席：富有经验，能够引导进行 HAZOP 分析。危险分析工程师将作为 HAZOP 分析主席。
- 记录员：技术熟练，能够快速、准确地记录信息。某工程师具有两次该地区其他氯气装置 HAZOP 分析记录的经验，将作为记录员（优先选择具有 HAZOP 分析经验的人参与这项工作）。
- 工艺设计师：具有中试装置设计知识和设计规范基础，知道其对工艺参数变化如何响应。中试装置的首席设计工程师将担任这个角色。
- 化学师：熟悉 VCM 工艺中化学进料、中间产品、废蒸汽与设备材质间可能发生的化学反应。化学师将负责中试装置的运行，在本次 HAZOP 分析中担任化学师角色，另外他也负责与 VCM 项目组的联络工作。
- 操作代表：富有经验，清楚操作人员怎样发现工艺波动及怎样处理这些异常情况。该公司还没有富有经验的 VCM 工艺操作工。因此，具有 10 年氯气装置操作经验的某操作人员将作为 HAZOP 分析团队中的操作代表。
- 仪表与控制工程师（仪表控制师）：熟悉装置的控制系统与停车策略，能帮助 HAZOP 分析团队成员理解中试装置对工艺偏离的响应。来自公司工程师办公室的自控工程师将担任这个角色。
- 安全专家（安全师）：熟悉该地区装置安全和应急响应程序。安全工程师将作为安全专家，他也参加了之前的预危险分析。
- 环境专家（环境工程师）：了解目前该地区装置运行的环境限制，以及装置运行对环境的潜在影响，环境工程师具有这样的基础，适合这个角色。

在 HAZOP 分析会议开始前，HAZOP 分析主席和工艺设计师将中试装置划分为若干部分，这些部分也叫作 HAZOP 分析“节点”。他们在 P&ID 上划分了约 13 个节点，用不同颜色对这些节点进行标记，并将每一套标记过的 P&ID 分发给团队的每一个成员。在划分节点时，主要考虑工艺条件、流体组成和设备功能发生的重大改变，以此进行节点划分。他们将中试装置划分为以下节点：

师乙烯进料管线；

- 氯气进料管线；
- 直接氯化反应器；

- EDC 进裂解炉管线；
- 裂解炉；
- 空气进裂解炉管线；
- 裂解炉副燃烧器燃料气管线；
- 裂解炉燃料气总管；
- VCM 进焚烧炉管线；
- 焚烧炉；
- 空气进焚烧炉管线；
- 焚烧炉副燃烧器燃料气管线；
- 焚烧炉燃料气总管。

HAZOP 分析主席基于以往的经验，估计每个节点的 HAZOP 分析需要 4h，整个中试装置的 HAZOP 分析大约需要 6d 时间。

b. 其次，HAZOP 分析主席向 HAZOP 分析团队的每个成员都发送了 E-mail，告诉大家何时、何地进行中试装置的 HAZOP 分析，并简要地说明了此次 HAZOP 分析的目的和目标。其将中试装置的 PFD 图纸发送给了大家。考虑到团队的一些成员从来没有参加过 HAZOP 分析，邮件中还包括关于 HAZOP 分析方法的简要描述。同时，HAZOP 分析主席还列出了将要分析的节点及每个节点的最初设计意图。最后，他提醒团队成员在会议时带一些对本次 HAZOP 分析有参考价值的信息资料。

为了充分准备本次分析会议，HAZOP 分析主席和记录员制定了空白的 HAZOP 分析表格，包括工艺节点的名称等。HAZOP 分析主席计划使用某软件公司的 HAZOP 分析软件来建立 HAZOP 分析文档，因此表格被保存为电子文件。这些准备工作能够使 HAZOP 分析会议更有条不紊地进行。划分的节点并不是一成不变的，随着 HAZOP 分析的进行，HAZOP 分析主席应该依据分析情况，随时准备调整分析节点或增加新的节点。HAZOP 分析主席安排了一间会议室并配备投影仪，分析结果可以展示在大屏幕上，使所有的参与者都能够看到分析进程的记录。

（2） HAZOP 分析描述

HAZOP 分析会议周一早上 8：00 开始。会议开始之前，HAZOP 分析主席要求每个团队成员进行自我介绍，包括自己的专长领域等。然后其介绍了接下来三天的日程安排，包括会间休息和午餐安排。同时，他告知 HAZOP 分析团队的全体成员，每一天结束的时候可能会非常疲劳，鼓励大家顶住压力，按期完成分析（通常的 HAZOP 分析会议，HAZOP 分析主席安排每天只分析 4～6h，本次会议将超过三天。但是很多团队成员都来自城外，最多参加三天。而且，HAZOP 分析主席一般会组织 HAZOP 分析团队一起参观所分析的装置，但本中试装置还没有建造）。最后，HAZOP 分析主席重申了此次 HAZOP 分析的目标（识别中试装置所有有关安全和运行的问题）和此次评价的基本原则：

① 所有团队成员有平等发表观点的权利；

② 每个人都应该关注可能的潜在问题，而不是解决方案；

③ 所有的工艺偏离都可以被分析。

HAZOP 分析会议开始前，HAZOP 分析主席与团队成员一起用 30min 回顾了 HAZOP 分析技术。他告诉整个 HAZOP 分析团队，分析采用“基于偏离”的分析方法，并且描述了这种方法。他会将团队的建议专门记录在一个活动挂图上（记录员也会将所有的建议记录在 HAZOP 分析软件中的 HAZOP 分析表格中），确保所有的建议都能被准确地记录。然后，HAZOP 分析主席邀请工艺设计师描述了整个设计、工艺流程和中试装置设备的运行情况。在回答了团队的一些简单问题后，他们开始分析第一部分，即与直接氯化反应器相连的乙烯进料管线。HAZOP分析主席和工艺设计师已经将中试装置按照工艺物料在装置中的流程顺序进行了节点划分。

下面是分析讨论过程的一段摘录：

HAZOP分析主席：乙烯进料管线的设计意图是在100psi（1psi=6.89kPa）和室温条件下将乙烯蒸气输送到直接氯化反应器（研发部门认为液态的乙烯/氯气反应难以控制，而且大规模试验的产量也比预期低很多。此外，之前的危险分析团队也建议使用氯气和气态乙烯，因为这样可以从更少的物料中获得更高的安全性。因此，他们选择使用气态反应）。进料速率用流量控制阀调节，流量是1100scfm（$1scfm=0.028311m^3/min$）。使我们使用HAZOP分析引导词来确定一系列需要分析的偏离。引导词是："无、少、多、部分、伴随、相逆和异常"。得出的偏离是什么？

工艺设计师：将这些词应用到设计意图中去，将获得以下偏离："无流量、流量过低、流量过高、压力过低或过高、温度过低或过高"。

HAZOP分析主席：好。那么引导词"相逆、异常、伴随或部分"呢？

工艺设计师：是的，引导词"相逆"引导出的一个偏离是"逆流"。引导词"异常"引导出的偏离是"乙烯异常"，这个需要考虑么？

HAZOP分析主席：当然，非常好的偏离！记住我们的基本原则，所有的偏离都是可以考虑的对象，还有其他偏离吗？【长时间沉默】"压力反"，就是真空呢？

工艺设计师：只要有乙烯存在，就不会发生。常温下，乙烯的蒸气压很高，不会发生真空。但是我认为它是一个偏离。

HAZOP分析主席：有没有"伴随"和"部分"的偏离？【长时间沉默】

仪表控制师：乙烯和污染物是一个偏离。我不知道在乙烯中会有什么污染物。

HAZOP分析主席：当我们分析那个偏离的时候，我们会去定义污染物。还有其他的偏离吗？【没人回答】好，我们从第一个偏离开始，假设在装置正常运行时，某个原因导致没有乙烯流动，会产生什么后果？

化学师：设计的工艺是在直接氯化反应器中消耗掉所有的氯气，如果乙烯被切断，那么纯净的氯气会通过裂解炉和焚烧炉，进入装置的洗涤器。

HAZOP分析主席：所以潜在的影响是什么？

化学师：短时间洗涤器可以承受，但最终会耗尽缓蚀剂，氯气会从洗涤器中泄漏。另外，大量的氯气流或许会毁坏裂解炉炉管。我不了解裂解炉炉管对氯气的金属性能，所以很难讲。

HAZOP分析主席：好，所以我们的后果是潜在的氯气泄漏和裂解炉炉管的损坏。如果一个裂解炉炉管破裂，那么在这个区域会有氯气泄漏，对吗？【点头同意】那么可能造成没有乙烯流量的原因是什么？

仪表控制师：从P&ID上看，我想压力控制阀故障关闭，或者流量控制阀（FCV-1）故障关闭都是可能的原因。

工艺设计师：乙烯上游供料出现问题也会导致这个问题。

HAZOP分析主席：还有其他的吗？安全措施有什么吗？

操作代表：P&ID上显示压力传感器在反应器的供料管线上有一个低压报警（PAL-1）和一个保护系统，当供给的乙烯压力过小时，保护系统会关闭氯气。此外，从图上我们看不到装置的氯气洗涤器设有检测氯气泄漏的报警。

HAZOP分析主席：记录员请记录下，让某个人去确认这个报警存在并且正常工作。

记录员：好的。是否需要检查裂解炉炉管对现有纯氯气量的金属性能？

HAZOP分析主席：对，说得很好，请记录下。还有其他安全措施吗？

工艺设计师：我们计划在运行过程中30min取样1次。我们会看看氯气在这些样品中的含量。

化学师：如果是纯氯气，操作工在取样过程中会有危险吗？

工艺设计师：应该没有，他们在取样过程中被要求佩戴合适的个人防护用具，包括防毒面具。

安全师：等一下，我们装置使用的防毒面具可能不适用于如此高浓度的氯气。我们建议当取样时应该使用新鲜空气型防毒面具。我们也应该就取样过程中的高浓度氯气检测和应急处理对操作人员进行培训。

HAZOP分析主席：还有其他的安全措施吗？

工艺设计师：我在观察这个低压报警器（PAL-1），我不确定它会在没有乙烯流量时报警。看起来仅仅是氯气就足以保持足够的压力，使这个报警器在乙烯无流量时也不报警。不管怎样，我建议找人去看看这个报警器，并且确认这个报警器设定了合适的压力。

HAZOP分析主席：仪表控制师，你怎么想？

仪表控制师：我赞成，我们应该检查它的设定值。

HAZOP分析主席：还有其他建议吗？

环境工程师：或许我们也应该考虑一下在炉体上安装氯气检测器，或者在工艺管线上安装气相色谱来检测高浓度氯气。

HAZOP分析主席：好主意，我们不用设计一个具体的解决方案，我们仅仅需要注意我们应该在焚烧炉的下游找出一些方法来检测出高浓度的氯气。还有其他建议吗？【没人有建议了】好的，这些措施足够应对无乙烯进料这个偏离了，乙烯进料管线的其他偏离是什么？

工艺工程师：等一下，我还有一个建议，我们应该检查高浓度的氯气是否会损坏洗涤器。

记录员：我来解决。你的建议是检查高浓度的氯气对洗涤器的影响。你是在担心氯气腐蚀穿透洗涤器和高浓度氯气反应损坏洗涤器吗？

工艺工程师：两者都有，但是主要是后者。

HAZOP分析主席：好，下一个偏离是什么？

操作代表：根据我们最初制定的这个偏离列表，是乙烯的“低流量”。

HAZOP分析主席：乙烯的“低流量”所带来的后果是什么？

工艺设计师：和无乙烯进料量的情形基本一样，潜在的腐蚀洗涤器导致氯气泄漏和对裂解炉炉管可能造成的破坏。

HAZOP分析主席：造成这种情形的原因是什么？

操作代表：乙烯压力调节器故障关小，流量控制阀故障关小，以及低进料压力。另外，装置停电也会造成无乙烯进料，因为装置停电，阀门会故障关。

HAZOP分析主席：有什么保护措施？

工艺设计师：和前面偏离的一样。【工艺设计师又重复了一遍安全措施，其他人都同意】

HAZOP分析主席：有建议措施吗？【没人有建议了】下一个偏离是“高流量”，有什么后果？

化学师：充足的乙烯在直接氯化反应器中反应。乙烯流量过高意味着我们浪费了过多的乙烯，但我不认为会有什么安全问题。

HAZOP分析主席：焚烧炉能够处理过高流量的乙烯吗？

工艺设计师：我检查了焚烧炉设计说明书，应该没问题。焚烧炉可以处理最大可能的乙烯流量。

HAZOP分析主席：我们继续下一个偏离——“逆流”。有什么后果吗？

工艺设计师：当然，那会污染进料管线，或者造成很大的财产损失。而且没有人知道氯气和EDC会在管线中逆流到什么位置。这肯定将是一个安全问题。举例来说，另一个处在下游的使用人员可能会接触到氯气并可能发生爆炸；或者氯气可能与其他反应过程中水混合，腐蚀管线，造成泄漏。会后我们会更加详细地研究这个问题。

HAZOP分析主席：造成这个偏离的原因是什么？

操作代表：乙烯进料压力过低，或者反应器压力过高。

HAZOP分析主席：还有其他原因吗？【没人回答】保护措施有什么？

工艺设计师：还是在进料管线上设有压力报警和紧急切断系统（PAL/H-1），并且乙烯的进料压力非常高，这些可以防止逆流。实际上，反应器的安全阀应该可以在反应器将物料压回乙烯进料管线之前启跳。另外，乙烯进料压力过低及因此导致的乙烯流量过低，操作人员应该可以很容易地检测到这个问题，并且在逆流发生之前将乙烯的进料关闭。

仪表控制师：压力报警不能表明逆流，并且不应该视为保护措施。但操作人员的控制干预是一个好的安全措施。

HAZOP分析主席：我赞成。还有其他保护措施吗？【暂停一下】其他行动呢？【暂停一下】仪表控制师，你还有其他建议吗？

仪表控制师：我们想在乙烯进料管线上安装一个止回阀。

HAZOP分析主席：好。

记录员：这是建议措施吗？

HAZOP分析主席：是的，还有其他建议吗？

讨论进行了一天，基于上述讨论，HAZOP分析主席决定先分析所有高的偏离，然后分析所有低的偏离，等等。他发现团队在一个偏离的类型中花费了过多时间坚持彻底地找出原因。接下来是第二天讨论中的一部分简要的摘录。

HAZOP分析主席：咱们下面进行第5部分：裂解炉。工艺设计师，你能给我们就裂解炉的有关操作做一个快速的介绍吗？

工艺设计师：裂解炉的设计意图是将二氯乙烷加热到900℉，然后将其化学键打开形成氯乙烯。裂解炉温度越高，化学键的断裂打开过程越完全，生成的副产物越多。我们将调整温度来寻找到最合适的温度。总之，裂解炉是由出料口的TIC阀门控制燃料气来加热。出料温度超高将关闭TIC阀门，同时与直接氯化反应器相连的进料阀门也将关闭。燃料气压力超低或非常低的空气流量也会使阀门这样动作，装置跳车。我们也在裂解炉炉管中设置了一个配有高温报警的热电偶，但不会关闭阀门。

HAZOP分析主席：第一个偏离是二氯乙烷流量过高，这是由什么原因导致的？

操作代表：好的，正如我们之前所说，乙烯或氯气流量大将提高系统流入量，乙烯或氯气进料流量控制阀由于故障打开是一个原因。

HAZOP分析主席：让我们注意一下，其实这就是截止到我们之前讨论过的直接氯化反应器压力高（例如，上游设备的高压力导致进裂解炉EDC高流量）。记录员，记录下了吗？【点头同意】还有其他的原因吗？【现场安静】好的，那么导致的后果是什么？

化学师：如我们昨天所说的，通过裂解炉的EDC流量过高，如果裂解炉燃烧不完全，会导致EDC转化率过低，并且如果大量EDC进入焚烧炉中，可能会导致EDC泄漏到环境中，如果裂解炉燃烧不完全，也会导致工艺物料温度过低。

HAZOP分析主席：有没有保护措施？【没有回答】有什么建议措施？

安全师：我想我们应该确定焚烧炉能力是否满足EDC转化率低时其燃烧处理要求。或许我们应该安装EDC监测。

环境工程师：我们的装置通常只运行如此短的时间，从环境影响角度讲EDC流量监测并不是必须设置的。

仪表控制师：TIC报警能显示运行异常。此外，无论EDC流量多高，焚烧炉都能处理。

HAZOP分析主席：好，我们暂停一下，我们从设计上考虑了解决方案，现在我们从工程措施角度考虑这是否是一个问题，并想办法解决这个问题，有什么建议安全措施？下一个偏离是燃料气流量高。

操作代表：燃料气流量控制阀故障开度大会导致燃料气流量高。这可能是 TIC 的热电偶故障（错误的低流量信号）导致的。

安全师：燃料气供应压力高会导致工艺过程温度高。

工艺设计师：不可能发生，工艺过程温度过高，TIC 控制会降低燃料气流量，此外，如果燃料气流量控制阀开度过大，温度高报 TAH 将会超高报警。

HAZOP 分析主席：请稍等，我们来看看这些原因，现在我们假设针对这些原因和后果的保护措施都失效，还有其他原因吗？【没有】在这种情况下，燃料气控制阀故障开度大的后果是什么？

工艺设计师：如果我们不能很快作出响应，炉管可能被烧坏，造成火灾，即使不会烧坏炉管，也可能发生局部过热而使副产品堵塞炉管，并造成安全阀启跳。我觉得这也可能导致火焰升高，脱离燃烧器并熄灭，这会引起爆炸。

HAZOP 分析主席：当温度高报 TAH 和紧急停车不可用时，如果 TIC 热电偶失效，会引起燃料气流量过高吗？

仪表控制师：是的，TIC 误指示偏低会导致这种情况。考虑安装独立的温度高高报警和裂解炉排放温度高停车。

HAZOP 分析主席：记录员，记下这个建议了吗？【点头，是的】还存在什么保护措施呢？

工艺设计师：刚才我们说过裂解炉出口设有温度高报及高高报，炉管表面设有温度高报。同时，炉管设计能承受很高温度，只要炉管内流体是流动的，炉管需要很长时间才能被烧坏。

HAZOP 分析主席：记录员，记下这些温度过高的保护措施，这些保护措施直接适用于这个偏离，并可参考前面分析的燃料气流量过高。

安全师：我们可设置一个区域的火焰监测，并建立一个训练有素的应急响应团队。另外，你也可以在控制室切断氯气与乙烯进料。

操作代表：燃料气供料管线上的 TIC 控制是一个保护措施吗？

工艺设计师：是的，这是燃料气供气压力高的一个保护措施，但不是热电偶失效的保护措施。顺便问一下，燃料气流量控制阀能实现紧急切断吗？

安全师：通常类似这样的阀门无法实现这样的功能，我建议考虑增设燃料气管线高压报警和紧急切断阀。

HAZOP 分析会议就以这种形式进行，直到分析团队分析完他们能想到的裂解炉的每个工艺参数的所有偏离。然后，HAZOP 分析主席又领导团队对裂解炉开车操作程序进行了分析，在分析前，他首先要求工艺设计师审查了裂解炉的开车程序（表 3-29）。随后分析团队开始假设开车过程中可能出现的偏离，并询问通常的 HAZOP 分析问题：偏离的原因、后果和保护措施是什么？保护措施足够吗？以下是部分 HAZOP 分析的简要摘录。

表 3-29　裂解炉的开车程序

步骤	行动内容
1	启动裂解炉鼓风机，炉膛置换 10min
2	确认裂解炉副燃烧器被点燃（视觉观察）
3	确认焚烧炉正常运行
4	开始进乙烯，并通过裂解炉进入焚烧炉
5	裂解炉燃料管线通入燃料气（慢慢调节 TIC 至设定值）
6	确认主燃烧器点燃（工艺温度上升）

HAZOP 分析主席：让我们从第 1 步的偏离开始。假设裂解炉吹扫时间“过长”（MORE），会有什么后果？

安全师：我认为裂解炉吹扫时间过长除了浪费时间外，不会出现什么问题。【其他人都同意】

HAZOP 分析主席：那吹扫时间“过短”（LESS）或“没有”（NO）吹扫呢？

安全师：那可能会有问题，如果裂解炉内有可燃气积聚，可能会发生爆炸。这里我们需要一个紧急切断阀防止可燃气泄漏到裂解炉。

HAZOP 分析主席：记录员已经将这条保护措施作为建议记录下来，并且我们反复提到这条措施。现在我们回过来看原因是什么。

工艺设计师：可能是鼓风机停机，或者是烟道挡板故障关闭，也可能是鼓风机电力故障。

安全师：操作人员可能不经意遗忘了这些步骤。

HAZOP 分析主席：还有其他原因吗？【没有动静】保护措施是什么？

安全师：空气管线上设有低流量报警并有机械限位装置保证空气最小流量，同时，若出现电力故障，所有阀门将跳至安全阀位。

工艺设计师：如果让我操作这个单元，我会在燃料气管线上采取安全措施。例如：设紧急切断阀，并且保持空气连续吹扫裂解炉。

HAZOP 分析主席：这些都是好的建议，我们为什么不建议在工程上设计一套可检测的裂解炉吹扫系统呢？这个系统把你们的好建议都考虑进去。还有其他的建议措施吗？【没有动静】那么讨论下一个引导词，裂解炉开车第 1 步“异常”（OTHER THAN）呢？

仪表控制师：这个偏离看起来和“没有”吹扫是相同的问题。【其他人都同意】

HAZOP 分析主席：执行了“部分”第 1 步的偏离就可以理解为吹扫时间过短了？【团队成员点头同意】进行第 2 步时我们将使用“相反”（REVERSE）引导词查找偏离，还有一个引导词是“伴随”（AS WELL AS），当进行裂解炉开车第 1 步时，伴随着其他步骤的发生，会发生什么后果？

仪表控制师：进行第 1 步时伴随发生第 2、3、4 步看起来不会有什么问题，但是如果伴随着第 5 步的进行，看起来可能出现的后果与“没有”吹扫偏离导致的后果相同。

HAZOP 分析主席：那是什么原因导致的？

仪表控制师：操作人员的误操作。

HAZOP 分析主席：其他还有吗？【没有人提出】那么有什么保护措施？【没有人提出】建议措施呢？

仪表控制师：也许我们应该设置燃料气流量联锁，达不到 10min 吹扫则无法进燃料气。

HAZOP 分析主席：好的，记录员，记下了吗？【点头，是的】下一步是检查裂解炉副燃烧器被点燃。先看一下“过多”的检查或燃烧时间过长的后果是什么？

仪表控制师：我们希望副燃烧器一直是燃着的，因此，这不会有什么问题，对副燃烧器额外的检查是更好的做法。

HAZOP 分析主席：好的，其他偏离呢？“没有”或“过少”的检查或燃烧会有什么后果？

安全师：如果副燃烧器无论如何都是点燃的，那么不会出现问题。如果熄灭了，一旦可燃气积聚遇点火源则可能发生爆炸。

HAZOP 分析主席：副燃烧器熄灭的原因是什么？

操作代表：燃料气压力低；副燃烧器 PCV 阀故障关闭；操作人员不经意堵塞管线；燃料气压力过高吹灭副燃烧器。

HAZOP分析主席：操作人员如果忘记检查副燃烧器并同时存在其他一些因素，可能导致一个重大的安全问题——潜在的爆炸。有什么安全措施？

工艺设计师：燃料气供应管线设有高低压力报警和紧急切断。

安全师：我建议安装火焰扫描和熄火停车。

记录员：我记下了。

HAZOP分析主席：还有其他建议安全措施吗？

仪表控制师：我们可以考虑在副燃烧器管线上设高低压报警。

HAZOP分析主席：很好的建议。还有其他吗？【没有】让我们分析“相反”的第2步这个偏离，即执行次序错了。

操作代表：这取决于执行次序错到什么程度，如果首先检查副燃烧器，然后空气吹扫，则可能吹灭副燃烧器，从而发生前面我们分析过的问题。假设副燃烧器是熄灭的，如果操作人员在这种次序下检查得太晚，并且试图再次点燃副燃烧器，那么即使不造成死亡，也可能造成严重的人员伤害。

HAZOP分析主席：有什么保护措施？

安全师：我认为应该在操作员工培训中强调作业程序的重要性。我们也需要训练操作员工务必在点燃裂解炉副燃烧器前进行炉膛置换吹扫。实际上，我们应该编制一个裂解炉开车程序检查表。

HAZOP分析就这样继续，直到中试装置所有偏离都被分析完。焚烧炉日常运行程序和紧急停工程序也会被分析。在每天分析的最后，HAZOP分析主席都会回顾他记在活动挂图板中的建议安全措施，以确定建议安全措施被准确地记录并且不会遗漏。在HAZOP分析会议的最后，他感谢了团队成员的积极参与，并会在接下的几个星期内将HAZOP分析报告发给他们，要求他们对报告进行审查。

（3）结果讨论

表3-30和表3-31给出了HAZOP分析结果示例。表3-30中列出了分析团队分析的裂解炉正常操作情况下的偏离，以及团队辨识出的偏离的原因、后果和保护措施。表格采用偏离到偏离（deviation by deviation，DBD）的形式，也就是对于一个特定的偏离，其原因、后果和保护措施之间并不是一一对应的。表3-30列出了团队给出的建议安全措施的编号，其具体定义见表3-31。

表3-30　VCM中试装置HAZOP分析结果示例（偏离到偏离）

<table>
<tr><td colspan="3">图纸号：VCM中试装置，版本0</td><td colspan="3" rowspan="3">团队成员：HAZOP分析主席、记录员、工艺设计师、化学师、操作代表、仪表控制师、安全师、环境工程师</td></tr>
<tr><td colspan="3">会议时间：</td></tr>
<tr><td colspan="3">页码：56/124</td></tr>
<tr><td>序号</td><td>偏离</td><td>原因①</td><td>后果②</td><td>保护措施</td><td>建议安全措施序号</td></tr>
<tr><td colspan="6">5.0 VCM裂解炉[正常操作：使EDC在900℉、160psi下生成VCM，处理量为1200lb/h(1lb=0.454kg)]</td></tr>
<tr><td>5.1</td><td>EDC流量高</td><td>DC反应器压力高</td><td>(1)EDC转化率低。大量EDC进入焚烧炉，EDC可能泄漏到环境中
(2)VCM裂解炉压力低（见5.10）</td><td></td><td>1</td></tr>
<tr><td>5.2</td><td>燃料气流量高</td><td>(1)FCV阀故障开度大，燃料气供应压力高
(2)TIC故障（低流量信号）</td><td>潜在的爆炸，VCM裂解炉温度高，潜在的炉管损坏，如果炉管破裂，可能造成火灾。产品中的副产品过量</td><td>过去15年中燃料气供应非常可靠，TIC控制气体输送</td><td>2,3,4</td></tr>
</table>

化/工/安/全/控/制/工/程

续表

序号	偏离	原因①	后果②	保护措施	建议安全措施序号
5.3	空气流量高	空气挡板故障全开，裂解炉炉体泄漏	(1)裂解炉燃烧不完全。EDC转化率低。大量EDC进入焚烧炉，EDC可能泄漏到环境中 (2)VCM裂解炉压力低(见5.10)	TIC控制气体输送，固定速度风扇	1
5.4	EDC流量低	(1)DC反应器压力低 (2)EDC采样连接(上游)未关 (3)EDC冷却器污染	(1)VCM裂解炉压力高(见5.9) (2)EDC裂解过程中副产品产量高。潜在的炉管破坏，如果炉管破裂，可能造成火灾 (3)EDC泄漏到环境中(见5.12)	EDC取样连接使用时操作员在场	5
5.5	燃料气流量低	(1)FCV阀故障关闭 (2)燃料气供应压力低 (3)TIC故障(高流量信号)	(1)EDC转化率低。大量EDC进入焚烧炉，EDC可能泄漏到环境中 (2)VCM裂解炉压力低(见5.10)	(1)过去15年中燃料气供应非常可靠 (2)燃料气供应管路压力低报警PAL (3)TIC控制气体输送	1
5.6	空气流量低	(1)空气挡板故障关 (2)空气过滤器堵塞 (3)空气鼓风机故障关	(1)VCM裂解炉压力低(见5.10) (2)裂解炉燃烧不完全。EDC转化率低。可能造成裂解炉火焰熄灭，潜在的火灾或爆炸(裂解炉内空气积聚) (3)大量EDC进入焚烧炉，EDC可能泄漏到环境中	(1)空气挡板最小开度 (2)TIC控制气体输送 (3)空气低流量报警停车	1
5.7	温度高	(1)燃料气流量高(见5.2) (2)EDC流量低(见5.4)	(1)VCM裂解炉炉管压力高(见5.9) (2)EDC裂解过程中副产品产量高。潜在的炉管破坏，如果炉管破裂，可能造成火灾。裂解炉破坏(见5.12)	(1)裂解炉炉管表面温度高报警 (2)排放产物温度高报警和高高报警停车 (3)裂解炉炉管设计可承受非常高的温度	3
5.8	温度低	(1)EDC流量高(见5.1) (2)空气流量高(见5.3) (3)燃料气流量低(见5.5) (4)空气流量低(见5.6)	EDC转化率低。大量EDC进入焚烧炉，EDC可能泄漏到环境中		1
5.9	压力高		无重要安全后果。温度高(见5.7)		
5.10	压力低		无重要安全后果		
5.11	污染		无重要安全后果		

续表

序号	偏离	原因①	后果②	保护措施	建议安全措施序号
5.12	炉管泄漏/破裂	(1)污染 (2)腐蚀 (3)焊接质量差 (4)燃料气流量高(见5.2) (5)EDC 流量低(见 5.4) (6)温度高(见 5.7)	裂解炉火灾,EDC 泄漏到环境中,潜在的重大设备破坏	(1)裂解炉区域火灾监测 (2)应急响应团队消防培训 (3)乙烯和氯气供应远程切断 (4)服役前炉管检查和焊接质量 X 射线检查 (5)明年裂解炉运行时间短(几天) (6)污染轻微 (7)炉管材质满足 EDC、氯气和乙烯要求	6
5.13	裂解炉壁泄漏/破裂		无重要安全后果		

注：①所有的原因不是所有后果产生的必要原因。②所有原因或后果不一定被所有保护措施阻止或减缓。

表 3-31　VCM 中试装置 HAZOP 分析行动（建议安全措施）示例

序号	考虑的行动(建议安全措施)	责任	状态
1	确定燃烧炉能力是否满足 EDC 转化率低时其燃烧处理要求,考虑安装 EDC 监测(5.1、5.3、5.5、5.6、5.8)		
2	考虑燃料气高压报警和切断阀高压切断(5.2)		
3	考虑安装独立的温度高高报警和裂解炉排放温度高停车(5.2、5.7)		
4	考虑安装火焰扫描和熄火停车(5.2)		
5	考虑安装氯化反应器低压报警(5.4)		
6	验证对于所有裂解炉炉管有足够的质量保证方案		

以下是 HAZOP 分析中一些更为重要的发现。

① 对于中试装置的所有单元，应进行开车步骤的危险评估（团队发现裂解炉开车步骤中有潜在的致命事故情形）。

② 需要验证焚烧炉焚烧大量 EDC 的能力。

③ 裂解炉控制和停车应更加自动化。

④ 对于中试装置，应考虑独立的洗涤器（中试装置运行不正常可能导致氯气装置洗涤器跳车，从而影响氯气装置）。

⑤ 需建立中试装置采样处理步骤（出于环境考虑）。

⑥ 取样人员应根据所取样品的危险性和可能出现的标准步骤偏离佩戴个人防护用品。

报告由 HAZOP 分析主席编写，报告内容包括团队成员、职务、参加的会议、分析中用到的图纸和步骤、团队发现和建议的概述及详细的 HAZOP 分析表格。在将 HAZOP 分析报告提交给化工与 VCM 项目组前，报告分发给团队成员审核。

（4）后续跟踪

在 HAZOP 分析过程中，团队提出的一些问题无法立即解决。这些问题经常是一个部件的结构强度问题（如储罐能否承受全真空）、安全阀尺寸设计基础、仪表传感器范围等。在会议期间，HAZOP 分析团队成员可联系有关人员解决这些问题。在提交 HAZOP 分析报告给化工与 VCM 项目组前，HAZOP 分析主席尝试获取会议期间未解决问题的答案。未解决的问题作为后续跟踪需解决的发现列在了 HAZOP 分析报告中。

VCM 项目组评估 HAZOP 分析团队的所有发现和建议，大多数被接受，作为后续行动项。项目组将这些行动项按优先次序分为两类：一类是中试装置开车前必须执行的行动；另一类是尽可能快速执行的行动。项目组记录拒绝 HAZOP 分析团队一些建议的原因。这些原因和 HAZOP 分析报告一起作为 VCM 项目文件。

对于项目组接受的行动项，化学工程师负责后续跟踪。他负责指派合适的人员执行这些行动并报告结果。公司有一套计算机化跟踪系统，化学工程师可利用该系统跟踪行动执行状态。一般每月检查一次行动项状态。化学工程师在收到解决结果后对每一个解决方案添加描述。

(5) 结论和观察

本次 HAZOP 分析进行得非常好，主要是因为 HAZOP 分析主席是一个非常好的团队领导，知识非常丰富。他使团队成员专注于相关的项目和设计方案并鼓励团队成员参与讨论。

HAZOP 分析团队辨识安全、可操作性和环境问题。HAZOP 分析的范围越集中，完成 HAZOP 分析所需的时间就越少，花费也越少（如仅检查安全问题）。但是，公司认为可操作性问题和环境问题在早期阶段的辨识将节省大量的成本。另外，辨识出的可操作性问题也可用于安全应用。因此，HAZOP 分析可使装置更加安全，运行更加平稳。

HAZOP 分析软件用于记录评估结果。这并不是必要的，但是 HAZOP 分析主席选择使用软件以节省 HAZOP 分析会议时间。HAZOP 分析主席概括了 HAZOP 分析团队对每一个偏离的评论，记录员输入计算机中。随着会议的进行，记录员将变得更加熟练。采用软件可帮助 HAZOP 分析主席更高效地准备 HAZOP 分析报告。在团队评估前，HAZOP 分析主席先评估和编辑 HAZOP 分析表格。但是，如果会议比较短或两次会议之间间隔时间比较长（例如，每隔一天进行一次 HAZOP 分析会议），HAZOP 分析主席将要求团队成员评估每天的表格。进行 HAZOP 分析所需的时间见表 3-32。

表 3-32 VCM 中试装置 HAZOP 分析人员所需时间

人员	准备时间/h	评估时间/h	记录时间/h
HAZOP 分析主席	32	40	20
记录员	8	40	16
团队成员*	4	40	2

*每个团队人员平均所需时间。

(6) 原因到原因方法

原因到原因（cause by cause，CBC）方法是一种更明确的、基于剧情的 HAZOP 偏离分析和记录的方法，更符合基于风险的剧情分析方法。采用原因到原因分析方法，表 3-33 分析的结果表达形式将有所不同，是按照一次分析一个原因对应的所有后果，以及单一的初始原因/后果事件对偶对应的保护措施的方式表达。HAZOP 分析的识别内容和建议示例见表 3-33，采用原因到原因分析方法的部分 HAZOP 分析结果见表 3-34。注意，对于第一个初始原因，有三个不同的损失事件，每一个具有不同严重性的后果和初始原因/后果事件对偶对应着各自的保护措施。如果可能带来严重的商业或设备损坏影响，并且其在研究范围之内，非计划停车可作为第四个损失事件。HAZOP 分析原因到原因方法的部分会议讨论记录见表 3-35。

表 3-33　VCM 中试装置 HAZOP 分析建议项示例（原因到原因方法）

序号	建议	责任	状态
1	确定乙烯压力低保护措施能否有效防止乙烯进入反应器的流量低，考虑氯气压力阻止报警和停车被激活		
2	检查裂解炉管材质在纯氯气蒸气存在情况下的有效性。如果有影响，确定在意识到裂解炉管损坏前，2 次/h 的反应器取样能够防止乙烯流量低		
3	验证氯气装置洗涤器报警能够检测到损坏；更新 P&ID		
4	检查焚烧炉下游管线氯气流量高的检测方法		
5	考虑安装足够的、独立于 BPCS 的乙烯进料压力或流量传感器		

表 3-34　VCM 中试装置 HAZOP 分析结果示例（原因到原因方法）

<table>
<tr><td colspan="3">图纸号：VCM 中试装置，版本 0</td><td colspan="3" rowspan="3">团队成员：HAZOP 分析主席、记录员、工艺设计师、化学师、操作代表、仪表控制师、安全师、环境工程师</td></tr>
<tr><td colspan="3">会议时间：</td></tr>
<tr><td colspan="3">页码：1/124</td></tr>
<tr><td>序号</td><td>偏离</td><td>原因①</td><td>后果②</td><td>保护措施</td><td>建议</td></tr>
<tr><td colspan="6">1 乙烯进料管线（提供 1100scfm 乙烯蒸气到 DC 反应器，100psi，环境温度）</td></tr>
<tr><td rowspan="3">1.1.1</td><td rowspan="8">乙烯无流量</td><td rowspan="3">FCV-1 故障关或误关</td><td>裂解炉中氯气未反应；可能导致炉管损坏</td><td>PT-1 低压报警，停车；在炉管损坏前通过 2 次/h 反应器取样检测乙烯流量低</td><td>1，2</td></tr>
<tr><td>裂解炉中氯气未反应；可能导致炉管损坏；热氯气蒸气泄漏</td><td>PT-1 低压报警，停车；在炉管损坏前通过 2 次/h 反应器取样检测乙烯流量低</td><td>1，2</td></tr>
<tr><td>未反应的氯气通过裂解炉和焚烧炉进入装置洗涤器；最终氯气泄漏</td><td>PT-1 低压报警，停车；2 次/h 取样；洗涤器泄漏报警</td><td>1，3，4</td></tr>
<tr><td rowspan="3">1.1.2</td><td rowspan="3">PCV-1 故障关或误关</td><td>裂解炉中氯气未反应；可能导致炉管损坏</td><td>在炉管损坏前通过 2 次/h 反应器取样检测乙烯流量低</td><td>2，5</td></tr>
<tr><td>裂解炉中氯气未反应；可能导致炉管损坏；热氯气蒸气泄漏</td><td>在炉管损坏前通过 2 次/h 反应器取样检测乙烯流量低</td><td>2，5</td></tr>
<tr><td>未反应的氯气通过裂解炉和焚烧炉进入装置洗涤器；最终氯气泄漏</td><td>2 次/h 取样；洗涤器泄漏报警</td><td>3，4，5</td></tr>
<tr><td>1.1.3</td><td>乙烯供应无</td><td></td><td></td><td></td></tr>
<tr><td>1.1.4</td><td>乙烯进料管线或连接失效</td><td></td><td></td><td></td></tr>
<tr><td colspan="6">……</td></tr>
</table>

表 3-35　HAZOP 分析原因到原因方法会议讨论过程摘录

HAZOP 分析主席	乙烯进料管线用于向 DC 反应器供应乙烯蒸气，在 100psi 和环境温度下（R&D 确定液体乙烯/氯气反应难以控制，而且大尺度试验产率比预计的要低得多。预工艺危险分析团队也建议采用氯气和乙烯气体，因为更少的物料质量可增加安全性。因此，他们选择使用气相反应），供料速率由流量控制阀 FCV-1 控制，流量为 1100scfm。让我们使用 HAZOP 分析引导词和此设计意图来确定一系列偏离。引导词为“无、少、多、部分、伴随、相逆和异常”。偏离都有哪些
工艺设计师	将这些引导词和设计意图结合可得到“无流量、低流量、高流量、低压和高压、低温和高温”
HAZOP 分析主席	好的。相逆、异常、伴随和部分这些引导词呢
操作代表	对，还有“逆流”。“乙烯异常”我们需要考虑吗
HAZOP 分析主席	当然，非常好。记住我们的基本规则——任何偏离都应该被分析。还有其他偏离吗？（长时间停顿）压力相逆，也就是负压呢
工艺设计师	只要乙烯存在，负压就不会发生。在环境条件下，乙烯的压力足够高，不会产生负压。但是，我觉得它可以作为一个偏离

续表

HAZOP 分析主席	“伴随”或“部分”呢？（长时间停顿）
仪表控制师	乙烯伴随污染是一个偏离。尽管我不知道乙烯中会有什么污染物
HAZOP 分析主席	当我们分析到这个偏离时，会确定污染物。其他人还有建议的偏离吗？（无人回答）好的，让我们从第一个偏离开始。如果装置运行不正常，发生乙烯无流量会导致什么样的后果
化学师	工艺设计假设所有的氯气在直接氯化反应器中。如果切断乙烯，纯氯气将通过裂解炉和焚烧炉进入装置洗涤器中
HAZOP 分析主席	会导致什么潜在后果
化学师	洗涤器将处理一段时间的氯气，最终将耗尽缓蚀剂，氯气将过量。大量的氯气将破坏裂解炉管。我不知道炉管金属性能能否满足要求
HAZOP 分析主席	好的，那后果是潜在的氯气泄漏和可能的裂解炉破坏。如果炉管破裂，氯气将发生泄漏，对吗？（点头表示同意）好的，乙烯无流量的原因是什么
仪表控制师	从 P&ID 上看，压力控制阀关闭或流量控制阀 FCV-1 关闭会导致乙烯无流量
HAZOP 分析主席	非常好。我们逐个原因来讨论已有的保护措施或需要什么保护措施
仪表控制师	好的，最明显的无流量原因是 FCV-1 关闭
HAZOP 分析主席	好！现在有什么保护措施防止 FCV-1 被关闭，或者流量减小
工艺设计师	工程设计表上显示这是一个故障关阀。这还是一个自动阀，操作人员一般不会动这个阀门。这减少了这个阀门被误关闭的可能性
操作代表	P&ID 显示在反应器进料管线上有压力传感器、低压报警 PAL-1 和乙烯供应压力低时氯气切断。虽然没有显示在 P&ID，但是我们有洗涤器氯气检测报警
HAZOP 分析主席	记录员，请记录下，让某个人去确认这个报警存在并且正常工作
记录员	好的。需要建议在纯氯气存在的条件下检查炉管金属性能吗
HAZOP 分析主席	是的。很好的建议。还有其他保护措施吗
工艺设计师	我们计划在运行期间每隔 30min 取一次样。我们将检查样品中氯气的含量
HAZOP 分析主席	对于潜在的后果，大家觉得这些措施够吗？（点头表示同意）好的，下一个原因是什么
化学师	压力控制阀 PCV 可能故障关闭，导致乙烯无流量
工艺设计师	是的，但是这个阀也是自动的，在这个剧情中我们有相同的阻止措施
仪表控制师	但是保护措施是不同的，因为低压力报警和停车控制回路使用相同的传感器。对于报警和停车系统，应该各安装一个独立的压力或流量传感器，以确保检测到乙烯供应量减少
HAZOP 分析主席	非常好。让我们确认一下阻止措施是与原因和后果相对应的。（讨论继续，记录员在众人注视下完成无流量剧情记录）
HAZOP 分析主席	大家都看到原因到原因分析是怎么进行的了吧？（点头表示同意）无流量还有其他原因吗？（停顿）
工艺设计师	乙烯供应减少也会导致这个问题
HAZOP 分析主席	好的，已经有什么保护措施或需要什么保护措施防止乙烯供应减少
操作代表	操作人员通过 DCS 监控供应压力，每班三次检查就地压力表。管道公司将给我们预警。因此，没有警报就发生乙烯供料完全中断不太可能
HAZOP 分析主席	如果压力控制阀关闭，保护措施也是一样的，都同意吗？（点头表示同意）乙烯无流量还有其他可信的原因吗
仪表控制师	如果维护工作后管线失效或有未关闭的地方呢
HAZOP 分析主席	如果管线有漏点，会导致什么样的后果？漏点是否是由于维护工作后管线失效或有未关闭的地方造成的
工艺设计师	就管线这一部分，会产生氯气或乙烯泄漏，这取决于此时的工艺情况。这会导致严重的氯气危险或造成乙烯爆炸
HAZOP 分析主席	好的。在这种情况下我们有什么保护措施，或者如何防止管线有漏点
工艺设计师	我们的管道按照适当的工程规范设计，可以防止任何形式的管道超压，也可以防止车辆撞击损坏，对管道日常检查。对于维护后管道，我们防止管线破裂的安全操作规程包含了检查的职责。如果发生事故，工艺区域有喷淋系统和固定式监测喷嘴，区域装备了可燃气体报警仪和氯气传感器，以检测可燃蒸气或氯气
HAZOP 分析主席	看上去我们有许多阻止和减缓措施。对于潜在后果这些措施足够吗？（点头表示同意）好的，无流量还有其他原因吗？（沉默） 好的，开始分析下一个偏离——低流量。控制点是 1100scfm，低流量表示乙烯流量低于 1100scfm

注：scfm 为英制流量单位，即标准立方英尺每分钟。$1N \cdot m^3/min = 35.315scfm$。

HAZOP会议以这种形式继续，直到裂解炉每一个工艺参数的所有偏离分析完毕。裂解炉开车操作模式下也采用同样方法进行分析。

（7）风险评估

表3-36为VCM中试装置HAZOP分析结果的剧情风险估计示例。原因频率采用每年频率指数表示。例如，表中频率值−1代表初始原因频率值为$1\times10^{-1}/a$，或每10年发生1次。

表3-36　VCM中试装置HAZOP分析结果的剧情风险估计示例

图纸号：VCM中试装置，版本0 会议时间： 页码：1/124				团队成员：HAZOP分析主席、记录员、工艺设计师、化学师、操作代表、仪表控制师、安全师、环境工程师					
序号	偏离	初始原因	频率	后果	严重程度	保护措施	剧情频率（$10^{\times}$）	剧情风险	建议
1乙烯进料管线（提供1100scfm乙烯蒸气到DC反应器，100psi、环境温度）									
1.1.1	乙烯无流量	FCV-1故障关或误关	−1	（1）裂解炉中氯气未反应 （2）可能导致炉管损坏	不在研究范围	（1）PT-1低压报警 （2）停车 （3）在炉管损坏前通过2次/h反应器取样检测乙烯流量低	—	—	1，2
				（1）裂解炉中氯气未反应 （2）可能导致炉管损坏 （3）热氯气蒸气泄漏	4	（1）PT-1低压报警 （2）停车 （3）在炉管损坏前通过2次/h反应器取样检测乙烯流量低	−4	0（中风险）	1，2
				（1）未反应的氯气通过裂解炉和焚烧炉进入装置洗涤器 （2）最终氯气泄漏	3	（1）PT-1低压报警 （2）停车 （3）2次/h取样 （4）洗涤器泄漏报警	−4	0（中风险）	1，3，4
1.1.2	乙烯无流量	PCV-1故障关或误关	−1	（1）裂解炉中氯气未反应 （2）可能导致炉管损坏	不在研究范围	在炉管损坏前通过2次/h反应器取样检测乙烯流量低	—	—	2，5
				（1）裂解炉中氯气未反应 （2）可能导致炉管损坏 （3）热氯气蒸气泄漏	4	在炉管损坏前通过2次/h反应器取样检测乙烯流量低	−3	1（高风险）	2，5
				（1）未反应的氯气通过裂解炉和焚烧炉进入装置洗涤器 （2）最终氯气泄漏	3	（1）2次/h取样 （2）洗涤器泄漏报警	−3	0（中风险）	3，4，5

三个损失事件（需要早期更换或维修的炉管破坏、炉管失效导致的热氯气泄漏、氯气由洗涤器泄漏）有不同的影响（后果严重性）。第一个损失事件不在分析范围内，不进行进一步评估。第二个损失事件比第三个损失事件后果严重，等级分别为4和3。注意，对于每一个剧情，现场人员的健康影响、现场外的公众影响和环境影响应当分别进行评估。

初始事件发生后，每一个保护措施防止损失事件发生所提供的风险降低的数量级记录在方框内。1代表1个数量级的风险降低因子。如果某个保护措施不是初始事件的独立保护层，则风险降低因子为0。保护措施总的风险降低因子为每个保护措施的风险降低因子相加。因此，对于例子中的第二个剧情，剧情风险被两个独立保护层（PT-1低压报警和切断，风险降低了1个数量级；每小时2次的反应器取样检测乙烯流量减少，风险降低了2个数量级）降低了 3 个数量级。

总的剧情频率 SFreq 为原因频率因子 Freq 与保护层总的风险降低因子相减。因此，对于表 3-36 中的第二个剧情，SFreq＝－1－（[1]＋[2]）＝－4。这代表剧情频率为每年 10^{-4}，或者氯气泄漏的频率为 10000 年 1 次。

对于每一个剧情，剧情风险大小为后果和频率的组合。剧情风险大小可由风险矩阵确定。表 3-36 显示有三个剧情在中风险区域（SRisk＝－1 或 0），需要用合理、可行的降低风险原则（ALARP）确定是否采取行动；有一个剧情在高风险区域（SRisk>0），需要风险降低行动。

除了指出哪些剧情需要进一步风险降低外，这些剧情风险降低的计算也可用于确定风险降低行动的优先级。因此，降低在高风险区域风险的行动优先于在低风险区域的行动。

表 3-36 中的数据仅用于举例说明目的，并不是特定的初始事件后果和保护措施的发生频率或失效概率的规范值。

3.3.4 HAZOP 分析案例四

（1）案例背景

石油化学工业简称石油化工，是以石油和天然气为原料，生产石油化工产品的流程工业，在国民经济发展中发挥着极其重要的作用。经过几十年的发展，石油化工已建成门类齐全、具有相当规模、自动化水平较高的产业，成为振兴工业、保证国民经济持续稳定发展的支柱性产业。但同时必须看到的是，它在为人类创造巨大财富的同时也给人类带来了沉重的灾难。在石油化工生产中，操作介质和产品多为易燃易爆物质，如原油、汽油、液化石油气、乙烯、丙烯等，在生产中还常伴随物料对设备造成的强烈腐蚀，而且近年来石化生产装置的发展日趋大型化、自动化、高速化，石油化工生产中存在着大量高压、高温，以及剧毒、易燃、易爆的危险化学品，这些都使石油化工装置一旦发生事故，很可能造成大量人员伤亡、巨大的财产损失及环境污染，后果将极其严重。

随着石化设备的服役期加长，生产规模加大，事故损失也逐渐增加。HAZOP 分析的重要作用在于，通过结构化和系统化的方式识别潜在的危险与可操作性问题，分析结果有助于确定合适的补救措施。本案例（图 3-18）展示了典型石油化工工艺装置中加热炉单元的 HAZOP 分析所提供的部分技术资料。

（2）工艺说明

本单元选择的是石油化工生产中最常用的管式加热炉。管式加热炉是一种直接受热式加热设备，主要用于加热液体或气体化工原料，所用燃料通常为燃料油和燃料气。管式加热炉的传热方式以辐射传热为主，管式加热炉通常由以下几部分构成。

辐射室：通过火焰或高温烟气进行辐射传热的部分。这部分直接受火焰冲刷，温度很高（600～1600℃），是热交换的主要场所（占热负荷的 70%～80%）。

对流室：是利用辐射室出来的烟气进行对流传热的换热部分。

燃烧器：是使燃料雾化并混合空气，最终燃烧的产热设备，燃烧器可分为燃料油燃烧器、燃料气燃烧器和油-气联合燃烧器。

通风系统：将燃烧用空气引入燃烧器，并将烟气引出炉子，可分为自然通风方式和强制通风方式。

① 工艺物料系统的某烃类化工原料在流量调节器 FIC101 的控制下先进入加热炉 F-101 的对流段，经对流的加热升温后，再进入 F-101 的辐射段，被加热至 420℃后，送至下一工序，其炉出口温度由调节器 TIC106 通过调节燃料气流量或燃料油压力来控制。

采暖水在调节器 FIC102 控制下，经与 F-101 的烟气换热，回收余热后，返回采暖水系统。

② 燃料系统燃料气管网的燃料气在调节器 PIC101 的控制下进入燃料气罐 V-105，燃料气在 V-105 中脱油、脱水后，分两路送入加热炉：一路在 PCV01 控制下送入长明线；另一路在 TV106 调节阀控制下送入油-气联合燃烧器。

来自燃料油罐 V-108 的燃料油经 P-101A/B 升压后，在 PIC109 的控制下压送至燃烧器火嘴前，用于维持火嘴前的油压，多余燃料油返回 V-108。来自管网的雾化蒸汽在 PDIC112 的控制压与燃料油保持一定压差情况下送入燃料器。来自管网的吹热蒸汽直接进入炉膛底部。

（3）工艺流程 P&ID

工艺流程 P&ID 如图 3-18 所示。

（4）加热炉单元复杂控制方案说明

炉出口温度控制：工艺物流炉出口温度由 TIC106 控制，TIC106 通过一个切换开关 HS101，实现两种控制方案：其一是直接控制燃料气流量；其二是与燃料压力调节器 PIC109 构成串级控制。当使用第一种方案时：燃料油的流量固定，不做调节，通过 TIC106 自动调节燃料气流量控制工艺物流炉出口温度。当使用第二种方案时：燃料气流量固定，TIC106 和燃料压力调节器 PIC109 构成串级控制回路，自动调节燃料油的压力，从而控制工艺物流炉出口温度。

① 串级回路。串级回路是在简单调节系统的基础上发展起来的。在结构上，串级回路调节系统有两个闭合回路。主、副调节器串联，主调节器的输出为副调节器的给定值，系统通过副调节器的输出操纵调节阀动作，实现对主参数的定值调节。所以在串级回路调节系统中，主回路是定值调节系统，副回路是随动系统。

② 分程控制。分程控制就是由一只调节器的输出信号控制两只或更多的调节阀，每只调节阀在调节器的输出信号的某段范围中工作。

具体实例：

a. DA405 的塔釜液位控制 LC101 和塔釜出料 FC102 构成一串级回路。

b. FC102. SP 随 LC101. OP 的变化而变化。

c. PIC102 为一分程控制器，分别控制 PV-102A 和 PV-102B，当 PC102. OP 逐渐开大时，PV-102A 从 0 逐渐开大到 100；而 PV-102B 从 100 逐渐关小至 0。

（5）设备一览表

V-105：燃料气分液罐。V-108：燃料油储罐。F-101：管式加热炉。P-101A：燃料油 A 泵。P-101B：燃料油 B 泵。设备一览表见表 3-37、表 3-38。

表 3-37　设备一览表（一）

序号	容器位号	容器名称	数量/台	规格/mm		操作参数(管/壳)			主体材料(壳)
				内径	长度	温度/℃	压力/MPa	介质	
1	V-105	燃料气分液罐	1	ϕ2600	4000(切)	43	0.5	燃料气	20R
2	V-108	燃料油储罐	1	ϕ4600	8600(切)	98	0.05	燃料油	20R
3	F-101	管式加热炉	1	ϕ18000	3500(切)	420	0.75	甲苯	0Cr18Ni9

表 3-38　设备一览表（二）

序号	容器位号	容器名称	数量/台	形式	密封形式	操作参数(管/壳)			轴功率/kW
						温度/℃	扬程	吸/排出压力/MPa	
1	P-101A	燃料油 A 泵	1	离心	机械密封	95	84	0.35/0.85	8.5
2	P-101A	燃料油 B 泵	1	离心	机械密封	95	84	0.35/0.85	8.5

（6）仪表一览表（略）

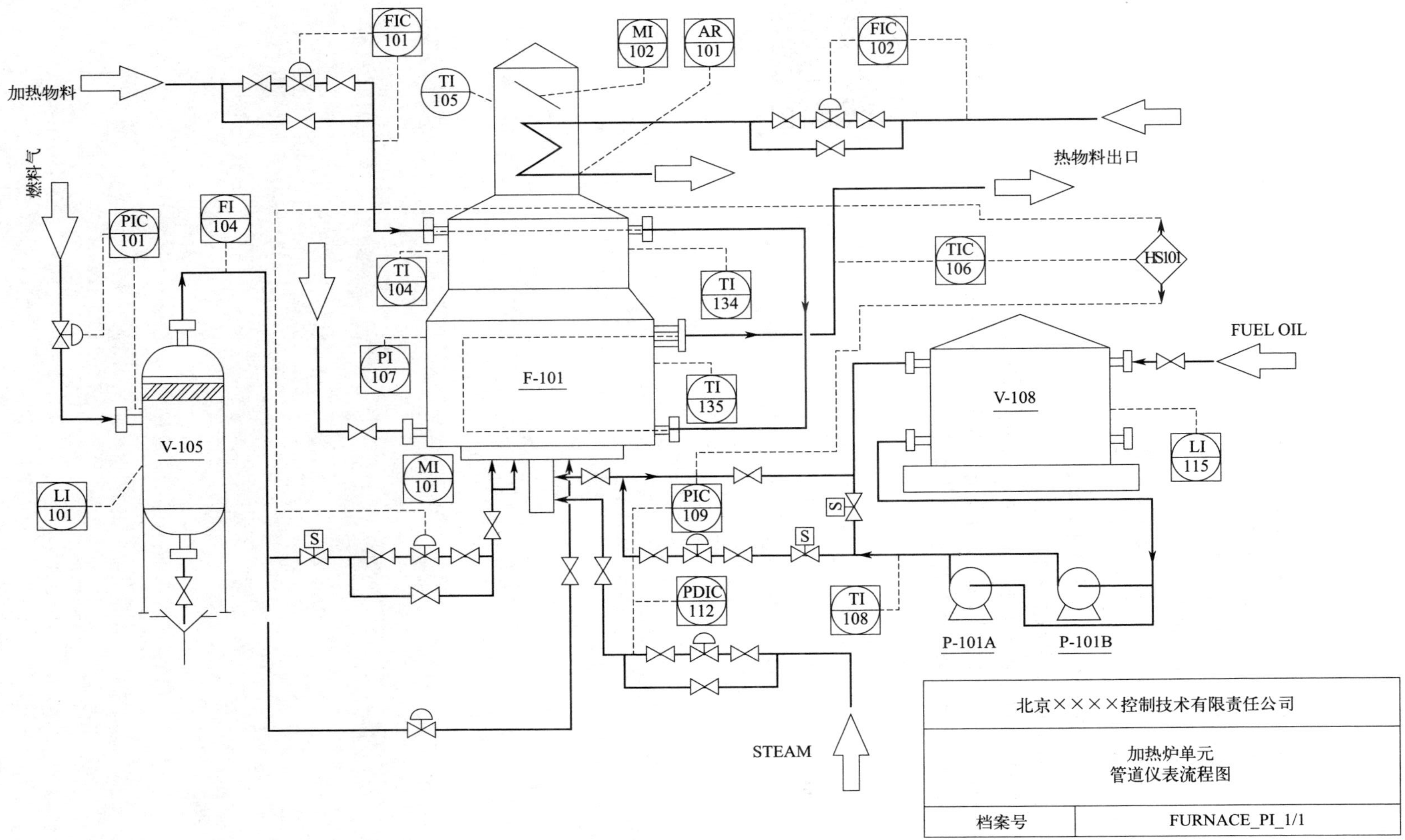
加热物料
燃料气
热物料出口
FUEL OIL
STEAM
FIC 101
FIC 102
MI 102
AR 101
TI 105
PIC 101
FI 104
TI 104
TI 134
TIC 106
HS101
PI 107
F-101
TI 135
V-105
V-108
LI 101
MI 101
PIC 109
PDIC 112
TI 108
LI 115
S
P-101A
P-101B
北京××××控制技术有限责任公司
加热炉单元
管道仪表流程图
档案号
FURNACE_PI_1/1

图 3-18　工艺流程

习 题

1. 简述 HAZOP 分析的过程，并结合案例说明其在工业安全中的应用。
2. 简述工艺生产过程中设备及其操作风险的识别方法。
3. 反应风险识别的分析方法有哪几种？
4. 简述事件树分析的基本原理。
5. 简述完整的事件树分析的步骤。
6. HAZOP 分析团队的组建主要有哪两种模式？
7. HAZOP 分析团队一般具体包括哪些成员？
8. 简述 HAZOP 的参数优先顺序内容。
9. 简述 HAZOP 分析报告内容。
10. 在 HAZOP 分析完成后，由谁负责完成关闭任务？
11. 针对操作规程进行 HAZOP 分析时，引导词大致分为哪两类？
12. 说明风险矩阵的概念并简述风险矩阵的作用。

参考答案

第4章

保护层安全功能分配

学习目标

1. 理解安全完整性等级（SIL）的概念、评估研究现状；了解SIL的评估依据。

2. 了解安全完整性等级计算方法，以及不同模式下的安全完整性水平。

3. 掌握可容忍风险的定义、分类，以及可容忍风险和SIL的关系；掌握可容忍风险的制定方法。

4. 掌握LOPA（保护层分析）的具体步骤，能够识别和评估工业过程中的安全风险，应用LOPA方法制定有效的风险管理策略。

5. 理解如何进行后果分析，包括识别可能的后果和评估这些后果的严重性。能够使用后果分析数据来支持LOPA中风险评估和决策过程。

6. 学习如何进行频率分析，包括估计安全事件发生的频率和可能的影响。掌握使用频率分析来评估工业过程中的风险和确定合适的安全措施。

4.1 安全完整性等级（SIL）

当前的安全仪表系统标准都是基于具体操作的，而不是约定俗成的，从本质上来说风险水平越高，就越需要安全仪表系统更好地进行控制。有许多评估风险的方法，也有许多衡量安全仪表系统的安全性能的指标，其中一个用来描述安全仪表系统运行安全性能的指标就是安全完整性等级（safety integrity level，SIL），也称安全完整性水平。

许多工业行业需要估计风险并划分风险等级，然后决定相关的设计和实现方案。例如：核电站应该建造在离人口密集区多远的地方？军用飞机武器控制系统的冗余水平为多少才是合适的？喷气式飞机的引擎涡轮片应该具有多大的强度才能经受得起飞鸟的撞击……这些问题的答案都是在数学分析基础上得到的。

SIL是什么？简单来说，SIL是对安全仪表系统运行水平的一种衡量。一个系统由传感器、逻辑单元和最终执行器组成，因此只考察系统的某一个部分达到的SIL，是不全面的，也是不正确的。以逻辑单元为例，当与其他部分组合起来以后，整个回路的SIL其实受到回路中最薄弱环节的可靠性限制。例如，一个SIL3的逻辑单元如果与不经常测试的无冗余结构的现场设备连接，那么很有可能整个系统只能达到SIL1。工业中，许多设备供应商已经开始使用关于SIL的各种术语，其中关于某一独立部件的要求时平均失效概率（average probability of failure on demand，PFD_{avg}）是一个重要的概念。然而，PFD_{avg} 的数值通常很小，并且需要借助统计方法进行估计，一般在实际中并不容易得到。不同公司的 SIS 验证的具体方法和所采用的具体 PFD_{avg} 计算参数是不同的，同样的工艺过程可能会得出稍有不同的实施策略，但基本是由 IEC 61508 演化发展而来的。注意，SIL 不是对过程风险的一种度量，所以“过程达到 SIL3”的说法是错误的。正确的说法是安全仪表系统中的某个安全仪表功能达到了 SIL3。

4.1.1 安全完整性等级评估研究现状

（1）安全完整性等级（SIL）的概念

IEC 61508 标准对“安全完整性”的定义：在规定的时间段内和规定的条件下安全相关系统成功执行规定的安全功能的概率。其中：

① 安全完整性越高，安全相关系统在要求时未能执行规定的安全功能或未能实现规定的状态的概率就越小。

② 安全完整性等级有 SIL1、SIL2、SIL3、SIL4 四个水平。

③ 在确定安全完整性时，应包括所有导致非安全状态的失效原因（随机硬件失效和系统性失效），如硬件失效、软件导致的失效和电磁干扰导致的失效。某些类型的失效，尤其是随机硬件失效，可以用危险失效模式下的平均失效频率或安全相关系统未能在要求时动作的概率来量化，但是安全完整性还取决于许多不能精确量化而只可定性考虑的因素。

④ 安全完整性由硬件安全完整性和系统性安全完整性构成。

在过程工业领域，安全相关系统一般指安全仪表系统（SIS）。而安全仪表功能（SIF）是指由 SIS 执行的安全功能。由定义可知，安全完整性与 SIS 执行 SIF 的失效概率密切关联。

根据不同的起因，SIS 的失效可以分为随机硬件失效和系统性失效。为了对安全完整性进一步分析，研究提高安全完整性的方法，需要对这两种失效的起因和特性进行分析。随机硬件失效即在硬件中由各种退化机制引起的、以随机事件发生的失效，如由各种硬件元器件老化引起的失效、机械部件正常磨损引起的失效等。系统性失效是由于设计缺陷、安装不当、管理不善或维护不当等问题引起的失效。表 4-1 对随机硬件失效和系统性失效的起因、性质、发生时间、发生位置和失效概率计算方法等进行了比较。

表 4-1　随机硬件失效和系统性失效比较

项目	随机硬件失效	系统性失效
起因	自然退化失效	设计失效、维护管理不当、环境应力等因素
性质	自然规律，不可避免	有明确的起因和结果，可以改正
发生时间	在使用过程中	整个安全生命周期内
发生位置	仅位于 SIS 的硬件单元	SIS 相关的所有软、硬件，以及操作步骤、管理条例、规范等
失效概率计算方法	可以使用统计和概率论的方法，以及系统可靠性分析理论计算其失效概率	无定量方法，只能定性评估

在安全完整性中，与随机硬件失效有关的部分称为硬件安全完整性，与系统性失效有关的部分称为系统性安全完整性。表 4-2 对硬件安全完整性和系统性安全完整性的定义、评估方法、提高安全完整性的方法进行了比较和分析。可见，前者要求 SIS 在实现过程中使用达到一定安全完整性的设备或使用一定的冗余结构，并对设计方案的安全性进行计算验证；后者要求在整个生命周期内，都要遵循一定的步骤及要求来开展相关工作。

表 4-2 硬件安全完整性和系统性安全完整性的比较

项目	硬件安全完整性	系统性安全完整性
定义	与随机硬件失效有关的安全完整性的一部分	与系统性失效有关的安全完整性的一部分
评估方法	要求时平均失效概率	无定量方法，只能定性评估
提高安全完整性的方法	使用安全等级最高的设备、冗余和诊断、周期性检测等方法	只能通过对 SIS 设计、实现、维护及其他相关因素进行修改

安全完整性等级是衡量一个安全仪表系统的功能安全的综合指标。它首先由美国仪表协会于 1996 年发布的 ISA 84.01 提出，该标准将过程工业安全仪表系统分为 3 级；德国 DIN 10250 标准对过程工业安全仪表系统分为 8 级（AK1～AK8）；IEC 61508 将安全相关系统统一划分为 4 级；IEC 61511 将过程工业安全仪表系统也划分为 4 级。

SIL4 是最高的等级，而 SIL1 是最低的等级。SIL 越高，对安全仪表系统安全性能要求就越高，对其实现安全功能的概率的要求就越高。执行某个 SIF 的 SIS，其安全完整性必须达到该 SIF 的 SIL 要求。

SIL 的确定和验证程序如图 4-1 所示。

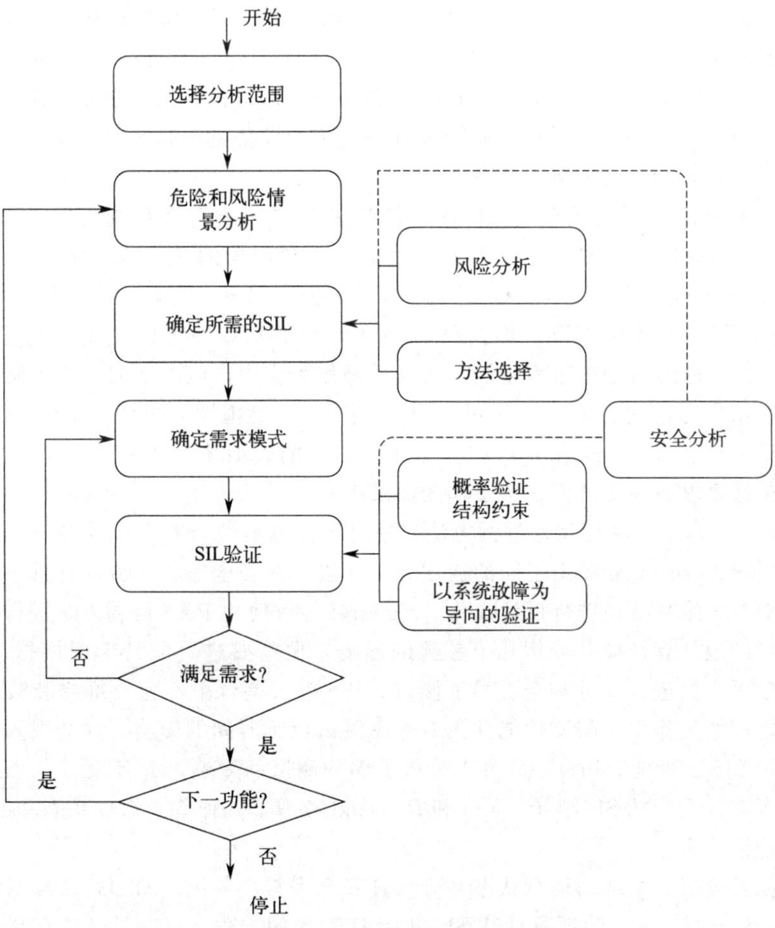

图 4-1 SIL 的确定和验证程序

（2）安全仪表系统的研究和发展

安全仪表系统是防止工业系统中发生危险事故的重要安全屏障，用于石油和天然气行业，以检测危险事件的发生，减轻其对人类、物质资产和环境的影响。SIS 通常由三个主要子系统组成：传感器（如液位变送器、气体探测器）、逻辑求解器（如可编程逻辑控制器和工业计算机）和最终元件（如关闭阀和断路器），如图 4-2 所示。传感器检测可能的异常情况，逻辑求解器激活最终元件根据传感器的输入而动作。

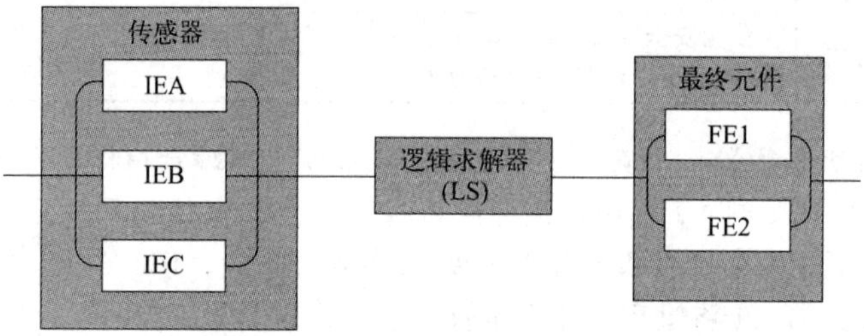

图 4-2　安全仪表系统结构

安全仪表系统的主要功能：监控受控设备的生产过程，判断受控设备是否存在导致发生危险事故的因素；当受控设备出现危险失效时，迅速、准确地执行安全仪表系统预定的安全功能，防止危险事故造成人身、设备和环境伤害，或者是减轻危险事故发生造成的损失。根据 IEC 61508 的规定，使用 PFD_{avg}［要求时（执行预定的安全功能的）平均失效概率］来衡量安全仪表系统在低要求操作模式下的安全完整性等级，使用 PFH（每小时危险平均失效频率）来衡量安全仪表系统在高要求操作模式和连续操作模式下的安全完整性等级。通过对安全仪表系统进行测试和评估，可以确定设计和安装的设备是否满足安全要求，对保证过程工业设备安全、稳定地运行起到重要作用。

① SIL 评估方法的研究现状。SIL 评估是为了确定一个安全系统所需的可靠性水平。IEC 61508 是通用的基本标准，它提出了几种半定量和定量的 SIL 确定方法，如可靠性框图、故障树、马尔可夫链、Petri 网、风险图、保护层分析（layer of protection analysis，LOPA）和危险事件严重性矩阵。国内外一些学者在 SIL 评估方法上也进行了一些研究。Dutuit 等人认为，故障树分析很容易被分析人员操作和应用，但由于测试是在假设条件下进行的，有时会给出不精确的结果。Catelani 等人通过可靠性框图方法评估安全系统的 PFD_{avg}，很少考虑验证测试。Hokstad 给出了 PFD_{avg} 评估的新的近似值，并证明了 PFD_{avg} 精确与否取决于 SIS 在低要求或高要求模式下工作的需求率。

Sallak 等人提出了一种可靠性框图方法，通过组件可靠性分配来设计最佳框图。出于类似的目的，Chebila 和 Innal 提出了新的通用分析方法，在安全完整性方面评估 SIS 性能。这种方法能够对 SIS 体系结构进行设计优化。Signoret 等人使用 Petri 网对 SIS 进行分类，Petri 网允许非常精细地计算性能并分析几个参数的影响，但需要进行蒙特卡罗模拟。Innal 等人考虑切换马尔可夫链进行部分和全部验证测试。Wu 等人整合了不完全维修和验证测试的时间因素。在之前的工作中，测试性能并没有考虑测试持续时间的影响，这会引入依赖性，并可能严重影响 SIS 的性能。Brissaud 等人分析了部分测试的影响，并开发了一个通用的模拟模型来评估多部件系统的 SIS 性能。Liu 和 Rausand 考虑了一种基于组件状态和 Petri 网建模的非周期性验证测试。

为了验证安全仪表系统的运行状态并确认其安全完整性等级（SIL），必须对安全仪表系统进行定期验证试验。SIL 验证是计算 SIS 实际 PFD_{avg} 的方法，目的是验证其是否能够满足所需的风险降低水平。SIL 验证过程通常会产生不良结果，即当与 SIS 的计算的 PFD_{avg} 相比时，不满足所需的风险降低水平。在这种情况下，正如 Sagan 所提出的，常见的行动是通过引入冗余，即引入新的 SIS 组件来修改 SIS 结构，以提高可靠性，从而降低 PFD_{avg}。Garg 和 Sharma 指出，为了设计一个高度可靠的系统，可以添加冗余组件或提高组件可靠性。但在这两种情况下，预期的成本等资源也会增加。因此，在试图满足所需的风险降低水平时，通常会出现一个两难的问题，即如何在添加新组件（即实现目标 SIS 可靠性）和资源约束（尤其是成本）之间获得平衡。

目前，专家们对于安全仪表系统的安全完整性等级评估方法已经进行了许多研究，包括可靠性框图、故障树、马尔可夫链、Petri 网、风险图、保护层分析等方法，并在 SIL 验证方面提出了引入冗余提高安全仪表系统可靠性的方法。但上述研究及方法针对的是设计阶段的安全仪表系统，而化工过程是一个动态、连续的过程，这就要求安全仪表系统在这一动态过程中保持其可靠性。因此，对于在役化工过程的安全仪表系统的安全完整性等级评估的研究具有一定的现实意义。

② SIL 评估系统的发展现状。在 SIL 评估系统方面，国内外主要针对 SIL 定级和 SIL 验算开发了相应的软件系统。国外 Exida 公司开发了 exSILentia 软件系统，主要用于安全仪表系统的 SIL 验算。Dyadem 公司开发的 PHA-Pro 系统，在过去 20 年是世界上销量最高的安全风险分析软件，其主要功能包括危险与可操作性（hazard and operability，HAZOP）分析、保护层分析（layer of protection analysis，LOPA）和 SIL 验算功能，其他的辅助功能包括风险矩阵配置、数据字典配置、统计 Chart 配置、Form 表单配置、公式配置等功能。国内的 SIL 评估系统包括杭州豪鹏科技有限公司开发的 HAZOPkit 软件系统和上海歌略软件科技有限公司开发的 RiskCloud 软件系统。其中，HAZOPkit 是专门进行 SIL 评估的软件，其主要功能包括 HAZOP 分析、LOPA 分析和 SIL 验算，具备丰富的专家知识库，并能够将评估结果生成报告打印出来。RiskCloud 软件相对来说功能更丰富一些，不仅包括 HAZOP 分析、LOPA 和 SIL 验算等模块，还能够进行工作安全分析（job safety analysis，JSA）、故障模式和后果分析（failure mode and effects analysis，FMEA）等，并且也拥有丰富的专家知识库，是一款较为全面的风险分析软件。上述软件系统对于安全仪表系统的安全完整性等级评估，依赖于现有的研究方法，停留在对设计阶段的安全仪表系统进行完整性等级评估；而针对化工过程安全仪表系统的动态完整性等级评估系统尚未出现，因此，研究、开发在役化工过程的安全仪表系统完整性等级评估系统具有非常重要的意义。

4.1.2 SIL 评估依据

1994 年 5 月，德国颁布了第一个关于安全仪表系统的标准 DIN V 19250《控制技术、测量和控制设备必须考虑的基本安全》；为确定所用的可编程电子系统（PES）是否满足应用场合的要求，是否符合 DIN V 19250 规定的级别要求，德国又制定了标准 DIN V VED 0801《安全相关系统的计算机原理》，确定了专门的措施用于评估安全仪表系统。1996 年 2 月，美国 ISA 发布了标准 ISA 84.01《过程工业安全仪表系统的应用》，该标准很快成为美国国家标准，并被美国职业安全与健康管理局（OSHA）的过程安全管理（PSM）、美国环保署（EPA）的风险管理程序（RMP）立法强制执行。2000 年，由国际电工委员会（IEC）发布的 IEC 61508《电气/电子/可编程电子安全相关系统的功能安全》标准，明确提出了安全相关系统的功能安全问题，即当生产过程出现危险条件时，安全相关系统能否有效执行其安全功能，如何提高其执行安全功能的能力等相关问题。IEC 61508 于 1998 年发布其第 1、3、4 和 5 部分，于 2000 年发布其第 2、6 和 7 部分；与之对应的过程工业领域分支标准 IEC 61511 于 2003 年发布。随着 IEC 61508/IEC 61511 相继成为国际标准，“安全仪表系统的功能安全”，特别是在过程工业领域，已形成完整的理论、技术、应用及管理体系，成为工业安全不可或缺的组成部分。

SIL 在定性危害分析［如危险与可操作性（HAZOP）分析］的基础上，进一步分析现有防护措施的有效性，从而确定安全仪表系统的安全完整性等级，为SIS设计提供依据。确定的SIL是SIS的设计前提和依据。设计合理、适用的SIS，应符合SIL的要求。

IEC 61508是一个涵盖了所有工业领域SIS功能安全的标准。它一共包含了三项内容：安全生命周期的方法论、安全完整性等级分级SIL1～4和功能安全管理。IEC 61508标准在安全仪表系统功能安全领域具有“宪法”地位。IEC 61508及其分支标准很快被各国所采纳，并转换为国家标准，在欧盟和美国列入了强制标准。例如，欧盟将IEC 61508和IEC 61511转化为EN 61508和EN 61511；德国用IEC 61508取代了DIN V VED 0801；美国修改IEC 61511后形成ISA 84.00.01—2004，取代了ISA 84.01—1996。随着IEC 61508及其分支标准的颁布实施，结束了安全仪表系统功能安全领域的“三国”时代，具有划时代的意义。

IEC 61508和IEC 61511标准颁布后，一些标准化组织、中介机构、安全系统制造商、最终用户等围绕标准，探索安全仪表的技术、评估方法及管理体系。德国的TÜV、美国的Exida和FM Global及英国的Sira等中介机构，基于安全仪表系统标准，积极开展安全仪表系统、组织机构、人员的认证和安全仪表系统安全完整性等级评估；欧盟开展了相应的研究项目SIPI 61508，该项目通过对安全仪表系统的安全完整性等级评估来改善欧盟过程工业的安全水平，并为欧盟提供统一的实施IEC 61508标准的指南；部分安全系统制造商（Honeywell、Siemens等）和最终用户（Shell、DOW等）开展了以现场应用实践为核心的危险和风险分析、SIL等级确定和分析计算，以及功能安全管理、评估和审计。2001年，Shell GSI（Shell Global Solutions International B. V.）发布了企业内部应用规范——《仪表防护功能的分类与实施》《仪表防护功能的管理》及《仪表防护系统技术规范》，这些规范的发布为Shell公司更好地实施安全仪表系统评估和管理提供了基础。

我国安全仪表系统功能安全研究起步较晚，大型石化企业没有像Shell企业那样的内部应用规范，相应的风险评估和SIS应用缺乏如美国OSHA 29 CFR 1910.119和欧洲Seveso Ⅱ Directive等相关法律法规基础。但是经过各方多年的努力，安全仪表系统功能安全理念越来越得到重视，并将安全完整性等级（SIL）要求纳入工程设计中。2003年，SH/T 3018—2003《石油化工安全仪表系统设计规范》中首次定义了安全仪表系统，提出了安全完整性等级的概念。

当美国ANSI/ISA决定放弃ANSI/ISA 84.01—1996，转而采纳IEC 61511标准时，引入了OSHA 29 CFR 1910.119的“宗亲条款”，使之变为ANSI/ISA 84.01—2004。

“宗亲条款”解决功能安全标准从ANSI/ISA 84.01—1996向ANSI/ISA 84.01—2004过渡遇到的问题，即对于已经存在的安全仪表系统，如何才能满足或遵循新的标准。因为我国刚刚采用IEC 61511标准，石化装置内已经存在多年的安全仪表系统也面临着一样的难题。因此，“宗亲条款”的指导原则对我国具有很重要的借鉴意义。

“宗亲条款”的主要含义：对按照以前的标准规范和工程实践设计的、建造的及已经存在的安全仪表系统，业主或操作者应该论证“设备是以安全的方式设计、维护、检验、测试和操作”。基本的评判步骤如下：

第一步，确认进行了危险和风险分析，以定量或定性的方式，确定安全仪表系统中的每个SIF所应具有的风险降低要求；

第二步，确认对已经存在的安全仪表功能进行了评估，确定满足了所需要的风险降低要求。

遵循这一原则，首先对装置进行危险和风险分析，辨识安全仪表系统功能，并确定安全仪表系统功能应具有的SIL；其次进行安全完整性等级验证计算；最后确认是否达到SIL要求。

必须指明的是，“宗亲条款”的运用只针对安全仪表系统本身评判其是否满足效能要求。要遵循 IEC 61511 标准，企业有责任按照标准中安全生命周期的管理要求，实施“操作运行阶段”的功能安全管理，包括文档建立、运行和维护，进行人员进行适当的培训，以及检验、修改管理、功能安全审计评估等要求。

安全仪表系统 SIL 评估主要包括以下内容。

① 安全仪表功能辨识。根据所提供的技术资料（P&ID、联锁因果图或逻辑图等），通过危险分析，明确设计意图，完成安全仪表功能辨识。功能辨识的主要方法有危险与可操作分析法等。

② SIL 定级。针对每一个安全仪表功能进行风险评估，结合每个公司的风险矩阵或可接受风险水平，考虑人员伤亡风险、环境影响风险及经济损失风险，确定安全仪表功能的 SIL。SIL 定级的主要方法有风险图法、矩阵法、保护层分析法等。

③ SIL 验证。根据现场安全仪表功能（SIF）回路组成和所用仪表情况，建立回路的可靠性模型，选用合适的失效数据计算安全仪表功能要求时失效概率（PFD），明确其能达到的 SIL。SIL 验证的主要方法有可靠性框图法、故障树法、马尔可夫法等。

④ 结构约束评估。根据 SIL 定级结果要求，结合现场安全仪表系统配置情况，进行结构约束评估。

⑤ 检验测试周期。针对不符合 SIL 要求的安全仪表功能，计算符合目标 SIL 要求的检验测试周期，为科学制定维护策略提供帮助。

⑥ 相关建议措施。从危险与风险分析、SIL 验证、操作维护、规范要求 4 个方面，综合分析评估，提出相关建议措施。

安全仪表系统 SIL 的评估过程如图 4-3 所示。整个安全仪表系统 SIL 评估过程包括：

① 搜集工艺流程资料；

② 危险分析，确定 SIS 的安全仪表功能；

③ 风险分析，确定 SIS 的安全仪表功能的目标 SIL；

④ SIS 操作模式的确定；

⑤ SIS 结构约束的确定；

⑥ SIS 可靠性数据的确定；

⑦ SIL 的验证计算；

⑧ SIL 的评估。

4.1.3 安全完整性等级（SIL）计算方法

SIL 计算，一是面向辨识出的每个 SIF；二是计算出 SIF 回路的 PFD_{avg} 值，查出对应的 SIL 值；三是与 PHA 确定的目标 SIL 进行比较，查看是否达到了要求。

整个计算过程大致分以下几步。

第一步：辨识需要 SIS 提供保护层的危险事件。

第二步：辨识对危险事件提供防护的、SIF 的目标 SIL。

第三步：辨识构成 SIF 的回路设备。

第四步：确定失效数据，计算过程一般借助专用工具完成最终的计算。

第五步：将计算结果与目标 SIL 值（或目标 PFD_{avg} 值）进行比较，确定是否满足要求。

第六步：如果没有满足要求，就要修改其中的参数，如硬件结构、测试间隔 Ti、硬件选型等，并重新计算。

总体上，采用下面的公式：

$$PFD_{SYS}=PFD_{S}+PFD_{L}+PFD_{PE} \tag{4-1}$$

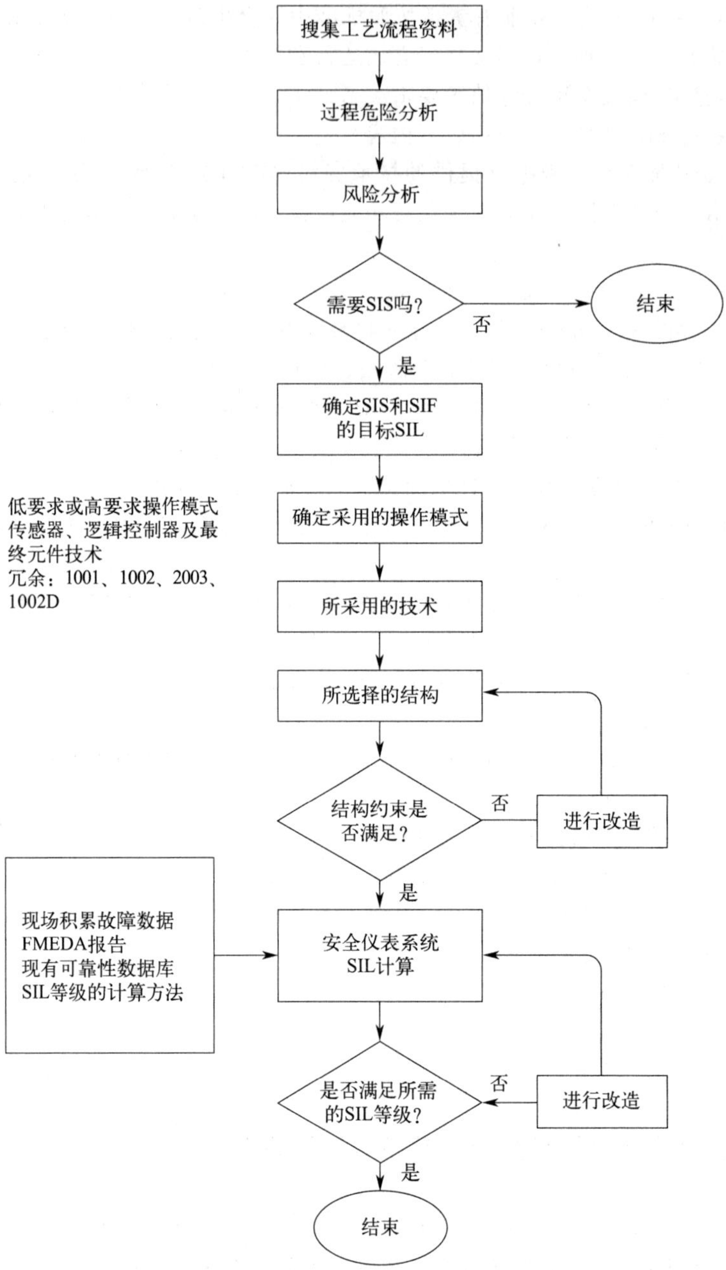

图 4-3　安全仪表系统 SIL 的评估过程

式中，PFD_S 是指定 SIF 的传感器的 PFD_{avg}；PFD_L 是指定 SIF 的逻辑控制器的 PFD_{avg}；PFD_{PE} 是指定 SIF 的最终元件的 PFD_{avg}。

为简化方程式，下面直接给出典型冗余结构对应的计算公式：

对于 1oo1，见式(4-2)：

$$PFD_{avg}=\lambda_{DU}\times\frac{Ti}{2}+\lambda_F^D\times\frac{Ti}{2} \tag{4-2}$$

对于 1oo2，见式(4-3)：

$$PFD_{avg}=[(1-\beta)\times\lambda_{DU}]^2\times\frac{Ti^2}{3}+(1-\beta)\times\lambda_{DU}\times\lambda_{DD}\times MTTR\times Ti$$

$$+\beta\times\lambda_{DU}\times\frac{Ti}{2}+\lambda_F^D\times\frac{Ti}{2} \tag{4-3}$$

为了简化，一般将（$1-\beta$）假设为1，这将给出保守的计算结果。上式则可进一步简化为式(4-4)：

$$PFD_{avg}=\lambda_{DU}{}^2\times\frac{Ti^2}{3}+\lambda_{DU}\times\lambda_{DD}\times MTTR\times Ti$$

$$+\beta\times\lambda_{DU}\times\frac{Ti}{2}+\lambda_F^D\times\frac{Ti}{2} \tag{4-4}$$

对于1oo3，见式(4-5)：

$$PFD_{avg}=\lambda_{DU}{}^3\times\frac{Ti^3}{3}+\lambda_{DU}{}^2\times\lambda_{DD}\times MTTR\times Ti^2$$

$$+\beta\times\lambda_{DU}\times\frac{Ti}{2}+\lambda_F^D\times\frac{Ti}{2} \tag{4-5}$$

对于2oo2，见式(4-6)：

$$PFD_{avg}=\lambda_{DU}\times Ti+\beta\times\lambda_{DU}\times Ti+\lambda_F^D\times\frac{Ti}{2} \tag{4-6}$$

对于2oo3，见式(4-7)：

$$PFD_{avg}=\lambda_{DU}{}^2\times Ti^2+3\lambda_{DU}\times\lambda_{DD}\times MTTR\times Ti$$

$$+\beta\times\lambda_{DU}\times\frac{Ti}{2}+\lambda_F^D\times\frac{Ti}{2} \tag{4-7}$$

对于2oo4，见式(4-8)：

$$PFD_{avg}=\lambda_{DU}{}^3\times Ti^3+4\lambda_{DU}{}^2\times\lambda_{DD}\times MTTR\times Ti^2$$

$$+\beta\times\lambda_{DU}\times\frac{Ti}{2}+\lambda_F^D\times\frac{Ti}{2} \tag{4-8}$$

通常，在过程工业中，上述公式中的共因（因数）项和系统性失效项是被忽略的，在修理期间发生的另外的失效也可不计。因此，上面的式(4-2)、式(4-4)、式(4-5)、式(4-6)、式(4-7)、式(4-8)就可分别进一步简化为

对于1oo1：

$$PFD_{avg}=\lambda_{DU}\times\frac{Ti}{2} \tag{4-9}$$

对于1oo2：

$$PFD_{avg}=\frac{\lambda_{DU}{}^2\times Ti^2}{3} \tag{4-10}$$

对于1oo3：

$$PFD_{avg}=\frac{\lambda_{DU}{}^3\times Ti^3}{4} \tag{4-11}$$

对于2oo2：

$$PFD_{avg}=\lambda_{DU}\times Ti \tag{4-12}$$

对于2oo3：

$$PFD_{avg}=\lambda_{DU}{}^2\times Ti^2 \tag{4-13}$$

对于2oo4：

$$PFD_{avg}=\lambda_{DU}{}^3\times Ti^3 \tag{4-14}$$

对以上数据进行马尔可夫分析，马尔可夫分析的基本原理是基于一个系统的状态由不同的单元状态组成的。这些单元状态可能是：

① 全功能操作系统状态；

② 部分失效系统状态（降级），但仍然可实现其功能；

③ 全失效系统状态。

一般用→表示从一个状态转换到另一个状态，通常是发生了某种功能失效或恢复到原状态；从系统的初始状态（系统状态完好，时间$t=0$）分析开始。最简单的马尔可夫模型如图 4-4 所示。

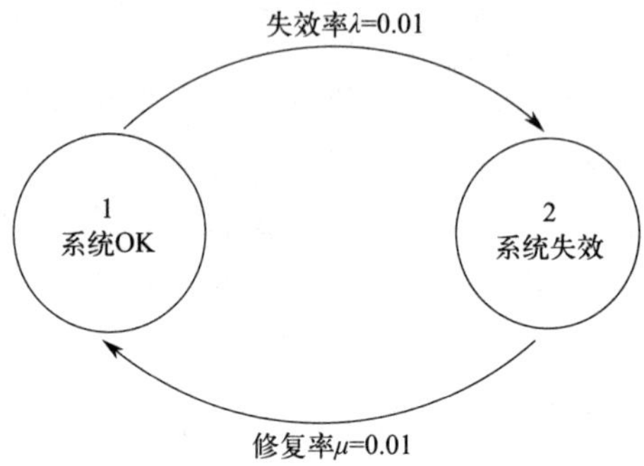

图 4-4　马尔可夫模型

系统在使用过程中，一般从正常状态转移到失效状态，然后经过维修恢复到正常状态，如此往复下去。这两种状态的相互转移过程，可以用概率描述。设$X(t)$是系统的随机状态，它的全体范围称为空间状态，当状态有限时，常用$S=\{X_0,X_1,\cdots,X_N\}$表示。系统状态的转移概率只与现时刻所处的状态有关，而与以前所处的状态无关，这就是马尔可夫过程。因此，系统状态$X(t)$与任意时间集合$\{t_l,t_2,\cdots,t_n\}$和N个未知数$\{X_1,X_2,\cdots,X_N\}$有下列关系

$$P\{X(t_n)=X_N \mid X(t_1)=X_1,X(t_2)=X_2,\cdots,X(t_{n-1})=X_{N-1}\} \tag{4-15}$$

上式为随机状态转移概率。式中，X_1，X_2，…，$X_N\in S$为系统的状态，称这种随机过程为连续时间、有限空间的马尔可夫过程。显然，式(4-15) 表明在时刻t_n系统所处的状态X_N的概率只依赖于t_{n-1}时刻系统所处的状态X_{N-1}，与t_{n-1}以前的状态无关。如果$X(t)$在起始时刻t_0处于状态i，则在t_0+t时刻转移至状态j的转移概率与t_0无关，即

$$P\{X(t_0+t)=j \mid X(t_0)=i \mid\}=P\{X(t)=j \mid X(0)=i\}\cong P_{ij}(t),i\neq j \tag{4-16}$$

这种只与终止时刻和起始时刻时间之差有关的马尔可夫过程是齐次的。在可修系统中如果失效率λ和修复率μ都是常数，则其状态转移过程是齐次马尔可夫过程。当t极小时，用Δt表示为

$$P_{ij}(t)=a_{ij}\Delta t+\theta(t),i\neq j \tag{4-17}$$

式中，a_{ij}是常数；i，$j=0$，1，…，N；$\theta(t)$是Δt的高阶无穷小量。由于在t_0时刻过程处于状态i，到$t_0+\Delta t$时刻转移到状态j，这里j必然是且只能是状态集$S=\{X_0,X_1,\cdots,X_N\}$中的一个状态，因此有

$$P_{i0}(\Delta t)+P_{i1}(\Delta t)+\cdots+P_{ij}(\Delta t)+\cdots+P_{iN}(\Delta t)=\sum\nolimits_{j=1}^{N}P_{ij}(\Delta t)=1 \tag{4-18}$$

$$P_{ij}(\Delta t)=1-\sum\nolimits_{i\neq j}[a_{ij}(\Delta t)+\theta(t)] \tag{4-19}$$

令$P_j(t)=P\{X(t)=j\}$表示t时刻系统处于状态j的概率，利用全概率公式有

$$P_j(t+\Delta t)=P\{X(t)=j\}=P_{ij}(\Delta t)+\sum\nolimits_{i=0}^{N}P_i(t)P_{ij}(\Delta t) \tag{4-20}$$

将式(4-16)、式(4-18)、式(4-19) 代入式(4-20)，得

$$P_j(t+\Delta t)=P_j(t)\left\{1-\sum\nolimits_{k\neq j}[a_{ij}(\Delta t)+\theta(t)]\right\}+\sum\nolimits_{i\neq j}[a_{ij}(\Delta t)+\theta(t)] \tag{4-21}$$

$$\frac{P_j(t+\Delta t)}{\Delta t}=-P_j(t)\sum\nolimits_{k\neq j}a_{jk}+\sum\nolimits_{i\neq j}a_{ij}P_i(t)+\theta(t) \tag{4-22}$$

当$\Delta t\to 0$时，得

$$\dot{P}_j(t)=-\sum\nolimits_{k\neq j}a_{ij}P_i(t)+\sum\nolimits_{i\neq j}a_{jk}P_j(t) \tag{4-23}$$

a_{jk}表示系统从状态j转移到其他状态的单位时间转移率；a_{ij}表示系统从状态i到状态j的单位时间转移率，所以得到矩阵

$$\begin{bmatrix}\dot{P}_0(t)\\ \vdots\\ \dot{P}_1(t)\\ \vdots\\ \dot{P}_N(t)\end{bmatrix}=\begin{bmatrix}-\sum\limits_{j\neq 0}a_{0j} & \cdots & a_{N0}\\ \vdots & & \vdots\\ a_{0N} & \cdots & -\sum\limits_{j\neq N}a_{Nj}\end{bmatrix}\cdot\begin{bmatrix}P_0(t)\\ P_1(t)\\ \vdots\\ P_N(t)\end{bmatrix} \tag{4-24}$$

其中

$$a_{ij}=\lim_{\Delta t\to 0}\frac{P_{ij}(\Delta t)-1}{\Delta t},i\neq j;i,j,\cdots,N;a_{ij}=\lim_{\Delta t\to 0}\frac{P_{ij}(\Delta t)-1}{\Delta t}$$

$$\sum\nolimits_{i=0}^{N}a_{ij}=\lim_{\Delta t\to 0}\frac{\sum\nolimits_{i\neq j}P_{ij}(\Delta t)+P_{ij}(\Delta t)-1}{\Delta t} \tag{4-25}$$

所以，在给定起始状态概率的前提下，从式(4-22) 中可解出 $P_0(t)$，$P_1(t)$，…，$P_N(t)$。

建模灵活是马尔可夫分析的主要优点。SIF 所有重要方面都可包含在模型中。例如，一个模型中可以体现出不同部件的不同失效模式、不完整的测试和修复、不同的修复或测试策略、诊断能力、共因或系统失效、按时间顺序的失效等。一旦马尔可夫模型构建出来，并且所有信息都是有效的，就可计算 PFD_{avg}。

建模复杂、计算量大是马尔可夫分析的主要缺点。对于普通人员来说，建模是非常困难的事情。计算通常需要借助计算机软件工具。

马尔可夫分析的建模和计算分为以下几步。

第一步：按照安全要求规格书中的定义，列出 SIF。

第二步：列出每个 SIF 中具有安全影响的部件，包括逻辑控制器、传感器和最终控制元件。

第三步：列出每个部件可能的失效模式。

第四步：确定降级系统状态（中间状态）和失效系统状态、每个部件的不同失效模式及其对安全功能的影响。确定从降级系统状态（中间状态）和失效系统状态到原状态的修复。

第五步：画出马尔可夫模型；

第六步：确定每种状态的概率；

第七步：计算 PFD_{avg} 值。

故障树分析是指根据布尔逻辑用图表示系统特定故障间的相互关系，它是对故障发生的基本原因进行推理分析，然后建立从结果到原因描述故障的有向逻辑图。其基本原理是把所研究的系统中最不希望发生的故障状态或故障事件作为故障分析的目标和出发点，然后在系统中寻找直接导致这一故障发生的全部因素，将其作为不希望发生的故障的第一层原因事件，接着以这一层中的各个原因事件为出发点，分别寻找导致每一个原因事件发生的下一级的全部因素，以此类推，直至追查到那些原始的、故障机理或概率分布都是已知的因素为止。常用的逻辑符号如图 4-5 所示。

故障树中的“与门”表示所有输入事件都发生，输出事件才会发生，因此输出事件的概率可由式(4-27) 计算

$$F_o(t)=\prod\nolimits_{i=1}^{N}F_i(t) \tag{4-26}$$

式中，$F_o(t)$是输出事件概率；$F_i(t)$是输入事件概率；N 是输入事件个数。在稳态时上式变为

$$F_o(t)=\prod\nolimits_{i=1}^{N}F_i \tag{4-27}$$

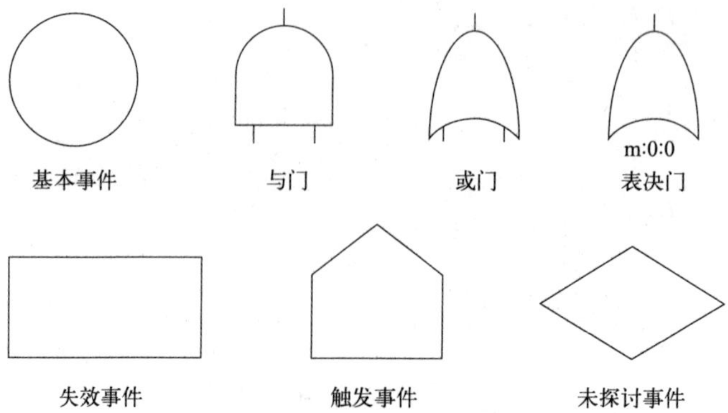

图 4-5　常用的逻辑符号

式中，$F_o(t)$是输出事件稳态概率；$F_i(t)$是输入事件稳态概率。

故障树中的或门表示只要输入事件中有一个发生，输出事件就会发生，因此输出事件的概率可由式(4-28) 计算

$$F_o(t)=\sum_{i=1}^{N}F_i(t)-\sum_{1\leqslant i<j\leqslant N}^{N}F_i(t)F_j(t)+\sum_{1\leqslant i<j<k\leqslant N}^{N}F_i(t)F_j(t)F_k(t)-\cdots+(-1)^{N-1}\prod_{i=1}^{N}F_i(t) \tag{4-28}$$

故障树分析一般包括如下步骤。

第一步：SIF 描述和应用场合的信息的确定。

这些关键的信息包括仪表系统描述、工艺过程描述、测试频率、失效模式、失效率、诊断覆盖率、平均修复时间、共因失效等。

第二步：顶端事件的辨识。

FTA 的计算流程是从顶端事件的确定开始的。对于验证 SIL，就是计算顶端事件 SIF 要求时平均失效概率。FTA 也可用于确定 SIF 潜在的误停车率，其顶端事件与确定 SIL 是截然不同的。

一个工艺单元通常需要多个 SIF，每个 SIF 都有特定的顶端事件，它与过程危险分析(PHA) 辨识出的特定工艺过程危险相关联。

第三步：故障树架构的建立。

确定了顶端事件以后，将导致顶端事件的一个或一套部件，按照相应的失效逻辑，采用逻辑符号连接起来。

第四步：故障树架构的定性评审。

参与评审的人员包括风险评估专业人员、操作人员、工艺和仪表设计者。

第五步：FTA 的定量计算。

当故障树的架构完全确定后，就要引入失效统计数据，对故障树进行量化。失效统计数据一般来自 EXIDA、OREDA 或 PDS 等。

由于 FTA 采用的是逻辑门，会用到数学“概率”的概念，包括维恩图。因此，对于复杂的安全仪表功能，有时还需要将故障树转换为以最小“割集”来表示的可靠性方块图。

按照安全仪表系统安全生命周期工作流程的要求，分配给每个安全仪表功能（SIF）的安全完整性等级（SIL），都要在获取各组件要求时失效概率（PFD）数据基础上，根据现有的配置等进行验算，以确认现有配置是否达到所需的 SIL 要求。在 SIL 验证过程中，评估小组经过基础数据确认、结构框架输入、测试周期及输入因子确认等程序后，通过软件计算，得出结果，并形成 SIL 验证报告，对不满足 SIL 等级要求的 SIF，提出整改建议。

SIL 验证需要各仪表失效统计数据，包括传感器、变送器、逻辑单元、安全栅、电磁阀、阀门等。SIL 验证需要考虑的因素主要包括如下。

① 组件选择：设备可用性、设备安全性（经使用验证、按标准制造）、设备技术适宜性。

② 容错：使用多台设备，表决结构降低失效概率，SIL 要求有不同程度的容错。

③ 功能测试周期：提高测试频率可使失效概率下降。

④ 共因失效。

⑤ 诊断覆盖率：内置诊断或自诊断。

4.1.4 不同模式下完全完整性等级

安全仪表功能根据其需求率不同，区分了不同的操作模式。根据 IEC 61508 标准要求，安全仪表功能的操作模式分为低要求模式、高要求模式和连续模式。

低要求模式(low demand mode)：安全仪表功能的需求率小于或等于每年一次。

高要求模式(high demand mode)：安全仪表功能的需求率大于每年一次。

连续模式(continuous mode)：安全仪表功能以完全控制功能持续运行，在正常操作中保持安全状态。

低要求模式、高要求模式的 SIL 划分见表 2-1 及表 2-2。PFD 是要求时失效概率，有时也称为响应失效概率；PFD_{avg} 是要求时平均失效概率，为无量纲数值；RRF 是风险降低因子，是失效概率的倒数，表征的是安全功能可以降低多少倍的风险；PFH 是指执行安全功能时每小时平均危险失效频率，单位为 h^{-1}。

① 低要求模式和高要求（或连续）模式是根据安全相关系统使用的方式(操作模式）要求产生的频率来进行区分的。在低要求模式下，对一个安全相关系统提出操作要求的频率不大于每年一次和不大于两倍的检验测试频率；在高要求或连续模式下，一个安全相关系统提出操作要求的频率大于每年一次或大于两倍的检验测试频率，包括为保持安全功能实现连续控制的安全相关系统。低要求模式是过程工业中最普遍的模式；高要求（连续）模式在制造加工业和航空工业中比较普遍。IEC 61511 和 ISA 84.01 中定义的安全完整性等级只有 3 个水平等级（没有 SIL4)，并且只有关于低要求模式的定义。

② 针对高要求或连续模式，表 2-2 中的参数以每小时危险失效次数为单位，即每小时危险失效平均频率。有时也称为危险失效的概率或危险失效率。

③ 在规定的任务时间内不能进行维修的、按高要求或连续模式运行的 E/E/PE 安全相关系统，其某个安全功能要求的安全完整性等级可采用如下方法得到：在运行寿命时间内，确定要求的安全功能的失效概率，除以运行寿命时间，即得到要求的每小时失效概率，然后从表 2-1 得到要求的安全完整性等级。

④ IEC 61508 在危险失效模式下定义了一个可以声明的目标失效概率下限。例如，低要求模式下 SIL4 的目标失效概率的下限为 10^{-5}，是指其要求时失效概率在运行寿命时间段内的平均值为 10^{-5}，而在高要求和连续模式下 SIL4 的目标失效概率下限为 10^{-9}。如果安全仪表功能要求时平均失效概率低于这个下限，那么相应的实现方案会更加复杂和更加昂贵。

⑤ 当使用两个或多个 E/E/PE 安全仪表相关系统来完成一个对过程进行保护的安全仪表功能时，达到的目标失效概率可能好于表 2-1 和表 2-2 给出的值，但归根结底都要达到满足要求的 SIL 水平。

⑥ 要注意 SIL1～SIL4 的失效概率是目标失效概率。在评估目标失效概率是否满足要求时，只有硬件的安全完整性（在危险失效模式中与随机硬件失效有关的安全完整性的一部分）才可定量化和应用可靠性评估技术。

对于 SIL 的定性描述见表 4-3，对于安全仪表系统来说，因安全仪表系统失效而导致的后果是决定安全仪表系统的 SIL 的主要因素之一。

表 4-3 SIL 的定性描述

SIL	事故后果
4	引起社会灾难性的影响
3	对工厂职工及社会造成影响
2	引起财产损失并有可能伤害工厂内的职工
1	较少的财产损失

功能安全的实现问题可以用图 4-6 表示。

图 4-6 较为形象地描述了 SIL 在实现功能安全中的重要地位。SIL 能够代表某些事件发生的概率，如危险失效、故障容错性、危害程度和应该通过避免系统失效来提高安全性等。安全完整性等级是安全仪表系统设计的依据，它使功能安全管理具有一致性。整体安全生命周期是功能安全管理中的一个重要框架，为功能安全管理提供了一个系统的方法。系统风险分析在整体安全生命周期中是一个非常重要的环节。在考虑政治、文化、经济、道德等各方面的因素后，给出系统允许风险，之后确定安全完整性等级。安全仪表系统必须满足系统风险分析后所要求的安全完整性等级。安全完整性等级不仅是安全仪表系统安全性能的衡量标准，而且是整体安全生命周期中的主线。其选择应该恰到好处，过高会造成成本的浪费，过低会使风险不可接受。安全完整性等级的选择为保障安全相关系统执行其安全功能提供了系统、科学的方法。

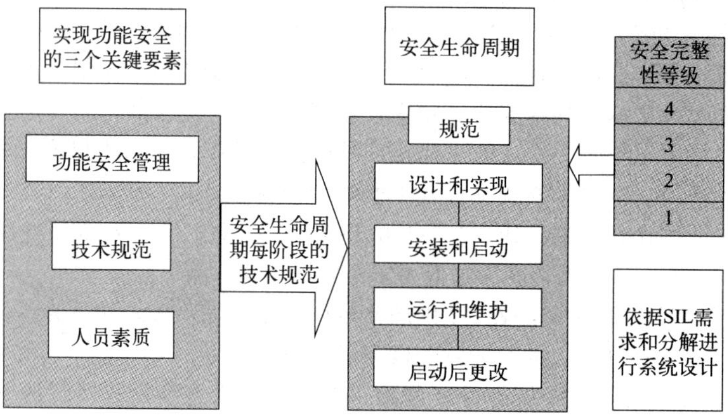

图 4-6 功能安全实现问题

SIL 选择前应先对工艺流程进行全面的评估并提出需要报警和仪表安全联锁的部分，作为 SIL 选择的基础。所有的报警和安全联锁都要进行相应的 SIL 评级。经过 SIL 评级后，某些警报有可能需要提高等级到安全联锁，某些安全联锁也有可能降低等级到报警，某些报警也有可能被取消。选择 SIL 时，先假设没有安全仪表功能，在只考虑分散控制系统（DCS）、预报警、机械设备等危险降低措施的情况下，根据危险发生的概率和危险发生后的危害程度，采用适当的 SIL 选择方法，最后得出安全仪表功能需要达到的 SIL。所以，SIL 选择的思想是先假设没有安全仪表功能，分析危险发生的概率并结合危险发生后的危害程度，得出需要由安全仪表功能提供多少的风险降低才能使系统风险处于可接受的范围，安全仪表功能的 SIL 选择值就对应需要由其提供的风险降低水平。

下面通过例子对安全完整性等级的概念进行解释。图 4-7 所示为一个压力保护安全仪表系统。

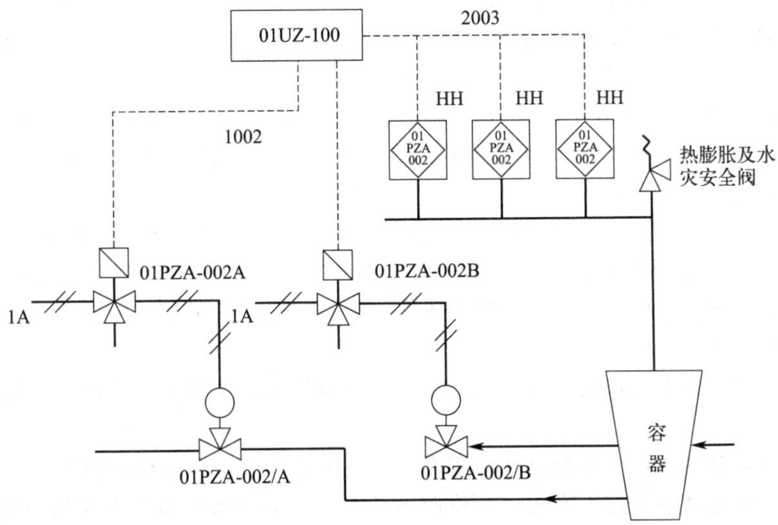

图 4-7　压力保护安全仪表系统

为了防止容器内的压力超过额定值而发生爆炸，安装了一个安全仪表系统。该安全仪表系统由 3 个压力传感器、2 个阀门和 1 个逻辑控制器组成。压力传感器采用 2oo3 方式连接，检测容器内压力并将其交换成合适的信号传送给逻辑控制器；逻辑控制器判断压力是否超过了额定值，若是，则打开阀门以降低容器内压力；2 个阀门采用 1oo2 方式连接。这就是安全仪表系统的一个安全仪表功能。这个例子只有一个安全仪表功能。

在这个例子中，如果 3 个传感器或 2 个阀门发生故障而失效，那么该安全仪表系统的安全功能将失效。换句话说，安全仪表系统将不能对压力容器内的压力进行限制，也就是不能达到安全的目的。

在设计一个安全仪表系统时应该考虑两方面的内容。第一，安全仪表系统必须达到安全的目的，具有正确的功能。上面的例子中，安全仪表系统的正确功能为传感器检测容器压力并传送给运算器，运算器判断容器压力是否超过额定值，若超过额定值，则打开阀门以保护容器。第二，安全仪表系统能够执行其正确功能的可靠程度。例如，运算器判断出危险，要求阀门打开时，阀门失效不能打开，这时正确的安全功能不能被执行。因此，能实现正确的安全功能并能够可靠地被执行，这才是安全完整性的含义。

安全完整性就是 SIF 能够被有效执行的能力。那么，安全完整性等级就是对这种能力大小的一种衡量。设计一个安全仪表系统时，毫无疑问应该使该安全仪表系统具有正确的安全功能，此外，必须考虑安全功能能够被可靠地执行。在上面的例子中，压力传感器每个月一次的故障率和每年一次的故障率将使安全仪表系统的安全性能差异很大。安全完整性等级关心的就是安全功能是否能够很好地得到执行。如果图 4-7 中的传感器减少到 1 个，那么很容易理解该安全仪表系统的安全完整性等级将降低。

在图 4-7 的例子中，危险事件是指容器内的压力超过额定值，而其后果是容器爆炸造成的人员伤亡、财产损毁和其他方面的损失。安全仪表系统的作用就是避免该后果的出现。按照安全仪表系统设计的安全功能，当容器内压力超过额定值时，要求安全仪表系统能够判断出该危险事件，并使阀门打开。因此，出现严重后果的条件如下所述。

① 容器内压力超过额定值。

② 安全仪表系统没有执行其正确的安全功能。随着时间增加，安全仪表系统的可靠性会降低，PFD 随时间增大。

IEC 61508 中使用的 PFD_{avg} 是指在安全仪表功能整个运行时间跨度内失效概率的平均值。

关于如何选择安全仪表系统的 SIL，IEC 61508 和 IEC 61511 对方法并没有具体的要求，目前运用的方法主要有定性方法和定量方法两类。

① 定性方法的优点是简单、省时、所需资源少。而它的缺点也很明显：过于依赖人的主观判断和经验，一致性差；不利于整体生命周期中对系统进行修改的需要；书写文档比较困难；在复杂过程中使用困难。

② 定量方法具有定性方法所没有的特点：能得到更加准确的 SIL；能够用于其他非 E/EE/PE 技术安全仪表系统；使用了一个框架来为产生特定后果的活动建立文档，有利于安全生命周期的管理。它的不足在于资源要求高，而特定过程的可靠数据缺乏；安全完整性等级选择过程相对比较耗时。

这里先不就具体方法进行展开，在下文中会有所涉及，先引用一个例子来说明 SIL 如何确定（定量）。

考虑一个装载易挥发、易燃液体的压力容器，它受控于基本过程控制系统。现有的以安全为目的的系统包括一个过压警报、一位操作员和一个减压阀。首先对系统进行危险分析。假设关于容器过压危险分析的结果见表 4-4。

表 4-4　危险分析结果

危险因素	起因	后果	安全措施	安全动作
过压	1. 高液位 2. 容器外部起火	蒸气释放到大气中	警报、操作员、减压阀	根据情况释放容器内的气体

假设考虑了国际和国家标准，工程实践经验，社会、道德和环境等因素后确定安全目标为容器内蒸气释放到大气中的概率小于 10^{-4} 次/年。

假设通过可靠数据得到容器过压的可能性为 0.1 次/年，警报失效的概率为 0.01，操作员无动作的概率为 0.1，减压阀失效的概率为 0.1，可得到如图 4-8 所示的事件树。

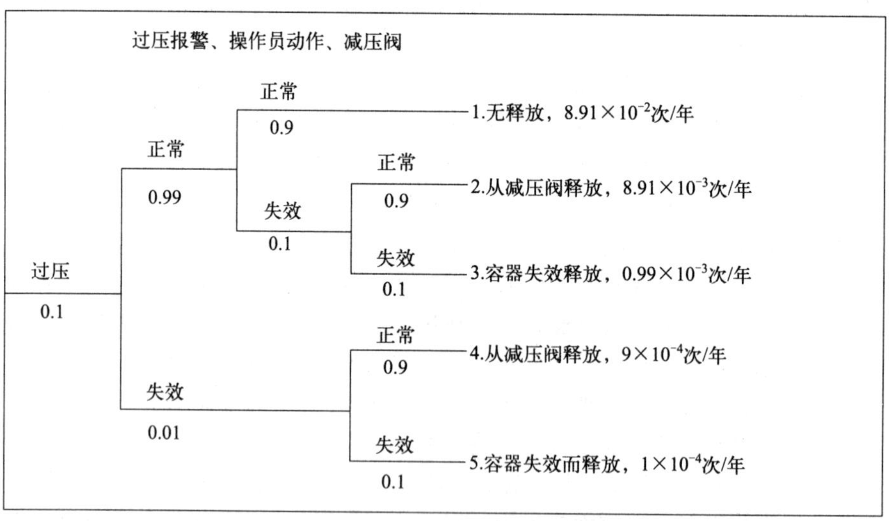

图 4-8　系统过压危险的事件树

图 4-8 中事件树的结果给出了过压危险的后果及其发生的可能性。显然，事故 2、3、4 未达到容器内蒸气释放到大气中的概率小于 10^{-4} 次/年的安全目标。假设再无可行的其他技术安全仪表系统和外部风险降低设施，因此必须用 E/E/PE 安全仪表系统来执行一个安全功能使系统达到安全目标的要求。

化/工/安/全/控/制/工/程

可在操作员动作和减压阀之间增加 E/E/PE 安全仪表系统来对压力容器进行保护。例如，该安全仪表系统可为安全停车系统。图 4-8 中事故 2 发生的可能性较高，因此该安全仪表系统应该将事故 2 发生的可能性降低到 10^{-4} 次/年或以下。选择安全仪表系统为 SIL2，对应风险降低为 10^{-2}，图 4-8 中事故 2 发生的可能性降低到 8.91×10^{-5} 次/年。增加 E/E/PE 安全仪表系统后的事件树如图 4-9 所示，系统安全水平达到安全目标。

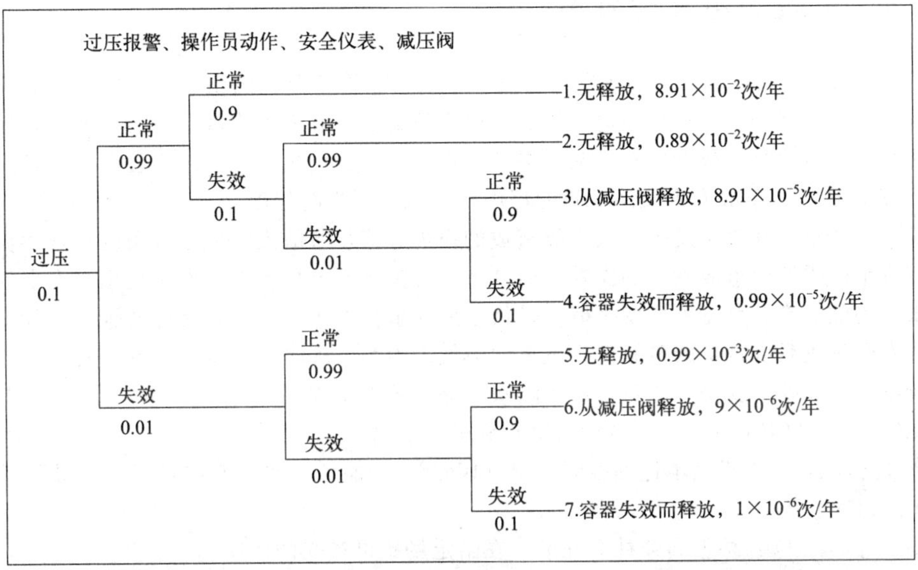

图 4-9　增加 E/E/PE 安全仪表系统后的系统过压危险的事件树

安全仪表系统（SIS）设计的主要依据就是 SIL，对应不同的 SIL，SIS 可以采取不同的配置方式：SIL1—采用 1oo1（1 out of 1）结构，即一个检测元件、一个逻辑单元和一个最终执行元件；SIL2—要求具备更强的自诊断功能，典型的结构包括冗余的逻辑单元和检测元件，需要时最终执行元件也要冗余；SIL3—典型的结构包括独立配置和不同类型的多个 1oo1 结构的组合。各子结构包含检测元件、逻辑元件和最终执行元件。将两个 1oo1 结构连接到一个 1oo2 表决系统，独立设置不同类型、冗余和高度自诊断是达到 SIL3 的特征。在过程工业中很少出现 SIL4 的应用，这里暂不作讨论。

安全仪表系统的安全完整性等级的选择并不是以装置为单位的，而是在对每一个工艺控制回路进行分析的基础上进行的，主要步骤如图 4-10 所示。

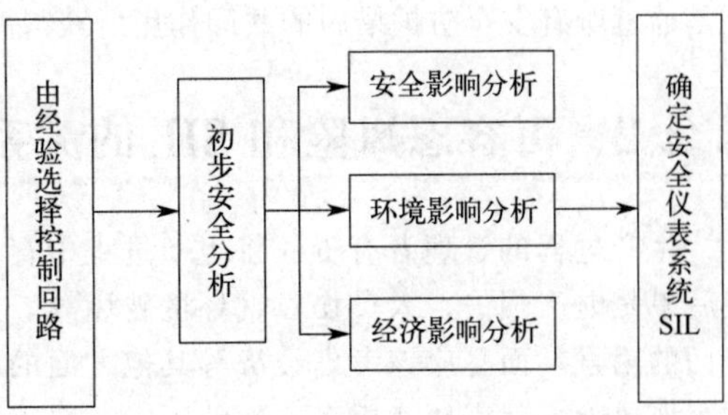

图 4-10　安全仪表功能 SIL 的选择

对于新建的装置而言，由于考虑到以后的发展，一般情况下 SIS 都会默认达到 SIL3。仪表保护回路最终能达到的 SIL 通常是由检测单元（传感器）和执行元件的可靠性决定的。为了达到一定 SIL 要求的 PFD_{avg}，通常可以采取下列措施：选择低故障率的仪器仪表；缩短仪表的检测时间间隔，提高检测覆盖率；采用 1oo2、1oo3、2oo3 等配置；采用带自诊断功能的仪器仪表；对于同一个检测变量，将不同测量仪表间的读数及测量进行比较等。

4.2 可容忍风险

4.2.1 风险的定义与分类

IEC 61508 将风险定义为事故发生的概率和风险后果严重性的组合。事实上，危险在一定条件下可能发展为事故，造成的后果受发生事故的概率和发生事故造成后果的严重程度两个因素影响。风险是事故发生概率和后果严重程度的组合：风险 R＝严重程度 $S\times$风险概率（频度）P，所以，事故发生概率下降的程度就是风险下降的程度。

其中，严重程度表示发生一次事故造成的损失数值，事故发生概率（频度）表示在一定的时间或生命周期内事故发生的次数，而且事故发生概率＝危险事件发生概率×安全仪表系统要求时失效概率。可见事故发生概率是低于危险事件发生概率的，因此要求时失效概率可以反映安全仪表系统带来的事故发生概率的降低。因为要求时失效概率与 SIL 有着对应的关系，所以 SIL 反映了安全功能对整体风险水平降低的作用程度。

IEC 61508 和 IEC 61511 对各种风险指标进行了描述。

① 过程风险：由于基本过程控制系统（BPCS）功能失常等异常事件发生，导致过程条件产生的风险。

② 可容忍风险：根据当今社会标准，在给定场景可接受的风险。

③ 残余风险：使用防护措施后剩余的风险。

④ 必要的风险降低：为了实现将风险降低至可接受水平所需要的风险降低。

⑤ 实际的风险降低：所有风险降低设备实现的风险降低。

受控设备（equipment under control，过程工业中为受保护的过程）、过程控制系统和人为因素可能引发的危险事件中存在风险。在确定这一风险时首先不考虑安全防护措施，只考虑与过程本身有关的风险，但应考虑过程控制系统带来的风险降低。可容忍风险（允许风险）是根据当今社会、国家、地方的经济、道德、环境等多方面的因素，在给定的范围内能够接受的风险。残余风险为使用了附加外部风险降低设施、E/E/PE 安全仪表系统和其他技术安全相关系统后存在于工业过程、过程控制系统和人为因素的危险事件中的风险。必要的风险降低是通过所有安全防护措施的共同作用所获得的。这四个风险指标的关系如图 4-11 所示。

4.2.2 可容忍风险和 SIL 的关系

生产过程的管理者有责任将生产过程中存在的风险降低到一个允许的范围内。风险的直接后果是财产损失、人员伤亡、环境破坏等，这个可容忍风险范围不仅应该考虑道德和法律方面的因素，而且应该考虑经济等其他方面的因素。一个好的风险管理要选择尽可能合理的可容忍风险，就需要考虑多方面的因素，取得最好的平衡，如图 4-12 所示。

安全相关系统（SRS）或安全仪表系统（SIS）通过降低系统中风险发生的频率来减少风险，这个频率降低即风险的减少量就是 S。确定可容忍风险的选取原则为制定一种衡量标准，按照这个标准能够将过程中存在的风险通过可容忍风险转变为必要的风险降低。这是因为，必要的风险降低就是过程中存在的风险和可容忍风险之差。从图 4-13 中可以看出，如果规定的可容忍风险不同，直接的结果就是 SRS 或 SIS 所应该达到的 SIL 不同。

在某种意义上理解，可容忍风险对于 SIL 的选择起决定性作用。

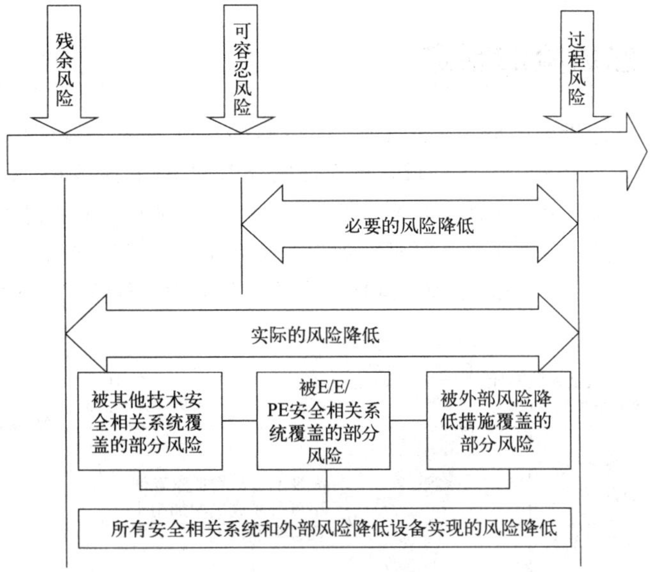

图 4-11　风险降低指标的关系

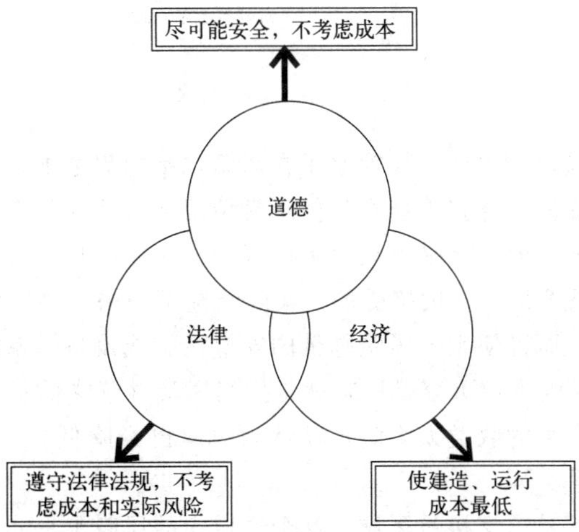

图 4-12　风险管理的责任

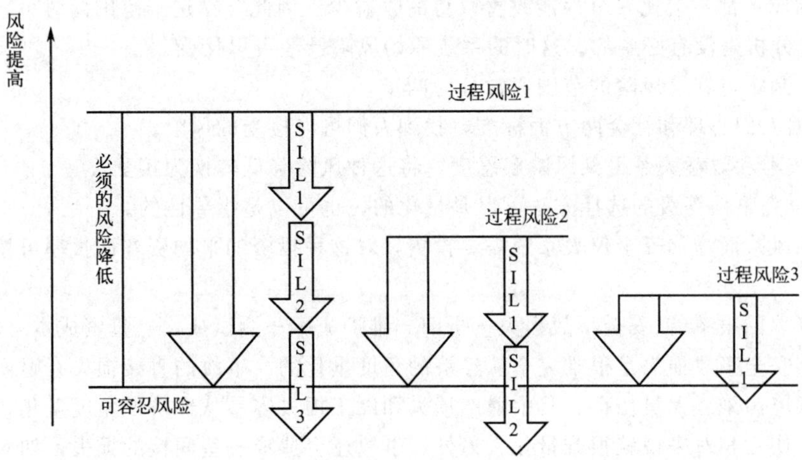

图 4-13　必要的风险降低

4.2.3 可容忍风险的制定

按照适当可行的低投资回报（ALARP）的原则确定系统的可容忍风险，如图 4-14 所示。图 4-14 中风险水平被分为三个区域：不允许区域、ALARP 区域和广泛接受区域。这三个区域的界线是风险水平上界和风险水平下界。ALARP 原理上要求任何风险必须降低到可行的合理水平或与可行的合理水平一样低。如果风险介于两个极值之间（即不允许区域和广泛接受区域），并应用了 ALARP 原理，这样产生的风险即为这种特定应用的可容忍风险。

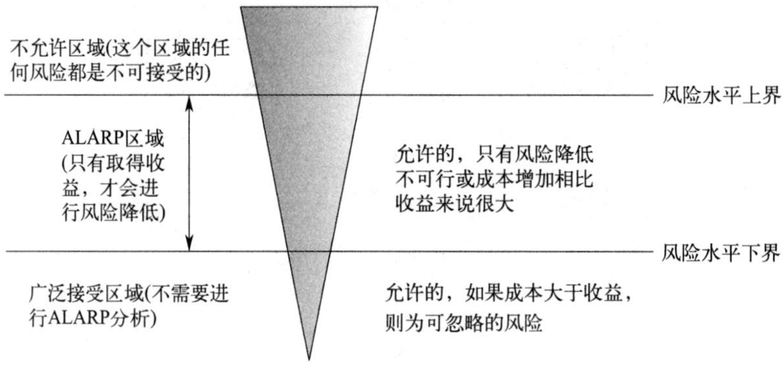

图 4-14 ALARP 原则

在不允许区域内的风险，也就是风险水平在风险水平上界之上，都是不能够被接受的风险水平，必须进行风险降低，并且不能在任何正常情况下被认为是合理的。

在风险水平上界之下、风险水平下界之上的区域为 ALARP 区域。在这个区域内的风险按照 ALARP 原则判断是否是可以被接受的。实际情况下，采取一些措施使系统风险降低是需要花费一定的成本的，而且使系统风险越低的安全措施或设备、系统，所需花费的成本也就越高。按照 ALARP 原则确定可容忍风险就是指当风险继续降低不再可行，或者成本的增加相比安全性能改善所带来的收益太大时，就认为风险已经降低到了可接受的水平。这时，就确定了可容忍风险水平。

在风险水平下界之下是广泛接受区域。这个区域内的风险水平非常低，也就是说系统中存在的风险很小，小到了可以忽略的程度。在这么小的风险条件下再进行任何的风险降低工作所花费的成本都不会比安全性能改善取得的收益少。因此，在这个范围内对可容忍风险进行 ALARP 分析是没有必要的。这时的系统原始风险已经可以接受。

因此，制定可容忍风险的范围通常分为两步。

① 根据人们心理和社会两方面标准，找到人们可以接受的风险。

② 从成本和效益关系得到风险容忍度，将这种风险降低转换为接受。

③ 安全完整性等级的选择方法可以是量化的，也可以是指导性的。

为降低风险而增加安全仪表系统需要投资，对这种投资的平均资本回报率可按以下算式进行评估：

平均资本回报率=(安全事故损失－折旧－维护成本－测试成本)/投资成本

其中，安全事故损失是很难完全从经济的角度量化的。事故的直接损失有财产损失、停工损失、环境污染、人员伤亡。其中财产损失和停工损失容易从经济的角度量化，但是环境污染和人员伤亡相对来说就很难量化。另外，事故还会造成一些间接的损失，如对公司形象的损害，对员工心理造成影响等，都是更加难估计的损失。

获取可容忍风险目标的一个方法是对于一系列确定的后果，分配允许频率，后果与允许频率的匹配应在相关机构中进行讨论并达成一致（如安全管理政府机构、产生风险的机构和承受风险的机构）。考虑 ALARP 的概念，后果与允许频率的匹配可依照风险等级来确定。表 4-5 是一系列后果和频率匹配的四种风险等级（1、2、3、4）的示例。表 4-5 使用 ALARP 概念解释了每一种风险等级。四种风险等级定义中的风险是采用风险降低措施后出现的风险。根据图 4-14，风险等级如下：风险等级 1 在不允许区域；风险等级 2 和 3 在 ALARP 区域；风险等级 4 在广泛可接受区域。

表 4-5　风险等级示例

频率	后果			
	大灾难	严重	不严重	可忽略
频繁发生	1	1	1	2
偶尔发生	1	1	2	2
可能发生	1	2	3	3
小可能发生	2	3	3	4
不太可能发生	3	3	4	4
极不可能发生	4	4	4	4

风险等级 1、2、3、4 的实际数与具体应用领域有关，并根据实际频率确定是频繁、可能等，因此应该将本表看作是一个说明如何填写此类表的示例，而不是应用的规范

对每一种规定的情况或可比较的工业领域，将考虑大量的社会、政治和经济因素，并开发类似于表 4-5 的表格。每一后果将与频率相匹配，并将风险等级填入表中。例如，表 4-5 中的频率指明频繁发生的事件可能被规定为频率大于每年 10 次。一个危险的后果可以是个体死亡，或大量严重伤害，或严重职业病。风险等级解释见表 4-6。

表 4-6　风险等级解释

风险等级	解释
等级 1	不允许风险
等级 2	不期望风险，当风险降低不可行或成本与取得的改善严重不相称时为可容忍风险
等级 3	风险降低的成本超过取得的改善时为允许的风险
等级 4	可忽略风险

4.3 预防保护层

预防保护层用于减少危险事件发生的概率或可能性。通常采用多个差异化或多样性设计的保护层。

4.3.1 工艺装置设计

工艺装置本身必须贯彻安全设计理念。这就是为什么要执行 HAZOP 分析和其他安全审查。

过程工业的一个主要目标是设计本质安全的生产装置。不能设计一个危险的工厂，然后采用许多权宜之计来“亡羊补牢”。通过降低压力、降低物料存储量，以及采用非危险材料等本质安全设计的措施和方法，使那些治标不治本的措施失去存在的必要。特雷弗·克利兹

(Trevor Kletz)说过:“只有不存在的物料，才不会发生泄漏。”

本质安全设计需要许多其他方面的相应改变，因此招致了很多非议和抵触。典型的抱怨:“我们承受不起这样的方案!”设计本质上更安全的工厂可能需要投入更高的初始成本(尽管并不都是如此)，但对工艺装置的整个生命周期而言，总体成本会更低。推行质量管理也是如此，想一想当初有多少公司也是声称承受不起;现在看来，承受不起的反而是没有了。

消除或减少危险，通常需要简化设计，这本身就降低了风险。可选择的设计方法是通过设置保护设备来控制风险，但这样做也会增加复杂性。

日常生活中也有本质安全设计遭到抵制的例子。曾发生儿童在废弃的冰箱中玩耍被关在里面，因冰箱门锁打不开而窒息的悲剧。针对这种情况，《冰箱安全法案》(*Refigerator Safety Act*)得以制定并颁布执行。起初制造商坚持认为设计更安全的门锁会增加成本。但当强制推行后，设计了现今普遍采用的非常简单的磁性闭锁。这样能从冰箱里向外推开，因此消除了安全隐患。新的设计比过去老的设计也更经济。

4.3.2 过程控制系统

过程控制系统是另一个安全保护层，用于控制生产装置，优化燃料消耗，提高产品质量等，试图将所有工艺参数(如压力、温度、液位及流量等)保持在安全边界以内。因此，它也被认定为安全保护层。但是，过程控制系统的失效也会触发危险事件。

自动化不能完全替代人类。事实上，自动化常常将依赖人力完成的任务变得更复杂。如果因为对人工判断和凭直觉操作不满意，就让计算机做越来越多的决策，那么由人担当最终的裁决者可能仍然会犯错误。经验已经表明，人类对自动化系统的监控并非十分到位。操作员的日常工作，只是必要时的一点人机交互动作，时间一长就可能造成反应迟钝和削弱警惕性，并可能导致懈怠和过度信赖自动化系统。长期、被动地监视自动化系统，会使操作员对紧急状态的响应准备不足，最终措手不及。一些人评论道:“计算机控制使操作员变成了低能儿”。解决这一问题的一个途径，就是一开始就让操作员全程参与安全分析和设计决策过程，鼓励操作员深度介入，而不是相反。

4.3.3 报警系统和人员响应

如果过程控制系统不能执行其功能(不论什么原因，如内部失效或回路被置于旁路状态)，可以通过报警提示操作人员执行某种形式的干预。

报警和监控系统应该做到以下几点。

① 发现问题越快越好，早期预警，确保在达到危险状态之前采取相应动作。

② 报警设备应该独立于被监控系统(即被监控系统失效不会对报警功能造成影响)。

③ 尽可能低的复杂性。

④ 易于维护、检查及校验。

如果要求操作员借助报警信息执行相应的手动操作，报警和监控系统可视为安全保护层。因为不可能任何动作都做到自动化，所以有时需要操作人员执行某些手动操作。设计人员不可能预想到所有可能发生的情况并设置自动功能。因此，操作人员的手动操作应该足以适应某些异常工况，并灵活应对。

但是，这是一把双刃剑。因为在设计阶段没有考虑到的事件，操作人员培训时也不可能对该事件进行针对性的训练。另外，简单、盲目地遵循操作规程，有时会造成意外事故。而不按部就班地执行规程，是有经验的人常有的自以为是，人为错误的发生也难以避免。

在人员可靠性方面，某些工厂不希望采用自动化系统控制安全，而设想完全依赖熟知工艺流程特性且训练有素的人员管控安全。常规的日常操作也许是可行的（尽管对此还有争论），但对于关键的紧急状态，这是不妥当的。

例如，下面的原因曾导致一些意外事故的发生。

① 操作人员对突发事件陌生，无法判断真实性。

② 操作人员对过量信息招架不住，不能采取及时有效的动作。曾经有一些意外事故，可直接归咎于人员的操作。业界的一些人士，特别是著名的特雷弗·克利兹（Trevor Kletz），写了大量卓越的文献来论述此类案例，希望业界从这些例子中吸取教训，尽可能避免重蹈覆辙。克利兹说："意外事故的发生，不是因为我们缺乏知识，而是错误地运用了已有的知识。"历史已经告诉我们有这样的一些例子，操作人员看到了报警，也知道它的意思，但仍然无动于衷，或者认为那是虚假报警（"噢，它老是这样，已经习以为常了"——这也是印度博帕尔事故发现的诸多问题之一），或者他们等待其他事情出现再做判断（有时等来的是灾难性的结果）。

当事情出现了错误，随之而来的往往会是一连串的越来越严重问题的糟糕局面。例如，现实中某工厂发生了停车事故，在此期间 DCS 打印出了 17000 条报警信息。面对这些海量信息，操作员会心理崩溃、束手无策。太多的信息绝对不是好事。克利兹在文献中论述了一些其他类似的案例。

在生命受到威胁的紧急关头要求 1min 内作出决断，99%的人会错，这是军事领域实际研究得出的结论。换句话说，在紧急情况下，不论是否受过良好的训练，人往往是最不可信赖的。因此，报警系统应运而生，在各个行业得以应用。

4.3.4 停车、联锁仪表系统

如果控制系统和操作员不能作出应有的行动，自动停车系统就会随之动作。这些系统通常与其他系统分开设置，有专门的传感器、逻辑系统及最终元件。这些系统的设计如下：

① 在一定条件得到满足时，允许工艺过程进入安全的方式操作；

② 如果达到特定的异常工况，自动地将工艺过程置于安全状态；

③ 采取动作减轻危险后果。

因此，安全系统可提供许可、预防，以及/或者减轻功能。区分 SIF（安全仪表功能）和 SIS（安全仪表系统）之间的不同也是重要的。SIF 是单一的功能（如高压停车、低液位联锁等），而 SIS 是将所有这些功能整合到一个完整的系统中。大多数 SIF 由单一的输入传感器和单一的（少数情况下有多个）最终元件组成；SIS 可能包括几十、几百，有时甚至是几千个输入和输出。

这些系统要求有严格的安保措施，防止不经意改变和恶意修改，并且要求全面的故障诊断。本书的关注点就是这些系统。

4.3.5 物理保护措施

安全阀和爆破片是物理保护措施，可用于防止出现过压状态。虽然这种措施适用于防止压力容器的爆炸，但物料的放空可能会造成次生危险事件（如有毒性物料的释放）或因违反环境法规被处罚。

4.4 减轻保护层

危险事件一旦发生，减轻保护层可用于降低其危害后果的严重程度。它可以对释放出的物料进行收集、排放或中和处理。

4.4.1 封闭系统

如果一个常压储罐爆裂，围堰可用于防止释放物料扩散。但是将液体围在围堰内，可能造成次生危险。核电厂的反应堆通常安装在密闭的建筑物内，有助于防止意外释放。苏联切尔诺贝利核电站的反应堆没有建造外面的密闭建筑，而美国三哩岛的反应堆是安装在密闭建筑之内的。

4.4.2 洗涤设备和火炬

洗涤设备用于中和释放的物料。火炬则用于烧掉多余的物料。博帕尔化工厂设有这两种系统，但是该工厂意外事故发生时，正好处在全厂停产检修期间，这些系统事实上处于停止工作状态。

4.4.3 火气系统（F&G）

火气系统（F&G）由传感器、逻辑系统和最终元件组成，用于探测可燃气体、毒性气体，或者火警。一旦出现异常状态，则提供状态报警，将工艺过程置于安全状态，或者执行预定动作，减轻危险事件的后果。传感器包括热感、烟感、火焰及气体探测器，并配置手报措施。逻辑系统包括常规 PLC、分散控制系统（DCS）、安全 PLC、F&G 专用 PLC 或专用的多回路 F&G 控制器。最终元件可能是闪光灯、警报器、电话告知系统、爆破管、喷淋系统、灭火系统，甚至工艺装置联动停车。

气体探测系统并不能防止气体的释放。它仅用于指示什么时候、在什么地方发生了气体泄漏。火灾探测系统也不能阻止火灾的发生，它也仅用于指示什么时候、在什么地方出现了火警。这些都是传统的减轻保护层，用于降低已经发生事件的后果。在美国，通常是“仅作报警”，不启动任何自动动作，要求消防员出动并人工灭火。在美国之外，这些系统常常产生某种形式的自动动作，或者与停车系统结合在一起。

停车系统和火气系统之间存在一个明显的不同，停车系统是正常赋能的（或称励磁的、得电的）（即失电停车），而火气系统是正常失能的（或称去磁的、失电的）（即得电执行动作）。这样设计的原因其实很简单，停车系统用于将工艺装置置于安全状态，意味着停止生产过程。误停车（即没有任何生产异常的情况下，关停了工艺装置）从经济上来说是有害的。但是在安全层面，误关停通常不会导致灾难发生，因此对安全是没有影响的。但是研究表明，事实上停车和开车时间仅占整个生产操作时间的 4%，但所有意外事故的 25%发生在这 4%的时间内。火气系统被设计用于保护设备和人员，这些系统的误操作有可能损害某些设备单元，甚至可能造成伤亡（例如，在控制室的 Halon 或 CO_2 系统，如果没有预警地突然泄放，将导致操作人员处于危险中）。如果系统被设计为正常失能的，误关停失效就非常少见。

火气系统是否应归类为安全仪表系统，还在持续争论。因为这对系统的成本、硬件、可用标准、职责、设计规范、操作及维护等都会造成不同程度的影响，所以答案很难轻易得出。

4.4.4 紧急疏散程序

在灾难性释放发生时，紧急疏散程序用于指导员工甚至厂外社区居民撤离危险区域。尽管这些管理程序不是物理系统（警报除外），仍然可能将其纳入到安全保护层之列。

在博帕尔化工厂也安装了警报器用于通知工厂周围的居民。但是这些设施除了使居民感到厌烦，没有任何正面的吸引力。

4.5 其他降低风险方法设计

过程危险和风险分析是为了确定必要的风险降低措施。风险降低措施包括 SIS、非 SIS 的防护或抑制减轻独立保护层及其他保护层（即外部风险降低措施）。风险降低措施可以是主动性的保护，也可以是被动性的保护。前者在危险发生前使其转危为安，后者在危险发生时将其限制在一定的范围内。SIS 既可以用作主动性保护，如 ESD，也可以用作被动性保护，如火气系统。

将安全功能分配到安全仪表功能时，应确定它是属于要求模式还是连续模式。

根据 IEC 61511 的要求，将风险降低目标分配给安全仪表功能时，不宜分配高于 SIL3 的安全完整性等级，一般应通过合理增加其他风险降低措施的效能解决。如果 SIL4 的安全仪表功能要求不可避免，则需要满足以下条件之一。

① 通过适当的分析和测试，有明确的证据证明危险失效的预防措施满足了 SIL4 的安全完整性要求。

② SIL4 的安全仪表功能采用的设备已经具有在类似使用环境中的大量使用经验，并且有充足的硬件失效数据证明 SIL4 是可信的。

尽管如此，在过程工业中要求某一个仪表安全功能达到 SIL4 还是极少见的，只有在核工业中才可能应用到。在合理的情况下，要在整个生命周期中达到并保持这样高的等级是非常困难的，因此应该避免这种应用。

SIL 的选择与过程的可容忍风险值有关。过低的 SIL 会使过程的风险不可接受，而过高的 SIL 则会带来成本的浪费。SIL 选择的思路是先假设没有安全仪表功能，分析危险发生的概率和危险发生后的危害程度，从而推断出安全仪表功能需要多高的风险降低等级才能将系统风险降低到可接受的范围内。

SIL 的选择依赖于对系统的风险分析，通常的风险分析方法有两类：定性方法和半定量方法。

定性方法通过一些描述性而非数值的参数估计风险等级，然后得出相对应的 SIL 要求。

定性方法有风险矩阵（risk matrix）法、风险图（risk graph）法等。定性方法通常过于保守，可能导致 SIS 的过度设计。因此，定性方法所选择的高安全完整性等级往往需要通过半定量方法进行校准。

半定量方法则更严格，首先确定系统的初始风险，经各个保护层削减后，再与可容忍风险值进行比较，从而计算出需要的安全完整性等级。半定量方法有保护层分析（layer of protection analysis，LOPA）法、故障树分析（fault tree analysis，FTA）法等。

4.6 保护层分析（LOPA）法

之前，SIS设计更多地关注安全型逻辑控制器的选择，如SIS技术规格书中会对控制系统的硬件和软件提出要求，因为缺乏SIF回路的概念，故对现场仪表及执行元件重视不够。

SIL是针对具体SIF回路的，故需要对每个SIF回路进行SIL定级。SIL定级方法有保护层分析法、风险图法、危险事件严重性矩阵（hazardous event severity matrix）法等，其中LOPA法在国内应用最为广泛。

本节重点介绍保护层分析法。

HAZOP分析能够对偏差引发的后果进行风险定级，但无法确定事故发生的频率，以及现有保护措施是否能够满足要求。这就需要对风险等级较高（中风险及以上，低风险一般无须采取措施）的偏差进行进一步分析。

LOPA是一种半定量的分析方法，是在HAZOP基础上进一步对具体场景的风险进行相对量化的评估，评估保护层的有效性，确定SIF回路的SIL，识别SIF回路的安全关键动作等，其主要目的是确定是否有足够的保护层来控制风险使其达到可接受的程度。

LOPA可以与HAZOP分析合并为一次会议，由HAZOP组织单位及分析团队一起分析，也可以单独组织LOPA会议，组织单位可以是HAZOP分析单位，也可以是其他第三方单位。

对于在役装置，如果不需要做HAZOP分析，只需要对联锁回路进行SIL定级时，将SIS联锁逻辑图中联锁触发的原因作为场景进行分析。例如，“转换炉出口温度与炉膛压力二取一后联锁停车”，其中一个SIF是“转换炉出口温度高联锁停车”，另一个SIF是“转换炉炉膛压力高联锁停车”，而不是把它作为一个SIF回路分析，因为不同偏差的原因可能不一样，安全措施也不同。

保护层模型又称洋葱模型。顾名思义，保护层是为工艺装置设置不同类型的安全防护措施，从而形成独立的多层保护体系，尽可能地避免因某一层失效而导致火灾、爆炸等事故发生。保护层模型见图4-15。

保护层模型共7层，分为过程控制［本质安全设计、基本过程控制系统（BPCS）］、事故防止［关键报警及人员干预、安全仪表系统（SIS）］和事故减缓（物理防护、释放后的保护措施、工厂和周围社区的应急响应）三大类，用于防止事故的发生或蔓延。从内到外，保护层模型的7层内容分别如下所述。

（1）本质安全设计

本质安全设计是从根本上消除工艺系统存在的危害，从设备选型上做到本质安全。例如，选择耐负压的储罐防止压力过低发生抽瘪事故，选择合适的泵型防止出口压力过高导致超压事故等。

（2）基本过程控制系统（BPCS）

BPCS即DCS、PLC等控制系统的统称。BPCS是根据生产工艺的需要设置的，将工艺过程参数控制在设定范围内。

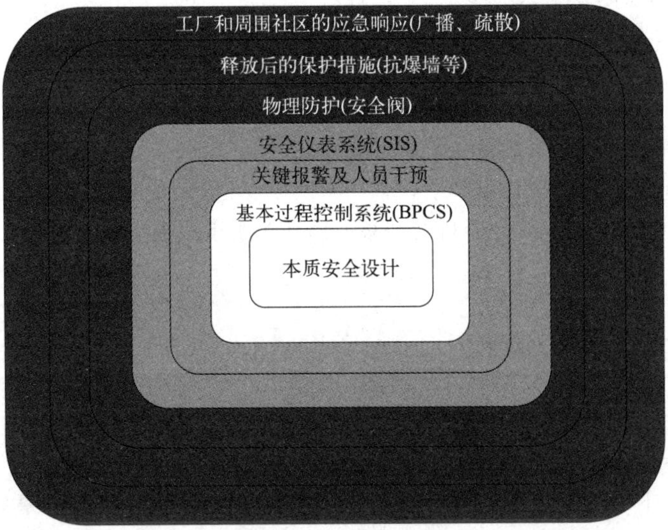

图 4-15　保护层模型

(3) 关键报警及人员干预

操作人员必须对 DCS、GDS 等报警作出正确的响应动作，防止不良后果的产生。例如，当泵出口压力过高时，DCS 会发出报警信号，操作人员按照操作规程及时处理避免事故发生。

(4) 安全仪表系统（SIS）

当 BPCS 未能将生产过程参数控制在设定值范围内，而导致工艺参数到达安全联锁设定值时，安全仪表系统可按照预先设计的逻辑运算，将装置带回到安全状态。

(5) 物理防护

当 BPCS、关键报警及人员干预、SIS 均未能将生产过程置于安全状态时，装置便处于危险状态，此时爆破片、安全阀、放空阀等物理安全保护设施便会派上用场，进行危险削减。

(6) 释放后的保护措施

这一保护层是用于事故发生后防止事故蔓延、降低事故后果严重性的措施，如罐区的防火堤、加氢反应间的抗爆墙、有毒气体泄漏处理系统和消防系统等。

(7) 工厂和周围社区的应急响应

在火灾、爆炸等事故发生后，为了避免二次事故及更大范围的人员伤亡，工厂和周围社区需要采取消防救援及人员疏散等事故应急措施。

4.6.1　LOPA 小组

LOPA 由一个小组完成。LOPA 小组成员可包括但不限于以下人员：

① 组长；

② 记录员；

③ 操作人员；

④ 工艺人员；

⑤ 仪表工程师；

⑥ 安全工程师。

根据需要，可要求以下人员参加 LOPA：

① 工艺包供应商；

② 设备工程师；

③ 公用工程工程师；

④ 管道/机械/电气/催化剂专家；

⑤ 其他专业工程师。

如果 LOPA 是基于 HAZOP 分析的结果，LOPA 小组成员组成宜包括 HAZOP 分析小组成员。

4.6.2 保护层分析流程

保护层分析流程见图 4-16，虚框中的工作不包括在 LOPA 范围内。

场景是指可能导致不期望后果的事件或系列事件，每个场景至少包括初始事件和对应后果两个因素，还可能包括使能事件或使能条件、点火概率、人员暴露概率、伤亡概率等。

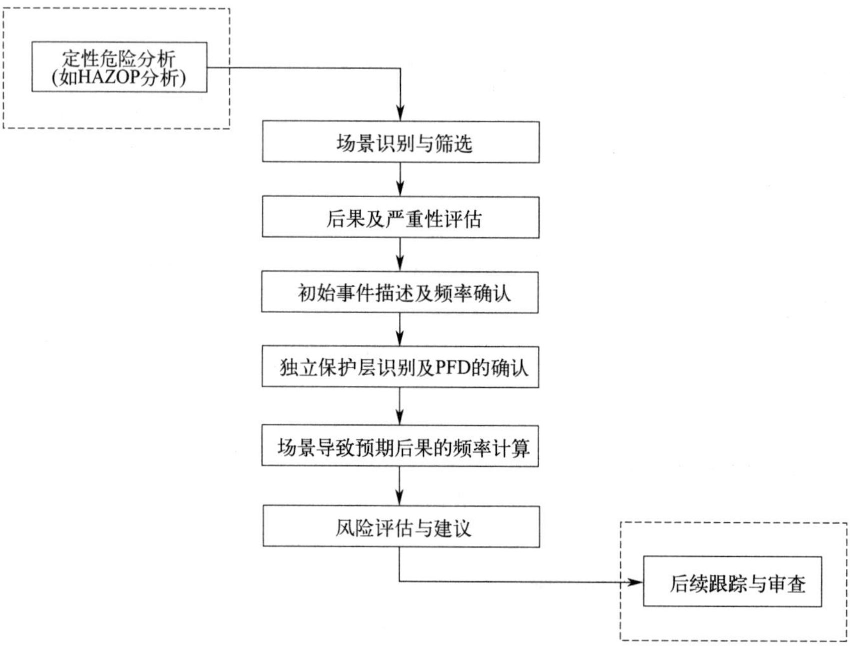

图 4-16 保护层分析流程

初始事件（initial event，IE）是指导致场景发生的原因。例如，某场景“反应釜夹套蒸汽进料过多，导致温度升高，造成冲料”中的初始事件为“DCS 温度控制回路失效，蒸汽阀门开度过大”，后果为“温度升高，造成冲料”。

每个场景对应有唯一的初始事件及其对应的后果。在 HAZOP 分析时，同一偏差引发的多个原因应作为不同的场景分别进行 LOPA。例如，反应釜温度过高，除了 DCS 温度控制回路失效外，还可能是“人工操作失误，放料过快”或“电机故障，停止搅拌”等原因造成的，它们属于不同的场景。

LOPA 内容有一部分源自 HAZOP 分析报告，对应关系见表 4-7。确定 HAZOP 分析报告中的“现有保护措施”是否属于独立保护层，还需要根据具体场景进行分析，并不是所有安全措施都是独立保护层。

表 4-7　LOPA 可与 HAZOP 分析共用的数据

LOPA 需要的信息	HAZOP 分析报告内的信息
初始事件	引起偏差的原因
后果描述	偏差导致的后果
后果严重性等级	后果严重性等级
独立保护层	现有保护措施

化工装置追求绝对安全是不现实的，只能尽可能地实现相对安全，即消除不可接受的风险。使用 LOPA 方法进行 SIL 定级，首先需要计算某场景在没有 SIS 保护层保护下后果发生的频率，然后与后果的可接受频率进行对比，如果风险发生频率高于风险可接受的频率，则需要设置相应 SIL 级别的 SIF 回路，将风险降低到可接受范围内。

在低要求模式下，场景导致后果发生频率的计算公式为

$$f_i^c = f_i^I \times f_i^E \times P_{ig} \times P_{ex} \times P_d \times PFD_{i1} \times PFD_{i2} \times \cdots \times PFD_{ij} \tag{4-29}$$

式中，f_i^c 为初始事件 i 的后果 C 的发生频率；f_i^I 为初始事件 i 的发生频率；f_i^E 为使能事件或条件的发生概率；P_{ig} 为点火概率；P_{ex} 为人员暴露概率；P_d 为人员受伤或死亡概率；PFD_{ij} 为初始事件 i 中第 j 个阻止后果 C 发生的 IPL（独立保护层）的要求时危险失效概率。

对于有中毒事故发生的场景，则不需要考虑点火概率，式(4-29) 变为

$$f_i^c = f_i^I \times f_i^E \times P_{ex} \times P_d \times PFD_{i1} \times PFD_{i2} \times \cdots \times PFD_{ij} \tag{4-30}$$

（1）初始事件及频率

在保护层分析中，人员操作失误、控制回路失效、公用工程失效、手动阀门失效等为常见的初始事件。AQ/T 3054—2015《保护层分析（LOPA）方法应用导则》附录 E 中给出了初始事件的典型频率值，见表 4-8。

表 4-8　部分初始事件的典型频率

序号	初始事件	频率范围/(/年)
1	垫片或填料失效	$10^{-6} \sim 10^{-2}$
2	冷却水失效	$10^{-2} \sim 1$
3	泵密封失效	$10^{-2} \sim 10^{-1}$
4	BPCS 回路失效	$10^{-2} \sim 1$
5	操作员失效(执行常规程序,假设得到较好的培训、不紧张、不疲劳)	$(10^{-3} \sim 10^{-1})$/次

初始事件的发生与企业采购的设备质量、维护情况、运行环境等有很大的关系，因此 AQ/T 3054—2015 给出的是频率范围。在应用到具体项目时，频率范围还需要根据项目的实际情况进行细分：当有失效数据库时，企业应优先选择企业数据库中的数据；若企业没有建立数据库，可以采用规范中推荐频率范围的中间值；企业也可以选取频率最大值，这样在 SIL 定级时会得到一个保守的 SIL；企业应避免为了降低 SIF 回路的 SIL 而选择过小的初始事件失效频率值。

安全心理学家对操作人员的误操作进行了很多研究。从以往事故发生的原因来看，人的不稳定因素占据了很大比例。操作人员的状态受到心情、工作环境、疲劳度、抗压能力、经验水平等诸多不可计算因素的影响。因此，选择操作人员失效的频率值应遵循就高不就低的原则。操作人员的失效频率范围是 $10^{-3} \sim 10^{-1}$，一般选择 10^{-1}。

表 4-9 为某企业采用的部分典型初始事件的频率。

表 4-9 某企业采用的部分典型初始事件的频率

分类	初始事件	频率/(/年)
阀门	单向阀卡涩	1×10^{-2}
	单向阀内漏(严重)	1×10^{-5}
	垫圈或填料泄漏	1×10^{-2}
	安全阀误开或严重泄漏	1×10^{-2}
公用工程	冷却水(或冷冻水、循环水等公用工程)失效	1×10^{-2}
	仪表风失效	1×10^{-1}
	氮气(惰性气体)系统失效	1×10^{-1}
操作失误	无压力下的操作失误(常规操作)	1×10^{-1}
	有压力下的操作失误(开停车、报警)	1
机械故障	泵密封失效	1×10^{-1}
	透平驱动的压缩机停转	1
	冷却风扇或扇叶停转	1×10^{-1}
	电机驱动的泵或压缩机停转	1×10^{-1}
仪表	BPCS(基本过程控制系统)回路失效	1×10^{-1}

(2)使能条件和修正因子

① 使能条件。使能条件是初始事件在某个场景中发生的前提，可对场景导致的后果频率进行修正。例如，某场景为“储罐区在倒罐过程中因人员操作失误，导致储罐冒顶发生泄漏，引发火灾”，使能条件为“倒罐作业”，因“倒罐作业”是间歇性操作，存在一定的操作频率。

大部分保护层分析的场景中没有使能条件，需要使用使能条件的情况如下所述。

a. 特定时间的操作：如间歇性的进料（如 1 个月进料 1 次，则使能条件概率为 0.033）、间歇性的反应釜操作（如 1 年生产 3 个月，则使能条件概率为 0.25）等。

b. 季节性的风险：如因保温伴热不当导致引压管堵塞，一般多发生在冬季（使能条件概率为 0.25）。

c. 生产过程的风险：例如，某个反应釜是先进行放热反应，后进行蒸馏操作，在放热反应过程中，当冷冻水系统失效时，则会导致温度飞升，而在蒸馏操作过程中，温度过高则需要切断蒸汽，故冷冻水系统在蒸馏操作过程中失效是不会引起温度飞升的。根据放热反应和蒸馏操作的时间，企业可计算出使能条件概率。

② 修正因子。修正因子是对场景引发影响后果（如人员伤亡、着火）的概率的修正，包括点火概率、人员暴露概率、人员伤亡概率等。如上述的储罐冒顶发生泄漏引发火灾，需要考虑的是发生泄漏后点火概率、人员暴露概率、人员伤亡概率等因素。

不同的场景根据场景类型、物料理化性质、工况等使用不同的修正因子，其取值范围见表 4-10。

表 4-10 修正因子

序号	因子	范围	保守值	推荐值
1	点火概率	0～1	1	0.5
2	人员暴露概率	0～1	1	0.5
3	人员伤亡概率	0～1	1	0.5

因修正因子对 SIL 定级结果有一定的影响，故企业可选择表 4-10 中修正因子的推荐值，使用修正因子可使初始事件导致后果发生的频率下降一个数量级。人员暴露概率也可以根据企业的实际情况进行计算。

当然，并不是所有场景导致后果发生的频率都要修正。例如，某场景为“反应器温度过高，导致催化剂失效，造成财产损失 500 万元”，这个后果发生的频率不需要使用点火概率、人员暴露概率、人员伤亡概率等修正因子进行修正。

（3）独立保护层的判断

独立保护层（independent protection layer，IPL）是指能够有效防止事故发生且不受初始事件或其他保护层失效影响的设备、设施或某种功能。图 4-16 中的保护层在不同的场景中是否可以确定为独立保护层，是保护层分析的重点之一。

独立保护层应同时具备以下几个属性。

① 保护层的有效性。若某保护措施为独立保护层，其必须能有效地防止该场景发生不期望的后果。例如，某场景为“反应釜内温度过高，导致副反应增加，影响产品质量，造成经济损失 100 万元”，那么 GDS 报警系统、安全阀、抗爆墙等对于这个场景而言均不是有效保护层；又如，某场景“反应釜内温度飞升，造成釜内压力迅速升高，可能引起爆炸”，若反应釜内压力飞升极快，安全阀来不及动作，那么安全阀便不是这个场景的有效保护层。

关键报警与人员干预是否能成为有效保护层，取决于过程安全时间（process safety time，PST）的设定和操作人员在压力下的处理能力。随着自动化控制系统的大范围应用，在 DCS 上增加信号报警不会额外增加成本，故 DCS 操作站上的报警信息越来越多、越来越频繁。过多的报警信息对操作人员毫无意义，甚至是一种严重干扰，导致报警信息经常被操作员盲目抑制，造成真正重要的报警被忽视。特别是在工艺工况异常波动时，DCS 在短时间内即会发生报警泛滥，操作人员根本无力应对，仅靠个人的操作经验进行处置，时常因为重要报警被疏漏而导致事件转化为事故。

近年来，报警管理在大型装置的应用越来越普遍。保护层分析需要分析关键报警所对应的过程安全时间（PST）是多少。若从 DCS 检测到工艺参数异常并发出报警，再到操作人员有效处理完的时间小于 PST，此保护层方可视为有效保护层。

虽然保护层模型有工厂和周围社区的应急响应，但事故发生后组织人员疏散、灭火、救援等措施有太多的不确定因素，并不一定能保证其有效性。因此，一般 LOPA 并不把工厂和周围社区的应急响应作为独立保护层。

② 保护层的独立性。独立性的判断难点主要体现在 BPCS、关键报警及人员干预和 SIS 三个保护层上，这也是 LOPA 会议中与会人员争议较多的地方。

在一些场景中，BPCS 的失效是事故发生的初始事件。例如，在图 4-17 中，储罐设置液位 DCS 调节回路 LIC-01、液位 DCS 报警回路 LIA-02 和液位 DCS 联锁回路 LSA-01。其中一个场景为“LV-01 开度过大，导致液位过高、冒顶，可能引起火灾”，其初始事件为“LIC-01 液位调节回路失效”。那么 LIA-02 是否可以作为关键报警和人员干预保护层呢？LSA-01 液位 DCS 联锁回路是否可以作为基本过程控制系统的保护层呢？

GB/T 32857—2016《保护层分析（LOPA）应用指南》标准中，对于同一套 DCS 的多个功能回路作为独立保护层有两种方法。

第一种方法是假设其中一个 DCS 回路失效，那么信号进入这套 DCS 的其他回路也均失效，如 DCS 受到电磁干扰或发生控制器死机、电源模块失效等极端情况，当然这些问题出现的概率并不高。这个假设的规则非常明确，对 SIL 定级的结果也相对保守。使用这种方法，图 4-17 中液位 DCS 报警回路 LIA-02 和液位 DCS 联锁回路 LSA-01 均不能作为“LIC-01 控制回路失效导致液位过高”这一初始事件引发场景的独立保护层。

第二种方法是假设一个 DCS 回路失效是由现场仪表或控制阀故障导致的，如仪表显示偏低、取压管堵塞、零点漂移，或者阀门卡堵、内漏等，而 DCS 仍能正常工作，这是因为 DCS 的运行环境、可靠性要高于现场仪表、控制阀。这种方法允许同一个 DCS 中有一个以上的独立保护层。使用这种方法，因为液位计 LT-02、液位开关 LS-01 及液位计 LT-01 均为独立设置，LXV-01 与 LV-01 也是独立设置，当它们不与 LIC-01 控制回路共用信号传输电缆、接线箱时，图 4-17 中液位 DCS 报警回路 LIA-02 和液位 DCS 联锁回路 LSA-01 则可以作

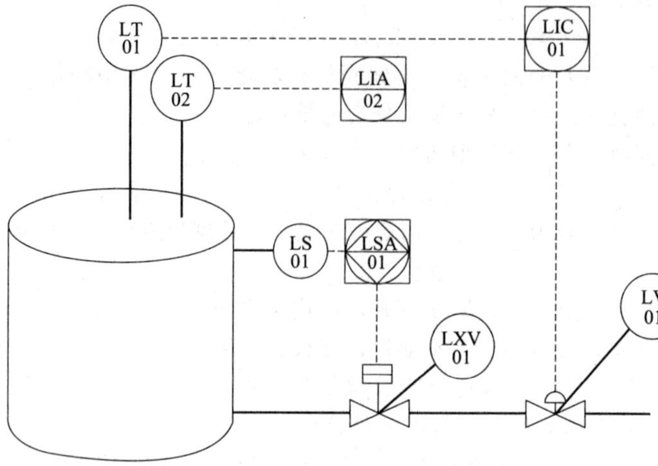

图 4-17　储罐 DCS 控制、报警、联锁（示例）

为“LIC-01 控制回路失效导致液位过高”这一初始事件引发场景的独立保护层。

使用第二种假设方法，若图 4-17 中某场景为“液位调节阀 LV-01 卡堵，无法关闭，从而导致液位过高，可能引起火灾”，这时与 LV-01 同处于一个控制回路的 LT-01 在 DCS 上的报警也可视为独立保护层。

如果初始事件不是 DCS 控制回路失效，在第一种假设中只有一个 DCS 控制回路可以作为独立保护层，而在第二种假设中允许同一场景中有不超过两个 DCS 控制回路作为独立保护层。

在实际保护层分析过程中，一般采用第一种假设方法，即初始事件是 DCS 控制回路失效，则所有进入该 DCS 的回路均不能作为独立保护层；但当控制回路所在的 DCS 与初始事件的 DCS 完全独立设置时（检测仪表、控制阀、DCS 均独立），则可作为此初始事件引发场景的独立保护层，但这种情况并不多见。

某些在役装置中存在 DCS 控制和 SIS 联锁共用传感器单元的情况，见图 4-18 中的案例。储罐设置一个远传液位计，信号在机柜间采用一进两出式安全栅或信号分配器一分为二：一路信号送至 DCS 进行调节；另一路信号送至 SIS 进行联锁。当场景的初始事件为“DCS 液位控制回路 LIC-01 失效”时，SIS 不能作为独立保护层，因为 SIS 联锁回路 LZS-01 与初始事件中的 DCS 控制回路 LIC-01 共用传感器（可能是液位计失效，从而导致 LIC-01 和 LZS-01 同时失效），故不能作为独立的保护层。

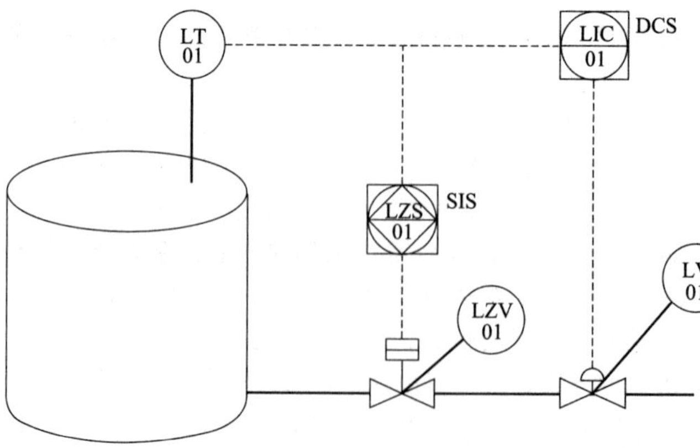

图 4-18　储罐 DCS 控制、SIS 联锁（共用传感器）

还有一些设计，DCS控制和SIS联锁共用执行元件，即在调节阀的气源管线上设置电磁阀，SIS控制电磁阀，DCS控制阀门定位器，见图4-19中的案例。若控制阀LV-01阀体或执行机构失效，会同时造成DCS控制回路LIC-01和SIS联锁回路LZS-01失效。此时，SIS也不能作为初始事件“控制回路LIC-01失效”引发场景的独立保护层。

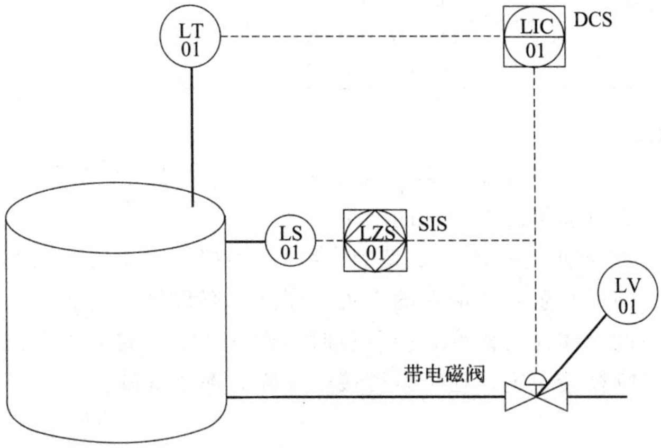

图4-19 储罐DCS控制、SIS联锁（共用执行单元）

③ 可审查性。保护层必须能经审查，如审查其设计、安装、运行、维护等，以确认其能够按照设计阻止场景发生不期望的后果。

（4）独立保护层PFD值选取

每一种保护层都有一定的失效概率（如安全阀需要动作时没有动作），独立保护层的PFD值对SIL定级结果有很大的影响。

GB/T 32857—2016标准表A.8中给出了典型独立保护层PFD值的推荐范围（表4-11），这些值来自文献和工业数据。具体项目在做保护分析前，需明确各独立保护层的PFD值。某企业选择的独立保护层PFD值见表4-11中的“某企业选用PFD值”一列。

表4-11 独立保护层PFD值

序号	独立保护层(IPL)		PFD范围	某企业选用PFD值
1	本质安全设计		$1\times10^{-6}\sim1\times10^{-1}$	1×10^{-3}
2	基本过程控制系统(BPCS)		$1\times10^{-1}\sim1$	1×10^{-1}
3	关键报警和人员干预	人员行动,有10min的响应时间	$1\times10^{-1}\sim1$	1
		人员对BPCS指示或报警的响应,有40min的响应时间	1×10^{-1}	1×10^{-1}
		人员行动,有40min的响应时间	$1\times10^{-2}\sim1\times10^{-1}$	1×10^{-2}
4	SIS	SIL1回路	$1\times10^{-2}\sim1\times10^{-1}$	$<1\times10^{-1}$
		SIL2回路	$1\times10^{-3}\sim1\times10^{-2}$	$<1\times10^{-2}$
		SIL3回路	$1\times10^{-4}\sim1\times10^{-3}$	$<1\times10^{-3}$
5	物理保护	安全阀	$1\times10^{-5}\sim1\times10^{-1}$	见表4-12
		爆破片	$1\times10^{-5}\sim1\times10^{-1}$	1×10^{-2}
6	释放后的保护措施	防火堤	$1\times10^{-3}\sim1\times10^{-2}$	1×10^{-2}
		地下排污系统	$1\times10^{-3}\sim1\times10^{-2}$	1×10^{-2}
		开式通风口	$1\times10^{-3}\sim1\times10^{-2}$	1×10^{-2}
		耐火材料	$1\times10^{-3}\sim1\times10^{-2}$	1×10^{-2}
		防爆墙(舱)	$1\times10^{-3}\sim1\times10^{-2}$	1×10^{-2}

对于PFD值范围过大的独立保护层，如安全阀的PFD值为$1\times10^{-5}\sim1\times10^{-1}$，实际应用中可根据具体情况进行细分。例如，表4-12便是根据实际工况选择合适的PFD值参与计算。

表 4-12　某企业安全阀的 PFD 值

序号	配置	工况	PFD 范围	某企业选用 PFD 值
1	安全阀	堵塞工况、无吹扫	$1\times10^{-5}\sim1\times10^{-1}$	1
2	安全阀和爆破片组合	堵塞工况、无吹扫		1×10^{-1}
3	安全阀	清洁工况或堵塞工况、有吹扫		1×10^{-2}
4	冗余安全阀	堵塞工况、无吹扫		1
5	冗余安全阀和爆破片组合	堵塞工况、无吹扫		1×10^{-2}
6	冗余安全阀	清洁工况或堵塞工况、有吹扫		1×10^{-3}

(5) 可接受频率

对同一后果严重性等级的事故，若不同企业可接受事故发生的频率不一致，那么使用 LOPA 进行 SIL 定级就可能得出不一样的结果。

对于人员伤亡，不同国家的个人风险和社会风险可接受频率值存在差异。个人风险是指因危险化学品生产、储存装置各种潜在的火灾、爆炸、有毒气体泄漏等风险事故造成区域内某一个固定位置人员的个体死亡概率，即单位时间内（一年）的个体死亡率。为避免重大事故造成群死群伤、影响社会稳定，在个人可接受风险频率的基础上，我国引入了社会可接受风险频率。

《危险化学品生产装置和储存设施风险基准》（GB 36894—2018）标准规定的个人风险可接受频率见表 4-13。化工企业逐步在往园区转移，化工园区的企业可参考低密度人员场所（三类防护目标）的个人可接受风险值。

表 4-13　个人风险可接受频率

防护目标	个人风险基准/(次/年)	
	危险化学品新建、改建、扩建生产装置和储存设施	危险化学品在役生产装置和储存设施
高敏感防护目标 重要防护目标 一般防护目标中的一类防护目标	$\leqslant3\times10^{-7}$	$\leqslant3\times10^{-6}$
一般防护目标中的二类防护目标	$\leqslant3\times10^{-6}$	$\leqslant1\times10^{-5}$
一般防护目标中的三类防护目标	$\leqslant1\times10^{-5}$	$\leqslant3\times10^{-5}$

我国社会可接受风险频率见图 4-20。图 4-20 中，死亡一人对应的社会可接受频率为 1×10^{-5} 年，其和表 4-13 相一致；死亡 10 人对应的社会可接受频率为 1×10^{-6}；死亡 100 人对应的社会可接受频率为 1×10^{-7}。图中将风险划分为不可接受、尽可能降低、可接受三个区域。

① 不可接受区：对应高风险和重大风险区域。在这个区域内，除非特殊情况，否则风险是不可接受的。

② 尽可能降低区：对应中风险区域，在这个区域内，必须满足以下条件之一，风险才是可接受的：

a. 在当前的技术条件下，进一步降低风险是不可行的；

b. 降低风险所需投入的成本远远大于降低风险所获得的收益。

③ 可接受区：对应低风险区域。在这个区域内，剩余风险水平是可以忽略的，一般不要求进一步采取措施降低风险。

某企业根据表 4-13 和图 4-20 制定了可接受频率的风险矩阵，详见表 4-14。其中，后果严重性等级为 5 的事故发生频率在小于 1×10^{-5} 时是可以接受的，事故发生频率在 $1\times10^{-5}\sim1\times10^{-4}$ 时是需要尽可能降低的，事故发生频率大于 1×10^{-4} 时是不可接受的。

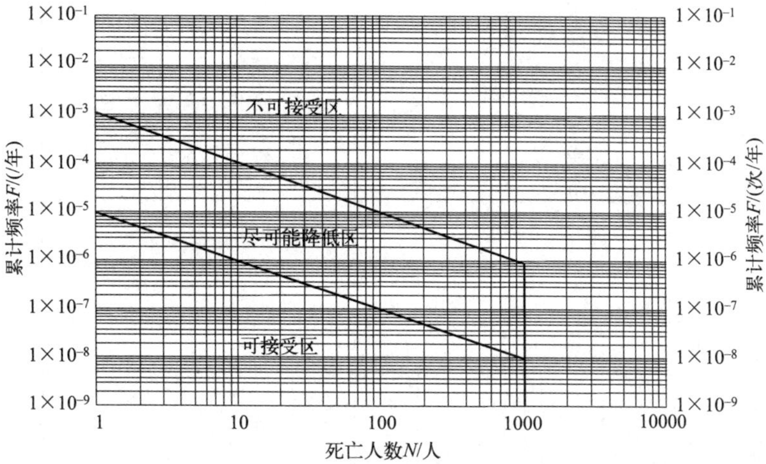

图 4-20　我国社会可接受风险频率

表 4-14　企业可接受频率的风险矩阵（示例）

严重性	可接受的频率/(/年)				
	$10^{-6}\sim10^{-5}$	$10^{-5}\sim10^{-4}$	$10^{-4}\sim10^{-3}$	$10^{-2}\sim10^{-1}$	$10^{-1}\sim1$
0	低	低	低	低	低
1	低	低	低	低	低
2	低	低	低	低	中
3	低	低	中	中	高
4	低	低	中	高	重大
5	低	中	高	重大	重大

各企业可能对人员伤亡、财产损失、环境影响、声誉影响的可接受程度不同，故可以根据法律法规及企业自身的接受程度分别制定企业自身的关于人员、财产、环境、声誉等方面的风险矩阵，但不应低于法规的最低要求。

企业也可以采用数值风险法分别制定对人员伤亡、直接经济损失、停工、环境影响、声誉影响等每年可以接受的发生频率。不同类别的后果可接受的频率可能不一样，见表 4-15。

表 4-15　企业可接受的频率——数值风险法（示例）

严重性	最大可接受的频率/(/年)				
	人员伤亡	直接经济损失	停工	环境影响	声誉影响
0	1	1	1	1	1
1	1×10^{-1}	1×10^{-1}	1×10^{-1}	1×10^{-1}	1×10^{-1}
2	1×10^{-2}	1×10^{-2}	1×10^{-2}	1×10^{-2}	1×10^{-2}
3	1×10^{-4}	1×10^{-3}	1×10^{-3}	1×10^{-4}	1×10^{-4}
4	1×10^{-5}	1×10^{-4}	1×10^{-4}	1×10^{-5}	1×10^{-5}
5	1×10^{-6}	1×10^{-5}	1×10^{-5}	1×10^{-6}	1×10^{-6}

（6） SIL 的确定

LOPA 方法用于 SIL 定级时，先计算除 SIS 外在其他独立保护层保护下场景导致事故发生的频率，并与企业可接受的事故发生频率对比。若比企业可接受的频率小，则不需要增设 SIF 回路（SIL0）；若比企业可接受的频率大，则需增设相应 SIL 要求的 SIF 回路作为独立保护层，并对 SIF 回路的构成给出建议措施。

表 4-16 是保护层分析记录表的示例，除 SIS 外在其他保护层保护下场景 1 导致人员伤亡事故发生的频率为 3.125×10^{-4}/年，人员伤亡后果严重性等级为 5 级，企业可接受的频率为 1×10^{-6}/年，差距为 3.2×10^{-3}/年，则需增设一个 SIL2 的 SIF 回路作为独立的保护层。

表 4-16　LOPA 记录表（示例）

序号	场景	后果		初始事件		使能必要条件		修正因子			独立保护层（不含 SIS）		后果发生频率/(/年)	后果可接受频率 F_a	SIF 回路 PFD 要求	SIL 需求	需要的 SIF 描述（安全关键动作）
		类别	等级	描述	频率 f_i^I/(/年)	描述	频率 f_i^E/(/年)	点火概率 P_{ig}	人员暴露概率 P_{ex}	伤亡概率 P_d	描述	PFD_{ij}					
1	蒸汽进料量过大，导致 R101 反应过快，造成冲料，可能引起火灾	人员	5	蒸汽调节回路 TIC-101 故障	1×10^{-1}	R101 每年生产 3 个月	0.25	0.5	0.5	0.5	安全阀（堵塞工况，无吹扫）	1×10^{-1}	3.125×10^{-4}	1×10^{-6}	3.2×10^{-3}	SIL2	当温度 TT-01 过高时，联锁关闭蒸汽进、出口阀 XZV-01、XZV-02(2oo2)，打开冷冻水进、出口阀门 XZV-03、XZV-04(2oo2)，执行元件单元整体 2oo2
		经济	4					0.5	—	—			1.25×10^{-3}	1×10^{-4}			
		停工	4					0.5	—	—			1.25×10^{-3}	1×10^{-4}			
		环境	3					0.5	—	—			1.25×10^{-3}	1×10^{-4}			
		声誉	4					0.5	0.5	0.5			3.125×10^{-4}	1×10^{-5}			
2	反应过程中搅拌停止，导致 R101 反应过快，造成冲料，可能引起火灾	人员	5	搅拌电机 M-101 故障	1×10^{-1}	R101 每年生产 3 个月	0.25	0.5	0.5	0.5	(1)DCS 温度控制回路 TIC-101 (2)安全阀（堵塞工况，无吹扫）	1×10^{-2}	3.125×10^{-5}	1×10^{-6}	3.2×10^{-2}	SIL1	当温度 TT-01 过高时，联锁关闭蒸汽进、出口阀 XZV-01、XZV-02(2oo2)，打开冷冻水进、出口阀门 XZV-03、XZV-04(2oo2)，执行元件单元整体 2oo2
		经济	4					0.5	—	—			1.25×10^{-4}	1×10^{-4}			
		停工	4					0.5	—	—			1.25×10^{-4}	1×10^{-4}			
		环境	3					0.5	—	—			1.25×10^{-4}	1×10^{-4}			
		声誉	4					0.5	0.5	0.5			3.125×10^{-5}	1×10^{-5}			

同理，企业可分别计算直接经济损失、停工、环境影响和声誉影响，以及在没有 SIS 保护层保护下，事故发生频率与企业可接受频率之间的差值，并确定是否需要增设 SIF 回路和增设 SIF 回路的 SIL。如果从环境影响角度来看，场景 1 中需增设一个 SIL1（频率差值为 8×10^{-2}）的 SIF 回路。

最后选择不同事故后果类别中最高的 SIL 要求，作为此场景 SIS 保护层的 SIL。场景 1 中 SIF 回路 PFD 的最大值要求为 3.2×10^{-3}，其对应的 SIL 等级是 SIL2，故场景 1 的 SIF 回路定级结果为 SIL2。

在做保护层分析时，可能会有多个场景导致同样后果的情况，对应着 HAZOP 分析中有多种原因导致同一个偏差。例如，表 4-16 中的案例，场景 1“蒸汽进料量过大，导致 R101 反应过快，造成冲料，可能引起火灾”和场景 2“反应过程中搅拌停止，导致 R101 反应过快，造成冲料，可能引起火灾”。

不同场景的初始事件、初始发生概率、修正因子可能不同，对应的独立保护层也可能不同，故每个场景需要进行单独分析。当计算出不同场景需要不同 SIL 的 SIF 回路时，可取同一偏差下不同场景安全完整性要求最高的值，作为此偏差所需 SIF 回路的 SIL。表 4-16 中场景 1 需要等级为 SIL2 的 SIF 回路，场景 2 需要等级为 SIL1 的 SIF 回路，故 R101 温度过高的 SIS 联锁回路 SIL 等级为 SIL2。

保护层分析每次只针对一个特定的场景进行分析，不能反映各种场景之间的互相影响关系。企业如果将导致同样后果的各场景在没有 SIS 保护层保护下的频率求和，再与企业可接受概率进行对比，那么可能会得到一个较高完全完整性等级要求的 SIF 回路。

在多场景计算中，有的企业采取单个场景独立计算，然后选取最高 SIL 要求的场景结果作为 SIF 回路的 SIL；有的企业则将各个场景的后果发生频率相加，然后与企业可接受的事故发生频率进行对比，再计算出 SIF 回路的 PFD 值，从而得出 SIF 回路的 SIL。这两种方法在会议前由分析小组确定后，在整个项目中保持一致即可。

LOPA 是一个简化的工程应用方法，其中包含很多人为定性分析的因素。例如，初始事件频率、独立保护层的 PFD、修正因子等数值的选择，这些都会影响 SIL 定级的结果。每个模型都基于假设条件，若尝试使用 LOPA 方法来“精准”计算事故发生的频率是不太现实的。这是因为该方法不仅要收集初始事件、独立保护层的实际失效概率，还要考虑在开停车、检修等过程中的修正因子，同时独立保护层之间还存在一定的共因失效概率。因此，追求 LOPA 计算频率结果的“准确与否”意义不大。

实际工程应用中应尽量避免出现 SIL3 的 SIF 回路。当出现不考虑 SIS 保护层的情况时，事故发生的频率与企业可接受的频率差值过大时，企业应从工艺、安全等角度重新审视其他保护层是否完整、有效。同时，企业也不能通过提高 SIL 来替代其他独立保护层的作用。例如，通过提高压力容器的压力联锁回路 SIL 来取消安全阀是不可取的。安全阀、爆破片、GDS、抗爆墙、防火堤等在不同场合是安全法规、监管文件、标准规范的强制要求，应在满足上述要求后再考虑 SIF 回路的 SIL。

行业内还存在如下一些现实问题。有些工艺过程虽然归类在危险工艺范畴内，但其反应过程较为温和，并不会剧烈放热或压力飞升，后果严重性等级较低；有些构成一、二级重大危险源的罐区，因为操作为间歇性，在 DCS、GDS、防火堤等独立保护层的保护下每年事故发生的频率在企业可接受范围内。有些企业为了避免现场改造、减少投资、损失工时，想通过 LOPA 将 SIF 回路的 SIL 定级为 SIL0，这样的联锁功能可在 DCS 上实现。然而，监管文件中明确要求：涉及重点监管危险工艺及一、二级重大危险源的项目，在安全评估的基础上必须设置独立的 SIS。对于上述情况，设计人员首先应满足监管文件的要求即在工艺中设置安全仪表系统，然后分析 SIF 回路的 SIL。还有些在役装置在补做了保护层分析后，根据分析结果不需要设置 SIS，但实际已经在 SIS 中设置了 SIF 回路。针对以上几种情况，SIL 定级结果定为 SIL1 是不合适的，但是定为 SIL0 也不可。LOPA 方法中没有介于 SIL0 和 SIL1 之间的安全完整性等级，为了解决工程应用中的问题，IEC 61508-5 中风险图分析方法的 SILA 可供借鉴，见图 4-21。SILA 表示安全仪表功能在 SIS 内实现，但是对其 SIF 回路的 PFD 无要求（无须做 SIL 验证）。

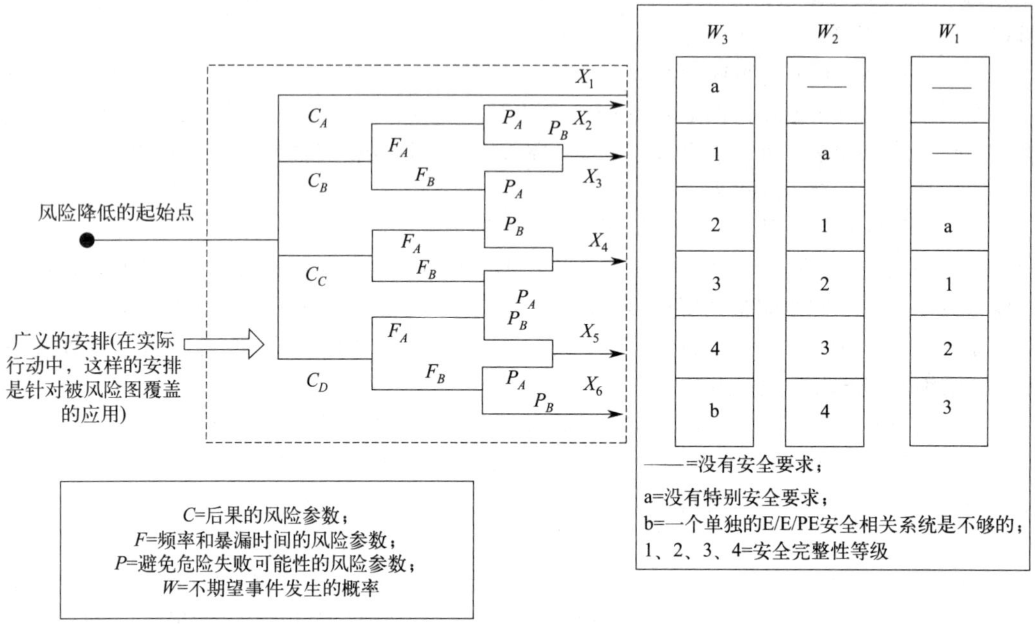

图 4-21　风险图方法

在 LOPA 报告中对所有 SIF 回路的定级结果做一个汇总，见表 4-17。

表 4-17　SIL 定级结果汇总（示例）

序号	SIF 编号	SIF 名称	SIF 描述	SIL 等级
1	SIF-101	R101 温度过高联锁回路	当反应釜 R101 温度 TT-01 过高时，联锁关闭蒸汽进、出口阀门 XZV-01、XZV-02(2oo2)，打开冷冻水进、出口阀门 XZV-03、XZV-04(2oo2)——安全关键动作，执行元件子单元整体(2oo2)，SIL1；打开紧急放空阀 XZV-05(SILA)	SIL1
2	SIF-102	R102 压力过高联锁回路	当反应釜 R102 压力 PT-02 过高时，联锁关闭氢气进料阀 XZV-06(1oo1)，打开紧急放空阀 XZV-07(1oo1)——安全关键动作，执行元件子单元整体(2oo2)，SIL2；关闭蒸汽进、出口阀 XZV-08、XVZ-09，打开冷冻水进、出口阀门 XZV-10、XZV-11(SILA)	SIL2
3	SIF-103	V101 液位过高联锁回路	当储罐 V101 液位 LT-01 过高时，联锁关闭进料切断阀 XZV-12(SILA)	SILA
4	SIF-104	V102 液位过高联锁回路	—	SIL0

（7） SIF 联锁动作的确定

SIF 回路的联锁动作可以从以下几个方面确定。

① 工艺包。在一些炼油或大型化工生产装置的工艺包中，通常有 SIS 联锁描述、联锁逻辑图或因果表等文件给出的相关联锁要求。

② 安全法规文件。涉及重点监管危险的工艺（如加氢、电解、氯化等），可参考政府安

全管理文件的要求，如《国家安全监管总局关于公布首批重点监管的危险化工工艺目录的通知》（安监总管三〔2009〕116号）、《第二批重点监管危险化工工艺目录和调整首批重点监管危险化工工艺中部分典型工艺》（安监总管三〔2013〕3号）等文件。

③ HAZOP分析报告。HAZOP的建议措施中会涉及安全联锁部分，这部分内容可作为SIL定级时确定SIF回路执行何种安全功能的依据。

④ 工程经验。对于一些典型设备的联锁，如罐区、燃烧器、压缩机、反应器等，可根据工程经验确定SIF回路的联锁要求。

（8）安全关键动作

安全联锁动作中能够直接、有效地阻止特定场景不利后果发生的某个或一系列动作称为安全关键动作。安全关键动作需要根据特定场景进行辨识，由工艺专业完成。

以图4-22为例，反应釜R101温度TZT-101高高或压力PZT-101高高时，联锁关闭夹套蒸汽进、出口切断阀XZV-101、XZV-102，打开夹套冷冻水进、出口切断阀XZV-103、XZV-104，关闭氢气进料切断阀XZV-105，打开排空切断阀XZV-106。

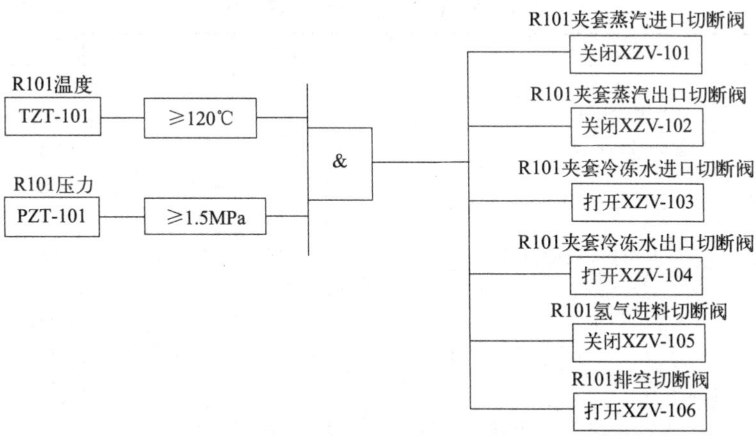

图4-22　联锁逻辑图（示例）

从工艺角度来看，切断反应釜夹套蒸汽进、出口切断阀，打开夹套冷冻水进、出口切断阀即可控制反应釜的温度，故R101的温度联锁回路的安全关键动作是“关闭夹套蒸汽进口切断阀XZV-101、出口切断阀XZV-102，打开夹套冷冻水进、出口切断阀XZV-103、XZV-104”；当切断氢气进料、打开排空切断阀后，反应釜的压力就不会再上升，故R101的压力联锁回路的安全关键动作是“关闭氢气进料切断阀XZV-105，打开排空切断阀XZV-106”。

对于连续化生产装置，一个偏差可能引起一连串联锁动作。例如，制氢装置中转换炉出口温度高时，需要联锁关闭循环氢气压缩机，关闭PSA，切断转换炉燃料气、原料气、解析气，切断转换炉锅炉给水，切断进装置天然气，停鼓引风机，等等。联锁动作一连串，因此LOPA应明确辨识并标明安全关键动作。

SIL定级结果针对的是安全关键动作。某SIF回路的非安全关键动作（或安全辅助动作）也需要在SIS中实现（这部分SIL定为SILA），SIF回路SIL验证时执行元件子单元中只考虑安全关键动作。

4.6.3 LOPA后果评估

LOPA的第一步就是评估事故后果和严重度。事故后果通常在危险辨识过程中进行了确定。在 LOPA 研究中，首先需要对后果进行评估，通常考虑的后果是危险物质或能量的释放。释放可能由很多事件引发，如容器泄漏、管道破裂、垫片失效或安全阀释放等。

后果评估的类型包括如下：

① 不直接涉及人员损伤的半定量方法；

② 定性评估人员损伤方法；

③ 条件修正的定性评估人员损伤方法；

④ 定量评估人员损伤方法。

（1）不直接涉及人员损伤的半定量方法

这种方法通常使用矩阵对各种后果进行分类，后果划分类别易于使用，能清楚地确定需要进一步分析的问题，也能识别出由于后果不严重而无须重点关注的问题。

（2）定性评估人员损伤方法

这种方法将事故对人员的最终影响作为所关心的后果，但是仅使用定性方法估计影响值。表 4-18 给出了采用这种方法的后果等级分类。

表 4-18 LOPA 的定性后果分类

等级	严重程度	分类			
		人员	财产	环境	声誉
1 类	较低后果	医疗处理，无须住院；短时间身体不适	损失极小	事件影响未超过界区	企业内部关注；形象没有受损
2 类	低后果	工作受限；轻伤	损失较小	事件不会受到管理部门的通报或违反允许条件	社区、邻居、合作伙伴影响
3 类	中后果	严重伤害；职业相关疾病	损失较大	泄漏事件受到管理部门的通报或违反允许条件	本地区内影响；政府管制，公众关注负面后果
4 类	高后果	1～2 人死亡或丧失劳动能力；3～9 人重伤	损失很大	重大泄漏，给工作场所外带来严重影响	国内影响；政府管制，媒体和公众关注负面后果
5 类	很高后果	3 人以上死亡；10 人以上重伤	损失极大	重大泄漏，给工作场所外带来严重的环境影响，而且会导致直接或潜在的健康危害	国际影响

（3）条件修正的定性评估人员损伤方法

保护层分析人员可以使用方法（2）初步定性评估泄漏的严重程度，然后通过以下条件修正初始事件频率：

① 生成易燃或有毒气云事件的概率；

② 对于易燃气云，点火源出现的概率；

③ 当事件发生时，人员在现场的概率；

④ 人员受伤或发生死亡的概率。

（4）定量评估人员损伤方法

这种方法使用数学模型来模拟泄漏过程（源模型）、扩散、毒性、爆炸超压或热辐射的影响。这种方法需要进行专业的培训和丰富的经验，以及巨大的精力，通常只用于有非常严重后果的场景。

4.6.4 LOPA 的频率分析

当进行保护层分析时，可以采用多种方法来确定频率。一种不是很精确的方法一般包括以下几步。

① 确定初始事件的失效频率。

② 对频率数据进行调整，以适合分析情形。例如，如果反应器在一年当中仅使用 1 个月，那么反应器的失效频率应除以 12。检维修过程中发生的失效频率也应该根据实际情况加以调整。例如，如果控制系统每年定期检修 4 次，那么其失效频率应该除以 4。

③ 调整失效频率以考虑每个独立保护层的要求时失效概率（PFD）。

通常情况下，事故情形的初始事件的失效频率见表 4-19。

表 4-19　初始事件的典型发生频率

初始事件	来自文献的发生频率范围(每年)	LOPA 使用中的选择值
压力容器残余失效	$10^{-7}\sim10^{-5}$	1×10^{-6}
管道残余失效，100m，全部破裂	$10^{-6}\sim10^{-5}$	1×10^{-5}
管道泄漏(10%截面)，100m	$10^{-1}\sim10^{-3}$	1×10^{-3}
空气罐失效	$10^{-5}\sim10^{-3}$	1×10^{-3}
垫圈/包装冒气	$10^{-5}\sim10^{-2}$	1×10^{-2}
缸体破裂的涡轮机/柴油机引擎超速	$10^{-4}\sim10^{-3}$	1×10^{-4}
第三方的干涉(挖土机、车辆等外部的作用)	$10^{-2}\sim10^{-1}$	1×10^{-2}
起重机吊装物下落	$10^{-4}\sim10^{-3}$/吊装	1×10^{-4}/吊装
雷击	$10^{-3}\sim10^{-1}$	1×10^{-3}
安全阀错误起跳	$10^{-4}\sim10^{-2}$	1×10^{-2}
冷却水失效	$10^{-2}\sim1$	1×10^{-1}
泵的密封垫失效	$10^{-2}\sim10^{-1}$	1×10^{-1}
初始事件	来自文献的发生频率范围(每年)	LOPA 使用中的选择值
卸载/装载软管失效	$10^{-2}\sim1$	1×10^{-1}
BPCS 仪器线圈失效	$10^{-2}\sim1$	1×10^{-1}
调节器失效	$10^{-1}\sim1$	1×10^{-1}
小的外部火灾(多因素)	$10^{-2}\sim10^{-1}$	1×10^{-1}
大的外部火灾(多因素)	$10^{-3}\sim10^{-2}$	1×10^{-2}
LOTO(停车)程序失效(多种元件过程的总失效)	$10^{-1}\sim10^{-3}$/次	1×10^{-3}/次
操作者的失误(没有完成日常的程序、没有得到很好的培训、很疲劳)	$10^{-3}\sim10^{-1}$/次	1×10^{-2}/次

注：个人公司可以自行选择这些数值，但应该与公司的保守程度或风险容忍标准相一致。失效率也受到预防性维护计划的巨大影响。

每个独立保护层（IPL）的 PFD 在 $10^{-5}\sim10^{-1}$ 之间变化，PFD 的经验取值为 10^{-2}，除非经验表明此值更大或更小。CCPS 推荐的 PFD 见表 4-20 和表 4-21。可以采用三个准则来对某一系统的 IPL 的作用进行分类。

表 4-20　被动 IPL 的 PFD

被动的 IPL	注释(假设具有充分的设计基础、检查和维护程序)	来自工业的 PFD	来自 CCPS 的 PFD
围堰	减少储罐满溢、破裂、溢出等造成重大后果的发生频率	$1\times10^{-3}\sim1\times10^{-2}$	1×10^{-2}
地下排水系统	减少储罐满溢、破裂、溢出等造成重大后果的发生频率	$1\times10^{-3}\sim1\times10^{-2}$	1×10^{-2}
敞开的通风口(没有阀门)	防止超压	$1\times10^{-2}\sim1\times10^{-1}$	1×10^{-2}
防火	减少热量输入率并为减压和消防提供额外的时间	$1\times10^{-3}\sim1\times10^{-2}$	1×10^{-2}
抗爆墙或掩体	通过限制爆炸冲击和保护设备、建筑物等来减少爆炸导致的重大后果的发生频率	$1\times10^{-3}\sim1\times10^{-2}$	1×10^{-3}

续表

本质安全设计	如果正确执行，能够消除这种场景或大大地减少与这种场景相联系的后果	$1\times10^{-6}\sim1\times10^{-1}$	1×10^{-2}
阻火器	如果正确地进行设计、安装和维护，能够消除潜在的通过管道系统进入容器或储罐的快速回火	$1\times10^{-3}\sim1\times10^{-1}$	1×10^{-2}

表 4-21　主动 IPL 和人员行为的 PFD

IPL 或人员行为	注释[假设具有足够的设计基础、检查和维护程序(主动的 IPL)、充足的文档材料和培训和测试程序(人员行为)]	来自工业的 PFD	来自 CCPS 的 PFD
安全阀	防止系统超出指定的超压，该设备的效果对于服务和经验很敏感	$1\times10^{-5}\sim1\times10^{-1}$	1×10^{-2}
爆破片	防止系统超出指定的超压，该设备的效果对于服务和经验很敏感	$1\times10^{-2}\sim1\times10^{-1}$	1×10^{-2}
基本的过程控制系统	如果与所考虑的初始事件没有联系，那么将其作为 IPL 来信任，见 IEC 61508—2010	$1\times10^{-2}\sim1\times10^{-1}$	1×10^{-1}
小于 10min 反应时间的操作人员行为	具有所需的编制完好的简单、清楚、可靠的文档	$1\times10^{-1}\sim1$	1×10^{-1}
大于 10min 反应时间的操作人员行为	具有所需的编制完好的简单、清楚、可靠的文档	$1\times10^{-2}\sim1\times10^{-1}$	1×10^{-2}

指定情形的后果发生频率，由下式计算：

$$f_i^C = f_i^I \times \prod\nolimits_{j=1}^{i} \mathrm{PFD}_{ij} \tag{4-31}$$

式中，f_i^C 为对于初始事件，特定的后果 C 减轻后的后果发生频率；f_i^I 为初始事件 i 的发生频率；PFD_{ij} 为防止发生指定后果和特定初始事件 i 的第 j 个 IPL 的失效概率。如前所述，PFD 通常为 10^{-2}。

当同一后果具有多种情形时，每种情形可用上式来单独计算。后果的发生频率可由下式来确定：

$$f^C = \sum\nolimits_{i=1}^{I} f_i^C \tag{4-32}$$

式中，f^C 为对于初始事件，特定的后果 C 减轻后的后果发生频率；I 为具有相同后果的初始事件的总数。

【例 4-1】 如果某冷却水系统设计有两个 IPL，那么请计算该系统失效的后果发生频率。IPL 是与操作人员相互影响的，而且具有 10min 反应时间和基本过程控制系统。

解： 冷却水失效的发生频率由表 4-19 中得到，为 10^{-1}。PFD 由表 4-20 和表 4-21 进行估算。人员影响的 PFD 为 10^{-1}，基本过程控制系统的 PFD 为 10^{-1}。由式(4-31) 计算后果发生频率：

$$f_1^C = f_1^i \times \prod_{j=1}^{2} \mathrm{PFD}_{1j} = 10^{-1}\times10^{-1}\times10^{-1} = 10^{-3}\text{（失效 / 年）}$$

从上例可以看出，失效发生频率可以很容易地使用这种方法确定。完整的 LOPA 在求得特定场景的发生频率后，结合当前场景的后果严重度分析现有发生频率值是否足够低（每个工厂都会有一个自己的风险矩阵），如果不够，还需要考虑添加额外的独立保护层，安全仪表往往是考虑的重点对象。

习　题

1. 请简述什么是安全完整性等级（SIL）。

2. 解释 SIL 评估研究现状中提到的“风险矩阵”和“风险图”两种定性方法的区别。

3. 已知一个安全仪表系统的传感器（sensor）的下列相关信息：

（1）传感器（sensor）的要求时失效概率（PFD）为 0.005；

（2）逻辑控制器（logic controller）的要求时失效概率（PFD）为 0.002；

（3）执行元件（final element）的要求时失效概率（PFD）为 0.003；

（4）这些组件构成了一个 1oo1 的冗余配置。

请计算该 SIF 的 PFD_{avg}，并确定其 SIL。

4. 已知一个安全仪表系统的传感器（sensor）的要求时失效概率（PFD）为 0.005，逻辑控制器（logic controller）的要求时失效概率（PFD）为 0.002，执行元件（final element）的要求时失效概率（PFD）为 0.003，这些组件构成了一个 1oo3 的配置。请计算该安全仪表系统的 PFD_{avg}，并确定其 SIL。

5. 讨论保护层分析（LOPA）方法在安全完整性评估中的作用。

6. 一个化工过程需要评估其安全完整性等级，请描述定性方法和定量方法在这一过程中的应用。

7. 如果一个工厂的安全仪表系统（SIS）在连续操作模式下运行，其 SIL 如何影响其风险管理策略？

8. 保护层分析的目的是什么？保护层模型分为哪几类？

9. 独立保护层应具备哪些属性？

10. 如何确定 LOPA 中的 SIL？

11. 火气系统的组成和作用是什么？

12. LOPA 后果评估的类型有哪些？

参考答案

第5章

化工风险控制

学习目标

1. 理解化工风险控制的重要性，认识化工生产过程中的潜在风险，以及控制这些风险对于保障人员安全和生产稳定性的必要性。

2. 掌握化工生产中应坚持的基本原则，如反应风险最小化、合理控温、正确的加料方式、控制仪表和阀门的安全性等。

3. 学习化学反应性资料，了解化学物质的物理和化学性质，以及它们在化工过程中的潜在反应性和相关的风险。

4. 掌握如何对化工过程中的风险进行评估，包括定性和定量分析。

5. 了解风险预防与控制措施，学习不同的风险控制策略，如本质安全设计、被动控制、主动控制和程序控制。

6. 掌握在化工生产中如何设计和实施应急处理措施，包括泄压系统和惰化防爆技术。

7. 熟悉化工安全生产的法规和标准，了解相关的安全法规、标准和最佳实践，以及如何在化工设计和操作中应用它们。

8. 通过案例学习，培养解决化工安全问题的能力，包括事故预防、应急响应和事故调查。

5.1 风险控制

工艺研发的最终目标是实现实验室到工厂产业化的成果转化，为企业创造效益，也为国家经济效益增长作出贡献。对于化学工业过程来说，将实验室的研究成果实现产业化放大，需要开展工艺研究和反应安全风险研究与评估，依据反应安全风险研究与评估结果，有针对性地开展风险控制，实现安全生产。开发生产化工产品，使用不同的化工原料，生成不同的中间产物及不同的产品，并经历不同的工艺过程。不同化学物质的运输、储存和应用都存在风险；不同的化学反应，经历的工艺过程不尽相同，也存在不同程度的风险。物质风险源自原材料、中间体、产物及废弃物本身的静态安全和在工艺过程中的动态安全，过程风险则源自各种不同化学反应的工艺操作条件，尤其是具有热效应、腐蚀性和某些具有催化性质的化学反应。多种危险源的并存导致了种类繁多的物质风险和过程风险。

危险源是发生各种化工生产事故的起源，危险源在一定的条件下可以发展为事故隐患，事故隐患在防范不利的条件下，将引发危险性事故。作业场所、物料、设备和设施的不安全操作、不安全储运及不安全状态，操作人员的不安全行为和安全生产管理上的某些缺陷，都是引发化工生产安全事故的直接原因。如果事故隐患发生失控，将导致事故的发生，引发火灾、爆炸、毒物泄漏等重大事故，从而导致生产中止、厂房破坏、设备损坏、人员伤亡等重大人身伤亡和经济财产损失，给国家和人民群众带来巨大的灾难与损失。加强对重大事故隐患的管理和控制，对预防重特大事故的发生、保证化工生产的安全进行具有重要的意义。因此，对化工产品的开发与生产来说，一旦发生失控，就有可能导致危险事故，造成惨重的经济损失和人员伤亡。反之，如果危险在受控的情况下，化工生产就能够得到安全保证并顺利开展，操作人员的人身安全得到保障，企业和国家的财产安全免受损失。

5.1.1 风险控制概述

风险应对是改变风险的过程，它包括多种方式，如风险规避、风险控制、与另一方或多方分担风险，甚至为寻求机会而承担风险或进一步增大风险等。风险规避是指为了不暴露某个特定风险而采取的深思熟虑的决策。这种方式相对安全，但是也是最保守的。本章将重点阐述风险控制，即用于改变风险的措施。应当指出，在对某一风险实施风险应对时，可能会产生新的风险，或改变现存的风险。在这种情况下，往往需要采取进一步的风险应对措施。风险是对造成经济损失、环境破坏、人员伤害事件发生的可能性及后果严重性的一种综合度量。因此，可从降低事件发生的可能性（发生频率），或者削减事件造成损害的严重性（事件后果）两方面选取风险控制策略。

一般而言，风险控制策略可划分为以下四类。

（1）本质安全的过程设计（inherently safer design， ISD）策略

ISD是指通过避免应用危险物料或危险操作方法，而不是依靠增加控制的方法实现的过程设计。一般情况下，过程安全依赖于多层次的保护，其中第一层次就是过程设计，而本质安全的过程设计就是直接面向第一个保护层，是最有效的事故预防方法。依据ISD策略设计的工厂更能容忍操作人员的误操作，具有更强的抵御非正常工况的能力，即具有更低的风险水平。

（2）被动控制策略

被动控制策略是指在不借助事故探测设备和人员动作的前提下，通过工艺或设备的设计特性降低事故发生频率或削减后果的一种风险控制策略。例如，对某最高可能出现压力为5atm（标准大气压）的反应体系，可以将反应器最大允许设计压力设为10atm，从而使反应器具备更强的超压风险抵御能力，这是一种被动的控制策略。为避免容器超压引起的破坏而设计的泄压系统、为预防由于静电积累并突然释放产生火花而采取的静电防护措施、通过对化工厂进行防爆区域划分选择不同类型的防爆电气设备等也是被动控制策略。

（3）主动控制策略

主动控制策略是一种通过预先检测出工艺过程中存在的可能造成危险事件发生的偏差，并进行相应的控制调节以降低事件发生的可能性或后果的严重程度的风险控制策略。一般而言，主动控制系统包括基本过程控制系统（BPCS）、自动报警系统、安全仪表系统、自动喷淋系统等。例如，在液体容器内设置液位控制回路LIC，当容器内液位过高时产生报警，并关小进料管线阀门；同时对该容器设置液位紧急关断系统，当出现高高液位时容器进料泵停泵。另外，为降低流程内部氧气含量而采取的惰化措施也属于主动控制策略。

（4）程序控制策略

程序控制策略是指在探测事故早期现象后，通过实施一系列程序或手动启动防护设备阻断事故的进一步发展，从而达到降低事故发生频率或削减后果的一种风险控制策略。例如，为防止在检维修期间出现操作失误，对危险能量进行有效控制，保证人员、设备安全，欧美国家及地区的化工企业普遍实行了挂牌上锁（lock out & tag out，LOTO）程序。近年来，我国也有越来越多的企业开始实施这种程序控制策略。上锁是指用锁定的方式来防止他人随便操作被隔离的能量源或设备，直到相关工作结束，锁具移除；挂牌是指用吊牌来警告他人已经被隔离的能量源或设备不能随便操作，锁具由谁锁定，由谁可以打开等。

相比而言，本质安全的过程设计策略与被动控制策略更多地借助系统的物理或化学特性层面进行风险控制，而不是依赖控制仪表、操作人员或程序的准确执行，因而具有更高的可靠性与鲁棒性。从流程工业项目生命周期角度分析，本质安全的过程设计策略及被动控制策略通常应用于项目或流程设计的早期，一旦采用，整个项目周期内有效；而控制回路、安全仪表、操作程序、应急响应等主动控制策略或程序控制策略，通常应用于流程设计晚期，甚至在项目操作阶段，需要在操作运行周期内反复使用，也增加了其潜在失效的可能性。因此，从可靠性角度而言，风险控制策略的选取应当优先选用本质安全的过程设计策略或被动控制策略。然而需要注意的是，这并不意味着可以忽视主动控制策略及程序控制策略的重要性。首先，本质安全的过程设计策略或被动控制策略并非对所有的风险都有效，或从经济性、实用性角度难以实现；其次，不同的风险控制策略之间并没有显著的划分界限。实际应用中，不同特性的风险控制策略的选取，应根据实际工艺特点进行综合决策。道达尔公司的技术风险管理程序将项目生命周期内用于防止出现重大及灾难性事件的措施，称为安全关键措施（safety critical measures，SCM）。所有安全关键措施在设计阶段应满足以下要求：针对性（selectivity）、独立性（independence）、可靠性（reliability）、合理性（relevancy）、有效性（efficiency）、响应时间（response time）、可测试性（testability）、可维护性（maintainability）、可用性（availability）、容错能力（fault tolerance）、存活能力（survivability）。

5.1.2 风险控制原则

实现安全生产，首先需要开展反应风险研究，并以反应风险研究为基础，对风险进行分析和评估，明确风险源，确定控制和规避的方法。化工生产过程中，需要从物质风险与过程风险两个方面来考虑。在固定的工艺条件下使用特定的化学物质，物质风险基本可以确定。但是，生产过程中还存在着许多随机可变的因素，所以，固定物质使用条件下的物质风险仍存在许多不能确定的因素。另外，固定的工艺技术尽管确定了一定的化学反应的工艺条件，过程风险基本能够明确。但是，由于化学反应本身存在的复杂性，特别是分解反应及二次分解反应的复杂性，化学反应过程的危险性大小和危险程度高低是难以确定的。

化学反应的原料、中间体、目标产物及废弃物大多数是有机化合物，有机化合物基本都具有易燃、易爆、有毒、有害等危险性。有机化合物在化工生产过程中发生反应并处于动态变化过程时，其危险性往往比在存储、运输等处于静置状态时要大很多，其危险性的大小决定了事故后果的严重程度。在一定的条件下，化学反应千变万化，造成化学合成工艺过程的错综复杂，可能引发危险的因素也很多。此外，一些化学反应过程需要高温、高压、深冷等特殊且苛刻的工艺条件，进一步导致化学反应过程的不安全因素增加，工艺的危险性也进一步加大。

本质安全的工艺属于理想化的合成工艺，理想化的合成工艺不但要求工艺本身安全，而且要求工艺过程中不存在能够引发危险性事故的不安全因素。化学反应工艺过程本身就是一个动态变化过程，不确定性因素多种多样。因此，绝对安全的反应工艺可以说是不存在的。如今，随着科技的不断进步，一些新材料的合成、新工艺的开发和新制备技术的应用，会给化工工艺过程带来新的危险性，使化工工艺过程面临着从未经历过的新操作环境的考验，各种潜在的危险性需要进一步充分辨识。在经过充分的工艺研究与风险研究的基础上，对工艺过程的危险性进行定性、半定量与定量研究的评价和评估，根据评价和评估结果得到优化的安全操作条件和控制措施。通过对化学物质进行安全性研究，明确物质可能存在的动态及静态操作不稳定因素，明确操作风险及其相关的安全控制措施；通过对化学反应原理及化工工艺过程进行细致的工艺研究和反应风险研究，明确在特定的工艺流程条件下，各工艺过程操作的复杂性和反应的危险性，采取有效的监测和控制手段。必要的工艺监控、分析控制和有效测量，能够最大限度地减少不安全因素，保障化学工业的安全生产。尤其是在工艺研发阶段、反应风险研究阶段、工程化放大阶段和工厂基础设计的初始阶段，需要进行细致的研究，确认潜在的风险，为预防风险建立有效的监控方法，并采取可行的监控、控制措施。

保障化工安全生产，要坚持广泛的安全生产原则，一些必须坚持的基本原则简要汇总如下。

（1）坚持反应风险最小化的安全性原则

在物质风险明确的情况下，保证安全生产的重要因素是化学工艺过程的风险研究和风险控制。化工生产涉及多种反应，对于绝大部分目标产物的合成，通常有多条可以选择的工艺路线。选择不同的工艺路线，目标产物合成经历的工艺过程不同，所需要的工艺条件也不同，采用的化学原材料也不同。不同的工艺路线对反应时间、反应温度及反应过程所需要的其他工艺条件要求不同。例如：反应对体系酸性、碱性或中性等 pH 值条件的要求不同。因此，不同工艺路线涉及的化学反应潜在的危险程度不同。对于多种可以选择的合成工艺路线，最小化反应风险的原则就是要求选择不含有引发反应风险的不确定因素和危险程度低的工艺路线。在统一考虑反应收率、原材料消耗等重要因素的同时，必须要以化学反应风险的最小化为基本原则，对于一些低消耗和高收率的反应，如果找不到有效的办法控制反应风险，不能实现化学反应风险的最小化，再高收率的工艺路线也不适合应用到化工放大生产中。

（2）坚持反应工艺合理控温的安全性原则

大多数化学反应都需要在一定的温度下完成，控温的方式对完成整个化学反应和安全操作起着举足轻重的作用，尤其是采用对温度高敏感性的化工原料或对温度高敏感性的化学反应，选择合理的控温方式，是保证工艺过程安全进行的重要因素。对于不同的工艺过程，控温的方式有多种选择，如蒸汽加热、热水加热、油加热或电加热，要求加热介质的最高使用温度必须比化工工艺过程中反应物质的分解温度低，以防止反应体系加热温度过高，引发物料发生热分解反应及二次分解反应，产生大量的热和气体，导致爆炸事故的发生。同时，还需要依据反应物质的热敏感性和腐蚀性要求选择合理的反应设施材质和传质方式，以达到有效传质和热交换的目的。对于传质较差的反应体系，还需要根据要求和工程计算配置相应的特殊搅拌装置。而对于水敏感性高的物质，要尽可能避免采取蒸汽或热水加热的方式，避免因为设备或夹套泄漏，导致蒸汽或水进入反应体系，引起意外事故的发生；需要选择非水惰性加热介质，保证工艺过程的安全进行。例如，当工艺过程中使用遇水发生剧烈分解的氯化亚砜时，常选择硅油、氯苯等耐热有机物质作为反应的加热介质。

（3）坚持加料方式选择的安全性原则

对于大多数间歇或半间歇工艺过程来说，采取起始全加料或关键物料滴加的方式来完成整个化学合成过程。对于化学反应放热明显的合成工艺过程，因为化学反应本身对物质的加入量和加入速度很敏感，加料速度太快将会导致反应速度加快和反应放热速度加快，形成物料累积及热量累积状况，具有导致体系温度迅速升高和化学反应热失控的可能性。因此，对于化学反应放热明显的工艺过程，其安全操作方式不但要求半间歇加料，而且要求在加料管路上安装限量的控制设施，预防加料控制阀门失灵，避免加料速度失去控制时引发反应风险。另外，有些化学反应对物质的加入顺序也有一定的要求，物质的加入顺序必须严格按照化工工艺要求进行。对反应热影响最大的反应物料的加料设备体积大小应采取适当最小化的控制措施，合理限定加料容器的体积大小，将关键物料的加料量尽可能控制在安全限量以内。坚持加料方式选择的安全性原则，是有效避免加料方式不当导致化工生产事故的重要措施。

（4）坚持控制仪表的安全性原则

目前，能够实现化工生产全自动化控制的企业较少，化工工艺过程的控制，大多数采用人工控制和 DCS 控制相结合的控制措施。要求按规定定期校验化工生产工艺过程中涉及的反应温度、反应 pH 值、反应压力等现场控制仪表，确保各种仪表都能准确显示工艺过程的实际情况，避免因为仪表显示失灵而导致反应过程出现异常情况或意外事故的发生。对于实现自动化控制的化工工艺过程，其自控系统必须按照要求定期检查和校准，确保自控系统能够正常工作。同时，还需要对操作人员进行相应的培训，使操作人员能够了解仪表的操作性能和自控或非自控的操作方法，准确地进行操作并能有效地控制操作系统，进一步确保化学反应的顺利进行。

（5）坚持阀门的安全性原则

化工生产操作大多是通过阀门的开启和切断来实现的，系统设备上各个阀门的选择、安装和测试至关重要，尤其是系统上的放空阀门，必须确保控制有效和畅通无阻，保证在应急情况下，应急措施能够准确、无误地实现，并且在充分考虑系统安全的前提下，需要在设计中体现各种安全性阀门的选择方案。对于热敏感性高的关键性物料的加入与切断，通常还要考虑双重阀门。另外，必须对系统中的所有阀门进行必要的安全性测试，特别是在泄爆阀门上安装的防爆膜，必须保证能够在一定的压力条件下正常起爆。

（6）坚持测试的安全性原则

预防原则和保护原则是化工安全生产需要坚持的两个重要原则，预防测试和保护测试是预防原则与保护原则的重要工作内容，也是最常用的两种安全性测试方法。

预防测试是指在每项生产活动开始之前，尤其是在工艺设计的初始阶段，要以工艺研究和反应风险研究作为基础，对化工生产过程整个系统存在的危险情况、危险情况可能发生的条件、危险情况出现后可能导致的后果等进行全面、详细的分析，划分清楚危险的类别，同时考虑一些不可控制的反应条件，以及相关控制措施可能存在的不可操作性，并对相应的化工生产系统潜在的危险性作出全面的评价。工厂的机械设备、工艺设计、工程设计、控制系统及操作途径都需要包含在预防测试之中。预防测试方法可以看作是实现系统安全危险分析的初步行动与初始计划，要求在工艺方案确定的初期阶段或初始设计阶段完成。

保护测试通常考虑的是失控反应发生后，针对可能导致的事故及后果而采取的缓解和补救措施，保护系统主要是为了减少经济损失和避免人员伤亡而设计的。保护测试的方法通常不能单独使用，常用的保护测试方法包括设计安装必要的防爆膜实现应急释放，安装强大有效的冷却系统进行急速冷却，选择可行的终止反应试剂实现快速的猝灭反应，建设必要的围堰进行围堵等。

预防与保护原则是化工安全生产中最为优先的安全性原则，预防原则需要全面考虑各种潜在的反应危险性和可能出现的危险状况，并针对各种可能出现的危险情况采取相应的应对措施，最大限度地保证化工生产安全和顺利进行。保护原则是对反应失控后可能导致的危险性后果进行分析测试，并建立必要的处理措施。处理反应失控后可能导致的一些不良后果，不仅浪费巨大的人力、财力和物力，还会影响生产进度，并且有可能带来人员的伤亡。因此，对化工生产来说，预防原则是比保护原则具有更为优先地位的安全性原则。在化工生产全面开展的条件下，预防原则和保护原则都是必要且重要的安全生产原则，对生产企业来说，可以选择的安全措施有很多，但是，无论选择哪种安全措施，最重要的是保证操作人员的人身安全和保障企业的生产安全。

5.2 安全基础的选择

化工安全生产需要坚持反应风险最小化的安全性原则、反应工艺合理控温的安全性原则、加料方式选择的安全性原则、控制仪表的安全性原则、阀门的安全性原则和测试的安全性原则。但在对安全措施进行选择之前，安全基础的选择至关重要，这将对安全生产产生重要影响。

安全基础的选择通常需要考虑下述七个方面的重要因素：

① 化学工艺过程所用的原材料的选择；

② 化学工艺过程工艺路线的选择；

③ 工艺过程中物料滴加方式的选择；

④ 工艺过程中最坏情形的确认；

⑤ 失控反应及其避免和预防反应失控的方法；

⑥ 安全措施的选择及其操作的有效性和兼容性；

⑦ 工艺的安全控制条件及其工厂的优化条件。

对上述七个方面的重要因素分别阐述如下。

5.2.1 工艺物料的选择

化工生产过程依据工艺路线的不同，所需要使用的工艺原料也不尽相同，对于已选定的工艺路线条件，工艺原料的选择已经基本确定。因此，首先应该根据工艺所用物料的物理性质、化学性质及危险特性进行详细的分析与评估，并对一定的工艺过程可能产生的中间体作出总体的考虑与评价。

工艺过程使用的物料依据作用的不同可以划分为主要物料和辅助物料两大类别。工艺过程的主要物料是指从工艺路线中的初始原料开始，直至完成目标产品的整个工艺流程中的所有物料，这包括反应使用的原料、催化剂，反应过程中生成的中间体、目标产物、副产物，以及整个工艺过程使用到的各种溶剂、尾气吸收系统中使用的吸收试剂和反应过程中添加的试剂等。工艺过程的辅助物料是指在实现整个化工工艺的过程中使用到的辅助物料，其中以公用工程物料为主，同时也包括能够在燃烧区有效地破坏燃烧条件、能够抑制燃烧或终止燃烧的物质，如冷冻系统使用的冷冻剂、系统加热和冷却使用的流体、消防系统使用的灭火剂、重复使用的冷热循环气液介质等。常用的冷却剂有空气、水、盐水、乙烯、丙烯、液氨、氟利昂等；常用的灭火剂有水、泡沫、干粉、二氧化碳、卤代烷等。在工艺过程设计中，依据工艺条件要求、工艺研究结果与反应风险研究结果，首先需要编写工艺过程使用的物料目录，并建立物料安全性数据卡，还要作出工艺过程的物料平衡，记录工艺过程中全部物料在工艺条件下的有关性质的资料，作为工艺过程危险评价与安全设计的重要依据。

对于化工工艺过程的物料，典型的资料建立如下。

（1）一般性说明资料

一般性说明资料包括化工物料的名称与别名，分子式、分子结构式，分子量，物料的物理状态，纯度要求，存储条件要求，外观性质，气味或味道，化学稳定性，主要用途，重要的腐蚀性参数，危险性和污染因素，必要的防护措施，等等。

（2）基础物性资料

基础物性资料包括物料的相对密度、固体物料的熔点与粒度及其分布状况、玻璃化温度、液体物料的沸点与闪点、pH 值情况、在水中及相关溶剂中的溶解性、黏度、临界参数、蒸气密度等。此外，为了确保工艺物料的安全使用，尤为重要的是获得物料的易燃性资料。在一般情况下，易燃性物料指的是闪点在 21～55℃之间的液体物质或制剂，大多数溶剂和许多石油馏分都是易燃性物料。对于易燃性物料，通常以其闪点、着火点、爆炸极限、最低引燃能量等作为主要的评价指标。对于固体物料来说，还要关注粉尘爆炸等方面的性质。固体物质的粉尘爆炸性指的是能够引起物质粉尘发生爆炸的物理及化学性质。影响固体物质发生粉尘爆炸的因素包括以下几个方面。

① 物质的物理及化学性质。物质的燃烧热越大，则能够导致其粉尘发生爆炸的危险性也就越大。例如，煤、炭、硫等易燃的物料具有较高的燃烧热，那么其粉尘也同样具有相对较高的粉尘爆炸性。

物质越容易被氧化，则其粉尘越容易发生爆炸。例如，镁、染料、氧化亚铁等物料，在空气中容易被氧化，具有相对不稳定的性质，因此其粉尘也具有很强的粉尘爆炸性。物质的粉尘越容易带电，其粉尘就越容易发生粉尘爆炸。在生产过程中，由于物料粉尘存在互相摩擦、碰撞等相互作用，在这些作用下产生的静电不易散失，造成了静电积累，当静电的累积量达到一定数值时，就容易出现静电放电现象，当静电不能及时导出或导出不良时，静电就会产生电火花，从而引起粉尘爆炸和火灾事故。

② 物质的粉尘颗粒大小。粉尘发生爆炸的原因是粉尘与氧气产生接触及粉尘表面吸附了空气中的氧气，所以有一定量的氧气存在是粉尘发生爆炸的先决条件。粉尘的颗粒越细、比表面积越大，能够吸附的氧气就会越多，发生粉尘爆炸的可能性也就越大，而且粉尘的着火点越低，其爆炸下限也相应降低。随着粉尘颗粒的精细化及粉尘粒径的减小，不仅粉尘的化学活性会提高，而且静电富集的可能性也随之增加，粉尘发生爆炸的危险性增强。

③ 粉尘的浓度。与可燃气体的情况类似，粉尘爆炸也需要粉尘具有一定的浓度范围，粉尘也同样存在爆炸上限与爆炸下限。在文献报道中，多数只列出了粉尘爆炸的爆炸下限，这是因为粉尘爆炸的爆炸上限往往较高，通常情况下不容易达到。

（3）化学反应性资料

物料的化学反应性资料是化工生产过程中必须关注的重要资料，化学反应性资料通常包括物料操作风险资料与工艺过程风险资料。就物料的化学反应性资料而言，一般包括工艺过程中使用的各单一物料的热分解试验数据、自燃性测试数据等主要的物料化学安全性数据。对于化工工艺过程中的化学反应性资料，就需要考虑相应工艺过程反应的热稳定性试验数据、反应热量数据、反应绝热温升数据、反应腐蚀性试验数据等，同时还需要考虑爆燃引起的爆炸扩散等危险情况。

（4）毒性资料

化学物质通常具有一定的毒性，一般来说，有机化合物的毒性与其成分、结构和性质有着密切的联系，这是人们已经熟知的事实。例如，当卤素原子加入到有机化合物的分子中后，绝大多数能使有机化合物的毒性加强。对毒性反应能够起到重要作用的化学键的基本类型通常包括共价键、离子键和氢键，此外还有范德华力等。化合物分子中官能团的引入通常也会增加物质的毒性。例如，有机化合物分子中引入氨基、硝基、亚硝基官能团后，化合物的毒理学性质会被剧烈地改变，而羰基的存在或化合物的分子被乙酰化后可能会降低化合物的毒性。目前，大多数常规的化工原料的毒性资料比较全面，但对于非常规的物料和反应中间体的毒性资料，则需要在工艺研究过程中进行补充与完善。物料的毒性资料通常包括物料毒性的危险等级、物料的卫生标准、吸入或食入危险性、环境中的最大允许浓度、皮肤刺激和眼部刺激测试数据、急性经口毒理学测试数据、致敏性测试数据、急性经皮毒理学测试数据、微核试验数据、亚慢性试验数据、慢性毒性试验数据及细菌回复突变Ames测试数据等。Ames测试是检测物料是否具有细胞突变性和致癌性的一种测试方法，能提供非常重要的物料毒理学测试数据。此外，还包括具有特殊放射性的物料的放射性试验数据等。

化学物质按毒性通常可以被简单地划分为以下五类。

① 未知毒性的物质。对于毒性不明确或未知的物质，通常用字母“U”表示，是英文单词 Unknown 的首字母。化学物质毒性标识为“U”的，一般有以下几种类别的化学物质。

a. 该类物质为创新化合物，在当前的文献报道中查找不到该类物质的任何毒性信息，人们目前对该类物质的毒性一无所知；

b. 该类物质很新颖，尽管已经具有基于动物试验的一些信息，但对于详细物质毒性的研究和报道并不多；

c. 该类物质很新颖，已经研究、报道及公开的毒性数据信息存在疑点，需要进一步研究与完善。

② 无毒性物质。可以认为绝对没有毒性的物质是不存在的，化学意义上没有毒性的物质通常使用“0”来表示，表示物质的毒性为“0”级。化学物质标识为“0”级毒性的情况，一般有以下几种类别的化学物质。

a. 该类物质的毒性资料齐全，在任何条件下使用该物质都不会对操作人员造成毒性伤害；

b. 该类物质的毒性资料齐全，仅在超大的剂量下或最不寻常的条件下使用，才可能对操作人员造成一定的毒性伤害。

③ 轻度毒性物质。具有轻度毒性的物质用“1”标识，轻度毒性情况通常包括慢性局部中毒、慢性全身中毒、急性局部中毒和急性全身中毒。轻度毒性物质的具体情况如下：

a. 慢性局部中毒指的是物质连续或重复暴露持续数日、数月甚至数年的情况下，无论暴露的程度是大或小，对相关人员的皮肤或黏膜造成了轻度伤害；

b. 慢性全身中毒指的是物质连续或重复暴露持续数日、数月甚至数年的情况下，毒性物质通过呼吸或皮肤吸收的方式进入相关人员体内，无论暴露的程度是大或小，对相关人员造成了轻度伤害；

c. 急性局部中毒指的是化学物质在一次性连续暴露了几秒、几分钟或几小时的情况下，不论暴露的程度如何，都对操作人员的皮肤或黏膜造成了轻度伤害；

d. 急性全身中毒指的是化学物质在一次性连续暴露了几秒、几分钟或几小时的情况下，毒性物质通过呼吸或皮肤吸收的方式进入相关人员体内，或者毒性物质被人员一次性服入，不论毒性物质的暴露程度如何，也无论服入者吸收或服入的剂量多少，仅对相关人员产生了轻度影响。

一般而言，被列为“轻度毒性”的物质在人体中的变化往往是可逆的，中毒者会随着化学物质暴露的结束，经过医治或无须医治而逐渐消除中毒症状，恢复到健康状态。

④ 中度毒性物质。具有中度毒性的物质用“2”标识，中度毒性情况同样包括慢性局部中毒、慢性全身中毒、急性局部中毒和急性全身中毒，中度毒性往往发生于毒性物质一次性连续暴露几秒、几分钟或几小时的过程中，对皮肤或黏膜造成了中度伤害。上述影响可以来自几秒的强暴露或几小时的中度暴露。被列为“中度毒性”的物质往往会在人体中产生不可逆的中毒症状，但有时也会有可逆的变化发生。需要说明的是，这些不可逆的中毒症状或可逆的变化并不会严重危及人的生命或对身体造成严重的、永久性的伤害。

⑤ 重度毒性物质。具有重度毒性的物质用“3”标识，重度毒性情况同样也包括慢性局部中毒、慢性全身中毒、急性局部中毒和急性全身中毒，重度毒性也同样常常发生于物质一次性连续暴露几秒、几分钟或几小时的过程中，对皮肤或黏膜造成了重度伤害。上述影响可以归因于几秒的强暴露或几小时的中度暴露。被列为“重度毒性”的物质会对人体产生不可逆的中毒影响，有时也可能有可逆的变化发生。需要说明的是，这些不可逆的中毒症状或可逆的变化会危及生命或对人体造成严重的、永久性的伤害。

5.2.2 工艺路线的选择

化工产品的合成通常可以采用多条不同的化学工艺路线，通过多种不同的化学反应来完成。工艺路线的选择一般在合成工艺的探索研究时开始，工艺路线的确定则需要在进入正式工艺研究阶段之前在工艺设计的最初阶段完成。与此同时，还需要依据已确定的工艺路线，完成相应的反应风险研究。工艺路线的选择主要依据工艺路线的安全性评价，包括充分考虑工艺过程本身是否具有潜在危险性，工艺过程中为了合成目的产物所要进行的相关操作，物料加入、移出、转移和储存等过程中潜在的危险性，以及其他危险性因素是否能够在工艺过程中有所加强等。

(1) 具有潜在危险性的工艺过程

任何化学工艺过程都是具有潜在危险性的，具有潜在危险性的合成工艺过程在一般情况下是指化学合成过程潜在的危险性一旦失去了控制就有可能造成灾难性后果的工艺过程。例如，放热反应过程在热失控的情况下有可能发生飞温、冲料、爆炸、火灾、毒性气体的释放等事故。现将具有潜在危险性的工艺过程简要地总结归纳如下：

① 工艺过程使用的液体物料的沸点与闪点较低，具有一定的燃烧性与燃爆性，特别是工艺反应条件在物料的爆炸极限范围附近的工艺过程。

② 工艺反应本身有气体生成，具有潜在爆炸危险性。

③ 工艺反应本身是放热反应，特别是剧烈的放热反应。

④ 工艺反应条件较为苛刻，工艺需要在高温、高压或深度冷却等条件下进行的操作。

⑤ 工艺过程中使用了一些固体物料，这些固体物料的最低燃爆能量较低，具有一定的粉尘爆炸性。

⑥ 工艺过程使用的物料具有热不稳定性，容易引起分解反应、二次分解反应或爆炸。

⑦ 工艺过程使用的原料、生成的某些中间产物或副产物具有较高的毒性。

对于任何确定了的工艺过程，如果具备上述危险条件中的一个或几个，那么该工艺过程具有潜在的高风险，需要认真开展工艺研究与反应风险评估，并要全面开展反应过程的安全性分析，确保工艺过程中的风险能够得到全面的评估及有效的控制，保障化工生产安全进行。

(2) 反应过程的安全性分析

化工生产的目的是实现物质之间的转化。物质间的转化过程通常较为复杂，化学反应过程常常会因为反应条件的微小变化而导致反应结果偏离预期的反应途径，严重的会导致分解反应或二次分解反应的发生，甚至引发灾难性后果。同时，工艺过程存在较多的危险特性，开展反应风险研究与评估，充分评估化学反应工艺过程存在的危险性，将有助于保证化工生产的安全。

化学反应过程的安全性分析通常包括以下内容。

① 物料及其反应的安全性分析。工艺过程涉及的化学反应是化工生产中最主要的风险源，需要认真分析生产过程中发生的所有反应，包括副反应，并对潜在的具有热不稳定性的反应物、中间产物、目标产物和相应的反应与副反应进行全面的分析，辨明潜在的风险。例如，要对具有自燃性质和燃爆性质的物料的使用进行认真分析，对相关反应潜在的危险性进行全面考察，并考虑如果反应物的相对浓度或其他操作条件发生改变的情况下，是否会减小或加剧反应的危险程度等。

② 物料混合风险分析。物料之间进行混合，常常因为物料之间产生相互作用带来新的风险，因此对于工艺涉及的所有物料，应该采取建立矩阵列表的形式来充分考虑物料之间的相互作用、物料间在混合过程中可能会导致的风险、反应物与热源的配置及加热方式的选择、可能会发生的冷却失效和反应失控等操作故障，这就是要求在工艺设计方面充分考虑可能发生的失误和失控，以及由于物料间的混合导致的各种潜在风险。

③ 物料理化性质风险分析。工艺过程中使用到的所有物料，包括溶剂与添加剂，都需要充分了解其物理及化学性质，考虑各种物料是否能够吸收空气中的水分而吸潮或发生潮解，是否具有因为发生了吸潮或潮解而引起表面黏附从而形成了具有毒性或腐蚀性的液体或气体的特性。要认真地评价工艺过程可能会发生的反应及副反应，考虑是否能够生成有毒物质，反应或副反应发生是否会产生大量的气体，甚至导致爆炸事故；要充分考虑工艺过程中所有使用的危险性物料，尤其是对于痕量可燃物、痕量不凝性的有毒易燃物、有毒易燃性中间体或积累的副产物等。此外，还需要充分考虑工艺过程中是否会形成具有危险性的垢层，垢层会影响热传递的正常进行，从而导致热量累积等各种情况。要明确工艺过程中存在的杂质对化学反应及工艺过程的影响；要明确设备的材质与选型、管道的材质与选型对化学反应及工艺过程的影响。此外，对于涉及使用催化剂的工艺过程，还需要对催化剂各个方面的催化性质进行严格考察，如催化剂的活化、再生、老化、中毒及催化剂粉碎等情况。

(3) 潜在危险性较高的工艺操作

在经过细致的工艺研究、反应风险研究与工艺安全风险评估后，确认了一些危险程度相对较高或具有潜在高危险性的工艺过程。在实施危险性相对较高或具有潜在危险性的工艺过程之前，需要认真分析、研究具体操作过程将会面临的危险性，确定出安全操作方案，这是过程安全评价的重要内容。

下面列举了一些常见的具有潜在较高危险性的操作过程。

① 含有可燃、有毒固体的过滤、干燥、粉碎的操作过程。

② 含有易燃、有毒液体或气体的蒸发过程、反应过程。

③ 易燃物料与强氧化剂的混合反应操作过程。

④ 对易燃、强氧化性的氧化剂的操作过程。

⑤ 含有不稳定性物料的升温、升压操作过程。

⑥ 具有热敏感性的物料与工艺过程中使用的不参与反应的组分的分离操作过程。例如，具有热敏感性的物料与溶剂或催化剂的分离操作过程。

5.2.3 间歇和半间歇操作

精细化工生产与石油化工生产的最大区别在于前者生产过程复杂，不容易实现全面的连续化生产，而以石油化工生产为代表的连续工艺过程通常适用于自动控制操作，属于大批量的连续化操作。从经济性的角度来看，连续化的操作过程明显优于间歇的操作过程。在连续化操作过程中，反应物能够连续不断地加入到反应器中，经过相互连通的各个操作单元完成反应，产物也连续不断地移出反应体系。由此可知，在连续化的生产工艺中，尽管产能相对较大，但工艺原料在系统内的累积存在量相对较少，未反应的原料也较少，所以，连续化过程的稳定性更好，周期性波动较小。

在化工工艺的设计中，反应风险的来源主要体现在工艺过程的选择上，需要在连续工艺与间歇工艺之间作出选择。对于大规模连续化的生产模式而言，多数采取自动控制，开、停车相对较少。因此，潜在的反应风险是相对固定的。精细化工合成反应能够全面实现连续化操作的工艺过程不多，其中绝大部分需要采用间歇操作或半间歇操作的模式来完成。化工间歇操作过程重大风险取决于安全技术措施的复杂性、延展性及任意时间内反应器中的化学物质量的多少。在任意时间内，反应器内的化学物质的量越少，工艺过程的安全性越高。

虽然连续化工艺过程的产能较大，技术上也比较容易控制，容易实现稳定操作，同时经济优势显著，但是，连续化反应器及连续化操作工艺的应用与实施具有一定的局限性，连续化生产对设备的自动化程度要求较高，固定资产的一次性投资相对较大，就这些方面而言，连续自动化的生产模式并不能完全满足精细化工生产的需要，间歇操作和半间歇操作仍旧是当今精细化工行业在生产上采用的主要生产模式。

向反应器内滴加物料的操作模式称为半间歇操作，而预先一次性投入物料的操作模式称为间歇操作。与半间歇操作过程相比，间歇操作过程可能具有较大的风险，一旦由于超温引发反应体系热失控，反应器中大量的原料在温度升高的过程中快速发生化学反应，释放出大量的能量，释放的能量加剧体系的升温。在这种情况下，若无有效的风险控制措施阻止体系温度的持续升高，最终可能会引发反应体系的二次分解反应，造成火灾、爆炸等事故。相比之下，采用半间歇操作模式相对安全，可以通过控制物料的加入量及加入速度，控制反应过程的能量释放，达到安全生产的目的。尤其对于强放热反应而言，采取半间歇操作模式可以更有效地控制反应的放热量与放热速率，减小由于反应热失控造成的风险。但是，对于一些间歇或半间歇的操作过程，有时需要在两个或几个连续操作批次之间清洗反应器，有可能存在设备清洗程序不完善、清洗准备不充分、清洗不彻底或没有完全移除清洗液等问题，从而引入了新的危险源。从这一点上看，考虑新危险源的引入，间歇、半间歇操作相对于连续操作来说具有较高的工艺危险性。此外，在间歇或半间歇操作中，如果对化学工艺、化学反应热、物质热稳定性等认识不足，缺乏足够的过程数据，将会进一步影响工艺设计的合理性，造成安全控制系统配置的不匹配，以及操作程序的不完备，给工艺带来更多的风险。

对于半间歇操作模式来说，尽管主要反应物料采用滴加的方式逐渐加入到反应体系中，但也存在着一定的风险。该工艺风险主要来自物料的滴加速度及加入量，物料的加入速度要与反应系统的移热能力相匹配，物料加入速度不能超过反应设备的移热能力，否则会导致反应热在反应体系内大量累积、体系温度持续上升。当体系温度升高到一定程度时，将会引发偏离目标工艺的副反应，甚至引起体系中不稳定物料的分解或反应体系的沸腾，最终导致意外事故。当物料的加入温度低于反应体系温度时，供热能力不足，反应不能及时发生，也会造成物料的累积；当体系温度快速达到反应温度时，积累的原料将会以较高的浓度发生突发反应，这时，如果生成的热量不能被及时移出反应体系，体系内的温度将会持续上升或突然升高，也有可能引起反应体系中物料发生分解反应或二次分解反应。对于有气体生成的反应，反应的快速引发还将会造成体系内压力的急剧升高，可能导致爆炸事故。例如，某产品的合成过程，按照工艺要求应在不低于75～80℃的温度条件下进行，原料A要在4h内滴加完成。但由于操作过程出现偏差，操作人员没有按照工艺要求的温度加入原料A，其滴加时反应釜内温度为70℃，在此温度条件下，目标反应的反应速率较慢，加之投入的是低温物料，造成滴加过程体系温度降低至55℃，在如此低的温度条件下，操作者又人为地加快了原料A的滴加速度，于70min内投入了全部的原料A，并随后对反应体系进行了加热。当体系温度上升至反应温度时，发生了剧烈反应，大量放热，由于反应热来不及被移出而造成体系温度骤升，仅在10min内体系温度就升高至200℃，导致釜内的物料进一步分解，产生了大量的气体，最终造成了爆炸事故的发生。

对于有气体产生的放热半间歇操作，物料的加入速度对反应也会有一定的影响，除了影响反应速率以外，也会影响体系产气的速率，尾气的排放速率如果超过反应器排放管路的设计限值，可能会造成反应器憋压及气体的逸出。例如，某农药生产工艺中的取代三唑的反应位点，反应过程中会生成甲硫醇气体，由于原料滴加速度太快，反应生成的甲硫醇气体来不及被完全吸收而外逸，造成了严重的环境污染事故。因此，工艺控制会对工艺安全产生至关重要的影响，对于在工艺操作过程中遇到的任何异常现象，首先是要搞清楚引起这一异常现象的原因，不能盲目地使用补加反应物、提高反应温度或加快物料滴加速度的方法；对于需要在一定温度条件下完成的放热反应，要充分考虑反应热的传递和移除效应；对于放热显著的化学反应，还需要考虑采取在反应温度条件下将关键的反应物料逐渐滴加的方式，没有足够的安全性数据的情况下，绝不能采取预先投入大量物料，之后进行加热升温的间歇操作模式。在投料过程中，还需要严格注意物料的投入顺序并保证设备合理的利用率，确保温度探头、热电偶等温度测量装置能够浸入到反应料液内部，使测温装置能够显示出反应体系的真实温度，避免因温度不准确而导致危险性事故。

5.2.4 工艺风险

对于工艺风险，可以简单地理解为一个事物的发展过程具有的不确定性，只要在一个事物的发展过程中能够出现几种不同的结果，而且各种结果都伴随有一定危险性情况的出现，就可以认为此事物的发展处于风险之中。通过风险在发生后造成的危害结果的严重程度就可以对工艺风险的危险性进行分析和评估，以此来确认最坏的局面。对于可能发生的危险情况，可以通过最坏局面的确认，提前采取一定的预防及保护措施，有助于降低工艺风险的危害程度。例如，反应系统安全阀的安全性评估及选用，不仅需要满足在系统超压时能够将介质迅速排放的要求，还需要保证承压设备的压力不能超过设备允许的限值。因此，选择系统的安全阀门，要同时考虑压力容器的工作温度、工作压力、目标介质特性及危险发生时可能会出现的情况等。由于压力反应本身具有相对较大的危险性，因此，许多标准、法规都对设计标准进行了规定。在设计过程中，除了需要严格执行这些标准、法规，还需要考虑压力容器或压力设备的结构、材料、设计强度、制造方法、金属厚度等诸多因素。例如：对于压力不高的承压设备，大多数可选用杠杆式安全阀；对于需要在高压条件下完成反应的压力容器，多数可以选择弹簧式安全阀；对于压力高、流量大的承压设备，最好选择全开式安全阀；如果压力反应使用的介质为易燃、易爆或有毒、有害的有机溶剂，建议选择封闭式安全阀。对于系统的设计温度及设计压力，应该参考工艺过程中的最高限值来确定。压力容器通常造价高，为了便于后期维修、检查和保养，压力容器上必须留有一定尺寸、一定数量的检查孔。在操作或处理具有腐蚀性的反应原料、产品时，除了要充分考虑设备、容器、管道的耐腐蚀性以外，还要考虑安装完善的排液系统，并要严格注意防止压力容器的放空口和安全阀门由于排出的危险物质产生滞留而带来二次危险性。此外，对于有泄压阀的反应系统，必须进行严格的工艺研究、反应风险研究及工艺风险评估。

事实上，安全系统仅仅适用于某些特殊的情形，往往在最坏的局面下，常规的设计不能提供全面的防护措施，只有在反应风险研究和反应安全风险评估后，对安全系统设计进行完善，才能在任何情形下都能提供保护措施。

在进行安全系统设计时需要考虑各方面的因素，如原料因素、搅拌因素、温度控制因素等，如果对主要的控制因素不了解、不清楚，控制不到位或控制发生了偏离，都可能会导致严重后果。

（1）原料因素

对原料的物理及化学性质，包括熔点、沸点、闪点、燃点、蒸气压、酸碱度、自燃温度、热稳定性、毒性等，了解不够全面，使用了错误的原料、原料吸水受潮、原料中混有杂质、原料的加入速度太快或太慢、原料的投料量过多或过少、原料在金属或其他材质的设备内长期存储质量发生了改变等，均会带来一定的工艺风险。

（2）搅拌因素

搅拌是保证反应体系传质、传热的重要手段。如果对搅拌设计不当，对搅拌器或搅拌速度的选择存在缺陷，当搅拌在工艺过程中出现意外情况，没有考虑任何的补救措施，如停电或其他设备出现故障导致搅拌失灵等，最终都可能会导致危险事故的发生。

（3）温度控制因素

反应温度会对化学反应速率产生重要影响。反应温度的控制与冷却设备、冷却介质、冷却系统的移热能力，以及系统中各设备与部件的正常运行密切相关。如果冷却系统的移热能力不足、供冷失灵、冷凝器阻塞、仪表失灵、温度设置错误、泵失灵、停电、阀门故障及其他相关机械出现故障，都将导致反应温度的失控，引发反应风险。例如：某一放热反应，反应物 A 与 B 以摩尔比 4∶1 的比例加入到反应釜内，初始设计时，物料通过各自的加料罐滴加到混合釜中，经过混合后再加入到反应器，当物料全部混合完毕后，混合器出料阀门全开，将混合物料全部加入到反应釜内。实际上，反应物 A 和 B 的反应过程较为缓慢，并且放热不剧烈，在室温条件下反应放热需要几小时才能达到体系的沸腾温度。在常规操作条件下，原料滴入混合器混合完成后会被迅速排净，没有潜在风险。但是，当停电或计算机失灵等意外故障发生时，有可能导致反应物在混合器中发生存积，此种异常现象如果持续时间较长，最终可导致温度升至 150℃、压力升至 1MPa 的情况发生，此时会超过混合器的设计压力，造成喷料或爆炸等事故。为了规避此类风险，可以考虑在混合器上加设应急泄压装置；而更好的解决方法是取消混合过程，将反应物 A 和 B 以一定的加入速度直接加入反应釜，这样做不仅有利于节约资源，更有利于保证安全生产。

5.2.5 不同情形的过压问题及其安全方式

化工生产过程中，除了有常压条件、真空条件的反应外，还经常会遇到高压反应，如高压加氢还原、催化空气氧化、催化水解、高压聚合等。一般情况下，与常压反应相比，高压反应对设备的要求较为严格，潜在的危险性相对较高，但大多数的压力反应由于工艺过程没有或很少有废水、废渣和废液产生，其原子经济性通常较高。因此，压力反应过程既经济又环保。例如，高压催化加氢反应可以称为绿色的化学过程。对于高压反应而言，反应过程的重要风险来自反应压力过高，一旦反应压力超出预定压力值，有可能引起副反应或二次分解反应的发生，造成体系内联锁分解反应的发生，并且会对反应设备造成一定的威胁。设备过压问题不仅针对压力容器，而是对所有的常压反应设备、化工容器等，都有一定的耐压要求。为了有效地预防过压问题可能带来的风险，在所选择的化工设备上安装压力释放装置是重要和必需的安全措施。

对于所有的化工设备和化工容器来说，如果没有配备合理的压力释放装置，一旦反应过程出现过压，不仅可能会引发副反应，而且可能会因体系过压引起罐体的破裂及相应设备的损坏。造成体系过压问题的原因各有不同，包括来自外界因素造成的设备过压、反应进行过程中引起的过压及操作失误造成的反应体系过压等。

下面介绍三种主要的过压情况。

（1）超常吸热导致的过压

压力容器的安装和使用都有相应的规范要求，需要相对隔离并远离火源与热源。当化工生产装置近距离接触热源或火源时，都将致使设备温度升高，从而导致设备内压力的迅速升高。如果容器内存有的物质需要低温的条件进行保存，在装有低于环境温度流体的设备保温失效时，同样也会引起体系温度的升高，最终将导致设备压力的快速升高。对于没有夹套的设备或液体储罐而言，当完全暴露于无约束燃烧的火焰中或处于其他热源中时，其液体润湿表面的吸热速率可以达到 390000 kJ/（h・m^2）。在发生上述危险情况时，极易造成储罐内液体的沸腾、膨胀而导致蒸气爆炸。对于含有低温流体的管线或容器，当发生保温失效时，尽管其吸热速率比在火焰中暴露形成的吸热速率低，但也会形成相对较高的吸热速率。最终均会由于超常吸热引起过压，进而带来危险。

（2）化学反应引起的过压

对于反应物为气体或生成物为气体的化学反应，溶剂为低沸点、低闪点物质的化学反应，以及反应速率较快的工艺过程，由于具有气体或蒸气产生的不稳定性质，往往对选择反应设备的压力释放装置造成困难，难以遵循绝对的标准。在上述反应体系中，反应生成的气体和反应体系内的溶剂蒸气会同时释放，有时还会存在液体的夹带释放，释放出口的确定就会变得很复杂，如果严格按气体或蒸气负荷大小来确定压力释放装置，就很有可能与实际产生偏离。因此，对于具有潜在风险的化学反应来说，安全的控制原则是选择适当的终止剂，一旦发生紧急情况，立即向反应体系内加入终止剂，及时终止反应，防止过压情况的发生；对于溶剂为低沸点、低闪点的反应体系，要求自始至终保持惰性气体氛围，实施有效的惰性气体保护措施，避免发生副反应，避免因过压产生危险。

（3）故障或失误引起的过压

生产过程中常会遇到设备故障，有时还会出现人为操作失误的情况。设备故障或人为操作失误有时会导致反应设备、化工容器、气体或液化气钢瓶及管道出现过压现象，造成爆炸或燃爆等事故。在化工生产过程中，一般情况下全部装置流程中的设备之间会采用安装阀门或管道的方式进行连接，在关闭阀门的情况下，各工艺过程装置的每个部分都会与其他部分做到相对隔绝，因此，每个不同生产单元内的主要设备都必须配备独立的泄压装置，保证在工艺过程中每个不同的操作步骤都可以做到独立的应急泄压，避免在其他环节操作失误的情况下，造成联锁效应，导致反应系统出现过压的情况。另外，为避免操作系统过压，需要对设备故障及操作失误的各种情况进行详尽的分析，做到在不同的实际操作条件下，准确预测各个系统所需要的泄压能力与泄压部位，建立相应的规避措施及解决方案，有效地避免在设备发生故障和人为操作失误的情况下，进一步导致反应系统出现过压现象。

目前，化工生产的每个过程尽管都设计安装有压力应急释放系统，但由于应急释放系统的设计往往比较复杂，没有固定的设计标准与设计方案，因此，压力应急释放系统并不适用于所有的反应，设计应急释放系统应该遵循能妥善处理事故的原则。对于特殊的化学反应过程，如果应急释放的相关气体为有毒、有害的气体，不允许直接排入大气，通常还需要设计安装尾气吸收装置，必要时安装吸收塔等辅助设施。对于反应放热剧烈、反应较快的过程，有时不可能设计出一个足够大的应急释放系统。极快的反应速率，将导致系统压力的急剧升高，应急释放系统并不能完全消除风险，应对这样的危险情况，可以考虑采用猝灭反应等方式来取代应急释放系统。因此，合适的应急释放系统的安装与应用具有一定的针对性。

5.2.6 工厂操作的有效性和兼容性

对于化工生产来说，仅依靠稳定、可行的工艺技术并不能达到安全、高效的生产目的，实现工厂安全操作的基础是操作的有效性和兼容性，而工厂操作的有效性和兼容性来自切实有效的基础设计。所以在初始设计的启动阶段，就需要通过文献资料查询相关的数据信息、实验室内小试阶段的试验数据、中试规模的工程化放大试验数据及反应风险研究数据。从工艺设计开始直到工厂满负荷的生产运行，工艺过程的设计者必须认真研究工艺过程及其所有的试验数据及试验结果，综合考虑小试、中试及大规模生产操作中的放大效应，从设计的角度来保证工厂操作的有效性和兼容性。

考虑工厂操作的有效性和兼容性，大致包括以下内容：

① 比较大规模化工生产使用的工业原料与实验室使用的小试原料在质量上的差异性，建立原材料质量使用标准，明确纯度不高的化学品在使用过程中可能存在的质量风险及安全风险；

② 清楚地了解工艺使用的各种原材料的特性，将稳定性差、化学性质活泼、有毒性的物质等进行合理化分类，明确各种工艺中的原材料、中间产物、产品及副产物的储存要求，对存储问题及可能带来的影响作出评估；

③ 明确化学反应的反应热及绝热温升情况，认真考虑反应风险，也要考虑传质、传热效果的不同对反应的影响及可能带来的放大效应，达到良好的传质与传热效果，满足生产上的要求；

④ 认真考虑工艺过程中反应时间的差异带来的影响，明确延长加料时间与反应时间的延迟可能会带来的影响，并在生产中有效地避免由于反应时间的延长产生的影响；

⑤ 反应体系内金属离子的存在可能会对化学反应起到催化作用，明确可能存在的金属离子的种类及其对工艺过程造成的可能影响，对设备材质进行合理选择，避免由于设备选材不当带来的影响与产生的风险；

⑥ 关注整体工艺过程，如果各步反应产生的中间产物没有涉及蒸馏、精制等处理过程，直接进入下一步反应时，需要认真考虑连续操作过程中各种杂质尤其是敏感性杂质的累积情况，考虑其可能带来的质量风险和反应风险；

⑦ 从工艺设计及操作执行的角度出发，明确操作过程监控方法的偏差，以及在自动控制的过程中可能存在的影响和差异。

与此同时，化工生产的安全保证及风险控制不仅涉及工程过程、工艺过程与工艺操作，还涉及工厂建设和人员配置等各个方面。工厂建设是进行化工安全生产的初始步骤，工厂建设及人力资源的相关配置对化工生产具有重要的影响，工厂建设与人员配置的基本要求如下：

① 工厂设计与工厂建设要坚持经济性与实用性的原则，充分考虑系统设备的相互兼容性，在关键工艺步骤采用合理的自控设计，实现控制自动化，最大限度地避免人为操作失误对工艺过程稳定进行产生的影响；

② 化工生产设备需要进行定期的维护与保养，化工生产单位需要有足够的维修能力，并配备专业的设备维护与保养人员，保证生产设备及装置的正常运行；

③ 在设计初始阶段，就应根据生产岗位配备相应的人员，对人员素质提出合理的要求，并对操作人员进行必要的相关培训，使所有的操作人员都清楚地了解本岗位的工艺技术条件，生产岗位的操作人员还必须充分理解和认真掌握本岗位的工艺操作方法和设备操作方法；

④ 对化工行业而言，化工产品根据市场需求的变化，往往更新换代较快，要求生产车间具有多功能性质，建议采取柔性连接，以满足在相同性质或不同性质的生产品种间进行切换的要求，技术人员应该非常清楚和明确在工厂建设或工艺操作条件发生改变时，对这种改变可能造成的影响，在设备清洗及生产过程中避免交叉污染。

5.2.7 工艺控制及工厂优化

很多化工工艺过程受多种因素的影响，有些因素的存在是不可控的。因此，化工工艺的改进与优化是一项持久且连续的重要工作。尤其是对于一些可控性较差的危险工艺，反应风险研究与反应安全风险评估就尤为重要，更应该持续进行工艺技术改进与工艺优化。工厂和其中的各种设备是为维持工艺操作在允许范围内的正常运行而设计的，在设计、建设、开车、试生产或停车等各阶段中，有可能存在某些条件的改变，从而与正常设定的生产操作偏离。对于风险性较大的反应，工艺操作条件的微小改变或工厂设备的细微偏差都有可能导致严重的后果，从而引发危险事故。这就需要通过反复的反应风险研究与反应安全风险评估来规避风险，完善工艺条件及安全控制措施，满足反应安全风险评估及生产安全的控制要求。

工艺风险性的影响因素有很多，主要及常见的影响因素汇总如下。

① 反应在工艺要求温度范围内，延长反应时间导致发生了不可控的放热副反应。

② 如果某一反应对温度非常敏感，按反应的温度要求，一般对于在 30～70℃区间内发生的反应，通常选择热水或其他非水物质作为热源，如果使用蒸汽进行加热，将有巨大的潜在风险。

③ 由于设备材质选择不当，将金属离子带入反应体系，在金属离子的催化作用下，发生副反应或分解反应。通常的情况应该选择搪玻璃的设备，如果错误地选择了不锈钢材质的设备，一旦设备发生腐蚀，将进一步带来巨大的风险。

④ 采用不锈钢材质的管路输送有机物料，可以有效地防止静电产生，当管路由不锈钢改成搪玻璃或塑料时，将导致静电的产生和聚集，在静电跨接或导出不良的情况下，聚集的电荷将有可能导致爆炸。

为了规避工艺过程中的反应风险，确保化工生产能够安全进行，工厂及工艺的优化需要对设计及操作过程的每一细节逐一严格校对，安全校对的内容主要包括以下几点。

（1）物料的安全校对

① 检测和分析工艺过程使用的所有物料，向供应商咨询有关物料的一般性质与特性，明确工艺使用的物料在相关工艺过程与工艺条件下的有关物理及化学性质，切实掌握物料在储存、生产加工与应用安全方面的知识或信息，并确保物性资料的来源可靠，鉴别所有工艺过程中涉及的原材料、中间体、产物及副产物的危险性，收集工艺过程物料的安全性技术资料。

② 查询工艺使用的所有物料的毒性信息，确定物料被机体吸收的不同进入途径与进入模式，分析短期、长期对人体的影响及其允许接触的限值。

③ 考察工艺过程中物料放出的气味与毒性之间的关系，确定物料气味是否会对健康造成影响，在工业卫生识别、鉴定与控制方面建立相关方法。

④ 根据物质危险性质，将物料在生产、加工、储存各阶段对物料量、物理状态等的相关要求与其危险性进行关联考虑。

⑤ 明确在产品的运输过程中，可能给相关人员如仓储人员、承运人员、铁路工人及民众带来的危险，并建立安全的防护防范措施。

（2）反应的安全校对

工艺过程根据相应的化工原料，通过特定的化学反应得到目标产物。以对原材料进行安全校对为基础，还需要对工艺涉及的化学反应进行校对，反应的安全校对的主要内容如下所述。

① 化学反应过程会对工艺安全产生重要影响，为了使反应能够安全地进行，首先必须对工艺过程进行全面的研究与分析，对反应过程中的主反应、副反应及意外发生的化学反应都要进行全面的考虑，分析出在工艺过程中一切可能发生的化学反应，确定这些化学反应潜在的和可能带来的风险。

② 结合工艺过程研究与反应风险研究，考察反应进程、反应速率与其他相关变量之间的关系，确定能够阻止反应过程中副反应、分解反应及二次分解反应等危险化学反应发生的关键条件，采取有效的手段与措施加以控制。同时，对于放热反应，确定在热量累积的情况下反应可能达到的极限程度，并确定应急控制措施与应急方案。

③ 对化学物质进行稳定性研究和分析。对于不稳定的相关物料，通过试验确定其在受热过程、氧气氛围或在振动、摩擦、加压等条件下的不稳定程度，明确物料在暴露、存储、使用等情况下的相关危险性，建立相应规程，保证安全操作。

④ 对工艺反应过程进行仔细研究，对工艺过程中涉及的化学反应进行反应热相关测试，获得反应热、绝热温升等热数据，明确反应过程的热效应，对工艺过程的传热、传质提出具体的要求。同时，还要考察在相关工艺条件发生改变时可能带来的反应风险。例如，当反应温度、反应物的相对浓度、物料滴加速度、操作压力等条件发生改变时，是否会导致潜在失控的风险。如果有潜在的风险发生，要评估所发生的风险对人员、设备及周围环境等可能造成的危害，并严格评估发生风险的可接受程度。

（3）化工安全生产的总体要求

化工行业属于风险性较高的一类制造业，我国政府对化工安全生产有着严格的法律规定与相关要求。对于化工企业来说，化工安全生产的总体要求可简要归纳如下。

① 化工产品的生产过程总是从小试、中试最终至放大生产，化学反应必须经历必要的放大过程，对于某化学反应，必须考虑反应类型与整体的恰当性，满足一定规模的放大要求。通常所采用的是逐级放大方法。

② 鉴别化工过程的主要危险性，需要在工艺流程图、平面图上作出明确标识，并标记出危险区域，要充分考虑所选择的工艺反应过程，设计方案必须符合安全放大的相关要求。

③ 对于既定的工艺路线，需要考虑工艺过程中所有的原材料，包括工艺过程中使用的溶剂、添加剂等。在工艺初始研究阶段，尽最大可能选择危险性较小的原材料、工艺溶剂、催化剂等物料。同时，考虑工艺过程中使用的各化学物质间的相互作用与相互影响，考虑加料顺序的改变可能给工艺过程带来的影响及其在质量风险及反应风险上影响的严重程度。

④ 认真考虑工艺过程中废弃物的排放情况。考虑在工艺过程中产生的所有废弃物排放的必要性及其排放与处理方法。如果工艺过程确实必须要排放废弃物，要严格遵守国家的相关法律法规要求，并充分考虑产生的废弃物的处理方法、操作规范及排放要求，制定出的排放规程要符合国家与地方政府的相关环保法规要求，对于所有的废弃物，要做到达标排放。

⑤ 在工艺设计的初始阶段，成立由工艺专家、设计专家、工程专家及反应风险研究专家构成的专家工作小组，结合工艺研究、工程研究及反应风险研究的结果，通过专家小组的工作，对工艺过程的每一步进行严格的检查，校核工艺过程的设计是否恰当，相关的工艺设计说明是否清晰，正常条件与非正常条件的设计考虑是否充分，意外风险是否能得到有效控制，工艺设计采用的处理方式是否恰当，所有相关参数的使用是否合理等。在设计的初始阶段就要依据每个工艺过程的安全性制定各种应急预案。

⑥ 考虑工艺研究过程是否经历了从小试到中试的放大研究过程，以及工艺过程放大研究的完善性、正确性与准确性。根据小试研究与中试放大研究结果，认真考虑并核对工艺过程中热传递设施的设计与选择是否合理，特别是对于有明显放大效应的化学反应，更要充分考虑热传递设施的安装与控制，要求设施选择、安装和监控恰当与完备，保证能够严格控制与减少反应风险的发生，对于放热过程显著的、具有高风险的化学反应，要充分考虑其热分解反应及二次分解反应发生时潜在的反应风险。工艺过程必须采取自控操作，考虑如果在工艺过程中发生了由于热失控或压力失控导致的火灾、爆炸等风险，设计的自控操作安全设施能自动进行控制，保证安全生产。

（4）正常操作的安全问题

对于自控操作或是人工控制的工艺过程，都存在非正常操作发生的可能性。对于非正常操作的发生及其相关安全性的考虑，简要总结如下。

① 生产过程通常具有一定的危险性，对于一个化学反应过程，需要考虑当偏离了正常操作条件时会有什么样的影响，以及分解反应、二次分解反应发生的可能性及潜在的危险性；对于偏离了正常操作条件的各种情况，需要考虑采取适当的预防与控制措施。

② 化工生产的开车与停车过程非常重要，很多事故常常发生在初始开车阶段或停车处理阶段。当工厂处于开车、停车状态及热备用状态时，要充分考虑工艺流程和设施设备是否畅通，以及工厂开车、停车时物料的状态是否会发生变化。物质在相变过程中发生膨胀、收缩或固化、汽化等现象，是否可以被工艺接受，是否能确保安全生产；考虑在开车、停车、热备用状态等应急处理时，排放系统能否解决大量非正常排放问题；认真考虑设备在开车、停车过程中的清洗、净化等阶段是否会引入与工艺过程内的物料有交互作用的其他物料，这些物料的存在是否会对工艺过程产生危险。

③ 对于具有热效应和使用有机溶剂进行操作的设备，需要安装压力应急释放系统，确保在紧急状态下，反应系统的压力或过程物料的负载能得到有效且安全的降低或释放；惰性气体是保证有机物质安全使用的重要条件，要充分考虑惰性气体的合理使用及惰化过程操作的方便性，在化工生产车间，需要保证惰性气体在使用过程中没有任何障碍。

④ 对于特定的工艺过程，要对各种工艺条件的操作限值进行测定与明确，如最低与最高温度限值、最低与最高压力限值、最低与最高流速限值、最低与最高物料浓度限值等各种工艺条件的极限值，并严格按照操作规程进行。任何操作均不能超出工艺操作条件的极限值，一旦超出限值，必须及时测定并加以校正。必要条件下，需要安装报警装置或自动断开装置，警示和阻止超出操作极限的情况。

⑤ 车间生产是一个相对连续化的过程，在开车后，就需要保证用于生产过程的公用工程设施能够正常运行并持续供应，用于生产的各种化学原材料要保证充足的存储以保障供给。对于任何原因造成的意外停车，都将带来较大的损失，甚至引发风险。另外，还需要考虑各种场合下使用的火炬或闪光信号灯的使用方法是否安全、可靠。

5.3 风险预防与控制措施

保证化工生产的安全，最为重要的措施是预防措施。预防措施是化工安全生产的基本要求，为了保证化工安全生产，首先需要对工艺风险的发生条件进行确认，将事故消除在萌芽状态。预防的主要目的是识别危险，确定保证安全的关键部位，评价各种危险的程度，确定安全的设计准则，提出消除或控制危险的措施。此外，预防措施还可以用于制定或修订安全工作计划信息，确定安全性工作安排的优先顺序、进行安全性试验的范围及进一步分析的方法，可以采用故障树分析方法确定不希望发生的事件。例如：编写初始危险分析报告，进行分析结果的书面记录，确定系统或设备安全要求，编制系统或设备的性能及设计说明书，等等。安全操作的安全条件通过工艺设计和工厂建设来达到，并依据仪器条件、报警设施、系统控制等相关条件完善。另外，在操作规程中需要严格控制操作条件。

保护措施是针对反应失控的情况考虑的，在建立保护措施的过程中，其基本原则是考虑将可能造成的损失降低到最低点。保护措施建立的基本方法是以工艺研究和反应风险研究为基础，根据工艺研究结果和反应风险研究结果，对反应危险性较高、容易发生分解反应和引发二次分解反应的工艺过程，要求在工艺设计初始过程中，就妥善考虑设计安装相应的保护措施。常用的保护措施包括停止加料、停止升温、终止反应、猝灭反应和应急释放等。在保护措施确认及实施设计之前，需要对工艺风险进行全面的评估，尤其要对失控反应过程进行严格的评估，考虑到最坏的情况，保护系统必须能够妥善处理操作失控时的最坏情况。

但是，保护措施的建立并不能替代预防措施，预防是安全的基础。

5.3.1 化学反应及控制

(1) 温度控制

各种化学反应的完成都需要一定的温度条件，并具有其最适宜的反应温度范围，正确地控制反应温度不仅可以保证产品的收率与质量，而且是防止危险情况发生的重要条件。因此，温度是化工生产中最重要的控制参数之一。对于化学反应来说，如果反应超温，反应物可能会发生分解反应或二次分解反应，导致反应体系压力升高，更为严重的是将导致剧烈联锁的分解反应，进一步则发生爆炸；也可能因为反应温度过高而引起副反应的发生，生成危险性高的副产物或不稳定的中间体。体系温度升温过快、升温过高或冷却失效时，都有可能造成剧烈的分解反应或二次分解反应，甚至导致冲料或引发爆炸。当然，反应温度也并非越低越好，反应温度过低会导致反应速率减慢甚至停滞、反应时间延长、物料在体系内累积，一旦反应温度恢复至正常，往往因原料的大量累积使反应浓度过高，导致反应加剧，严重的会引发冲料或爆炸。温度过低还能使某些物料冻结，导致管道堵塞或破裂，致使内部易燃物料泄漏引发火灾或爆炸事故。

为了防止未反应原料的累积，需要知道反应温度的上限与下限，以及生产条件下有可能发生失控的最低温度，并依据最低失控温度进一步确定安全操作温度。

对于自动化程度高、连续性强的化工生产过程，在温度控制上要求具有自动测量、自动记录、自动报警、自动调节、自动切断等自动化功能。一般情况下，要求同时设置下限温度报警与上限温度报警。当达到极限温度时，系统将自动报警并自动切断进料或出料，最大限度地终止化学反应的进行。

(2) 加料控制

化工生产与物质间的化学反应息息相关，一般而言，对各种反应物的加入有着不同的要求。首先要保证加入的物料是正确的，其次要保证物料的加入量、加入节点及加入速度必须准确。加料错误、加入量错误、加料时间错误或加料速度错误都会给工艺过程带来巨大的风险。所以要避免加料错误，就要确保原料存储及标识的准确无误。物料在使用前必须进行严格的取样分析，保证物料的质量及加料量的正确无误。加料后要按照工艺要求进行取样跟踪测试分析，确保反应能正常进行，保证产物质量符合要求。为了确保操作人员加料正确，依据系统的移热能力，要对加料的最大速度给予限定，必要时需要安装限流控制或定量加料装置，保证加料速度与加料量不超过最大限量。

物料加入速度的控制不仅对化工生产的稳定性有重要影响，而且对保证生产安全至关重要。对于反应热明显、危险性较大的生产工艺，加料过程的控制尤为重要。对于反应放热量大、反应速率快的生产过程，如果加料速度控制不当，物料的快速加入会导致冲料事故，严重的甚至会造成火灾、爆炸等事故。目前，随着技术水平的不断提高，已经可以轻易地实现加料系统与测温系统的联锁，在反应温度过高或过低的情况下，能够做到自动停止加料，避免物料的累积；还可以通过加料与搅拌的联锁，避免由于混合不够充分造成物料累积，影响传质效果。除此之外，对于放热明显和热累积大的反应过程，可以采取分段加料的方式控制反应风险。分段加料是将反应分成几个部分，结合反应动力学数据，对加料过程进行优化，使反应过程放出的热量平稳地被移热系统移出，确保工艺安全。

（3）压力控制

化工合成常常涉及压力反应，反应过程需要监控体系压力，同时考虑能够导致体系压力升高的任何因素，准确地测量工艺系统各个部位的压力是确保安全生产的重要条件。为了能够准确地测量出系统的真实压力情况，在选用压力表时，应注意以下几点。

① 安装在受压容器上的压力表，其最大量程要与容器的工作压力相适应。一般情况下，压力表的量程，最好选择为容器工作压力的 2 倍，最大不能大于 3 倍，最小不能小于 1.5 倍。如果压力表的量程过小，容器的工作压力就会接近或等于压力表的极限值，表内弹簧会经常处于极大形变下，容易产生永久形变，增大压力表的误差。压力表的量程过小，在容器稍微超压时，操作人员往往会产生错觉，造成错误操作，引发事故。如果压力表的量程过大，此时允许误差的绝对值增大，继而会对压力读数的准确性产生影响。一般要求压力表使用的压力范围：在稳定压力下不超过压力表刻度极限的 70%，在波动压力下不应超过压力表刻度极限的 90%。

② 使用的压力表必须具有一定的精确度。压力表的精确度是以所允许的误差占压力表刻度极限值的百分数按照级别来表示的。一般测量用的压力表可选用 1.6 级或 2.5 级；至于精密测量用的压力表，则应选用 0.4 级、0.25 级或 0.16 级。

③ 为方便操作人员能准确地看清压力表，表盘的直径不应过小，一般情况下在管道和设备上安装的压力表的表盘直径为 100mm 或 150mm；在仪表气动管路或其辅助设备上使用的压力表，表盘直径为 60mm；对于安装在照明度较低、位置较高或示值不容易被观测场合的压力表，表盘直径一般选择 150mm 或 200mm。

④ 压力表的接管应直接连接在受压容器的本体上。为了便于卸换与校验，可在接管中的垂直管段上安装旋塞阀。压力表所在的位置应有足够的照明，以便于观察与检验。

对于连续性强或危险性大的生产工艺过程，要求系统能够进行压力自动调节，实现自动测压、自动记录、自动报警、自动调节、自动切断，保证生产安全进行。自动报警应具有低压报警、高压报警、危险压力报警功能，并且与温度及加料系统联锁。

（4）尾气处理

对于有气体产生或逸出的反应，无论排放的气体是有害的还是无害的，都会与系统溶剂或其他有害成分相关联，所以在排放过程中常常会夹带有害物质一同排放。因此，需要在工艺设计和设备安装阶段考虑尾气排放系统及尾气处理系统，要结合工艺试验结果、反应风险研究结果及相应的工艺要求来确定正常状态下和非正常状态下的气体排放与吸收处理方法，确定气体的逸出速率，确保尾气排放系统与尾气处理系统在工艺设计及设备安装方面的合理性与实用性。在选择尾气处理方法时，要充分考虑废气处理工艺与处理系统的安全性问题，还要对尾气吸收处理反应进行风险研究与评估。

化工生产中，除了化学反应放出的气体需要吸收处理外，装有化工原料的反应设备及各种溶剂储罐也会有尾气排出，有机化合物废气往往具有不同程度的毒性，不允许直接向环境中排放，需要安装尾气排放系统，收集后并做相应的集中处理，在达到国家和地方规定的标准后才可进行排放。目前，处理有机化合物废气一般有以下几种方法。

① 催化燃烧法。使用催化燃烧法处理工业有机化合物废气是从20世纪40年代末开始的，其原理是在催化剂的作用下，使有机化合物废气中的碳氢化合物在较低的温度下迅速发生氧化反应，在生成水和二氧化碳后进行排放。

催化燃烧法处理有机化合物废气的优点在于不需要较高的燃烧温度且简便易行，催化燃烧法可以处理多种混合性气体，该方法不受有机化合物浓度的限制。此外，由于燃烧后生成的产物主要为二氧化碳和水，通常不会有较为严重的二次污染发生。

催化燃烧法处理有机化合物废气，虽然有着显著的优点，但对于有机化合物废气中存在焦油、油烟、粉尘、重金属化合物或含有硫、磷、卤族元素等的化合物，尤其是在上述各类化合物具有一定浓度时，往往会对催化燃烧法所使用催化剂的活性造成严重的影响。而且，多数重金属催化剂造价高，有些催化剂容易中毒或不耐高温，在工艺过程中催化剂的活性非常容易降低。例如，贵重金属钯和铂催化剂对含硫化合物非常敏感，硫元素的存在可以导致钯和铂催化剂发生中毒而失去催化活性。为了保证催化剂的催化活性与降低处理成本，一般采用预先处理的办法，在使用催化剂前要先去除可能导致催化剂中毒的物质，保证催化剂的催化活性。但是，预先处理过程往往会从另一方面增加处理成本。另外，考虑到低碳环保，保护自然资源、生态环境与大气环境，也要考虑控制二氧化碳气体的排放，实现低碳经济。所以，催化燃烧法处理有机化合物废气需要进行进一步的完善与改进。

② 活性炭吸附法。该方法的原理是利用活性炭内部存在的大量微孔，吸附废气中的组分，将有害组分与其他组分分开，从而达到治理有毒废气的目的。目前，广泛采用的是将活性炭加工为各种各样的吸附材料，填装在吸附塔内吸附小分子有毒气体，在吸附失效后，可以采取加热再生的方法重复使用，也可以进行焚烧处理。活性炭吸附法的处理效率取决于活性炭对相应气体的吸附能力及吸收塔内活性炭的装填量，还与吸收塔的设计、安装及相应的合成工艺和有害气体的排放量相关，可以根据吸收塔的阻力情况采取多级串联或并联的设计方式。如果活性炭可以进行再生处理，在设计中就需要考虑活性炭的再生处理装置及其他配套装置，如空气压缩系统、加热系统等。总体来讲，活性炭吸附及其再生处理，对设备的投资较大，运行费用也相对较高，操作、管理也比较复杂，在实际应用过程中受到了一些限制。在我国暂时没有实现大规模的推广使用，但在西方发达国家，使用活性炭吸附处理目标产物和废弃物的方法已经非常普遍，专业的活性炭加工公司能够为应用单位提供活性炭处理装置，也可以对使用后的活性炭进行回收与再生处理，使用者只需要采购成型的装置就可以实施应用。

③ 微生物处理法。该方法的原理是以微生物悬浮液作为喷淋溶液，将工艺过程中产生的废气通过喷淋处理，经过反复洗脱吸收，使废气中的有害成分洗涤到微生物悬浮溶液中，通过微生物的持续作用，降解毒性物质的分子，从而达到处理有毒物质的目的。使用微生物处理法满足降耗减排，以及保护自然资源与生态环境的现代化要求。但是，由于微生物需要大量的营养进行生长，还需要不断地给微生物补充氧气。因此，要在微生物吸收降解体系中添加营养物质，还要安装氧气通入系统，以满足微生物的生存、生长需要，所以微生物处理法对设备及操作条件要求较高，目前还没有得到广泛的推广与应用。

④ 吸收处理法。该方法的工作原理是将适用于不同物质的液体作为吸收剂，与微生物处理法相似，也需要安装洗涤吸收系统，产生的废气在通过洗涤吸收装置进行吸收处理后，废气中的有害成分被相应的液体吸收，其他无害气体进行有组织的排放，达到净化废气中有害成分的目的。与上述其他方法相比，吸收处理法的投资较少，运行成本也比较低，操作起来也较为方便，只要工艺废气中的有毒气体能够使用适宜的溶液进行吸收处理，均可以采用

吸收处理法。目前，吸收处理法已在一些中、小型企业，乃至大规模化工企业中得到广泛的应用。

（5）安全时间

由于化工产品的不断开发与生产应用，活性化合物的结构正趋于复杂化，合成工艺步骤逐渐增多，以往只要 2～3 步反应就可以完成的药物合成，目前已很难出现。从商业化的原材料算起，活性组分的合成一般需要 7 步以上的工艺过程才能实现。在精细化学品合成工艺的开发过程中，要求对合成工艺过程涉及的每一个工艺步骤进行详细的工艺研究，并确定最优的反应条件，如反应温度、反应浓度、反应时间、反应压力等。经过详细的工艺研究后，得出的所有优化工艺条件都是能够保证工艺过程相对稳定并得到预期结果的基础条件。需要注意的是，在优化的工艺条件下及优化条件范围内的任何反应温度区间，都要有允许保持的极限时间，这个时间被称为不同优化条件下的安全时间。生产上要有在相应的优化温度下最长保持时间的规定，并在岗位操作过程中保证操作人员严格执行相关操作规程。

此外，还需要根据反应风险研究的结果考虑反应失控时的情况，一旦在反应过程中发生冷却失效或控制失效的意外情况，体系会以无法控制的速度达到最大的反应速率，此时在类似于绝热的条件下，温度的升高有可能进一步导致分解或二次分解反应的发生。在二次分解反应过程中，有一个非常重要的时间参数——最大反应速率到达时间（TMRad），TMRad 的长短直接影响到是否有足够的时间来有效地控制风险，防止危险发生。因此，在对工艺反应进行风险研究时，必须通过差示扫描量热（DSC）或加速度量热（ARC）等方法得出在绝热条件下的最大反应速率到达时间（TMRad）。

（6）仪表和控制系统

仪表和控制系统是在工艺过程中进行监控的主要工具，化工生产所使用的仪表设备和控制系统必须具有防爆功能，并能够保证准确、及时地指示温度、压力、搅拌速度等重要参数。在化工生产过程中，操作人员要根据设计要求执行正确的仪表操作程序，对于反应失控的情况及失控后的后果，在仪表设计与操作条件制定时也要有所考虑。为了保证工艺及仪表等设计能够满足相关要求，在工艺设计初始阶段，需要利用危险与可操作性（HAZOP）分析、事件树分析（ETA）、事故树分析（FTA）等方法，分析工艺过程中可能发生的风险，并明确说明风险发生后可能导致的后果，以及在仪表失灵和系统失控的条件下，可能对人身安全和工厂造成的威胁的严重程度，然后采取相应的控制措施。仪表和控制系统的设计需要满足可以接受的最低标准。

（7）人员

化工行业属于高危行业，为了保障操作人员的健康与安全，要为员工提供一个安全、舒适的工作环境，车间设备的安装要满足相关的安全规范要求，相关设施要完善，建立健全安全的操作规程与规章制度，为操作人员提供足够的信息资料，并对操作人员进行严格的岗前培训，确保操作人员能够清楚地认识操作中的风险，严格执行操作规程，掌握操作要点。不仅如此，还要对操作人员进行必要的指导与监督。

对于以人工控制为主的化工生产，在生产操作过程中，操作人员的行为通常受到生理因素、心理因素、周围环境、生产条件、操作技术水平等诸多因素的影响，容易造成实际作业效果与目标之间的巨大偏差。引起这种偏差的原因多种多样，但大多数偏差来自人为的操作失误，如操作人员的操作失误、判断失误、违章作业、违章指挥、精神不集中、疲劳操作等。为了防止发生操作失误产生偏差，生产过程最好采用自控操作，对于需要人为控制的操作过程，要严格做好以下工作。

① 对操作人员进行安全培训，使其掌握安全技能；学习安全技术知识，组织操作人员参加安全活动，并教育操作人员严格遵守各项安全生产规章制度。

② 操作人员要对所负责岗位的工艺情况进行按时巡回检查，及时发现问题，并对出现的问题进行准确的分析，能够判断与处理生产过程中的常规异常情况，如果出现不能妥善处理的异常情况，则要及时上报，保证生产过程中出现的任何异常情况与隐患都能得到及时的处理和解决。

③ 操作人员要精心操作，严格执行本岗位操作规程，遵守纪律，保证操作记录清晰、真实和整洁。

④ 认真做好设备维护和保养，对于发现的设备故障与隐患要及时消除，并做好记录，确保作业场所清洁和设备完好。

⑤ 严格并认真执行交接班制度，在交接班时，操作人员必须认真检查本岗位所有的设备和安全设施，确认本岗位所有的设备和安全设施齐全、完好。

⑥ 正确使用与妥善保管各种劳动防护用品、防护器具、防护器材，确保车间及工作场所消防器材的完备与完好。

⑦ 坚决杜绝违章作业，并及时劝阻、制止他人违章作业，对于违章指挥有权拒绝执行，同时，要及时向上级报告。

5.3.2 应急减压

应急减压不同于超压泄爆，在失控初期，即温升速率与放热速率均相对较慢时，可以采取应急减压措施，利用减压操作使物料蒸发、冷却，达到快速降温的目的。

以下面的胺化反应为例进行说明：在设计压力为10MPa的$1m^3$的高压釜中，氯代芳烃化合物经胺化反应转变为相应的苯胺化合物，氯代芳烃化合物投料量为315kg（约2kmol）、30%氨水的投料量为463kg(约8kmol)，多余的氨水能够与生成的盐酸发生中和反应，维持pH值大于7以避免腐蚀问题。反应温度为180℃，停留时间为8h，反应结束后转化率达到90%，该反应的反应焓为175kJ/mol。反应方程式如下：

$$Ar-Cl+NH_3 \xrightarrow{180℃} Ar-NH_3Cl$$

根据研究结果，胺化反应失控后体系温度可达到323℃(MTSR，反应合成的最高温度)，但在249℃时就可达到高压釜的设计压力10MPa。如果达到安全阀的开启温度240℃之前，想要通过应急减压的方式进行控制，那么蒸气释放速率应该如何确定？若要回答这个问题，需要对反应动力学有所掌握。现有的信息是在180℃反应8h后，反应转化率为90%。如果考虑该反应级数为一级，那么，由于反应中氨水大量过量，通过计算得到180℃时的速率常数为

$$\frac{dX}{dt}=k(1-x) \tag{5-1}$$

$$k=\frac{-\ln(1-x)}{t}=0.288h^{-1}=8\times10^{-5}s^{-1} \tag{5-2}$$

于是，放热功率为

$$q_{rx}=k(1-x)Q_{rx}=28kW \tag{5-3}$$

该式计算了180℃时加入2kmol物料且反应转化率为零这一保守状态下的放热情况。对于该工艺，在失控初期(如190℃）就采取措施中断失控反应是完全有可能实现的。考虑温度升高与反应速率的关系，假定190℃时的放热功率为56kW。根据Clausius-Clapeyron方程可计算出此时的蒸发潜热为

$$\ln p=11.46-\frac{3385}{T} \tag{5-4}$$

$$\Delta H_V=(3385\times8.314)\text{J/mol}=28\text{kJ/mol} \tag{5-5}$$

于是，可得到蒸气蒸发速率

$$N_{NH_3}=\frac{56\text{kW}}{28\text{kJ/mol}}=2\text{mol/s} \tag{5-6}$$

摩尔体积

$$0.0224\text{m}^3/\text{mol}\times\frac{463}{273}=0.038\text{m}^3/\text{mol} \tag{5-7}$$

得到在 190℃、标准大气压下的体积流量为 $0.076\text{m}^3/\text{s}$。

如果使用直径为 0.1m 的管道进行应急减压，则蒸气流动速率为

$$u=0.076\times\sqrt{\frac{4}{\pi\times0.1^2}}=0.86(\text{m/s}) \tag{5-8}$$

考虑到应急减压具有可操作性，因此，应急减压是一种可行的技术措施。在减压过程中，为了避免产生两相流（因为蒸气会带走部分反应物料），减压速率必须足够慢。在上述示例中，认为蒸气仅为氨气，实际上水也会随之蒸发，但由于水的蒸发热要高于氨，所以得出的结果依然是安全的。

5.3.3 应急冷却

一旦体系发生热失控，超过极限安全温度时，可以启动应急冷却系统代替正常的冷却系统。通常应急冷却系统通过反应器夹套或冷却盘管进行冷却，但是需要独立的冷却介质源，避免正常冷却系统和应急冷却系统同时失效。

必须在体系放热速率低于紧急冷却系统的冷却能力时启动应急冷却措施，若体系放热速率高于冷却系统的冷却能力，体系温度将持续升高，应急冷却措施就会失效。

采取的应急冷却措施的温度不得低于反应物料的凝固点，如果低于物料凝固点，将导致物料凝固，影响体系传热，可能导致管道堵塞或破裂，致使再次反应失控。此时，由于低温条件下物料累积，可能会导致更严重的后果。

此外，体系搅拌对采取应急冷却措施也非常重要。若体系搅拌失效，只能通过对流进行热量传递，体系传热系数大大降低。如果反应器中物料量大，体系近似为绝热，紧急冷却措施也将失效。

5.3.4 应急卸料

应急卸料是指将反应物料转移至装有抑制剂或稀释剂的容器或安全池内，采取应急卸料措施能够将反应物从反应器中转移出来，从而起到了保护反应器的作用。在反应过程中，容器或安全池内存有抑制剂或稀释剂，准备随时接收反应物料。应急卸料的管路必须经常检修，避免发生管路堵塞或阀门损坏，使应急卸料措施失效。在设计时也必须确保在公用工程出现故障时，仍然可以转移物料。

5.3.5 紧急猝灭

紧急猝灭是指向反应体系中加入猝灭介质，与应急卸料措施类似，通过降低反应体系温度、稀释反应体系浓度及减缓或终止分解反应或目标反应，防止反应继续失控。紧急猝灭与应急卸料不同的是不需要将反应物料转移，而是直接向反应体系中加入猝灭介质。选择猝灭

剂，确定猝灭温度、猝灭剂的加入速度及加入量对建立紧急猝灭措施非常重要。

紧急猝灭有两个途径，一个途径是加入特定的反应终止剂或抑制剂，如在聚合反应失控时加入阻聚剂，对 pH 值敏感的反应体系可以加入酸性或碱性物质改变 pH 值等。这种情况下，为保证加入的抑制剂均匀地分散在反应体系中，必须确保体系搅拌系统正常，必要时可以将抑制剂承装容器加压，使其喷射到反应体系中。另一个途径是猝灭剂加入后，猝灭剂与反应体系进行热量交换，包括猝灭剂在体系中汽化回流，从反应体系中吸收热量，使反应体系温度降低，同时也能够稀释反应浓度，但是必须保证反应器内有足够的空余体积。

通常情况下，水是比较常见的猝灭介质，因为水的比热容大，在与反应体系进行热交换时能够吸收更多热量，而且水是比较常见的冷却介质，成本低，易获得。但是，如果水能够参与反应或反应体系在水中会析出固体，就不能使用水作为猝灭介质。如果水能与体系发生反应，加入猝灭介质后会引发副反应，可能导致更严重的后果。如果反应体系在水中析出固体，加入猝灭介质后将导致反应物料传热系数降低，影响猝灭效果。上述两种情况，应选用特定的溶剂作为猝灭介质。对于实施紧急猝灭过程，猝灭剂与反应物料的混合状态，也会影响猝灭效果。例如，在高黏度、发泡的反应物料中，加入猝灭剂后如果体系不能均匀混合，将直接影响体系传热、传质，影响猝灭效果。

此外，充分了解物料混合过程的放热量也十分重要，可以通过反应量热、绝热量热、微量热等测试手段获得混合过程放热量，同时可以通过绝热量热、微量热、差示扫描量热对猝灭后的体系进行稳定性研究，建立紧急猝灭措施。

【紧急猝灭实例分析及理论模型建立】

以化合物 A 的合成反应为例，考虑在反应热失控情况下，采用紧急猝灭技术作为控制措施。

化合物 A 的合成反应是一个放热反应，体系沸点为 68℃。图 5-1 和图 5-2 给出了化合物 A 的合成反应放热特性及反应后料液二次分解特征。

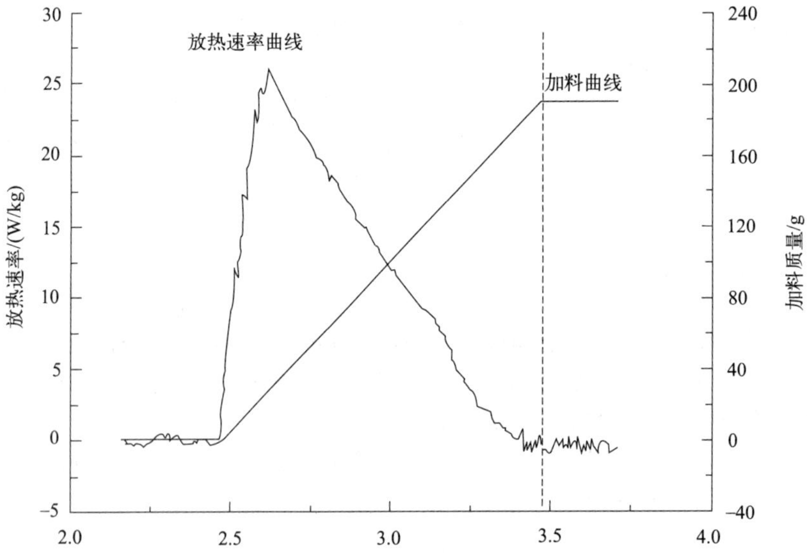

图 5-1　化合物 A 的合成反应放热速率曲线

通过反应量热仪测定化合物 A 合成反应的绝热温升为 27.1℃。一旦反应发生热失控，按最坏情况考虑，反应所放出的热量没有被其他方式移出，视反应容器为完全绝热状态，体

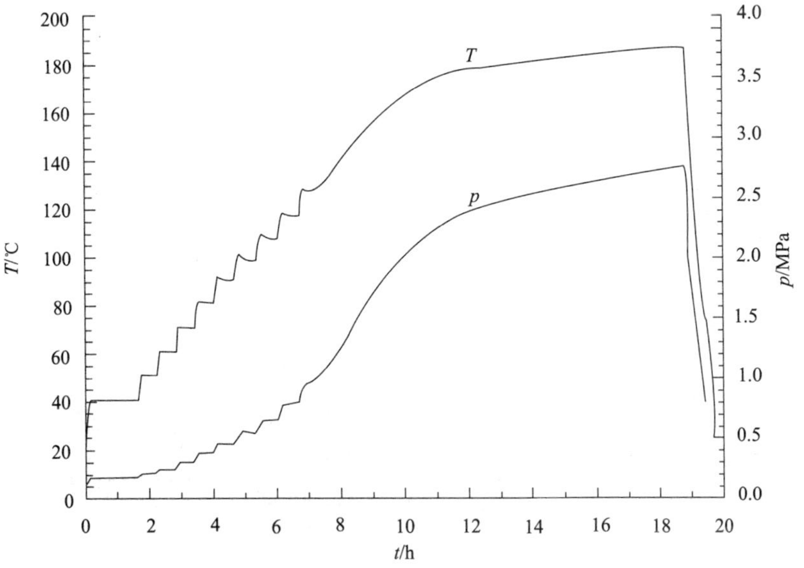

图 5-2　化合物 A 合成反应后料液绝热量热测试曲线

系能够达到的 MTSR 为 95.1℃。A 合成反应后料液在 130℃时发生放热分解，结合非绝热动态升温测试，进行分解动力学研究分析，获得分解动力学数据。A 合成反应料液热分解最大反应速率到达时间为 8h、24h，对应的温度 TD8 为 108℃、TD24 为 95℃。为了避免热失控引起冲料和进一步二次分解反应的发生，需要考虑在体系到达沸点前向反应体系中加入猝灭介质对反应体系进行猝灭，并通过反应量热测试结果确定猝灭介质的使用量。本实例中甲醇钠作为反应用碱，因为水会与甲醇钠进行反应，放出大量的热量，使反应体系变得更加复杂，可能引发更大的风险。因此，不能使用水作为猝灭介质。根据反应具体情况，选择甲苯作为猝灭剂。

反应物料和甲苯的混合物沸点计算如下。

$$T_{mix}=T_r+\frac{m_q}{m_r+m_q}(T_q-T_r) \tag{5-9}$$

式中，m_q 为猝灭介质质量，kg；m_r 为反应物料质量，kg；T_{mix} 为混合体系的沸点，℃；T_r 为反应体系沸点，℃；T_q 为猝灭介质沸点，℃。

假设环境温度为 25.0℃。以 1500kg 料量为例子，需要猝灭介质的质量为

$$m_q=\frac{1500\times 2.061\times(95.1-60.0)}{1.84\times(60.0-25.0)}=1685.0(\text{kg}) \tag{5-10}$$

实际试验过程中，反应体系沸点为 68℃，反应物料和甲苯混合物的沸点为

$$T_{mix}=68+\frac{1685.0}{1500+1685.0}(110-68)=90.2(℃) \tag{5-11}$$

猝灭过程中，通常可以按照 10K 原则进行考虑。因此，混合物体系最高温度为 80.2℃，实际操作中需要猝灭介质的质量为

$$m_q=\frac{m_r c_r(T_{max}-T_q)}{c_q(T_q-T_a)}=\frac{1500\times 2.061\times(95.1-80.2)}{1.84\times(80.2-25.0)}=453.5(\text{kg}) \tag{5-12}$$

通过迭代计算，最终确定体系的沸点为 82.5℃，当反应发生热失控时，向体系中加入 795kg 甲苯可使反应体系温度降为 72.5℃。对猝灭后的体系进行热稳定性研究发现，如图 5-3 所示，在 72.5℃时，体系无明显放热、放气现象，说明猝灭后物料热稳定性较好。

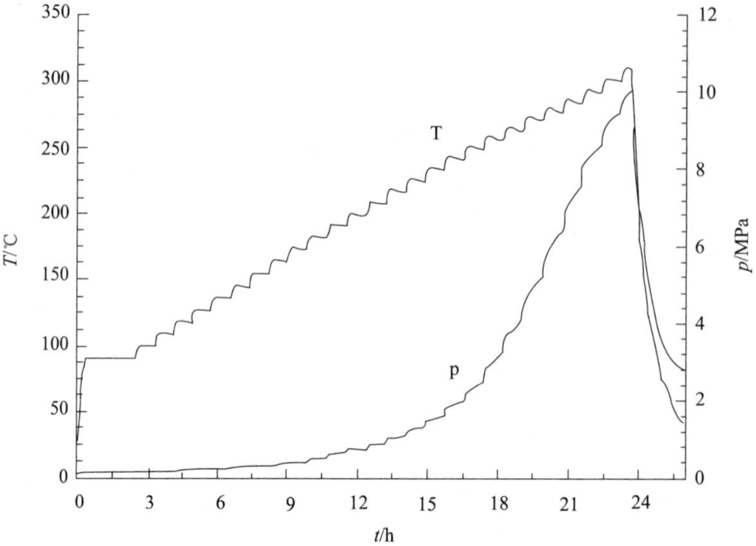

图 5-3　猝灭后体系绝热量热测试结果

紧急猝灭是风险控制的重要措施，可以在事故达到最坏的状况前，最大限度地控制危险事故。对于危险性高、反应工艺危险度高的工艺过程，需要根据情况建立紧急猝灭控制方案，切实保证安全生产。

5.3.6　超压泄爆

超压泄爆是指设备或反应器内的压力超过自身所能承受的水平后，系统通过排放气体、蒸气等的方式将系统内多余的压力从受限空间内排出，将设备或反应器内的压力控制在安全的范围内，避免设备或反应器因超压导致损坏及爆炸。泄放通常作为最后的应急措施。

超压泄爆技术主要用于控制热失控反应的进一步恶化，通常是在已有的风险预防或控制措施失效情况下最后的应急控制措施。在系统内压力达到设备或反应器设定的极限水平后，通过开启泄压口或泄压阀，使系统内蒸气、气体或反应物从指定的路线排出，阻止体系内压力的进一步增长，从而达到保护设备或反应器的目的。根据实施效果，超压泄爆主要分为平衡泄压及非平衡泄压两种情况。当设备或反应器内部的压力增长速率低于或等于系统泄放压力速率时，该种情形被称为平衡泄压；当系统内压力增长速率高于泄放压力速率时，泄放后并不能立即使系统内压力停止增长，随着系统内压力的累积，待系统内压力增长到一定程度时，压力开始下降，达到设备或反应器的安全压力范围，此种情形称为非平衡泄压。此外，在设计超压泄爆系统前，应首先明确系统内部压力增长的原因，确定泄放体系的类型。

（1）超压泄爆的类型

前面已经描述过，超压泄爆技术的主要控制对象为热失控反应。在热失控反应过程中，往往会放出大量的热，放出的热使体系温度持续升高，引发体系中部分不稳定物质分解，分解过程产生气体。通常情况下，使体系压力持续增长的主要原因是体系内原料、溶剂及产品等物质的蒸气分压。另外，如果失控反应引发了系统内某个或某些物质的分解，可能产生不可凝性的气体，如一氧化碳、二氧化碳及氮氧化物气体等，这些气体也会导致体系压力的持续增长。因此，在进行超压泄爆研究前，应首先确定造成系统内压力增长的原因，明确超压泄爆的类型。按照超压的原因进行分类，一般可分为蒸气泄放、气体泄放及混合气体泄放三种类型。

① 蒸气体系。蒸气体系是系统内的超压行为完全由体系内物料的蒸气压引起。在发生热失控反应时，体系内的压力随着温度的上升而增大。在进行泄放操作的过程中，由于排出的蒸气带走了系统内大量的热，反应体系温度趋于稳定，进而使反应速率得到有效的控制，阻止了体系温度的继续升高，蒸气体系属于平衡泄压。但对于某些对温度不敏感，反应本身为催化或 pH 值控制体系，控制温度并不能有效地阻止反应继续进行的情况，要考虑系统内物料蒸干的后果。可通过 Clausius-Clapeyron 方程判断体系是否属于蒸气体系，如果测试结果符合 Clausius-Clapeyron 方程，则可认为被测试体系的压力效应由蒸气主导，属于蒸气体系。

② 气体体系。气体体系是热失控反应过程中产生的气体是反应系统的压力持续升高的主要原因，在泄爆过程中排出的气体带走的热量与蒸气体系相比相当有限，泄放后并不能立即降低体系温度的持续升高，无法显著降低反应体系的反应速率，气体体系属于非平衡泄压。热失控反应过程中产生的气体与体系温度、物料浓度、反应器结构、分解热等因素有关，该过程的压力效应可以采用理想气体状态方程进行估算。气体体系的失控要比蒸气体系危险，超压泄爆参数求取也相对更难。

③ 混合体系。由气体及蒸气共同作用造成设备或反应器内压力效应的情况称为混合体系。试验结果取决于系统内气体及蒸气的释放速率，根据系统内蒸气及气体的组成不同可以分为平衡泄压和非平衡泄压两种，一般情况下，体系内的气体比例越高，则该系统越倾向于非平衡泄压。

（2）超压泄爆研究装置

超压泄爆研究结果可直接应用于工业化的设备或反应器，测试装置要实现较低的热散失，系统绝热性好，测试体系 phi 值能够在 1.05～1.20 之间，使其测试结果更加贴近工业化规模下的热力学环境。目前，超压泄爆的研究装置主要有 PHI-TECⅡ及 VSP 等。两种测试装置均能满足超压泄爆试验的要求，可以精确地模拟工业化规模下的热失控反应，能够得到绝热条件下时间-温度-压力、温度-温升速率、温度-压升速率等曲线及低 phi 值条件下的放大数据。每种设备都有自身相应的特点，PHI-TECⅡ更倾向于绝热环境的营造，VSP 可进行泄放口验证试验。研究人员可以根据自身的需求及工艺特点选择相应的测试装置进行超压泄爆研究。

（3）超压泄爆设计

针对压力反应及有气体放出的反应，在反应超压或热失控的情况下，采取超压泄爆的方式完成体系内压力的释放是较为通用的方法，超压泄爆系统的设计通常包括下述步骤。

① 危险场景分析。对可能造成设备或反应器超压后果的危险场景进行筛选，分析超压工况下体系的热力学及动力学状态，构建失控反应最坏局面的场景。

② 选择合适的试验方法及测试装置。根据工艺特征及失控反应场景选择相应的试验方法及测试装置，通过装置改造、装置联用等方式实现热失控反应的动力学及热力学外部环境。除此之外，还应保证测试过程中装置及操作人员的安全。

③ 建立试验方案，开展超压泄爆试验。装置及设备调试完成后，根据前期热失控反应危险性评估结果，选择合适的测试样品量。在这一阶段，样品量的选择要结合工业实际情况（考虑绝热性、投料系数、气体的自由体积、搅拌转速等因素），也要兼顾热失控反应的危险性，填装的样品量应在试验可控的范围内，避免因热失控反应剧烈导致装置的损坏及人员的伤害。样品装填完毕后，向系统内输入试验所需要的各项温度、压力及时间等控制参数，启动试验。

④ 确定超压泄爆类型。试验结束后，通过 Clausius-Clapeyron 方程、理想气体状态方程等方式对试验结果进行分析，分析系统内压力产生的形式，明确压力产生的原因（系统内压力是来自反应过程中气体的生成，还是来自溶剂沸腾状态下产生的蒸气压，或是来自气体及

蒸气的混合压力）及热失控反应的超压泄爆类型。

⑤ 构建合适的超压泄爆研究模型。超压泄爆涉及的模型众多，应用较为广泛的包括 Leung 模型、Omega 模型、Huff 模型及 DIERS 模型等，每种模型均有与之相适应的工况条件及应用的前提假设，研究人员在使用上述模型过程中应根据热失控反应的具体状态选择相应的计算模型。

⑥ 泄放压力的设定。泄放压力是最终决定泄放面积大小的重要参数，泄放压力设定过大，则需要的泄爆面积也相对较大。通常情况下，会选择在较小的体系压力条件下进行泄放。大多数的热失控反应的反应速率与温度呈指数性关系，当体系温度较高时，反应速率也相对较高。因此，在较低的压力下实施超压泄爆，意味着体系的温度也相对较低，此时系统内的反应速率更好控制，超压泄爆的成功率较高。从压力效应考量，超压泄爆的作用是控制体系压力在安全的范围内，通过安全阀或泄爆片以一定的途径将体系内的蒸气、气体或物料排放出去。如果将泄放压力设置得较低，那么泄放压力与设备或反应器的设计压力之间存在足够的压差，此时需要的泄放面积也相对较小。

⑦ 确定泄放面积。根据测试结果及应用的模型对超压体系的泄放量、反应放热速率及泄放能力等重要参数进行计算，最终确定反应系统的超压泄爆面积，如果泄爆面积不能满足工业化安全生产的需求，则可通过进一步调整泄放压力、泄放温度等方式获得较为合适的泄爆面积。

（4）超压泄爆实施案例

下面以甲醇、乙酸酐体系为例，简要介绍超压泄爆研究过程。

① 试验条件。试验采用高性能加速量热仪 PHI-TECⅡ进行甲醇、乙酸酐体系超压泄爆技术研究，配制好一定比例的甲醇、乙酸酐样品放入测试池中，体系的 phi 值为 1.17。装样完毕后将测试池安装到测试系统，采用标准 HWS（加热-等待-扫描）模式进行绝热量热测试，直至到达设定温度。

② 试验结果。通过试验得到了样品（甲醇和乙酸酐混合物）初始放热温度、放热量，以及样品热失控过程中温度和压力的变化情况，测试结果见表 5 1。

表 5-1 测试结果数据

项目	数值
放热量/(kJ/mol)	148.3
起始放气温度/℃	31.8
起始放热温度/℃	31.3
绝热温升/℃	57.8
最大压力/MPa	0.3
最高温度/℃	89.1
测试过程最大温升速率/(℃/min)	1.7
测试过程最大压升速率/(MPa/min)	0.09

③ 泄放类型分析。对测试结果进行数据分析，结果如图 5-4 所示。

图 5-4 是加热-冷却过程的压力随温度变化曲线，试验开始前测试池内的压力为 0.085MPa，试验结束（冷却完成）后的压力为 0.085MPa，整个过程基本没有气体产生，而且在反应过程中，温升速率增长较快，而压升速率增长较慢，体系较为温和。采用 Antoine 方程对整个过程中的压力-温度关系进行处理，如图 5-5 所示。

对试验结果进行拟合，得到 Antoine 方程的各项系数，其中相关系数 R 为 0.999，R 近似为 1，标准差为 0.00573。从工程应用的角度出发，可以认为甲醇、乙酸酐体系失控过程中的压力行为基本符合 Antoine 方程。因此，该体系的压力泄放类型可按蒸气体系考虑。

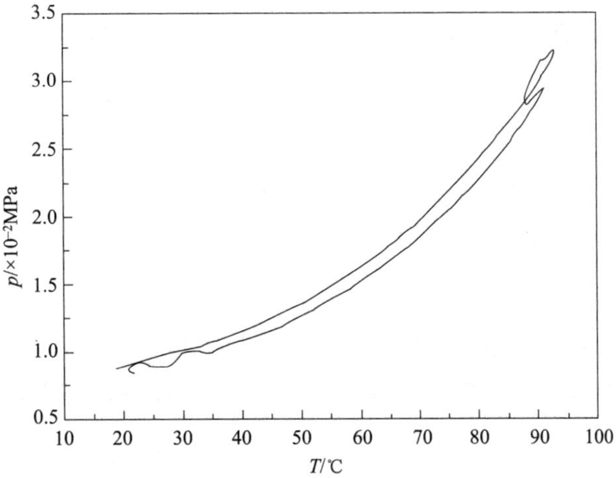

图 5-4 加热-冷却过程压力随温度的变化

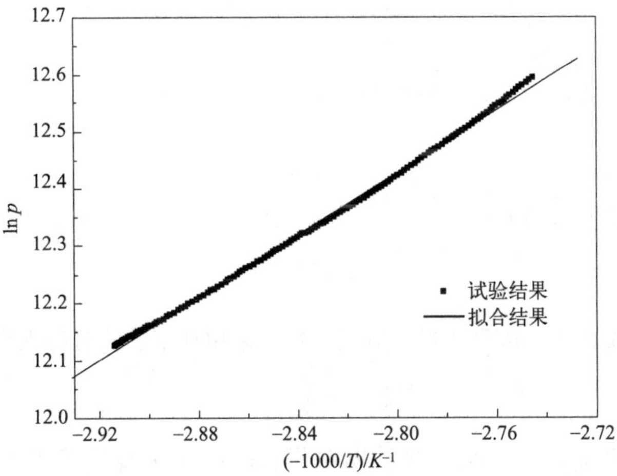

图 5-5 ln$p$ 与 $-1000/T$ 的关系

④ 泄爆面积计算。安全泄放量是单位时间从设备或反应器中排出物质的量，一般用质量流量(kg/s) 表示。甲醇、乙酸酐测试体系各温度下的物性参数较为齐全，选择 Leung 模型进行泄放量的计算。使用 Leung 模型需要满足如下假设：

a. 体系中蒸气的质量相对于液体来说可以忽略；

b. 各物料的物性参数应取泄放压力和最大压力条件下的平均值；

c. 体系的反应速率只受温度控制，不受其他因素的影响；

d. 泄放系统为均质两相流，任何时刻气、液比相同；

e. 体系与外界无能量交换；

f. 在进行泄放操作前，设备或反应器始终是密闭的；

g. 液体为不可压缩流体。

安全泄放量的计算方法如下：

$$W=\frac{m_{\rm R}q}{\frac{V}{m_{\rm R}}\times\frac{h_{\rm f}g}{v_{\rm fg}}+(C_{\rm f}\Delta T)^{0.5}} \tag{5-13}$$

式中，m_R 为反应物质量，kg；V 为反应器体积，m^3；h_{fg} 为潜热，kJ/kg；v_{fg} 为气液相比体积差，m^3/kg；C_f 为液相比热容，kJ/（kg·K）；ΔT 为泄放压力到最大压力的绝热温升，K。

其中，v_{fg} 的表达式如下

$$v_{fg}=\frac{1}{\rho_g}-\frac{1}{\rho_f} \tag{5-14}$$

式中，ρ_g 为蒸气密度，kg/m^3；ρ_f 为液体密度，kg/m^3。

反应体系的平均放热速率通过如下公式计算

$$q=0.5C_f\left[\left(\frac{dT}{dt}\right)_R+\left(\frac{dT}{dt}\right)_m\right] \tag{5-15}$$

泄放能力是单位时间、单位面积通过泄放口截面面积的介质质量流量，通常用 $kg/(m^2\cdot s)$ 表示。此处采用平衡速率(ERM) 模型对蒸气体系泄放能力进行计算，使用ERM模型需要满足如下假设：

a. 蒸气体系；

b. 泄放流体状态为湍流；

c. 各物料的物性参数应取泄放压力和最大压力条件下的平均值；

d. 忽略容器壁与泄放管道间的摩擦；

e. 泄放管道直径通常要大于 0.1m；

f. 泄放系统为均质两相流，忽略两相滑移带来的影响；

g. 泄放流体是饱和液体；

h. 蒸气相为理想气体。

泄放能力的计算方法如下：

$$G=\frac{h_{fg}}{v_{fg}\sqrt{C_f T}} \tag{5-16}$$

根据具体的泄放装置，选取适当的泄放系数，采用如下公式进行泄爆面积计算：

$$A=\frac{W}{C_v G} \tag{5-17}$$

采用试验数据计算某一工况下的泄爆面积。假设反应器的体积为 $2.5m^3$，其中装有1500kg甲醇和乙酸酐混合物料，反应器的设计压力为 0.2MPa，泄放压力设置为 0.15MPa，结合公式（5-13）～式（5-17）对甲醇、乙酸酐体系测试结果进行计算，最终获得该工况下反应器的泄爆面积为 $2.4\times10^{-3}m^2$。

5.3.7 其他措施

化工生产过程需要预防和维护，首先根据装置或设备出现故障的频率，通过定期检查及维护，在其故障前进行更换或维修。预防维护除了保证设备免于故障以外，更能够保证设备的正常运行，以及工艺过程的安全、稳定运行，保障操作人员的人身安全，保证安全生产。生产设备需要定期进行维护和保养，即按照每个工厂或车间的具体生产计划进行。工艺运行过程中严格遵守计划的时间表进行检验、维修或零部件更换，防止由于设备故障导致事故的发生。工厂及车间的全部安全系统、安全原因记录及安全行动的选择都至关重要，工厂设计和设备安装结束后，工厂运行前必须系统地检查安全系统。在运行过程中，安全系统还需要定期检查，至少达到每季度一次，必须持续不断地定期进行安全系统的维护和优化。最理想的安全系统是与工厂设计和建设及实际运行工艺过程相关的系统，而反应风险研究与评估是保证工厂和车间安全设计和安全运行的重要方法和主要手段，开展反应风险研究与评估势在必行。

5.4 泄压系统与泄压量计算

尽管化工厂中有很多安全预防措施，但控制系统失效或严重操作失误都可能引起系统压力的升高，若过程偏离未得到及时纠正，一旦超过管线或容器的最大强度，将导致装置的超压损坏，造成有毒或易燃化学品的泄漏，遇到点火源继而造成火灾爆炸等严重后果。对于此类超压风险的控制，第一层保护应为设备及管线的机械完整性，即系统本身具有较高的承压能力；第二层保护应为合理的控制系统作用，在系统超压前进行适当的压力调节，避免大量物料的泄放。本节中介绍的压力泄放系统(简称泄压系统)，将会是防止系统超压破裂的最后一层保护。其作用为在系统出现过大压力之前释放部分物料，从而为系统降压。尽管压力泄放系统在生产中的使用可能很不频繁，但必须具有非常高的可靠性。

完整的泄压系统由泄压设备和与之相连的下游设备组成，下游设备可以安全地处理泄放物料。其中泄压设备可包含压力泄放阀(简称泄压阀)、非闭合压力泄放装置或真空泄放阀等。本节将重点介绍压力泄放阀，包含泄压基本概念、常见的压力泄放阀的形式及作用原理、泄压排量及设备尺寸的计算等，并简单介绍流程中压力泄放系统的设计方法。

5.4.1 泄压阀概述

压力泄放阀，是一种广泛应用于各种承压容器或管道上，防止压力超过规定值的压力保护装置，其可不借助任何外力而利用介质本身的静压力自动打开泄压，而系统压力回降到工作压力或略低于工作压力后又能自动关闭并阻止介质继续流出。

严格来说，压力泄放阀包括以下三种。

① 安全阀(safety valve)。靠阀前介质静压力驱动的自动泄压装置，其特征为具有迅速开启的全开启动作，通常用于气体或蒸气的场合。

② 泄放阀(selief valve)。又称溢流阀，一种由阀前介质静压力驱动的自动泄压装置，其阀门开度随超压的增加而成比例地增大，通常用于不可压缩流体（液体）。

③ 安全泄放阀(safety relief valve)。根据使用场合不同，既可用作安全阀，也可用作压力泄放阀。

实际应用的压力泄放阀，应满足以下性能要求：

① 在系统正常操作压力下保持密封；

② 当系统压力达到整定压力时开始动作；

③ 在系统压力达到允许超压之前泄放掉额定排量；

④ 当系统压力降到整定压力以下时，阀门复位，并保持密封。

化工过程中泄压系统最常用的专业术语包括如下。

① 最大允许工作压力(MAWP)：在设计温度下，设备或管道所允许承受的最大工作压力。该压力是根据容器受压元件的有效壁厚计算所得的，不包括壁厚的腐蚀裕量及非压力载荷裕量。MAWP 是确定保护容器的压力泄放装置定压的基础。

② 最高操作压力：系统正常工作期间可达到的最高压力。

③ 整定压力：压力泄放阀阀瓣在运行条件下开始升起，即泄压设备开始动作的压力，也叫开启压力、设定压力。

④ 积聚压力：在泄放过程中，容器内超出容器 MAWP 的压力增量，表示为 MAWP 的

百分数。

⑤ 超压：超过压力泄放阀整定压力的压力增量，通常用整定压力的百分比表示。当泄放装置的整定压力设为容器的 MAWP 时，超压与积聚压力相同。

⑥ 回座压力：排放后阀瓣与阀座重新接触，即开启高度变为零，介质停止连续流出时安全阀入口的静压力。

⑦ 启闭压差：整定压力与回座压力之差，通常用整定压力的百分数表示；而当整定压力小于 0.3MPa 时，用 MPa 表示。

⑧ 背压：泄放过程中泄压设备出口处的压力，是排放背压与附加背压的总和。

⑨ 排放背压：是指压力泄放设备开启后，由于介质流入排放系统，而在阀出口处形成的压力。

⑩ 附加背压：压力泄放阀动作前在阀出口处存在的静压力，是由其他压力源在排放系统中引起的（例如，实际大型一体化装置中，往往各个分装置共用一个火炬管网，当其他装置排放时，对本装置而言造成的火炬系统超压）。

⑪ 冷态试验差压力：压力泄放阀在试验台上调整到开始开启时进口处的静压力，该压力包含了对背压和温度的修正值。

压力泄放阀压力等级关系见图 5-6。

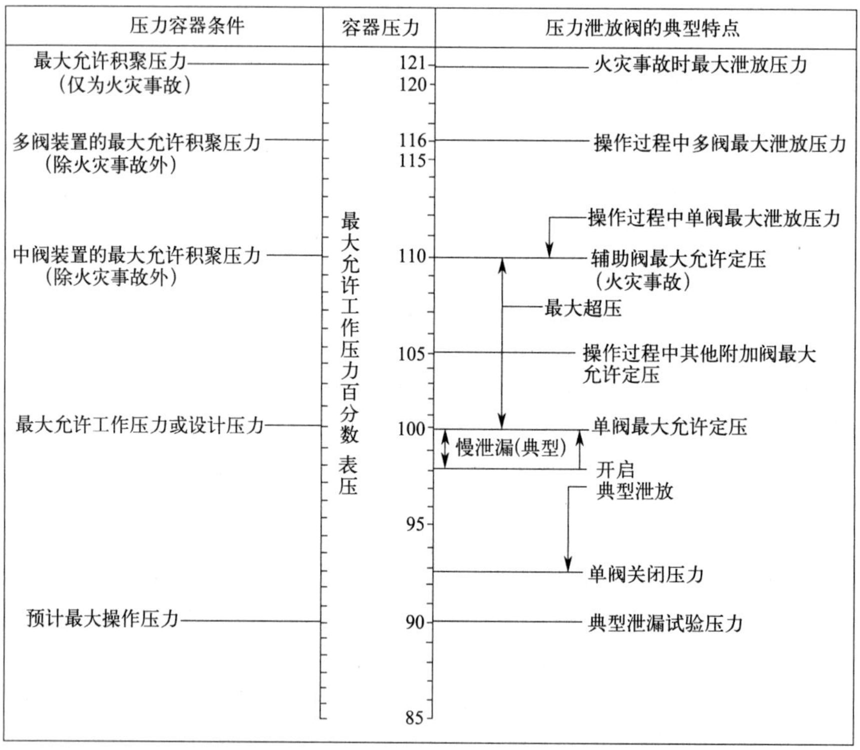

图 5-6　压力泄放阀压力等级关系

与泄放排量有关的概念如下所述。

① 开度：压力泄放阀开启后，阀瓣密封面离开关闭位置的实际行程。

② 流道面积：压力泄放阀入口端至阀座密封面间流道最小截面面积，又称喉部面积，$A=\pi D^2/4$。

③ 帘面积：当阀瓣全行程时，其密封面之间的圆柱形或圆锥形通道的面积，$A=\pi DL$。

④ 排放面积：阀门排放时流体所通过的最小截面面积，为流道面积与帘面积间的较小者。

⑤ 理论排量：流道横截面面积与阀流道面积相同的理想喷管计算出的流量。

⑥ 额定排量：实测排量中允许作为安全阀使用基准的那一部分，也就是理论排量乘以额定排量系数后得到的数值。

⑦ 需要排量：设计要求压力泄放阀最低需要达到的排量。

5.4.2 典型泄压设备类型

对于不同的泄压应用对象，应选择不同类型的泄压设备，考虑因素包括泄放介质的特性(液相、气相或两者混相，以及是否有腐蚀性)、泄放直接进入大气或密闭系统中(洗涤器、火炬等)。实际工程应用中，泄压设备的选型应根据泄压系统、工艺条件和释放介质物性的详细情况综合确定。

图 5-7 为常规弹簧载荷式泄压阀结构示意图。其阀动座基于力的平衡，在正常操作条件下，介质侧压力低于整定压力，阀瓣在弹簧力的作用下在阀座上处于密封状态。当系统压力升高，已达到进口压力高于整定压力时，阀瓣离开阀座，实现物料的泄出。当工艺侧压力降到足够低，弹簧力足以克服向上作用力时，阀门回座，停止物料的进一步泄放。常规弹簧载荷式泄压阀结构简单，造价较低，适用范围广。然而由于阀座密封力随着介质侧压力的升高而降低，所以易出现预漏现象，即未达到安全阀设定点前即有少量介质泄出；更重要的是，常规弹簧载荷式泄压阀平衡背压能力较差，通常只能应用于背压不超过整定压力 10％的场合，否则过大的背压会显著降低阀门开高，减小泄放量，而且阀门动作时易发生频颤，导致机械损坏。

为了加强泄压阀的调节背压能力，开发出平衡波纹管弹簧式泄压阀（图 5-8），即在常规弹簧载荷式泄压阀基础上加装波纹管，使背压对阀动作特性（整定压力、回座压力以及排量）影响降低到最小限度。平衡波纹管弹簧式泄压阀在背压不超过整定压力 30％的情况下，阀瓣的开度不受显著影响，一般操作工况允许背压达到整定压力的 45％～50％。同时，平衡波纹管弹簧式泄压阀实现了阀芯内件与工艺介质相隔离，因而可应用于高温与腐蚀性介质工况。但是相比于常规弹簧载荷式泄压阀，其造价高，对维修检测要求也较高。

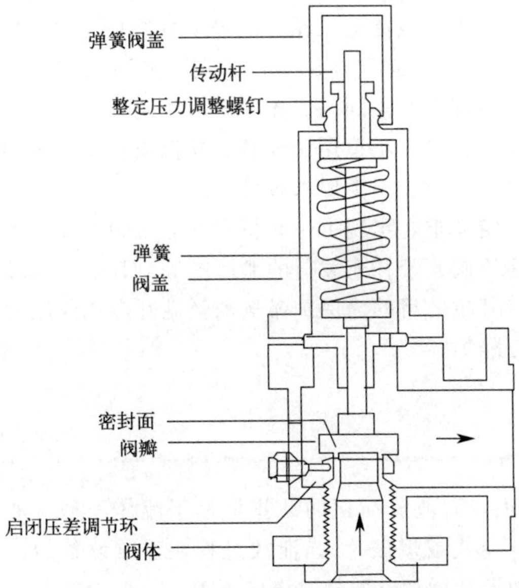

图 5-7 常规弹簧载荷式泄压阀结构示意

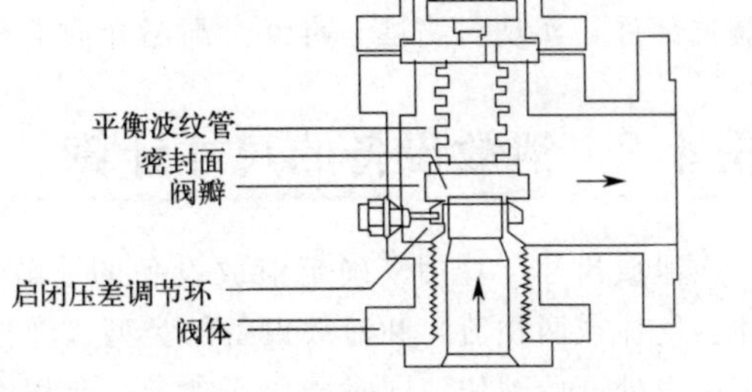

图 5-8 平衡波纹管式泄压阀

除了弹簧式泄压阀外，先导式泄压阀也得到了十分广泛的应用。先导式泄压阀通常由一个活动的不平衡阀瓣（活塞）的主阀和一个外部的导阀组成（图 5-9）。阀瓣顶部面积大于底部面积，在达到整定压力前，阀瓣顶部和底部表面均承受相同的进口操作压力。但由于阀瓣顶部面积大于底部面积，净作用力保持阀瓣紧压在主阀阀座上。随着操作压力的增加，阀座的净作用力增加，以使阀门关闭得更紧密。这个特点允许大多数先导式阀门被用在最大期望的操作压力较高的场合。当被保护系统达到整定压力时，导阀先动作，将阀顶部的压力泄出，此时净作用力向上，致使阀瓣开启，介质通过主阀流出。超压阶段结束后，导阀关闭阀瓣顶部气室的泄出口，因此重新建立压力，净作用力导致阀回座。

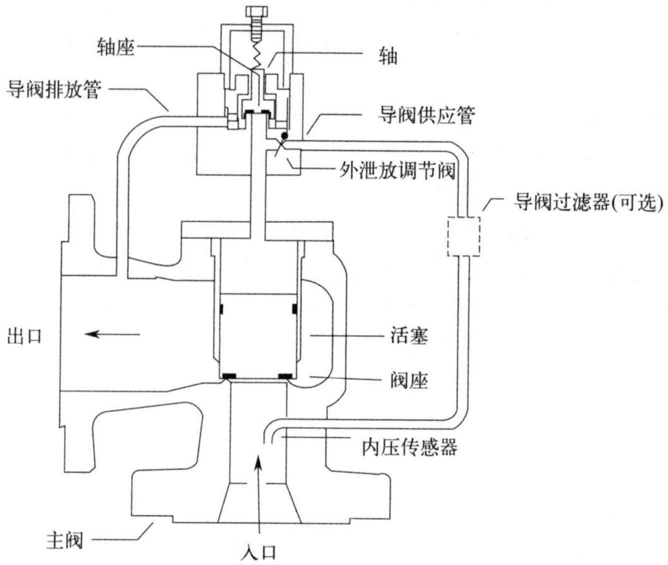

图 5-9　先导式泄压阀

先导式泄压阀具有优异的平衡背压能力及阀座密封性能，而且阀座密封力随着介质操作压力的升高而升高，因此可使系统在较高运行压力下高效能地工作。值得注意的是，此处较高运行压力是指相对于泄压阀的整定压力，如高于阀整定压力 90%的工况，此时若采用弹簧式泄压阀，容易发生预漏现象，先导式泄压阀不存在此类问题。先导式泄压阀本身适用于低压力工况。先导式泄压阀的不足在于对介质比较挑剔，不适用于较脏、黏稠类介质，否则容易堵塞引压管及导阀内腔；而且受限于活塞材质，对于温度要求较苛刻。

除了以上较通用的泄压阀外，近年来针对特定需求，出现了一些特定的泄压阀种类，如常用于锅炉（特别是电厂锅炉）的高性能蒸汽泄压阀、带补充载荷的泄压阀等。其中，比较常见的一种类型为将泄压阀与爆破片串联安装，其主要目的为保护昂贵的弹性开启式泄压阀装置部件，实现对腐蚀、毒性、高温介质的充分隔离。

5.4.3　泄放设备的尺寸计算

泄放尺寸计算用来确定泄放设备的泄放面积，而泄放面积的计算依赖于流体类型（液体、气体或两相流）和泄放设备的类型（弹性开启式或爆破片）。泄放过程在泄放设备的设定压力处开始动作，同时压力通常会一定程度地继续增加，并超过设定压力。一般为确保压力维持在设定压力而设计的泄放设备需要具有非常大的泄放面积，而随着超压的增加所需的泄放面积显著减小。另外，弹性开启式泄压设备需要最大流动能量的 25%～30%来维持阀门底座处于开启位置。若所选的安全阀的泄放面积远远大于实际所需，安全阀排放时过大的排量会导致压力容器内部压力下降过快，安全阀迅速回座，而压力容器本身的超压状态没有得到缓解，使安全阀不得不再次起跳，这时会发生频跳现象，导致泄放设备的损坏。因此，通常的做法是泄压设备将会维持一定程度的超压，使泄放面积既不过大也不过小。依据 ASME 规范的推荐值，通常泄压设备超压选择可参考表 5-2。

表 5-2　压力泄放阀的设定压力与积聚压力的设定举例

故障		单阀装置		多阀装置	
		设定压力/%	最大积聚压力/%	设定压力/%	最大积聚压力/%
非火灾	第一个阀	100	110	100	116
	附加阀	—	—	105	116
火灾	第一个阀	100	121	100	121
	附加阀	—	—	105	121
	辅助阀	—	—	110	121

（1）气体或蒸气系统泄放尺寸计算

对于蒸气或气体泄放的压力泄放系统，其尺寸计算依据泄放阀处流体处于临界流动或亚临界流动状态略有不同。气体通过喷嘴、孔口或管线末端发生膨胀，其流速和比体积随着下游压力降低而增加。对于给定的上游条件，排放过程中的质量流量不断增加，一直到喷口处达到极限速度。可以证明，该处极限速度就是在喷口处流动介质达到的声速。与极限速度相对应的流量即为临界流量。

临界流动压力可由理想气体状态方程得到：

$$\frac{p_{cf}}{p_1}=\left(\frac{2}{\gamma+1}\right)^{\frac{\gamma}{(\gamma-1)}} \tag{5-18}$$

式中，p_{cf} 为临界流动喷口压力；p_1 为气体上游泄放压力；γ 为理想气体的绝热指数，可查取相关热力学手册或根据表 5-3 中的原则设置。

表 5-3　气体绝热指数近似选取表

气体	γ	气体	γ
单原子	约 1.67	三原子及以上	约 1.32
双原子和气体	约 1.40		

若喷口下游的压力小于或等于临界流动喷口压力 p_{cf}，则气体泄放就处于临界流动状态，否则处于亚临界流动状态。

对于大多数弹性开启式泄压阀的气体排放过程，处于临界流动状态。其排放面积计算式为

$$A=\frac{0.1Q_m}{C_0\chi p}\sqrt{\frac{T}{M}} \tag{5-19}$$

式中，Q_m 为质量排放流量，kg/h；A 为计算所需的泄放面积，mm^2；p 为上游绝对压力，MPa(A)；M 为气体摩尔质量，kg/kmol；C_0 为泄放系数，无量纲；T 为实际泄放温度，K。

式（5-20）中，将所有仅与介质热力学常数有关的参数综合，定义参数：

$$\chi=3.948\sqrt{\gamma\left(\frac{2}{\gamma+1}\right)^{\frac{(\gamma+1)}{(\gamma-1)}}} \tag{5-20}$$

对于非理想气体，通过引入两参数，即非理想气体的压缩因子和背压修正系数 K_b，对式（5-19）进行修正得到

$$A=\frac{0.1Q_m}{C_0\chi K_b p}\sqrt{\frac{Tz}{M}} \tag{5-21}$$

式中，泄放系数C_0通常取值 0.975；K_b为背压修正系数，可通过 API RP520 推荐的图 5-10 查得。

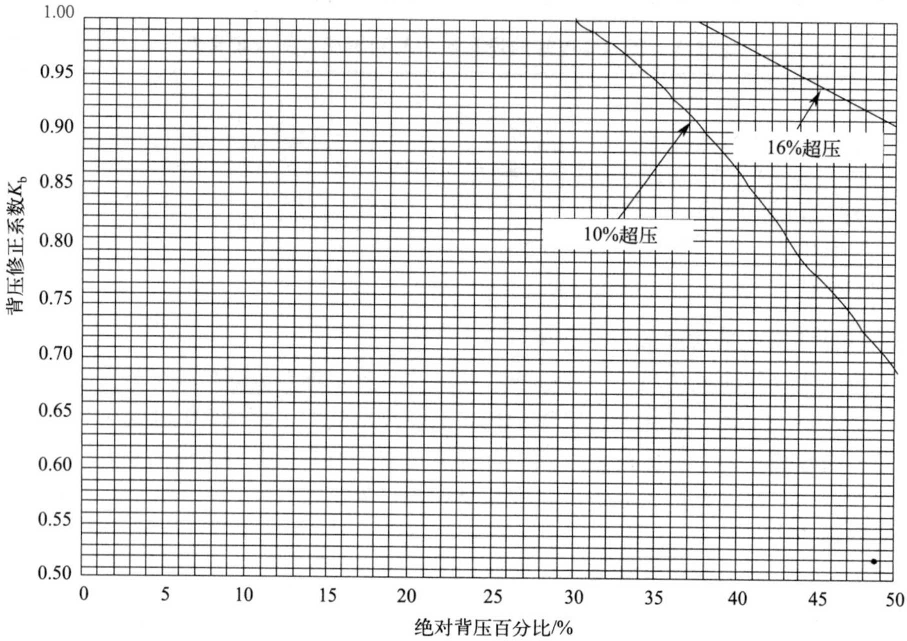

图 5-10 蒸气或气体系统中常用平衡腔式减压阀背压修正系数

$$\text{绝对背压百分比}=\frac{\text{背压}}{\text{设定压力}+\text{超压}}\times 100\%$$

【例 5-1】某反应器氮气保护控制回路失效，导致氮气由 150mm 管线进入反应器。已知氮气源处压力为 1.0MPa（G），温度为 20℃。反应器设定泄放压力为 0.4MPa（G）。为保护反应器免遭事故，所需的平衡腔式减压阀的蒸气泄放直径是多少？假设泄放背压为 100kPa（G）。

解：由于氮气源处压力为 1.0MPa（G），若控制回路失效，氮气窜入反应器，压力升高并达到容器失效的压力值。因此必须安装泄压设备，将事故进入的氮气迅速排出。首先计算气体的临界压力，以判断是否处于临界流动状态。对于氮气，其绝热指数γ为 1.40，则可得其临界压力

$$\frac{p_{cf}}{p_1}=\left(\frac{2}{\gamma+1}\right)^{\frac{\gamma}{(\gamma-1)}}=\left(\frac{2}{\gamma+1}\right)^{\frac{\gamma}{(\gamma-1)}}\times p_1 \tag{5-22}$$

$$=\left(\frac{2}{1.4+1}\right)^{\left(\frac{1.4}{1.4-1}\right)}\times(1.0+0.1)=0.58(\text{MPa})(\text{A}) \tag{5-23}$$

泄放过程选取压力容器内超压 10%，则反应器最大设计压力为

$$p_{max}=1.1p_S=1.1\times(0.4+0.1)=0.55(\text{MPa})(\text{A})$$

因此，反应器内压力低于临界压力，管线内流动为临界流动，采用公式计算所需排量：

$$Q_m=10AC_0\chi p\sqrt{\frac{M}{T}} \tag{5-24}$$

式中各参数：

$$A=\frac{\pi d^2}{4}=\frac{3.14\times 150^2}{4}=17662.5(\text{mm}^2)$$

$$p=1.1\text{MPa(A)}$$

$$T=20+273.15=293.15(\text{K})$$

$$M=28\text{kg/kmol}$$

$$C_0=1.0$$

$$\chi=3.948\sqrt{\gamma\left(\frac{2}{\gamma+1}\right)^{\frac{(\gamma+1)}{(\gamma-1)}}}=3.948\sqrt{1.4\left(\frac{2}{1.4+1}\right)^{\frac{(1.4+1)}{(1.4-1)}}}=2.70$$

代入计算得

$$Q_m=10\times17662.5\times1.0\times2.70\times1.1\times\sqrt{\frac{28}{293.15}}=1.62\times10^5(\text{kg/h})$$

获得所需排量后，即可根据公式计算泄放阀所需面积。首先应用图 5-10 获取背压修正系数 K_b。

其中，标准背压百分比：

$$\alpha=\left(\frac{p_b}{p_s}\right)\times100\%=\frac{0.1}{0.4}\times100\%=25\%$$

对于 10%的超压，查图得到$K_b=0.94$。

泄压阀的有效泄放系数C'_0选取 0.975。此处应注意，本例中当设备信息不完整，核算所需排量时C'_0选取 1.0；而此处计算泄压阀所需面积时C'_0设定为 0.975，目的是采用最保守思路，计算理论可能出现的最大排量，以及理论核算所需的最大泄放面积。实际应用中，有时可采取厂家提供泄压设备的设备数据表中的有效泄放系数值。同样的道理适用于压缩因子 z 的取值，若无法获取，则取值 1.0。

公式中 p'为泄放过程上游绝对压力，因此 $p'=0.55$MPa（A）。

由式（5-21）计算所需的泄放面积：

$$A=\frac{0.1Q_m}{C_0\chi K_b p}\sqrt{\frac{Tz}{M}}=\frac{0.1\times1.62\times10^5}{0.975\times2.70\times0.94\times0.55}\sqrt{\frac{293.15\times1.0}{28}}=38513.66(\text{mm}^2)$$

所需泄放阀出口直径：

$$d=\sqrt{\frac{4A}{\pi}}=\sqrt{\frac{4\times38513.66}{3.14}}=221.450(\text{mm})$$

计算得到所需泄放阀直径后，需要根据制造商提供的标准泄放阀尺寸数据表，选择与所需尺寸相近的最大直径泄放设备，此例题中可选择 250mm 口径的安全阀。

（2）液体泄放尺寸计算

不同于气体的泄放过程，液体泄放过程中弹性减压阀随着压力的增加被压缩，不具备气体泄放时具有的突然全开启动作；而且很多流体具有高黏度，随着液体的黏度增加，所需泄放面积必然增大。

液体泄放过程所需的泄放面积：

$$A=0.196\frac{Q_m}{C_0K_vK_pK_b\sqrt{\rho\Delta p}}\tag{5-25}$$

式中，A 为所需的有效排放面积，mm^2；Q_m 为通过泄放孔的理论流量，kg/h；C_0 为泄放系数(无量纲)；K_v 为黏度修正系数（无量纲)；K_p 为超压修正系数(无量纲)；K_b 为背压修正系数（无量纲)；ρ 为液体的密度，kg/m^3；Δp 为实际排放压力p_d 与背压 p_b 的差，MPa（表压)。

泄放系数C_0的经验值选取可参见选取规则：在泄放尺寸确定过程中，当泄放系数C_0不能确定时，则使用保守值 0.61，以使泄放面积最大。黏度修正系数K_v对高黏度物质经过阀门导致的额外的摩擦损失进行了修正，可由图 5-11 中给出。由公式可看出，随着流体黏度的增加（低雷诺数），计算所需的泄放面积也变大。由于确定黏度修正系数需要雷诺数，而计算雷诺数又需要泄放面积，因此形成迭代计算。对于大多数泄放过程，雷诺数大于 5000，修正项接近 1。开始计算时，可选用 1 为假设初值。

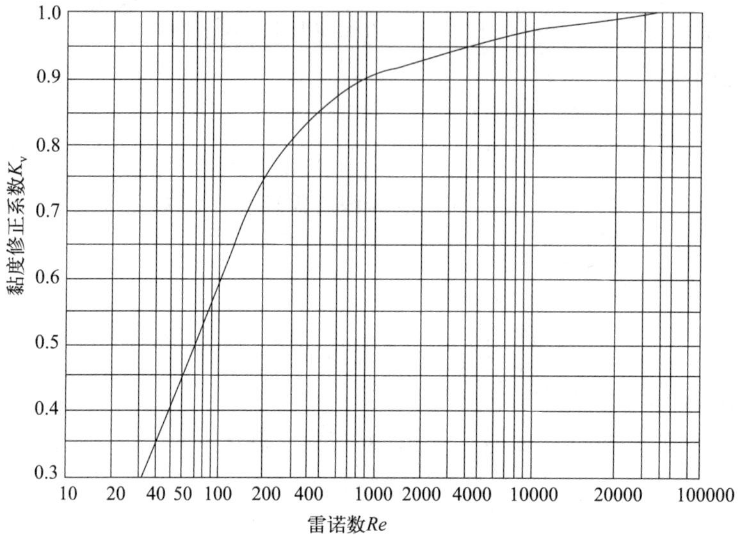

图 5-11　液相泄放装置黏度修正系数曲线

除了查图法，Darby 和 Molavi 针对雷诺数大于 100 的流动，建立了黏度修正系数与雷诺数的表达式：

$$K_v = 0.975\sqrt{\frac{1}{\frac{170}{Re}+0.98}} \tag{5-26}$$

式中，Re 为雷诺数。

超压修正系数 K_p 包含了排放压力大于设定压力的影响，可由图 5-12 进行查取。K_p 是设计所确定的超压的函数，随着超压的减小，修正值减小，导致所需泄放面积增大。图 5-12 中曲线显示了超压由 10%增加到 25%，泄压设备的能力受到由于阀门开启导致的泄放面积的变化、泄放系数的变化和超压变化的影响。当超压大于 25%时，阀门的能力仅受超压变化影响。在较低的超压下操作的泄放阀趋于喘振，因此通常不建议设计低于 10%的超压。

背压修正系数仅适用于平衡腔式安全阀，可从图 5-13 中查取。

【例 5-2】 某容器的设计压力为 1.4MPa(G)，现有一个定容泵以 45t/h 的速度送水。若下游堵塞憋压，容器具有被泵冲压损坏的风险，因此需要对该容器安装液相安全阀进行超压保护，假设泄放系统背压为 100kPa(G)，计算超压分别为 10%及 25%的情况下，所需要的泄放面积。

解：(1) 设定压力为 1.4MPa(G)，背压为 0.1MPa(G)，当超压为设定压力的 10%，即 0.14MPa(G) 时：

泄放系数 C_0 未给定，保守估计选取 0.61。

物质泄放量是整个抽水流量，所需排量 $Q_v=45\text{t/h}$。

假设在该流量下，雷诺数大于 5000，由图 5-11 中可知，黏度修正系数 $K_v=1.0$。

超压修正系数K_p 由图 5-12 中查得，因为超压百分比为 10%，则 $K_p=0.6$。

因为未设计成平衡腔式安全阀，因此不需要背压修正，$K_b=1$。

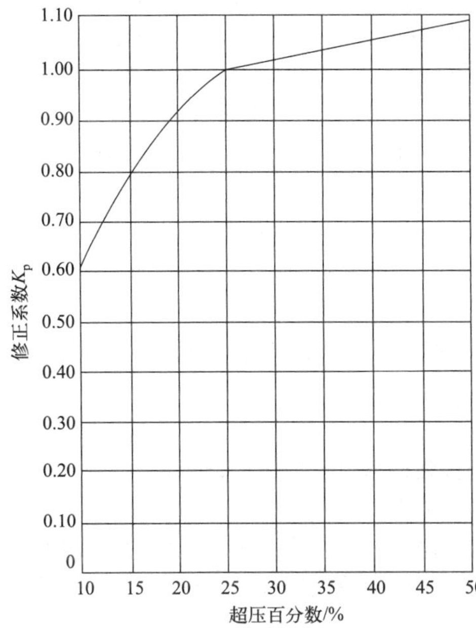

图 5-12　液相弹性开启式减压阀超压修正系数 K_p 曲线

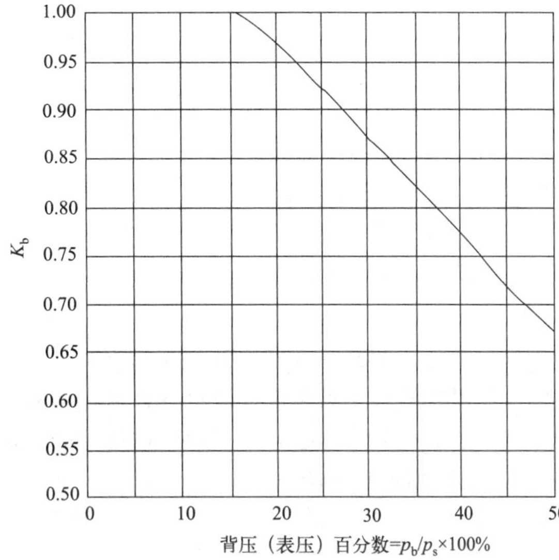

图 5-13　液相介质应用于平衡腔式减压阀背压修正系数曲线

将这些参数依次代入式(5-25)：

$$A=0.196\frac{Q_m}{C_0K_vK_pK_b\sqrt{\rho\Delta p}}=$$

$$0.196\times\frac{45\times10^3}{0.61\times1.0\times0.6\times1.0\times\sqrt{998\times(1.54-0.1)}}=$$

$$635.68(\mathrm{mm}^2)$$

$$d=\sqrt{\frac{4A}{\pi}}=\sqrt{\frac{4\times635.68}{3.14}}=20.46(\mathrm{mm})$$

（2）当超压为25%，即0.35MPa时，由图5-12可查得 $K_p=1$。其他参数不变，则此时所需排放面积：

$$A=0.196\times\frac{45\times10^3}{0.61\times1.0\times1.0\times1.0\times\sqrt{998\times(1.75-0.1)}}=356.31(\mathrm{mm}^2)$$

$$d=\sqrt{\frac{4A}{\pi}}=\sqrt{\frac{4\times356.31}{3.14}}=21.3(\mathrm{mm})$$

可见，当设计超压增加后，所需泄放面积变小。当计算得到所需的泄放设备尺寸后，应根据制造商可制造的泄压设备标准技术清单进行挑选，选择下一个大于所需泄放口径的尺寸。

5.5 惰化防爆技术

惰化是将惰性气体加入到可燃性混合气体中，使氧气浓度减少到极限氧浓度(LOC)以下的过程。通常惰性气体可使用氮气或二氧化碳，有时也可用水蒸气。对于大多数可燃气体，LOC 约为 10%；对于大多数粉尘，LOC 约为 8%。在实际应用中，惰化系统氧气浓度设定的控制值比 LOC 低 4%，也就是说，若工艺气体 LOC 为 10%，则惰化目标设定值应将氧气浓度维持在 6%以下。惰化系统应具有在线分析功能，可连续监测与 LOC 有关的氧气浓度。当氧气浓度接近 LOC 设定值时，闭环控制逻辑可以自动控制惰性气体开始向系统添加。通常应用的惰化过程包含真空惰化、压力惰化、吹扫惰化等。下面将对几种不同惰化过程的实现方法及惰性气体需求量的计算方法进行介绍。

5.5.1 真空惰化

真空惰化是一种最为常见的惰化过程，适用于一切耐真空设备。真空惰化过程包括以下步骤：

① 对容器抽真空直到达到所需的真空度；

② 用氮气或二氧化碳等惰性气体来消除真空，直到回复至工艺压力；

③ 重复步骤①和②，直到容器内达到所需的氧气浓度。

真空惰化过程如图 5-14 所示。以某尺寸已知的容器初始氧气浓度为 y_0 真空惰化至目标氧气浓度 y_i 的过程为例，说明如何进行惰化过程的设计，即确定为达到目标氧气浓度所需的循环次数及所需的惰化气体量。

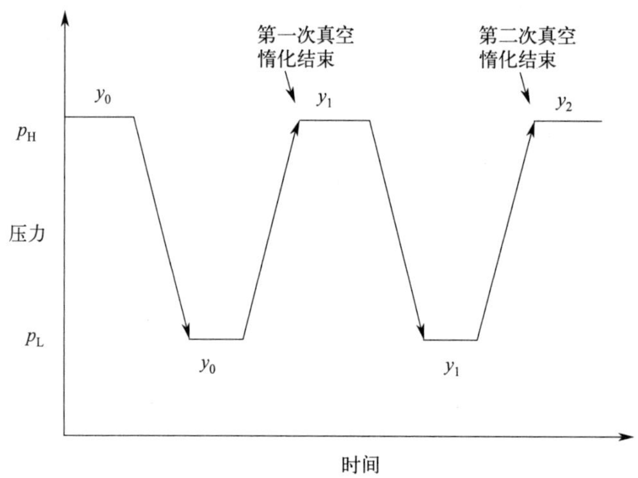

图 5-14　真空惰化过程示意

容器初始压力为 p_E，真空装置压力为 p_L。计算时，认为系统遵循理想气体状态方程，每次循环过程，容器内气体总物质的量只与容器内压力有关：

$$n_H = \frac{p_H V}{R_g T} \tag{5-27}$$

$$n_L = \frac{p_L V}{R_g T} \tag{5-28}$$

式中，n_H，n_L 分别为容器压力下与真空状态下总物质的量。不同压力下容器内氧气的物质的量可由 Dolton 定律得到：

$$(n_{0xy})_{1L} = y_0 n_L \tag{5-29}$$

$$(n_{0xy})_{1H} = y_0 n_H \tag{5-30}$$

容器从初始状态进行抽真空操作时，其氧气浓度维持 y_0 不变，直至抽真空至 p_L。之后，用纯氮气对容器进行惰化操作，此阶段容器内氧气的物质的量维持不变，氮气的物质的

量增加。氮气加入后，新的氧气浓度为

$$y_1=\frac{(n_{0xy})_{1L}}{n_H} \tag{5-31}$$

式中，y_1 为用氮气初次惰化完成后容器内氧气浓度，将式（5-29）代入式（5-31）后得到

$$y_1=\frac{(n_{0xy})_{1L}}{n_H}=y_0\left(\frac{n_L}{n_H}\right) \tag{5-32}$$

进一步对容器重复真空和惰化过程，第二次惰化后氧气的浓度为

$$y_2=\frac{(n_{0xy})_{2L}}{n_H}=y_1\left(\frac{n_L}{n_H}\right)=y_0\left(\frac{n_L}{n_H}\right)^2 \tag{5-33}$$

不断重复该过程，直到氧气浓度减少到期望水平 y_i。j 次惰化循环后容器内氧气浓度为

$$y_j=y_j\left(\frac{n_L}{n_H}\right)^j=y_0\left(\frac{p_L}{p_H}\right)^j \tag{5-34}$$

每次循环所添加的氮气总物质的量为一常数，总惰化过程所耗氮气总物质的量为

$$\Delta n_{N_2}=j(p_H-p_L)\frac{V}{R_g T} \tag{5-35}$$

5.5.2 压力惰化

与真空惰化不同，压力惰化过程是通过向容器内添加带压惰性气体，实现容器内的氧气浓度降至 LOC 以下。添加的气体在容器内与原工艺气体充分混合后，将容器与大气相通使压力回复至周围环境压力。整个循环过程如图 5-15 中所示，容器初始压力为 p_L，惰性气体源压力为 p_H，设计问题仍为确定将浓度 y_0 降低至期望浓度所需的压力惰化循环次数及所需的总惰性气体量。

由于使用纯惰性气体加压，因而在加压过程中氧气的物质的量不变，但摩尔分数降低；反过来，在降压过程中，容器内气体组成不变，即氧气的摩尔分数不变，但总物质的量减少。压力惰化过程的设计与真空惰化类似，此处不进行详细推导。最后得到关系式与式(5-28)和式(5-29)相同，区别在于式中 n_L 为大气压下的总物质的量(低压状态)，n_H 为加压下的总物质的量(高压状态)。另外，式中容器内的初始浓度(y_0) 应为容器首次加压后计算得到的浓度值。

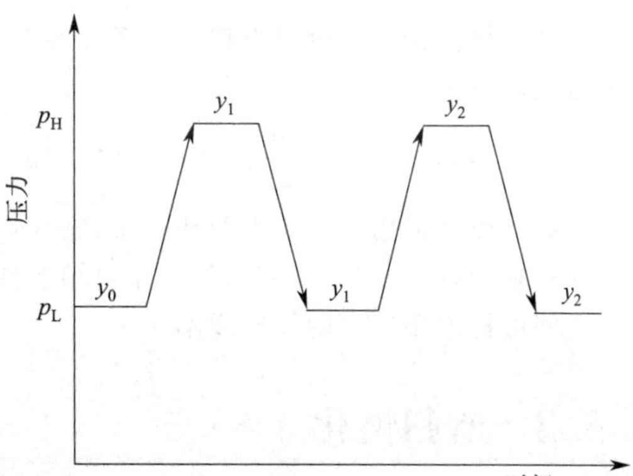

图 5-15　压力惰化过程示意

压力惰化相较于真空惰化，其优点在于降低了潜在的循环时间，这是由于加压惰化过程相对较缓慢的制造真空过程要快得多。然而，其缺点在于需要使用较多的惰性气体，这是因为真空惰化过程中氧气浓度的降低主要由抽真空来减少的。因此，应根据成本和操作性能综合选择最优的惰化过程。

【例 5-3】 温度为 20℃、容积为 5m^3 常压容器内含有大量可燃气体，现欲使用惰化技术将容器内氧气浓度降至 1×10^{-6} 以下，从而避免潜在的燃烧危险。试计算：

① 使用真空泵形成 2kPa 的绝压，随后用纯氮气对容器进行真空惰化；

② 使用压力为 600kPa(G)，温度为 20℃的纯氨气对容器进行压力惰化。两种过程下所

需的氮气总量及循环次数。

解：① 真空惰化工况：

初始状态和目标状态下氧气浓度分别为：

$$y_0=0.21$$

$$y_j=1\times10^{-6}$$

所需的循环次数，可由式（5-34）计算：

$$y_j=y_0\left(\frac{p_L}{p_H}\right)^j$$

$$\ln\left(\frac{y_j}{y_0}\right)=j\ln\left(\frac{p_L}{p_H}\right)$$

$$j=\frac{\ln(10^{-6}/0.21)}{\ln(2\text{kPa}/100\text{kPa})}=3.13$$

惰化次数 $j=3.13$，即总共需 4 次循环才能将氧气浓度降低至 1×10^{-6}。所需总氮气的量由式（5-35）计算，注意其中 p_H、p_L 压力项为绝压：

$$\Delta n_{N_2}=j(p_H-p_L)\frac{V}{R_gT}=4\times(100-2)\times10^3\times\frac{5}{8.314\times293.15}=804.2(\text{mol})$$

② 压力惰化工况：

压力惰化工况下，氧气初始摩尔分数 y_0 为第一次加压后氧气的浓度：

$$y_0=0.21\times\left(\frac{p_L}{p_H}\right)=0.21\times\frac{100\text{kPa}}{(100+600)\text{kPa}}=0.03$$

则由式(5-34) 计算所需的循环次数：

$$j=\frac{\ln(10^{-6}/0.03)}{\ln\left(\frac{100}{100+600}\right)}=5.30$$

因此最终需要 6 次压力惰化，可将容器内氧气含量降低至 1×10^{-6}。该惰化操作所使用总的氮气总量为

$$\Delta n_{N_2}=j(p_H-p_L)\frac{V}{R_gT}=6\times(700-100)\times10^3\times\frac{5}{8.314\times293.15}=7385.4(\text{mol})$$

可见，压力惰化需要 6 次循环，而且使用 7385.4mol 的氮气，均多于使用真空惰化的 4 次循环和总消耗 804.2mol 的氮气。需要结合性能价格综合比较，然后确定是否压力惰化所节约时间可抵消多使用的氮气成本。

5.5.3 吹扫惰化

当容器或设备没有针对压力或真空度划分等级时，真空惰化与压力惰化均不适用，此时可采用吹扫惰化过程，以实现惰化气体在大气环境压力下被加入和抽出。

吹扫惰化是在一个开口处将惰化气体加入到容器中，并从另一个开口处将混合气体从容器内抽出到环境的过程。假设气体在容器内完全混合，温度和压力保持恒定，则排出气流的质量或体积流率等于进口气流。以容器内氧气含量建立质量平衡关系式得到

$$V\frac{\text{d}c}{\text{d}t}=c_0Q_v-cQ_v \tag{5-36}$$

式中，V 为容器体积；c 为容器内氧气的浓度(可为质量或体积单位)；c_0 为进口气浓度(与 c 单位对应)；Q_v 为体积流量；t 为时间。

对公式进行整理和积分，得到

$$Q_v\int_0^t dt = V\int_{c_1}^{c_2}\frac{dc}{c_0 - c} \tag{5-37}$$

上式代表容器内氧气浓度从 c_1 降低至 c_2，吹扫过程所需的总惰性气体体积为 $Q_v t$，积分得到

$$Q_v t = V\ln\left(\frac{c_1 - c_0}{c_2 - c_0}\right) \tag{5-38}$$

对于很多应用场合，$c_0=0$。

习 题

1. 简述化工安全风险评估的重要性。
2. 简述化学反应的安全性原则。
3. 简要说明工艺物料的选择。
4. 简要说明反应过程的安全性分析。
5. 如何进行超压泄爆系统的设计？
6. 举例说明惰化防爆技术的应用。
7. 简要说明风险预防与控制措施。
8. 简要说明泄压系统与泄压量计算。
9. 概述化工安全生产的总体要求。
10. 什么是紧急猝灭技术？

参考答案

第 6 章

安全控制系统

学习目标

1. 理解在化工生产中安全控制系统对于保障人员安全、设备完整性和环境可持续性的关键作用。

2. 掌握紧急停车（ESD）系统的基本概念，学习 ESD 系统的功能、组成、特点及在化工生产中的应用。

3. 了解 ESD 系统在设计时需要满足的基本要求，包括可靠性、易于维护、自诊断功能、与 DCS 的通信能力等。

4. 学习火焰燃烧管理系统（BMS）的工作原理，理解 BMS 的定义、设计要求、功能，以及在锅炉启动、停止和正常运行中的作用。

5. 熟悉火灾报警及可燃气检测系统（FGDS）的特点，了解 FGDS 的概念、总体要求、结构，以及在化工安全中的功能和作用。

6. 掌握报警管理系统的作用和实施方法，学习如何通过有效的报警管理确保报警系统发挥其应有的作用，包括报警的合理化、优化、实施、运行和维护。

7. 掌握报警管理的流程，包括报警的识别、设计、实施、运行、维护、变更管理和监测评估。

8. 掌握报警管理系统的故障容许极限和诊断功能，了解如何通过诊断功能探测出危险状态并自动动作，以提高系统的可靠性和安全性。

6.1 紧急停车（ESD）系统

大多数化工装置属于流程装置，具有高温、高压、易燃、易爆等特征，在生产中具有极高的危险性。因此，实现生产装置的安全、稳定、高效运行不仅是提高效益的关键，而且对生产人员、生产设备及整个厂区安全都十分重要。过去，直接 On/Off 控制已经可以满足简单设备装置的要求；而现在需要更复杂的控制功能。由于过程的复杂性，原料的变化，最终产品的质量要求，装置规模以及设备、人身、环境的保护等因素，适当的过程控制及安全系统的设置显得尤为必要和重要。因此，许多企业运用过程控制概念来保证人员安全的最佳可靠性、生产设备的寿命、环境保护、有关利润和持续性的可应用性。国内已有 DCS 控制的化工装置，一般安全联锁保护功能由 DCS 来实现，但是对于较大规模的紧急停车系统，应按照安全独立原则与DCS分开设置，这样做主要包括以下几方面原因。

① 降低控制功能和安全功能同时失效的概率，当维护DCS部分故障时也不会危及安全保护系统。

② 对于大型装置或旋转机械设备而言，紧急停车系统响应速度越快越好。这有利于保护设备，避免事故扩大，并有利于分辨事故原因记录。而DCS要处理大量过程监测信息，因此其响应速度较慢。

③ DCS是过程控制系统，是动态的，需要人工频繁地干预，这有可能引起人为误动作；而ESD系统是静态的，不需要人为干预，设置ESD系统可以避免人为误动作。

6.1.1 ESD系统的基本要求

随着化工装置日趋大型化，设计操作指标离安全临界点越来越近，发生危险的可能性也在增加，所以越来越多的化工企业用户非常重视生产过程的安全，同时又要不断提高产品产量，以追求企业效益的最大化。在过去几年中，有的企业虽然配置了某种安全系统，但由于该系统并不提供所要求安全的完全性，而发生了许多大事故。随着现代科学技术的发展，人们对安全系统的认识也得到了提高，这就对ESD系统提出了新的要求。

① ESD系统必须比继电器控制或是固态逻辑控制更安全、可靠，必须减少安全系统误动作或误停车的次数和频率。

② ESD系统必须易于维护和查找故障，并具有自诊断功能，在线诊断可以准确、迅速地找出故障，在线维护可在系统不停止工作的情况下，更换系统的故障模块。

③ 需要设置通道状态指示及系统故障报警输出。

④ ESD系统必须易于组态，并且有在线修改组态的功能，在线试验时，满足跳闸保护条件下系统仍能完成停机保护功能。

⑤ ESD系统必须可与DCS和其他计算机系统通信。

⑥ ESD系统必须有硬件和软件的权限保护。

⑦ ESD系统必须提供第一次事件顺序记录（SOE）功能。

⑧ ESD系统必须独立于其他控制系统，且I/O点数有15%～30%的余量，对于冗余的输入（或输出）信号不在同一个I/O模块中。数字量输出模块采用光电隔离输出，隔离电压不小于250V，能驱动控制电动机、中间继电器或接触器，每一个DO所输出的接点（干接点）均满足控制回路的要求。

⑨ ESD系统应配置两路电源，两路电源互为备用，并可以进行自动切换。任一路电源故障，ESD系统都能输出报警信号。电源失电故障属于系统的可恢复性故障，一旦重新受电，控制模块能自动恢复正常工作而无须运行人员的任何干预。

⑩ ESD系统能接受与全厂电气共用地网的接地方式。

6.1.2 ESD系统的构成

ESD系统由现场报警开关和系统柜构成，系统硬件结构见图6-1。

系统柜由电源、信号转换模块、系统组件、中间（输出）继电器、空气开关、交流接触器、检修插座和照明等组成。

电源采用双路互备、自动切换来保障系统的正常工作。输入信号转换模块接收现场输入信号和分布在厂区各重要地点的ESD手动报警按钮的信号并将其转换后送至CPU，将CPU输出信号进行转换后送至中间（输出）继电器隔离并进行电流放大输出。重要信息实时送至

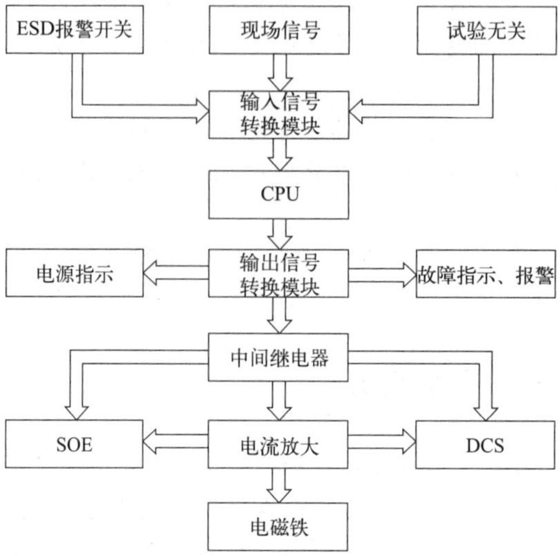

图 6-1 系统硬件结构

DCS 完成 SOE 功能。

6.1.3 ESD 系统的特点及功能

ESD 系统是一套独立于 DCS 的安全保护系统，具备以下特点。

① 在 ESD 系统的设计中，安全等级是设计的标准。在 ESD 系统的设计过程中，首先应该确定生产装置的安全等级，依据此安全等级，选择合适的安全系统技术和配置方式。目前，化工装置一般采用的 ESD 系统的安全等级为 SIL3，即 TÜV 的 AK5 或 AK6。

② ESD 系统是故障安全型系统。其在故障时使生产装置按已知预定方式进入安全状态，从而可以避免由于 ESD 自身故障或因停电、停气而使生产装置处于危险状态。

③ ESD 系统是容错系统。在一个或多个元件出现故障时，系统仍能继续工作。

6.1.4 相关仪表的选型原则

① 独立设置原则：从检测元件到执行元件尽量采用专用设备或仪表。

② 中间环节最少原则：回路中仪表越多，可靠性越差，典型情况是本质安全回路的应用。在化工装置中，防爆区域在 0 区的很少，因此尽量采用隔爆型仪表，减少由于安全栅而产生的故障源，减少误停车。

③ 故障安全原则：这意味着现场仪表出现故障时 ESD 系统能使装置处于安全状态，现场仪表采用何种故障安全配置回路，由实际有可能发生的主要故障来决定。

6.2 火焰燃烧管理系统（BMS）

火焰燃烧管理系统（burner management system，BMS）也称燃烧器管理系统，是用于锅炉炉膛安全保护的控制系统。该系统帮助操作人员启停燃料制备和燃烧设备，防止其误操作而破坏燃料制备和燃烧设备。火焰燃烧管理系统包括下列一些功能：联锁系统、燃料跳闸系统、主燃料跳闸系统、主燃料跳闸继电器、火焰监视和跳闸系统、点火子系统和主燃烧器子系统。BMS保护的范围主要是与燃烧直接相关的设备，如磨煤机、给煤机、油燃烧器油阀、点火器、锅炉本体等设备。为了使燃烧设备能正常工作，BMS也要控制与它们相关的辅助设备。其主要控制设备的启动、停止和跳闸。除了控制以外，完整的BMS还应包括状态指示、操作指导事件记录等辅助功能。

6.2.1 BMS的定义

BMS主要是在燃烧设备（锅炉）启动、停止和正常运行等各种运行工况下，连续监视燃烧系统的各种参数和状态，提供灵活的控制操作、可靠启动或中断向燃烧设备（锅炉）的燃料供给，在事故工况下按照安全的顺序自动操作，避免燃料和空气在燃烧设备（锅炉）内积累，以防范燃烧设备（锅炉）爆炸等事故的发生，保障燃烧设备（锅炉）的安全运行。

BMS一般包含炉膛安全管理系统（furnace safety supervision system，FSSS）和燃烧器控制系统（burner control system，BCS）。前者主要用于锅炉点火条件的判断、公共逻辑运算与管理，主要作用是当进入炉膛的燃料和空气混合物出现不安全情况（即防止炉膛爆炸）时，引起主燃料跳闸（MFT），确保锅炉安全。后者主要完成燃烧器的管理与控制，包括对燃油油枪及轻油点火枪、制粉系统（给煤机、磨煤机、煤粉燃烧器等）的控制。

6.2.2 BMS设计要求

由于BMS是在机组启动至机组停止运行的整个过程中发生作用，因此BMS的功能应该能够满足机组在停止、启动、运行、特殊工况处理等全过程的控制与管理的要求。在锅炉点火前，要求完成锅炉燃油系统的燃油泄漏试验。燃油泄漏试验程序逻辑将检验燃油系统各速断阀是否能够关闭严密，以防燃油在吹扫过程中进入炉膛，并确保在MFT动作后无燃油泄漏进入炉膛。如果燃油泄漏试验不符合要求，则不允许锅炉启动点火，待阀门修整严密后重新进行泄漏试验，直至成功。

在点火的过程中，要求BMS逻辑确定锅炉的点火条件，在什么阶段可以点燃轻油或重油（在设计安装有重油系统的锅炉中）。在具备煤粉燃烧条件（给煤机启动、磨煤机启动、煤燃烧器阀门开启、煤粉点火能量足够）的情况下正确点燃煤粉燃烧器，并动态判断燃烧器的着火、燃烧情况，在着火燃烧的正常情况下维持燃烧器的投入，在危急情况下切除燃烧器。在机组运行的过程中，对运行中的设备进行状态监视，对各项重要运行参数进行监视，当出现有不匹配的情况（如锅炉出力大大超过机组能量需求、锅炉风量太小、燃烧器火焰微弱、再热器过热等）时，中断相应设备的运行，在危急状况下，停止锅炉及机组的运行，并在逻辑中锁定故障的系统设备，有相应的记忆并报告首出信号，以利于分析机组故障原因。在控制系统（指DCS）或设备出现故障（如失去控制电源或采样电源、继电器误动作）时，能够及时在集中控制室发出报警，并根据实际情况判断是否需要中断机组的运行。

6.2.3 BMS的初步设计

初步设计的任务是明确BMS的控制范围、充分了解工艺过程、掌握其特点，在这个基础上，确定BMS的基本形式，以及确定控制逻辑。

BMS的控制范围一般分为三个部分：公共部分、燃油系统、制粉系统。这种系统划分的原则使同一类的设备具有相同的组态，同时在硬件分配与［I/O］接线上也简单，三个系统之间的联系信号通过DCS的通信系统实现。BMS的设计范围包括系统的硬件设计，如系统划分、硬件选择、硬件布置、[I/O]出线；系统组态，设计控制逻辑，并验证其正确性、安全性；设计文件，包括设计说明书和使用说明书等。

BMS的公共部分是用于保护锅炉本体及同时控制那些不属于每层煤或油的部分的设备。因此，其控制的设备主要有油管上的油跳闸阀、油循环阀、火检冷却风机。公共部分应完成以下功能。

① 炉膛清扫。确保在停炉后，初次点火之前，进行完整的炉膛清扫。

② 油母管的监视与控制。监视与控制油母管阀门，以保证在不同工况下的油母管的压力都满足运行的要求。

③ 主燃料跳闸及首出原因指示。在发生主燃料跳闸的条件下，立即产生跳闸指令，停止所有燃烧设备，同时向操作员指示首先引起跳闸的原因。

④ 火检冷却风机的控制。保证两台冗余的风机在任何情况下都能提供足够的风压与风量。

⑤ 产生点火允许条件。考虑锅炉的燃烧状态，向燃油系统与制粉系统发出指令，准许点火。

⑥ 风机监控。当送风机、引风机、一次风机发生故障时，作出相应的逻辑判断，保证炉膛的通风量。

⑦ 辅助风挡板控制。向辅助风挡板调节器发出指令，保证炉膛获得合理的配风。

⑧ 减负荷（RB）控制。当发生RB时，切除相应的磨煤机。

⑨ 其他与锅炉燃烧有关的联锁和报警。

燃油系统是BMS的第二大部分。它控制油层的运行，要控制的设备有油角的油阀、点火器的推进机构、油枪的推进机构、点火器的打火装置。其应完成以下功能。

① 自动启动油层。油角启动的过程要满足用户的燃油需要，如油层的自动启动、单角启动。

② 自动停止油层。要考虑的因素同上。

③ 油层的跳闸。分成层跳闸与角跳闸。

④ 油层状态的指示应使操作员随时了解油层所在的状态，同时了解与油层相邻的煤层的状态和油母管的状态。

制粉系统控制磨煤机、给煤机及其辅助设备的运行，主要控制设备包括磨煤机、给煤机、密封风机、磨煤机出入口挡板、给煤机出入口挡板。其应完成以下功能。

① 自动启动磨煤机系统。应能以各种方式启动磨煤机组，以适应在故障状态下启动磨煤机组。

② 自动停止磨煤机系统。要求同上。

③ 跳闸磨煤机。由于磨煤机的跳闸原因有很多，因此，应给出跳闸的首出原因指示。

④ 磨煤机的状态指示。便于操作员随时了解磨煤机及其相邻油层的状态，同时了解一次风管道的情况和相邻磨煤机的状态。

BMS中的所有控制模件均采用冗余，公共部分用一对多功能处理器（MFP），油、煤均为每层一对MFP，公共部分与燃油系统作为网络上的一个节点，制粉系统为另一个节点，机柜的数量依实际需要配置。

6.2.4 BMS的详细设计

详细设计是指在初步设计规定的原则指导下，设计出具体的组态的过程。

公共逻辑负责保护除磨煤机、油层燃烧设备以外的有关设备，它不对每一层油或煤发出具体的设备操作指令，而只发出原则性指令，如油、煤层点火允许等。同时还对涉及锅炉总体的保护要求发出有关指令，如炉膛吹扫控制、MFT、RB 等。因此，公共逻辑是 BMS 的核心，它的控制保护对象是炉膛，而不是辅助设备。公共逻辑的功能包括：

① 炉膛清扫；

② 油母管的逻辑控制及监视；

③ 主燃料跳闸段的首出指示（MFT）；

④ 火焰检测及其冷风机的控制；

⑤ 点火允许条件；

⑥ 送风机、引风机、一次风机的监视及跳闸；

⑦ 辅助风/燃料风挡板的联锁控制；

⑧ 减负荷控制；

⑨ 其他与锅炉燃烧有关的联锁和报警。

在燃料进入炉膛燃烧之前（初次点火或在锅炉跳闸之后），都必须完成一次成功的炉膛清扫，这是为了防止聚集在炉体和（或）与炉体相连通的通道、烟道，以及输送烟气至烟囱的风机内的可燃混合物在点火过程中被点燃而引起锅炉爆炸所必须完成的操作。

吹扫应满足的条件如下所述。

① 阻断燃料。

a. 暖炉油母管跳闸阀关闭。

b. 二台一次风机停（切断输粉动力）。

c. 煤层满足吹扫条件（磨煤机停、给煤机停、热风门关、磨煤机出口门关）。

d. 油层满足吹扫条件（油角阀关，油枪点火器退，无打火）。

② 无点火源。

a. 两台静电除尘器停。

b. 所有火焰探测器无火焰。

c. 火焰探测器正常，探头冷风正常。

③ 空气畅通。

a. 至少一台送风机运行，至少一台引风机运行，为吹扫提供风源，送风机是风源，风经过二次风路进入炉膛，然后经除尘器、引风机、烟道排入大气中。

b. 风量大于 30%并小于 40%。风量太小，起不到吹扫的作用，吹不走可燃物。风量太大，容易将其他部分的煤粉搅起。有些 BMS 采用空气通道建立这一逻辑条件。所有辅助风、燃料风挡板在吹扫位，而且 CCS 可控制辅助风挡板，使空气以一定角度、速度、动力进入炉膛。

c. 烟气挡板开。

④ 设备正常。

a. 两台空气预热器（空预器）运行：点火前吹扫，可不启动空预器。而点火后吹扫应运行空预器。空预器的运行与否，原则上与吹扫炉膛无关，从空预器本身保护的角度来说，只要烟气是热的，空预器就应转动，因为空预器中有热烟气的通道，同时有冷空气的通道，运行空预器使设备受热均匀，起到保护设备的作用。

b. INFI-90 系统电源和通信正常。

⑤ 点火准备。

a. 无锅炉主燃料跳闸条件存在。

b. 汽包水位正常。

c. 炉膛压力正常。

d. 探头冷风正常。

当所有上述条件都满足后，表明这时有空气通过炉膛，也就是这时实际上正在进行吹扫。吹扫准备好信号建立，这时按下启动吹扫按钮或接收来自其他系统（或事后吹扫）的自动吹扫信号，都将启动炉膛吹扫程序，在吹扫过程中信号建立，开始 5min 的吹扫计时。在这 5min 期间，吹扫条件始终要满足，在 5min 之后，认为吹扫完成，复位 MFT。如果在这期间，吹扫条件不满足，则认为吹扫被中断，产生吹扫中断信号，并申请重新吹扫。当吹扫条件重新建立后，再次重新启动上述吹扫过程。

燃煤机组的助燃油的主要功能包括如下。①点火时提供点火能量。因为煤的燃点很高，对于烧煤的机组，不能直接用点火器点燃煤，所以通常要先点着油，再用油的能量去点燃煤。NFPA（美国消防协会）对点火方式有定义，这里仅讨论为油枪提供油源的油母管的逻辑控制。②分担负荷。燃煤机组所用的点火油有时也用于承担部分负荷。有的机组的油要承担 30%的负荷，而一般要少一些，因为油价较高。③稳定燃烧。当煤燃烧器由于锅炉出力要求降低而降低出力时，其燃烧稳定性变差，这时要求投入相应的油枪来稳定燃烧，启动锅炉之前要首先启动油母管。

油跳闸阀（OTV）的控制如下。

① 手动/自动开跳闸阀的条件（与）。

a. 没有 MFT 或油母管跳闸。

b. 所有油角阀关。

c. 油循环阀开或油源压力正常。

② 自动开跳闸阀请求。自动启停（停煤层时）。

③ 关跳闸阀没有什么条件，因为一般是在故障时关跳闸阀，所以有关阀请求包括如下。

a. 主燃料跳闸，这时要求切断所有燃料。

b. 油母管跳闸。

c. 手动关。

油循环阀（ORV）的控制如下。

① 自动开油再循环阀（或）。

a. 工作的油阀数小于最小值（现场定）。

b. MFT 或油母管跳闸。

② 自动关油再循环阀。任意油阀开（有规定数目的油阀开）时自动关。

③ 手动开允许。

a. 无 MFT。

b. 无油母管跳闸。

c. 所有油角阀关。

④ 手动关允许。

a. 无 MFT。

b. 无油母管跳闸。

当进入炉膛的燃料由于不具备燃烧条件，或者 BMS 由于设备或其他原因对其失去控制与监视时，有可能造成燃料的积累，并且这种积累遇到正在运行的锅炉或正在点火的锅炉中的能量时，会使炉膛发生爆燃。为防止这种现象的发生，BMS 发出主燃料跳闸（MFT）命令。直接从现场来的引起 MFT 的信号均有冗余 MFT 产生，将使 BMS 切除一切燃料而造成停炉，而正常工作的机组由于停炉所造成的损失是巨大的。无论是从生产角度来看还是从设备寿命角度来看，MFT 都是应该极其慎重对待的事，因此会触发 MFT 的信号都应该是冗余的，或者是采用了 3 取 2 逻辑的，而凡是冗余的信号，都有防拒动与防误动的问题。对于两个输入信号，从防拒动的角度考虑，应将其“或”起来；从防误动的角度考虑，应将其“与”起来。当产生 MFT 时，在人机接口画面中显示首先引起 MFT 的原因，以利于事故分析。

NFPA 8502 中的要求是从防拒动角度考虑的。引起主燃料跳闸（MFT）的信号包括如下（或）。

① 送风机全跳；

② 引风机全跳；

③ 炉膛压力过高；

④ 炉膛压力过低；

⑤ 汽包水位过高；

⑥ 汽包水位过低；

⑦ 锅炉总风量小于 25%；

⑧ 全炉膛失火；

⑨ 丧失燃料；

⑩ 操作员手动跳闸；

⑪ 汽机跳闸；

⑫ 丧失一次风且没有油层在工作；

⑬ 丧失火检冷却风；

⑭ 再吹扫请求。

MFT 的条件说明：

① 两台送风机全跳。送风机提供炉膛燃烧所需氧气量的 70%左右，作为二次风进入炉膛，若两台送风机都不工作了，显然无法燃烧，则产生 MFT。

② 两台引风机全跳。炉膛空气流动的循环至少有一半的任务是由引风机完成的，它起平衡作用，失去引风机显然也应产生 MFT。

③ 汽包水位高或低。汽包水位引起的 MFT 是从保护锅炉水冷壁或汽机角度提出的。水位高，则蒸汽带水，损坏汽机；水位低，易烧坏水冷壁，引起爆管。它有时包括从现场接收的一对高跳闸信号和一对低跳闸信号，还包括来自工厂环路的信号（来自 CCS），对该信号的处理：当现场或环路信号中的任一个产生跳闸信号时，均产生 MFT。

④ 总风量小于 25%。锅炉中无论何时都应有空气流通，只要没有流通，就认为它不在工作，就应切断燃料。NFPA 中规定，当总风量小于吹扫风量的一个值时，产生 MFT，这个风量值是满负荷时空气体积流量的 5%，即小于 25%产生 MFT。实际上这个值的确定应尊重锅炉厂的意见，在逻辑中认为总风量小于某值一定时间，产生 MFT。

⑤ 全炉膛失火。全炉膛失火跳闸是指在有煤粉燃料进入炉膛的情况下（以任意给煤机启动之后 2s 表示），每层煤燃烧器的火焰强度都不足以维持其连续、稳定地燃烧，即在这种情况下进入炉膛的燃料没有燃烧而产生了积累，因此产生 MFT。表征每一层煤燃烧强度不够的条件：考虑本层及与其上相邻层的给煤机分别停止后 2s；或支持本层煤的油层未工作，同时本层煤只测到一个或根本未测到火焰。所有煤层均满足上述条件之一，而且有任意给煤机工作 2s 以上时，产生全炉膛失火跳闸。从上述逻辑中看出，煤层是有一定程度的能量支持的，而这种支持关系的强弱与燃烧器的布置及炉膛大小、热负荷的分配有着密切联系，所以这部分逻辑一定要根据锅炉厂的要求来设计。

⑥ 丧失燃料。丧失燃料跳闸是指当没有煤燃烧器工作时，油燃料燃烧不正常或油燃料中断所产生的跳闸。这时表明炉膛中没有燃料了，因此这种跳闸的特征是：没有煤层在工作，自上次炉膛吹扫完成之后，曾经有燃料进入炉膛。这常以吹扫之后任意油角阀曾经开过

表示，如果要求松一些，可以用油角在工作或一次风机曾启动过表示。目前表征燃烧不正常的信号有：油母管跳闸，显然这时所有油层都应跳闸，所有油层跳闸表明一种故障或所有喷嘴阀关；油母管跳闸阀未开，即油源被切断。在所有油喷嘴阀均关所造成的 MFT 条件中，并不一定表明这时锅炉出现了故障，它表明在正常停炉之后也会发生 MFT，以进行点火后吹扫。

⑦ 汽机跳闸。当汽机之后的变压器或生产有故障时，可根据需要将汽机用于工厂供电。汽机本身故障时，在有锅炉旁路的系统中也可以不跳锅炉而启动旁路；而只有在汽机故障，又无旁路的系统中，蒸汽能量无处可去，则一定产生 MFT，使锅炉跳闸。

⑧ 操作员手动跳闸。操作员根据现场实际情况，同时按动操作台上的两个按钮，产生 MFT。

⑨ 丧失一次风跳闸。在磨煤机工作的情况下，当油层不再工作时，如果一次风失去，则煤粉失去连续进入炉膛的动力，所以产生 MFT。在有任意一台磨煤机运行的情况下，下述任意一个条件发生，则表示丧失一次风：一次风与炉膛差压 $<25\text{inH}_2\text{O}$，且大于 5s 开始跳磨煤机，再延时一段时间；一次风与炉膛差压 $<25\text{inH}_2\text{O}$，两台一次风机均跳闸。当一次风压低时，开始逐层跳磨粉机，而跳一台磨粉机之后，风压会有所回升，若又过了一段时间后，风压仍然低，则产生丧失一次风的信号，产生 MFT。当确认两台一次风机都故障时，则直接跳磨煤机。

⑩ 丧失冷却风。丧失冷却风跳闸是从保护火焰探头角度考虑的，火焰探头在锅炉正常工作且没有冷却风的情况下只能工作很短的时间（30s）。这样，当冷却风失去之后，不能保证火检器的正常工作，也就不能保证看到的火焰是正确的，因此要跳闸。丧失冷却风是用两台冷却风机都停或冷却风压持续低于一个定值来表示的。

6.2.5 故障容许极限

通过周密的设计和细致的安装，能尽量减少故障发生的可能性，但人们不可能将它们完全消除。为 BMS 加上扩展的诊断功能，可探测出危险状态并自动动作。

NFPA 要求"诊断应包括在（BMS 逻辑系统）设计中，用来监控处理器的逻辑功能"。那么至少一个 BMS 可编程控制系统应能诊断出以下这些情况。

① 处理器故障。所有系统中的微处理器（不只在控制器模块中）应至少由一个监视时钟监控，可检测 CPU 是否已停止运行或处于死循环状态中。监视时钟跳闸后，应能自动引起所有输入/输出电路的断开。

② 通信中断、丢失。内部模块通信系统与诊断系统一起可以检测中断的信息和丢失的信息。循环冗余检查（CRC）是一项可保证正确传递和接收数据的技术。通信监视时钟也应配置在总线的每一个模块上，检测总线误动作。当输入/输出模块与其控制器模块离线，控制系统应将其输出回路自动设置成安全状态。

③ 地址错误。所有的内部模块通信系统应在信息首部包含一个源地址和一个目的地地址，可确保信息的正确传递。

④ 输入回路"开故障""关故障"。检测这些情况的方法：可提供恒定的当前运行值与预计值比较的内带备用输入回路、不连续电路的模拟/数字转换器及脉冲的测量。

⑤ 输出回路"开故障""关故障"。回读电路与输出回路一起同时检测"开故障"和"关故障"两种情况。"开故障"通过内带的诊断断路继电器可以自动纠正。

⑥ 存储中断、丢失。所有可编程控制系统存储器——随机存取存储器（RAM）、只读存储器（ROM）、电可擦可编程只读存储器（EEPROM）都应在启动时进行全面测试，与

背景诊断一起进行在线测试。易失性存储器（RAM）应用电池支持，诊断出“电池不足”就表明电池该换了。

⑦ 监视时钟故障。微处理器电路应使用双监视时钟，一个为数字型，另一个为模拟型。利用这两个监视时钟交互检查来判断是否其中一个发生了故障。

⑧ 断电。燃烧器管理系统应始终有两个或三个备用电源，在电源故障时起保护作用。

⑨ 模块温度过高。控制系统应调动所有的传感器测量控制模块内部的温度。一旦温度超过厂家的规定就会报警。

6.3 火灾报警及可燃气检测系统（FGDS）

FGDS是一套可燃气体监测及火灾控制系统，是适应现代化工厂的健康、安全、环境（HSE）管理要求而整合优化产生的，以往主要配置CDS（中央化学品供应系统），而没有与火灾控制系统整合，未能实现发生火灾隐患时进行有效联动。FGDS能够独立实现对装置火灾、可燃/有毒气体泄漏的检测、分析、预防和控制，有效预防和减少火灾及人员中毒危害是企业实现人性化管理、安全生产和取得良好经济效益的保证。

FGDS是大型化工厂过程控制系统（PCS）的组成部分，与安全仪表系统（SIS）有着很多相似之处。但是，由于FGDS中的检测设备及该系统组成设备、元件等在国家强制性认证和消防验收等方面的特殊要求，又具有很强的特殊性和相对独立性。因此，在工程的实际设计和应用中，FGDS独立于其他控制系统和子系统而单独设置，即要满足检测设备特殊要求，又要将FGDS集成到全厂PCS中以满足现代化工厂对高水平自动化信息系统的要求。本节以某大型橡胶装置的一套FGDS来说明其特点、系统组成及成功应用。

6.3.1 FGDS的概念

根据IEC规范，可以将FCDS定义为执行火灾及气体检测及控制等安全仪表功能的全部传感器、逻辑运算器、终端执行元件所组成的集合。化工装置的各个生产单元本身具有较高的SIL要求，所以FGDS的组成件如传感器、控制器等都应具有较高的SIL国际认证。

6.3.2 FGDS总体要求及结构

在橡胶装置中，FGDS独立于DCS、SIS（安全仪表系统）和其他子系统单独设置，组成系统的各设备、元器件等总体分布于两大环境中：非危险区和危险区。信号传感器的大部分（除建筑物内的烟感探测器、室内的手动报警按钮等）布置于危险区的装置的生产现场，而控制器（PLC）/站、区域报警指示仪等布置于非危险区的控制室/机柜室内。

FGDS的控制系统硬件采用TÜV/IEC安全认证的2重化或3重化（TMR）可编程控制器（PLC），其信号来源主要包括现场不同位置的火灾、可燃/有毒气体探测器及手动报警信号，通过控制器（PLC）的逻辑运算、分析后，启动报警系统并产生声光报警、消防联动和装置其他的紧急停车，同时将经过确认的报警信号通过网络通信传送到全厂消防控制中心或工厂管控网络或CCR（中央控制室）的监控设施进行显示。FGDS具有顺序事件记录（SOE）功能，或者兼有工程师站功能，FGDS与DCS根据需要也可与SIS的ESD进行实时的数据通信，在

DCS 操作站上显示报警及进行打印。FGDS 的总体配置及结构原理如图 6-2 所示。

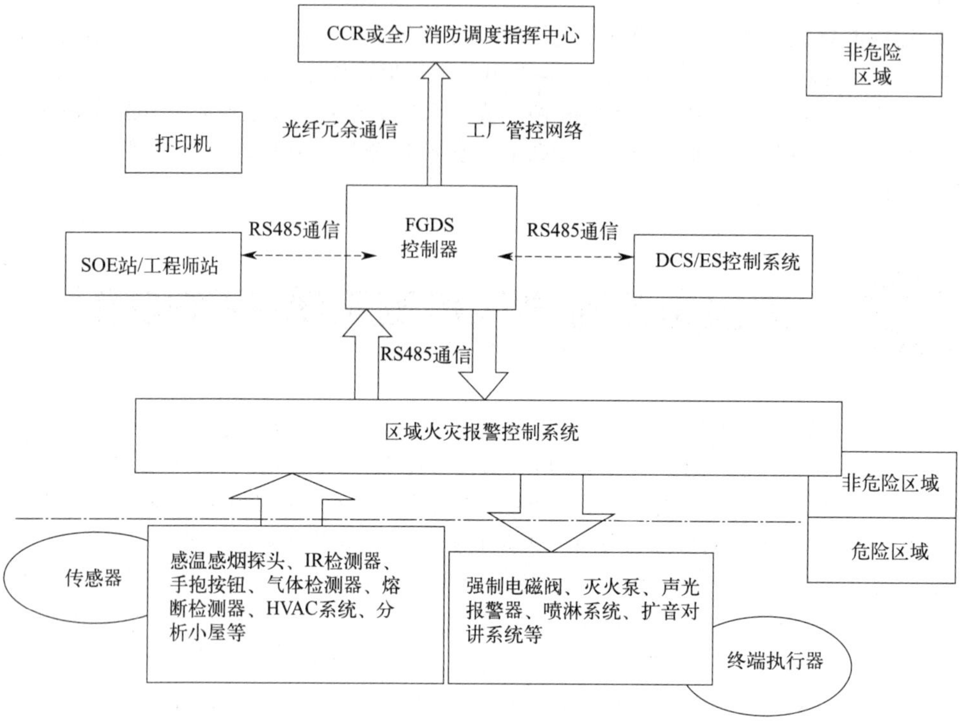

图 6-2 FGDS 的总体配置及结构原理

6.3.3 FGDS 在过程中的功能和作用

如图 6-2 所示，FGDS 各组成设备、附件分布于两个区域：危险区域（装置现场的不同位置）和非危险区域［机柜室或中央控制室（CCR）等室内］。布置于危险区域的传感器作为 FGDS 的信号的检测输入端，主要的仪表和设备有感温感烟探头、IR 火焰检测器、手抱按钮、可燃/有毒气体检测器、熔断检测器、HVAC 系统，外加主火灾报警控制盘等，各个传感器在现场各个区域进行实时的检测；终端执行器作为 FGDS 输出的执行元件，主要的仪表及设备是强制电磁阀、灭火泵、声光报警器、喷淋系统、扩音对讲系统等，主要发挥执行功能。除了上述的自动检测装置，在装置现场还布置很多手动报警按钮（手抱按钮），这些手抱按钮布置于人行道出口及现场人员最易接近的地方，当现场出现火情、气体泄漏等情况时，巡检人员可很方便地通过手抱按钮实现险情报警功能。

FGDS 总的功能与作用如下：

① 连续探测并早期发现装置各区域可能聚集的可燃/有毒气体；

② 连续探测并早期发现装置区域可能出现的火焰和火灾；

③ 提供为灭火而设置的手动和自动装置；

④ 设置声光报警信号装置，通过不同的声音及颜色报警使操作人员分辨出危险的类型；

⑤ 能执行控制和联锁逻辑功能；

⑥ 传送相关的 I/O 状态和仪表设备报警及故障信号到中央控制室或其他需要报警信号的位置；

⑦ 提供事件顺序记录报告。

6.3.4 FGDS与ESD和DCS的关系

在石油化工装置上设置FGDS的目的是为工艺过程提供一个单独的保护层，进而形成多层结构的安全系统模式，即在DCS层和ESD层之外，独立构成一个单独的层。此多层的安全系统模式可以最大限度地减少安全风险，是工业过程控制领域最先进的系统安全控制理念。在大规模DCS控制的情况下，DCS控制工艺过程以设计参数平稳运行，并按需要随时高速生产，满足常规生产控制的需要，形成基本过程控制层，DCS承担着生产控制的需求而不承担安全功能上的需求。

ESD系统层会保护工艺过程时时处于可接受的安全限值内，该安全限值为基本过程控制层安全运行的一个限定界线，超出安全限值的工艺过程被理解为不可接受的异常情形。在异常情形发生时，ESD即以关断措施来关闭工艺过程，切断物料流程：对工艺过程进行分段隔离和保护，避免工艺过程朝危险方向进一步发展而失控。根据定义，ESD与机械式安全阀一起同属于防止层的安全仪表系统（SIS），承担着工艺过程的防止和限定的安全功能的需求，其安全保护手段一般仅限于使用大量的切断阀门，以及对电源等的联锁关闭。

而FCDS所代表的缓解层则扮演着在工艺过程已经失控，或者灾害已经发生的情况下，采取相应的应对措施来减少事故扩大和造成主要资产巨大损失的风险，承担着对可能发生的灾害的监测、显示、控制及消防减灾上的需求。

在装置的SIS中尽管有ESD的保护，装置失控的可能性还是很大的。ESD系统判断系统本身有没有有效运行或由于某方面的原因已经失效的可能，在设备意外故障或损坏等各种事故情况下，ESD执行的判断和隔离等的应对措施很有限。而且ESD系统不具备对火灾、油和气泄漏等灾害的主动防消特征。所以，增加一套单独的FGDS，以减少事故扩大的可能性是非常重要的。

6.3.5 FGDS的设计原则

在设计FGDS方案时，要从整体考虑，在满足联合装置火灾控制要求和功能的前提下，结合橡胶装置的危险因素及其分布情况进行设计。该装置生产过程的主要危险因素包括火灾、爆炸危险和毒性危害。可以确定为装置设计的FGDS方案是设置以PLC为中心的集可燃气体、有毒气体探测报警系统和火灾报警系统为一体的FGDS，由FGDS完成装置的气体和火灾保护功能。

火灾检测仪表的设计原则：火灾检测仪表的种类繁多，其工作原理和应用场合也各不相同，因此火灾检测仪表的设计原则具有针对性，要充分考虑仪表的使用效果，还要考虑防火分区划分的具体要求，根据仪表安装区域的划分而选择不同的探测器。

根据GB 50116—2013《火灾自动报警系统设计规范》中的相关规定，火灾检测仪表的选择要符合下列要求：

① 对火灾初期是阴燃阶段，会产生大量的烟和少量的热，很少或没有明火焰辐射的场所，应选择感烟探测器；

② 对火灾发展迅速，可产生大量热、烟和火焰辐射的场所，可选择感温探测器、感烟探测器、火焰探测器或其组合；

③ 对火灾发展迅速，有强烈的火焰辐射和少量的烟、热的场合，应选择火焰探测器；

④ 无遮挡大空间或有特殊要求的场所，宜选择红外光束感烟探测器；

⑤ 由于温度升高可能引发火灾的场合，应该选择感温探测器。

现场可燃及有毒气体检测仪表的设计应参照下列规定：

① 生产或使用可燃气体的工艺装置和储运设施的 2 区内及附加 2 区内，应设置可燃气体检测器；生产或使用有毒气体的工艺装置和储运设施的区域内，应设置有毒气体检测器。

② 可燃气体或其中含有毒气体，一旦泄漏，可燃气体可能达到 25%LEL，但有毒气体不能达到最大容许浓度时，应设置可燃气体检测器。

③ 有毒气体或其中含可燃气体，一旦泄漏，有毒气体可能达到最大容许浓度，但可燃气体不能达到 25%LEL 时，应设置有毒气体检测器。

对于安全完整性等级原则，FGDS 属于 IEC 定义的 SIS 范畴，应根据装置特点和所保护的工艺过程所需要的安全完整性等级（SIL）来确定 FGDS 的安全等级。选择具有合适的安全完整性等级并通过相应安全认证的部件来构成 FGDS，当 FGDS 执行不同的几个安全完整性等级的安全仪表化功能时，其共享的或公共的硬件和软件部分应该具有其中最高的那一级安全完整性等级。

对于故障安全性原则，FGDS 作为安全仪表系统的一部分，其传感器、逻辑运算器和终端执行元件都应该是故障安全型的。对于所有的 I/O 来说，都应该至少具有断路和短路检测功能，一般 DI 和 DO 都被要求加入终端电阻来实现，对 A 点应该具有回路电流小于 4mA 和大于 20mA 时的异常电流检测功能。许多情况下，最终执行元件在系统正常时应该是励磁的。逻辑运算器的硬件和软件一般采用冗余冗错等功能安全的结构。

6.4 报警管理

随着工业化和信息化的深度融合及全球化竞争的日益加剧，工业生产过程将充分运用信息化、智能化技术来提高经济效益。与此同时，软硬件的发展滞后也给装置的安全生产带来极大的挑战。作为现代工业过程核心组成的报警系统，对保障现代化工业生产装置安全、稳定高效运行起着举足轻重的作用。而如何通过有效的管理手段确保报警系统发挥其重要作用，也成了过程安全管理领域的重要课题。

6.4.1 基本概念

（1）定义

① 报警（alarm）。告知操作人员过程参数偏离、设备故障或其他异常状况，需要操作人员作出及时响应，处理和消除声信号、光信号、消息通知等。

② 报警系统（alarm system）。产生和处理报警的硬件、软件、支撑信息（如报警响应程序、管理控制等）的集合，包括现场设备、信号调理和传输设备、报警处理和显示设备等。报警系统可以检测报警状态，将状态指示传达给操作人员，并记录报警状态的变化。

③ 报警管理（alarm management）。确定、记录、设计、操作、监控和维护报警系统的过程和实践。

（2）目的和意义

作为工业过程的首道保护层，报警系统的性能优劣直接关系到过程安全、产品质量、生产成本，甚至人员伤亡，是影响国计民生的重要因素。根据非正常工况管理联盟（ASM）调查，每年工业企业都会因意外停车、操作失误等损失上亿美元甚至上百亿美元。因此，科学、合理的报警管理可以确保报警系统发挥应有的保护功能，防止异常事件的恶化，从而防止灾害/事故发生。

6.4.2 报警管理

（1）管理流程（图 6-3）

① 建立报警导则。报警导则是报警系统的基础文档，用于建立关于报警系统的基本定义、原则、设计过程、实施和维护等生命周期阶段的相关标准与要求，以保证各个阶段与报警系统整体要求的一致性，报警系统具有独立的生命周期。

根据 ANSI ISA 18.2，报警导则通常包含以下 26 项基本内容。

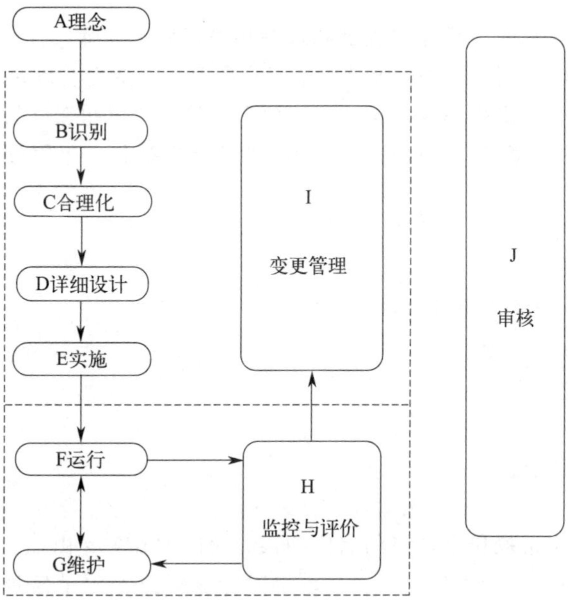

图 6-3 报警管理流程

a. 报警系统的目的。

b. 定义。

c. 参考文献。

d. 报警管理的角色及职责。

e. 报警设计原则。

f. 报警设定值的选取。

g. 优化方式。

h. 报警级别定义。

i. 高管理要求报警（HMA）。

j. 合理化。

k. 报警文件。

l. 报警设计原则。

m. 特殊报警设计要素。

n. 人机交互界面设计原则。

o. 经过检验的先进的报警管理技术。

p. 实施导则。

q. 报警响应程序。

r. 培训。

s. 报警搁置。

t. 报警系统维护。

u. 测试。

v. 报警系统性能监控。

w. 报警历史存档。

x. 变更。

y. 审核。

z. 相关程序。

报警导则由使用导则的过程操作人员和现场相关仪表工程师、控制系统技术人员、工艺人员、机械/可靠性维护人员、HSE人员、报警管理部门、变更管理部门参与制定，并形成包含报警导则体系文档、报警模板定义文档、报警设计文档（报警设置、合理化、相关约束等）、报警研究阶段的报警注释、报警/SIF功能判别分析报告、报警抑制设计与许可条件说明在内的系统性文档。

② 报警识别。

a. 报警来源。

- 现场总线报警：包括工艺报警和系统报警。
- 专用硬接线F&G报警。
- ESD报警。
- 诊断报警。
- 设备切换与控制报警。
- 其他报警。

需要注意的是，正常操作下，泵的启停切换、阀门的开关、由控制台操作人员作出的状态变更（如维护超驰切换、旁路切换）、手动触发命令只作为记录信号，不作为报警。如果维护超驰切换、旁路切换指令是在控制室之外执行的，则需要启动报警。

b. 报警识别方法。

报警识别方法主要有以下几种。

- 安全保护层分配。
- 工艺危害分析（PHA）。
- 保护层分析（LOPA）。
- 事故调查。
- 环境保护许可。
- 失效模式与影响分析（FMEA）。
- 最佳生产实物。
- ISO质量审核。
- P&ID审查。
- 操作规程审查。
- 撬装设备厂商推荐手册。

③ 合理化审查。按照系统化的方法将初始报警列表与报警导则中设定的要求和标准进行比较，以确定最终的主报警数据库的过程，称为合理化审查。其目的是充分去掉不需要的报警点位，降低报警总量；降低留下来的报警点位的触发频率；生产异常时协助操作人员识

别最重要的报警。合理化审查一般应包括以下基本工作内容：报警信息整合及比较优化（校验、确定报警类型、报警分级）、形成受控的报警信息文件（文档化）。

在进行合理化审查时应具体考虑如下问题。

- 报警对操作人员有帮助吗？
- 报警在通常的工艺波动中表现如何？
- 报警在工艺启动、通常报警泛滥情况下又如何？
- 报警的优先级如何设置？
- 最佳的报警设定值是多少？
- 报警死区设置多宽为宜？
- 时间延迟或类似功能是否有用？

合理化后的报警基本信息应包括以下内容。

- 报警类型。
- 优先级。
- 报警类别/组。
- 报警设定值/逻辑条件。
- 操作人员响应动作。
- 未响应/不正确响应的后果。
- 是否需要先进报警处理技术支持。

a. 校验。按照工程图纸、数据库、HMI设置要求等步骤审查每一个报警的必要性与可行性的过程称为校验。内容包括：验证所考虑报警是否达到了导则关于报警定义的要求；操作人员可能的响应动作；响应动作未采取或未成功的后果；从报警发布到具体后果发生之间的可用时间等。

b. 校验方法。

- 工作组方法（通常需要工艺人员、设备人员、仪表人员、安全工程师、单元主管及操作人员的参与）。
- 以操作人员输入为主的方法。
- 关注于操作人员即时响应的方法。

c. 报警类型。采用何种类型作为报警（检测变量）需要综合考虑良好工程实践与降低报警的要求，如幅值报警、偏差量报警、变化率报警、计算量报警、配方驱动报警、比特位模式报警、仪表诊断报警、控制器输出报警、系统诊断报警等。需要注意的是，信息传递型的需求（如预定的设备状态变更、仪表自诊断信息等）一般不设置为报警。

d. 优先级。根据欧洲工程设备和材料用户协会（EEMUA191）的规定，报警优先级通常可以依据后果严重性和可用时间划分为低、中、高3级或低、中、高、高高4级。

e. 文档化。文档化的目的是建立联系每个报警（点）与报警导则之间的、符合一致性要求的主报警数据库，作为报警生命周期详细设计阶段的输入、变更管理的参考依据、操作人员培训、控制系统报警设置的周期性审核与完善，以及报警检测与评估的基础数据。

④ 设计。设计的目的是参照报警导则的标准和要求，针对特定的控制系统和合理化流程确定的主报警数据库，确定每个报警的报警状态（报警状态触发源及状态信息的使用）、报警类型及报警设定值、报警死区、报警开关延迟、报警属性的可编程变更、报警类型/报警点设置审查等技术参数和有关属性。

根据不同阶段的生产设施和报警设计要求，对主报警数据库、基础设计进行详设/工程化设计。详设/工程化设计所需资料包括时间进度表、P&ID（设备和工艺约束、泄压阀设定、设计温度和压力、RBI和RCM数据等)、SIS的停车C&E图、SIF功能描述、SIS设计概要，以及简要的逻辑图、F&G探测系统技术细节、任意受控工序的技术细节、任意复杂点位的配置细节（如组分测量等/HMA)、稳态操作下出现的持续/过期报警列表（适用于在役装置)、生产异常期间的报警记录打印清单［适用于Journal（日志）类报警/在役装置］。

a. 报警状态。报警状态变化的触发源有可能是现场设备（传感器、终端控制元件)、控制与安全系统或HMI操作（表6-1)。

表6-1　报警状态

ID	简称	状态名称
A	NORM	正常报警状态
B	UNACK	未确认报警状态
C	ACKED	确认报警状态
D	RTNUN	恢复正常的未确认报警状态
E	SHLVD	搁置状态
F	DSUPR	故意抑制状态
G	OOSRV	停用报警状态

b. 报警设定值及精度。报警设定值应尽可能远离正常操作范围值，同时还应起到足够的保护，以及满足操作人员响应时间，如图6-4所示。

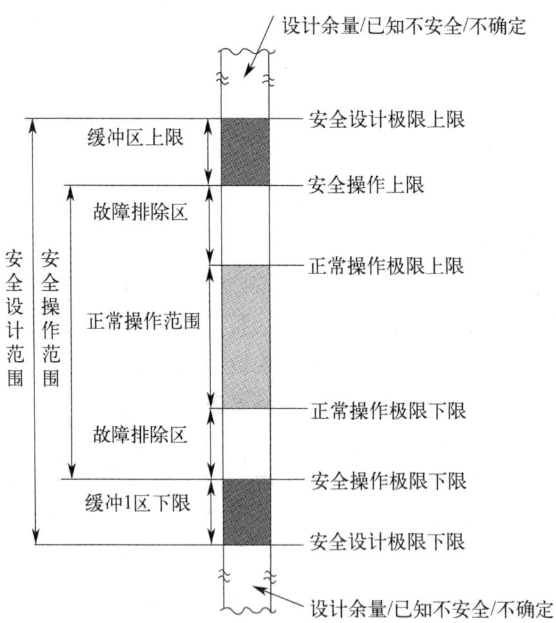

图6-4　报警设定值及精度

c. 报警死区。报警死区的设置用来减少报警滋扰，当报警触发后，如果参数恢复至报警值以下，并不立刻进行报警恢复，而是越过死区后才进行报警恢复。以此避免参数值在报警设定值附近波动反复触发报警，增加报警负载，消耗操作人员的精力。死区设置太大，报警无法起到应有的作用；太小则容易造成干扰报警。报警死区推荐设定值见表6-2。

表 6-2 报警死区推荐设定值

信号类型	推荐死区值(操作范围)/%
流率	约 5
液位	约 5
压力	约 2(液体压力取 5)
温度	约 1(或 2℃类似)

d. 报警开/关延迟。开延迟可以避免干扰报警；关延迟可以避免振荡报警。延迟时间的设置需要考虑不同操作模式切换时的驻留时间影响，以及控制系统滤波延迟、报警死区（关延迟）等因素。

延迟推荐设定值见表 6-3。

表 6-3 延迟推荐设定值

信号类型	推荐延迟时间(开或关)/%
流率	约 15
液位	约 60
压力	约 15(气/液)
温度	约 60

⑤ 实施。实施过程承接了报警设计和报警运行，是安装新报警、报警系统，或者更改已有报警、报警系统的一般性要求，涵盖实施规划、初始培训、初步测试及验证、文档化等动作。

初始培训内容应包括报警技术基础（未响应的后果、设定值确认、报警根源校正动作、用于确认的位号等）、报警的具体响应或校正动作规定、报警的听觉和视觉提示、报警优先级的区分、HMI 接口系统的使用、搁置/验证和停用的恰当方法等。

⑥ 运行。

a. 报警响应程序。报警响应程序包括报警类型、报警设置值、可能的原因列表、偏差造成的后果、校正措施、允许响应时间、报警类别等合理化处理的信息记录。应保证操作人员随时可以访问到。

b. 报警搁置。应参照导则制定的不同类别报警的规定执行报警搁置（可以单个或按类别/组别进行手动搁置）。通常，每个班组在上岗时均要查询当前的搁置报警列表，时间超过一个班次的搁置报警需要重新授权。

HMA 报警类别的搁置需要遵循导则规定的授权和取消授权的相关程序，并保留跟踪记录；安全关键报警和高级别报警通常不允许手动搁置。

⑦ 维护。

a. 周期测试。周期测试的要求参照导则制定的不同类别报警的规定执行，周期测试的保存记录应包括测试日期、测试或检验人员名单、设备的专用标示（回路号、位号、设备号等）、测试结果、测试周期和测试方式。

HMA 报警必须定期进行功能测试以确保其性能，所发现的缺陷必须维修，并且在维修期间及时采用临时的报警替代。

b. 报警停用。对于停用时间较长的报警，应考虑是否有可替代报警。如果需要增加临时报警，需要遵循变更管理流程。

停用报警需授权并记录，停用报警列表及其替代报警说明需要备用待查，说明内容应包括报警位号名称、报警类型、批准细节及临时报警或流程、报警停用原因说明等。

停用时间大于1个班次的HMA报警，必须提供临时报警或相应流程，除非工艺过程处于非危险状况。

⑧ 变更管理。增加/删除报警，同样需要经过变更管理授权程序；相对于设计要求，永久性报警属性（报警设定值、类别、优先级、后果、技术基础、抑制逻辑、响应时间等）变更也需要经过MOC程序的评价。

报警变更管理需要审查所提变更的技术基础、变更对HSE的影响、所做修改与报警导则要求的一致性、对操作流程手册的修改；变更的有效时间段、变更的股权等。

⑨ 监测和评估。依据报警导则中的性能度量指标（公司报警KPI指标集合），对现有报警系统进行在线监测和周期性评估。具体做法如下：成立报警管理小组，定期召开报警优化会议，建立报警率统计指标。持续的报警性能监测有助于确定必要的改进措施，合理设计、优化的报警系统的报警率反映了控制系统将生产工艺控制在设定区域带内而无须人工干预的能力。

以下内容可作为开展报警系统监测评估工作的参考。

a. 报警系统性能评价数据。报警记录。报警发生时系统产生的报警相关信息。

报警属性。决定报警记录之所以产生的基本结构组成，包括报警类型、设定值、优先级、死区等。对于连续生产需要至少30天以上的报警数据；间歇生产需要相似批次数倍以上的数据。

b. 报警系统性能度量指标。

● 平均报警率（表6-4）。

表6-4　平均报警率

可接受的	易于管理的最大值
约150个报警/天	约300个报警/天
约6个报警/h(平均)	约12个报警/h(平均)
约1个报警/10min(平均)	约2个报警/10min(平均)

● 峰值报警率（表6-5）。

表6-5　峰值报警率

标准	目标值
大于等于10个报警/10min的周期比例/%	约<1
10分钟之内报警最大值/个	≤10
报警泛滥的时间比例/%	约<1

● 每个工作岗总配置报警量。在不采取抑制技术的情况下，每个工作岗的总报警数量不宜超过1000个。对于超过的情况，需要审查每个仪表的报警点设置值。连续生产典型数据见表6-6。

表6-6　连续生产典型数据

项目	低	平均	高
每个控制阀报警数/个	1	4	6
每个模拟仪表报警数/个	0.5	1	2
每个数字仪表报警数/个	0.2	0.4	0.6

● 报警泛滥。从首次稳定地出现超过10个/10s报警，到最后一次小于5个/10s报警的时间段称为报警泛滥。报警泛滥的分析指标包括报警泛滥次数、每次持续的时间、每次报警

泛滥期间的报警数、每次报警泛滥期间的峰值报警数。在考察时间段内，报警泛滥应<1%。

● 其他报警（表 6-7）。

表 6-7 其他报警

标准	目标值
前 10 个最频繁的警报对总体警报的贡献率/%	1～5(最大)
抖动的短时报警	0
过期报警	任意一天<5
优先级分布	3 级:约 80%低,15%中,5%高 4 级:约 80%低,15%中,5%高,约 1%高高 其他专用优先级不计算在内

注:1. 3 个及以上/min 的报警属于抖动和短时报警。

2. 连续处于报警状态 24h 以上的报警属于过期报警。

3. 搁置、设计抑制和停用之外的抑制报警属于未授权报警抑制。

⑩ 审核。为了维持报警系统和报警管理流程的完整性，需要定期根据报警导则进行审核，以识别报警系统中需要改进的地方。审核的频率低于监测和评估的频率。不同于监测和评估，审核主要面向报警管理的全局性问题，以及定性的管理问题，如报警系统相关的管理和作业流程，将报警管理运作与工业标准做法对标等。

（2）管理现状

随着数字化测控系统的广泛应用，产生了“报警点设置越多对生产安全越有利”的误解，工厂报警点数量超过 3000 个的情况越来越常见。报警参数、优先级别设置不合理，导致报警泛滥，操作人员无法第一时间响应关键报警。控制室中长时间存在不间断报警，操作人员不得不经常进行确认，甚至干脆屏蔽报警。过于信赖 SCADA（数据采集与监控系统）、DCS 和 ESD 等自动保护设备，低估报警和人工干预的有效性，导致尽管投入了大量技改费用，还是时常有生产波动和非计划停车。实际工业统计结果与 EEMUA 标准对比见表 6-8。

表 6-8 实际工业统计结果与 EEMUA 标准对比

项目	EEMUA	石油天然气	石化	电力	其他
平均报警数/天	144	1200	1500	2000	900
最大报警数/(个/10min)	10	220	180	350	180

（3）原因分析

报警管理中，最常见也最棘手的问题是报警泛滥（alarm flood），依据报警管理生命周期流程分析，导致报警泛滥的原因如下。

① 过程关联特征复杂，异常传播范围广。现代工业过程装置多、分布广、连接路径繁杂，使得工业过程普遍具有大范围不确定性、高度非线性、强关联性等复杂特征。在过程运行中，当某一处发生异常时，该异常会沿着过程连接路径进行大范围扩散，从而可能导致过程其他部分也发生异常。当过程测量值偏离设置的报警阈值时，就会在短时间内产生大量的报警信号，远远超出操作人员处理范围，造成报警泛滥。

② 报警阈值设计随意。报警阈值设置正确与否，直接关系到报警信号的数量和质量。目前报警系统值设计仍然集中于单变量独立设计，并未充分考虑过程变量之间的关联性。事实上，工业过程具有明显的关联性，当忽略强相关变量的关联性时，单变量独立设计的报警阈值就会导致误报发生，增加大量错误报警信号，加剧报警泛滥，导致漏报发生，危及过程安全。

另外，众多生产装置将报警值设置在工艺正常操作值范围以内，借助报警系统来协助操作人员进行正常的工艺调整，也是报警泛滥的重要原因，并且这种管理方式会弱化甚至取代操作人员的主动性监控，为装置安全运行带来其他新的风险。

③ 报警系统优先级划分模糊。报警系统优先级划分不明确，甚至没有进行优先级划分，导致操作人员在处理报警时盲目性强，无法在有效时间内处理关键异常，及时消除报警。一方面会使报警信号源源不断地增加；另一方面会加剧异常扩散、事件恶化，严重威胁过程安全。尤其是当操作人员置身于报警泛滥的情况下，更是无从下手，导致恶性循环。

④ 报警类型繁多难以分辨。报警类型可分为两大类：一类主要为体现在单变量上的抖动报警（chattering alarms），该报警的特点是在报警状态与正常状态之间快速切换，在报警泛滥中占较大比例；另一类是体现在多变量上的报警集，主要包括接近同时发生或短时内无序串联发生的关联报警（related alarms）、接近同时发生或具有固定时滞的冗余报警（redundant alarms）、短时间内有序串联发生的顺序报警（sequential alarms）；此外，还包括以固定周期重复出现的周期报警（repeating alarms）、长期保持在报警状态的持续报警（standing alarms）等。以上绝大部分属于滋扰报警（nuisance alarms），并不需要操作人员采取任何响应措施，但仍然会产生报警信号或被显示在操作面板上，严重干扰操作人员高效处理报警的能力，还会淹没重要报警。

⑤ 报警性能评估不及时。随着工业过程的不断运行，设备老化、环境改变、工况变更等因素都会对报警系统产生影响。如果未对报警系统性能进行评估，就无法及时发现不合理的配置和设计，使报警系统丧失部分或全部保护功能，严重情况下会误导操作人员行动，使报警质量下降，报警数量增加，导致报警泛滥。报警性能评估是依据报警日志、过程数据、报警数据等信息，计算报警系统实时指标，并与标准值或目标值进行对比，验证系统的设计、实施、操作和维护等是否符合要求。

（4）管理目标和基本流程

通过制定完整、有效的报警设计流程和管理策略，可以改善现有装置中已有的报警管理体系，实现在正常工况下提供足够的报警设施，在异常工况下提供可识别最重要报警的能力，并且尽可能地避免持续（过期）报警、干扰报警、重复报警和报警泛滥的目标，避免更大的财产损失，以及环境、安全事故。

新建装置和在役装置实施报警管理会有不同程度的差异。对于新建装置，由于其处于生产准备阶段，因此实施报警管理具有比较强的可塑性。一般来说，可以遵循以下流程：改善并合理化报警设定值；管理各类型报警分级；设定报警响应单；制定报警管理程序等。对于在役装置，由于其报警管理程序已经建立并运行了一段时间，因此可以从具体问题出发，以点带面开始实施，一般应遵循以下流程：报警系统现状评估、报警信息整合；改善并合理化报警设定值；报警分级；合理设置报警的 KPI；完善更新操作规程或工艺卡片；完善报警响应清单；完善报警管理程序，持续开展报警优化。

6.4.3 案例

1998 年 9 月 25 日，澳大利亚维多利亚州的某天然气厂发生爆炸事故，事故所导致的经济损失约合人民币 50 多亿元，特别是事故造成了重大的社会影响。

（1）事故经过

在发生事故的前一个晚上，从巴斯海峡（Bass Strait）进往天然气加工厂（GP1）的原料气进料速率加大，原料气中富含液态重质烃，加上原料气中的可燃气成分增加，吸收塔 B 中的凝液增多，液位过高。造成吸收塔 B 凝液液位增高的另一个原因，是用于控制液位的调节阀 TRC3B 在 10 多天前已经损坏，该调节阀用来提高塔底的温度，从而降低塔底液位。夜班操作人员打开了 TRC3B 的旁通阀以控制塔底的液位，但是效果不是很理想。由于缺乏必要的沟通，接班班组的操作人员关闭了该旁通阀，导致情况的进一步恶化。

9月25日8时19分，脱乙塔与饱和油蒸馏塔出现故障，吸收油泵GP1201和GP1202停止运转，没有热的吸收油再流经换热器GP922和GP905，8时29分，操作人员尝试重新启动吸收油泵，但未成功。在此期间，冷的物料仍然继续流经换热器GP922和GP905（先是冷的饱和油，后是来自吸收塔的经过闪蒸的凝液），使GP922和GP905的温度降低至−48℃，低温导致换热器GP922的壳体法兰泄漏。为了诊断工艺故障和便于维修人员紧固换热器GP922的螺栓以阻漏，10时30分，操作人员停止了GP1工厂的进料，但是没有释放系统的压力。

12时左右，操作人员在现场发现换热器GP905和GP922及与之相连的管道表面结霜，于是决定重新启动吸收油泵来加热换热器（此时，管程−48℃的低温已导致换热GP905的焊缝脆裂）。在12时17分，当第一台吸收油泵启动后，温度为230℃的热吸收油进入了GP205的壳程，此时该换热器的管程温度为−48℃。12时25分，温度突然骤升形成的热冲击使换热器GP905解体，数分钟内泄漏了约10t工艺物料，形成了易燃的蒸气云。

几分钟后，快速扩散的蒸气云被170m外的加热炉点燃，燃回到GP905所在的位置，并引起一系列后续爆炸。工厂内一处包含12t储存物的储存处着火，使火势增强，大火蔓延到一个主要的管道桥架，约10min后，桥架上的许多管道被烧裂，管道内的物料又使火势加强。在随后的1.5h内，随着管道陆续被烧裂，出现了三处大的泄漏，有一处管道破裂后形成了火焰高达100m的大火球。更糟糕的是，很难在事故现场隔离其他可燃物，大火燃烧了两天后才被扑灭。

事故导致2人死亡和8人受伤。受本次事故的影响，其他两个天然气工厂（GP2、GP3）以及原油稳定厂停产了两周，巴斯海峡相关的气井也被迫停产。事故发生后，中断了整个维多利亚州炼油厂的原油供应，也切断了墨尔本地区和维多利亚大部分地区的家庭、医院、酒店和其他工业用户的天然气供应，直到1998年10月14日才恢复供气。

（2）事故原因

① 工厂的工艺系统设计存在缺点。

a. 工艺设备的材质选择和加工制造没有考虑低温工况的要求，也没有考虑温度骤升的影响。

b. 吸收塔的液位控制设计不恰当。

c. 紧急停车系统的设计不合理。

d. 工艺系统缺乏足够的隔离措施，发生爆炸和着火时，没有自动切断装置可以隔离其他可燃物料；尽管可以进行手动隔离，但是没有相关的操作程序指导操作人员该如何在紧急情况下执行隔离操作。

② 过多的报警。为了完成生产任务，GP1工厂在“报警模式”下坚持生产。操作人员每天平均需要处理约400个报警，使他们对报警变得不再敏感，只是有选择性地对待那些他们认为重要的报警，对其他报警通常不做任何响应就确认取消。

习 题

1. 简述ESD系统的基本要求。
2. 简述ESD系统的构成。
3. BMS的功能包含哪些？
4. 简要概述FGDS的概念与设计原则。

5. 什么是报警管理系统？

6. 报警泛滥的原因与解决策略是什么？

7. 案例研究：澳大利亚天然气厂爆炸事故。

8. 简要论述 ESD 系统与 DCS 的关系。

9. 简述 BMS 的设计要求。

10. 简述 FGDS 的总体要求及结构。

参考答案

第7章

安全仪表系统工程设计

学习目标

1. 理解安全仪表系统（SIS）的概念及其在石油化工企业中的重要性；掌握安全仪表系统全生命周期管理框图及其各阶段的关键任务；熟悉加氢工艺装置的安全仪表系统工程设计过程，包括现场仪表选型、逻辑控制器硬件设计、安全联锁逻辑设计等。

2. 明确SRS在SIS设计中的基础性和重要性；掌握SRS的编制流程，包括收集资料、创建通用要求、识别例外项、创建因果矩阵及完成SRS检查表；理解SRS中SIF安全要求的具体内容，包括通用要求、逻辑控制要求和仪表工作表；熟悉SRS安全完整性要求及参考文件的重要性。

3. 掌握检测仪表的设计原则，包括模拟量与开关量仪表的选择、冗余设置及防护等级要求；熟悉最终元件（如控制阀、电磁阀）的设计原则，包括气动与电动控制阀的选择、冗余配置及安装要求；理解逻辑控制器的设计原则，包括可编程电子系统与继电器系统的选择、冗余配置及响应时间要求；掌握SIF回路结构设计的原则，包括A型与B型子系统的定义、结构约束及硬件故障裕度（HFT）的要求。

7.1 工程设计概念

英国健康和安全执行局（Health and Safety Executive，HSE）对34个直接由安全相关系统失效造成的事故进行了调查，发现44%的事故是由于不正确的安全要求规格书引起的，15%的事故是由于设计不足和实施不规范引起的。可见，安全要求规格书的深度与准确对安全仪表系统的安全性能至关重要，不合适或错误的安全要求规格书将造成其系统性失效。在工程设计环节，SIF回路结构设计非常关键，影响到SIL要求的实现。

安全仪表系统的概念自IEC 61508和IEC 61511提出以来，一直为石油化工企业所积极倡导，然而生产装置要增设安全仪表系统，需要业主单位、工程设计单位内部各个专业（如化工专业、工艺专业、安全专业、仪表专业等）及自动化系统集成商密切配合，其专业化程度高、流程长。图7-1为安全仪表系统的全生命周期管理框图。对安全仪表系统工程设计来说，其需要覆盖危害和风险评估、为保护层分配安全功能、安全仪表系统安全要求规格书等环节。

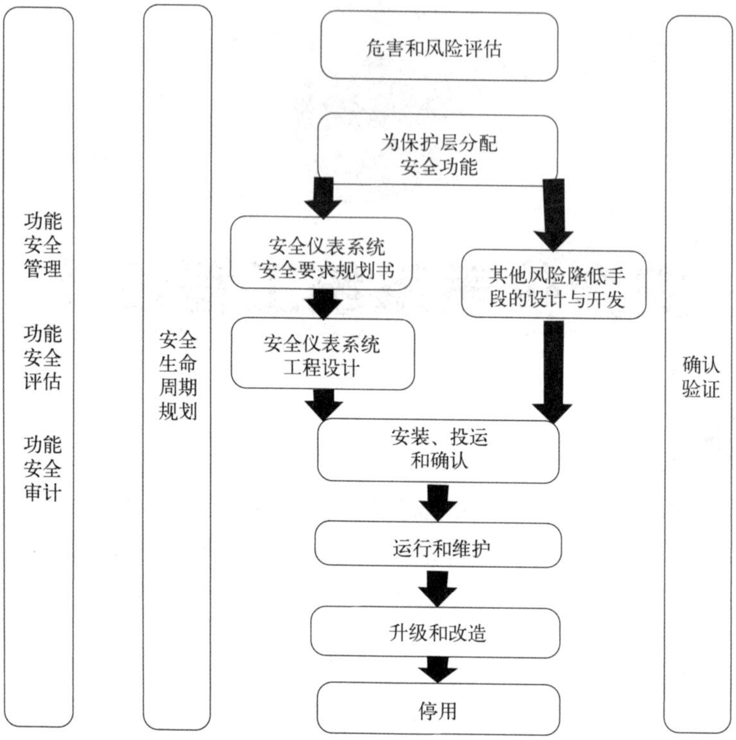

图 7-1　安全仪表系统的全生命周期管理框图

本章以重点监管的危险化工工艺——加氢工艺为例，从工艺的危险性、安全监控参数及安全控制基本要求角度，同时以加氢工艺装置的安全仪表系统工程设计过程为核心，介绍安全仪表系统的现场仪表选型、逻辑控制器硬件设计、安全联锁逻辑设计等内容。

7.2 安全要求规格书

安全仪表系统安全要求规格书（SRS）用于明确化工装置在危险和风险评估分析活动期间识别出的 SIF 的安全要求，规定 SIS 执行的所有功能活动的要求，并对每个 SIF 的功能安全要求和安全完整性要求进行说明。安全要求规格书中所有 SIF 的功能设计均应满足《化工过程安全管理导则》（AQ/T 3034—2022）的相关要求。详细工程设计单位应遵循适用的相关法律和法规的要求。

SRS 是 SIS 设计的依据和基础性文件，包括由 SIS 执行的 SIF 所有的功能要求和安全完整性要求。SRS 编制是 SIS 安全生命周期（图 7-1）中非常重要的一个环节，其内容应在企业风险可接受标准下，依据危害和风险评估、独立保护层辨识得出的风险降低要求，同时考虑良好的工程实践（如现有控制产品的功能、防护技术等）加以确定。

SRS 编制工作从收集 SRS 编制所需的文件资料开始，然后创建 SRS 通用要求并识别例外项，接下来再创建安全仪表系统的因果矩阵，直至最后完成 SRS 检查表。具体编制流程见图 7-2。安全要求规格书包括通用要求、特别说明及参考图纸。其中，通用要求是 SRS 的规范性要求，符合 SIF 分配及危害和风险评估期间识别出的 SIL 定级要求。SRS 的编制应易于使用安全生命周期各阶段信息的人员理解，在表达上要清晰、准确、可验证、可保持且可行。需要注意的是，SIS 能执行非安全仪表功能以保证受控过程有序地停车或较快地启动，但这种顺控功能应与安全仪表功能分开。

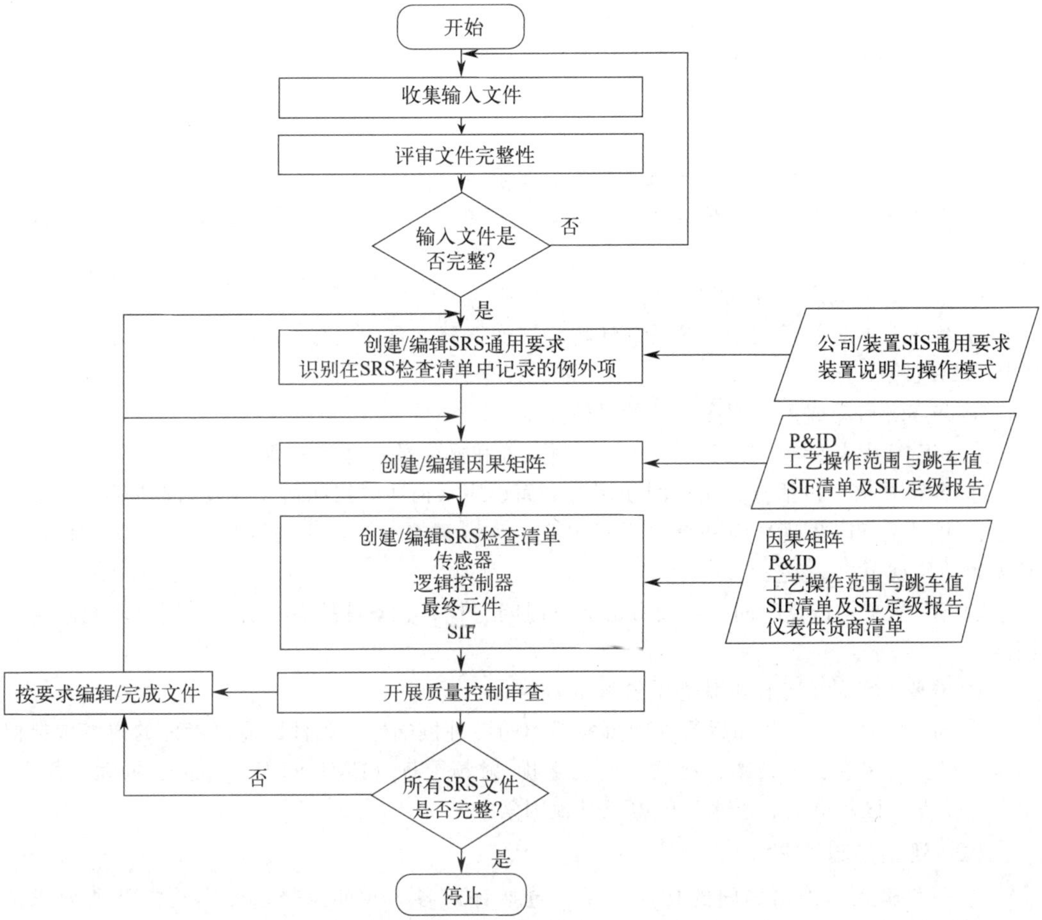

图 7-2　SRS 编制流程图

7.2.1　安全仪表功能安全要求

SIF 安全要求包括通用要求、逻辑控制要求和仪表工作表。

(1) 通用要求

① 实现所要求功能安全必需的所有 SIF 说明（如因果图、逻辑叙述）。

② 与各 SIF 有关的输入和输出设备清单，可依据设备位号进行识别（如现场位号一览表）。得电跳车或失电跳车动作，尤其是模拟对比数字（开关）输入。通用要求的例外情况会以特别说明的方式列出。此外，每种输入和输出设备的特定输入和输出模式会在逻辑控制器说明（如因果图）和检查表中给出。

③ 识别并考虑共因失效要求。

④ 给出各种识别出的 SIF 过程安全状态的定义。这样一来，便可以实现稳定状态，避免或充分减缓指定的危险事件。

⑤ 单一安全过程状态的确定。它们同时出现时，会产生不同的危害（例如，应急储存

过载时，会有多种泄放去往火炬系统）。

⑥ 与检验测试间隔有关的要求。

⑦ 与检验测试实施有关的要求。

⑧ 各 SIF 在过程安全时间内将工艺过程置于安全状态的响应时间要求。

⑨ SIS 过程测量、范围、准确度和跳车值说明。

⑩ SIF 过程输出动作及有效运行的标准说明（如阀门泄漏率）。

⑪ 各 SIF 的手动关停要求。

⑫ 与各 SIF 得电跳车或失电跳车有关的要求。

⑬ 停车之后各 SIF 的复位要求（例如，跳车之后最终元件的手动、半自动，或者自动复位要求）。

⑭ 各 SIF 的最高允许误跳车率。

⑮ 各 SIF 的失效模式及 SIS 的预计响应（如报警、自动关停）。最终元件动力中断时的动作（如故障安全）。

⑯ 与 SIS 启动或重启程序有关的具体要求。

⑰ SIS 与其他系统（包括基本过程控制系统和操作员）之间的所有接口。

⑱ 旁路要求，包括打旁路期间使用的书面程序（描述旁路如何管控及后期摘除）。

⑲ 检测到 SIS 出现故障并考虑所有相关人为因素情况下，实现或保持过程安全状态所必需的动作规范。

⑳ SIS 的平均恢复时间，需要考虑运行时间、位置、备件持有、服务合同、环境限制等因素。

㉑ 需要避免的 SIS 输出状态的各种危险组合。

㉒ SIS 在运送、安装和运行期间可能遇到的各种极端环境条件。需要考虑的内容包括但不限于温度、湿度、污染物、接地、电磁干扰/射频干扰（EMI/RFI）、冲击、振动、静电、电气（防爆）区域分类、洪水、闪电及其他因素。

（2）逻辑控制要求

① 过程输入与输出之间的功能关系，包括针对各 SIF 的逻辑、数学功能及所要求的许可。

② IEC 61511 标准 10.3.2 条款所列的应用程序安全要求。

应用程序的组态宜采用功能逻辑图或布尔逻辑表达式。应用程序的组态应使用制造厂的标准组态工具软件。应用程序的安全控制应包括应用程序设计、组态、编程、硬件软件集成、运行、维护、管理等。应用程序应进行离线测试后方可下载投入运行。应用程序宜采用光盘进行数据复制。磁介质文件的复制应防止病毒。应用程序应做本地备份和异地备份。应用程序应与功能逻辑图、因果图或逻辑叙述一致。

③ 装置整体（如装置开车）和单一装置操作程序（如设备维护、传感器校准或修理）正常与异常模式的识别。为了支持此类运行模式，有可能需要额外的 SIF。

（3）仪表工作表

① 装置运行模式说明及各种模式下的 SIF 要求。IEC 61508 中，定义了安全仪表系统三种操作模式：低要求模式、高要求模式和连续模式。IEC 61511 没有提及高要求模式。具体判断 SIF 属于哪种操作模式，除了将一年作为模式分割点外，另外一种 SIF 操作模式的确定可按以下对比关系进行判断：操作要求时间间隔（demand interval，DI）与 SIS 自动诊断时间间隔（auto diagnostic interval，ADI）和 SIS 检验测试时间间隔（proof test interval，PTI）的对应关系。SIF 操作模式与时间间隔的关系对比见表 7-1。

表 7-1　SIF 操作模式与时间间隔的关系对比

操作模式	操作要求时间间隔(DI)对比自动诊断时间间隔(ADI)	操作要求时间间隔(DI)对比检验测试时间间隔(PTI)
连续	DI≤ADI	DI≤PTI
高要求	DI>ADI	DI≤PTI
低要求	DI>ADI	DI>PTI

② 幸免于重大事故所必需的安全功能要求的定义（例如，发生火灾时，阀门保持运行状态所需要的时间）。

7.2.2　SRS 安全完整性要求

① 各 SIF 的假定要求来源和要求率。

② 各 SIF 所要求的安全完整性等级（SIL）和操作模式（要求模式或连续模式）。

7.2.3　SRS 参考文件

除 SIF 安全要求、安全完整性要求外，SRS 应包括参考文件。参考文件是 SRS 不可或缺的一部分，为化工（危险化学品）装置的安全设计提供了依据。

① SIF 清单，各种功能的描述、输入、输出、逻辑控制器及相关逻辑。

② 带控制点的工艺管道仪表流程图（P&ID）。

③ SIS 总体结构和概念设计。

④ SIS 逻辑控制器文件，包括供货商提供的安全手册。

⑤ SIF 功能逻辑说明：通常是指因果图或功能块逻辑图或逻辑控制说明。逻辑说明提供 SIS 执行的完整逻辑，包括 SIS 输入的操作范围及跳车值。

⑥ SIS 评估报告（含 LOPA、SIL 定级、SIL 验证），包括 SIF 的要求来源（向 SIF 提出要求的初始事件或原因）和要求率。

⑦ 装置说明和运行模式，包括维护、修理、测试和重启。若此类运行模式的正确执行需要额外设备，则可在 SIS 功能逻辑说明中列出。

7.3　安全仪表系统设计原则

安全仪表系统的工程设计必须遵循 GB/T 20438《电气/电子/可编程电子安全相关系统的功能安全》、GB/T 21109《过程工业领域安全仪表系统的功能安全》和 GB/T 50770—2013《石油化工安全仪表系统设计规范》等标准。GB/T 50770—2013 对 SIS 组成中检测仪表、最终元件、逻辑控制器、人机接口等部分的设计明确了主要原则。

7.3.1　检测仪表

检测仪表包括模拟量和开关量两种类型，应优先采用模拟量检测仪表，如压力、差压、差压流量、差压液位、温度变送器，不应采用开关量仪表。检测仪表应由安全仪表系统供电。通常要遵照以下设计规定：检测仪表宜采用 4～20mA＋HART 的智能变送器；爆炸危险场所优先使用隔爆型仪表。

现场安装的检测仪表的防护等级不应低于IP65；检测仪表及取源点宜独立设置；不应采用现场总线或其他通信方式作为SIS的输入信号。在是否独立设置和冗余设置上，则可按照以下原则开展相应设计：SIF为SIL1等级的检测仪表可与BPCS共用，可采用单一检测仪表；SIF为SIL2等级的检测仪表宜与BPCS分开，宜采用冗余检测仪表；SIF为SIL3等级的检测仪表应与BPCS分开，应采用冗余检测仪表。在冗余方式选择上，当系统要求高安全性时，应采用“或”逻辑结构；当系统要求高可用性时，应采用“与”逻辑结构；当系统要求兼顾高安全性和高可用性时，应采用三取二（2oo3）逻辑结构。

7.3.2 最终元件

最终元件包括控制阀（调节阀、切断阀）、电磁阀、电动机等执行设备。与检测仪表一样，其通常要遵照设计规定：最终元件宜采用气动控制阀，不宜采用电动控制阀；气动控制阀执行安全仪表功能时，SIS应优先动作，也就是说调节阀带的电磁阀应安装在定位器和执行机构之间，切断阀带的电磁阀应安装在执行机构上。电磁阀电源应由SIS提供。气动控制阀宜采用弹簧复位单汽缸执行机构，当采用双汽缸执行机构时，宜配空气储罐或专用仪表气源管线；爆炸危险场所优先使用隔爆型电磁阀、阀位开关；现场安装的电磁阀、阀位开关的防护等级不应低于IP65。在是否独立设置和冗余设置上，则可按照以下原则开展相应设计：SIF为SIL1等级的控制阀可与BPCS共用，但SIS应优先动作，可采用单一控制阀；SIF为SIL2等级的控制阀宜与BPCS分开，宜采用冗余控制阀；SIF为SIL3等级的控制阀应与BPCS分开，应采用冗余控制阀。在冗余方式选择上，控制阀冗余可采用一个调节阀和一个切断阀，也可采用两个切断阀；当系统要求高安全性时，冗余电磁阀宜采用“或”逻辑结构；当系统要求高可用性时，冗余电磁阀宜采用“与”逻辑结构。

控制阀的冗余设置并不表示冗余设置就对应安全完整性等级。不能冗余设置控制阀的场合，采用单一控制阀，但配套的电磁阀宜冗余配置。电磁阀应优先选用耐高温（H级）绝缘线圈，长期带电型，隔爆型。在化工工艺过程正常运行时，电磁阀应励磁（带电）；在化工工艺过程非正常运行时，电磁阀应非励磁（失电）。控制阀与电磁阀配置如图7-3所示。

图7-3中，SOV为电磁阀，电磁阀励磁，A-B通，控制阀开；电磁阀非励磁，B-C通，控制阀关。

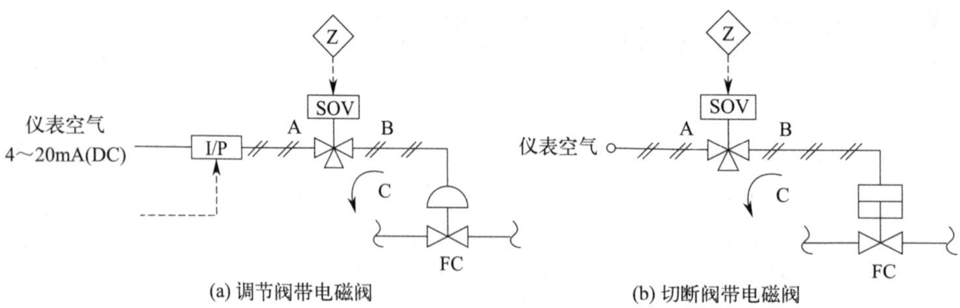

图7-3　控制阀与电磁阀配置示意

Z—电流；FC—气开阀

当要求高安全性时，可选用图7-4所示的配置方式。

图7-4中，当电磁阀1励磁，A-B通，电磁阀2励磁，A-B通，控制阀开；当电磁阀1励磁，A-B通，电磁阀2非励磁，B-C通，控制阀关；当电磁阀1非励磁，B-C通，电磁阀2

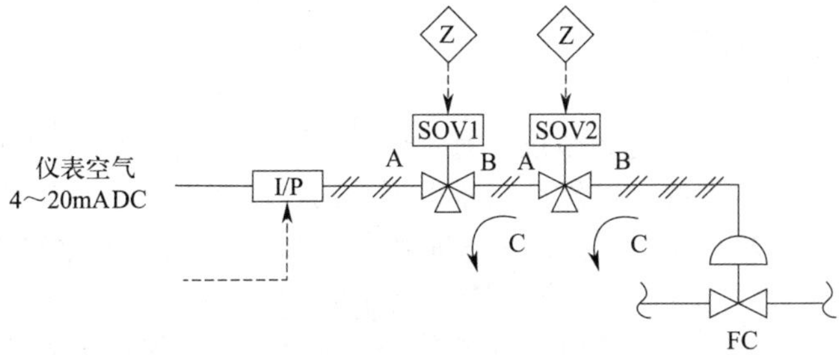

(a) 调节阀带冗余电磁阀

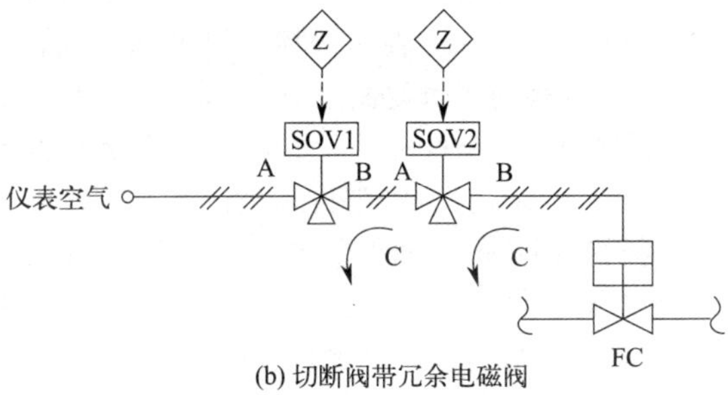

(b) 切断阀带冗余电磁阀

图 7-4 高安全性配置示意

励磁，A-B 通，控制阀关；当电磁阀 1 非励磁，B-C 通，电磁阀 2 非励磁，B-C 通，控制阀关。

当要求高可用性时，可选用图 7-5 所示配置方式。

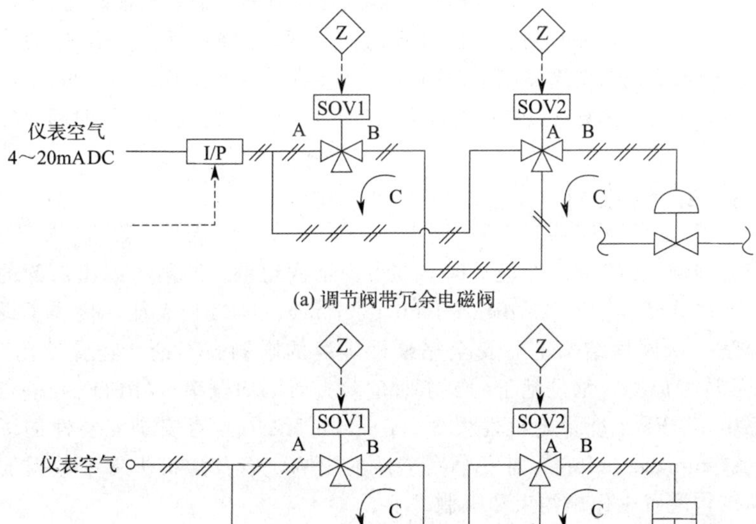

(a) 调节阀带冗余电磁阀

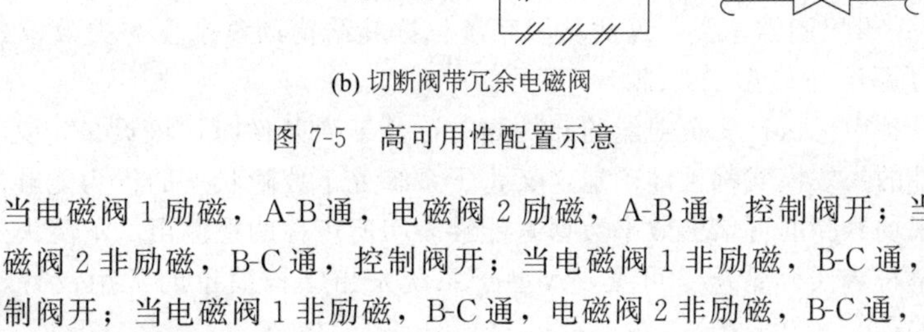

(b) 切断阀带冗余电磁阀

图 7-5 高可用性配置示意

图 7-5 中，当电磁阀 1 励磁，A-B 通，电磁阀 2 励磁，A-B 通，控制阀开；当电磁阀 1 励磁，A-B 通，电磁阀 2 非励磁，B-C 通，控制阀开；当电磁阀 1 非励磁，B-C 通，电磁阀 2 励磁，A-B 通，控制阀开；当电磁阀 1 非励磁，B-C 通，电磁阀 2 非励磁，B-C 通，控制阀关。

7.3.3 逻辑控制器

逻辑控制器宜采用可编程电子系统。对于输入/输出点数较少、逻辑功能简单的场合，逻辑控制器可采用继电器系统。逻辑控制器也可采用可编程电子系统和继电器系统混合构成。安全仪表系统的逻辑控制器应取得权威机构的功能安全认证。与检测仪表、最终元件一样，通常要遵照以下设计规定：当逻辑控制器为可编程电子系统时，逻辑控制器总响应时间宜为100～300ms（总响应时间指信号从进逻辑控制器到出逻辑控制器所需的全部时间）；逻辑控制器的中央处理单元负荷不应超过50%；逻辑控制器的内部通信负荷不应超过50%，若采用以太网通信，负荷不应超过20%。在是否独立设置和冗余设置上，则可按照以下原则开展相应设计：SIF为SIL1等级的逻辑控制器宜与BPCS分开，可采用冗余逻辑控制器；SIF为SIL2等级的逻辑控制器应与BPCS分开，宜采用冗余逻辑控制器；SIF为SIL3等级的逻辑控制器应与BPCS分开，应采用冗余逻辑控制器。

在具体配置设计时，逻辑控制器的软硬件版本应是正式发布的；逻辑控制器的中央处理单元、I/O单元、电源单元、通信单元等应是独立的单元，应允许在线更换单元而不影响逻辑控制器的正常运行；逻辑控制器应有软件及硬件诊断和测试功能，诊断和测试信息应在工程师站和/或操作员站显示、记录；逻辑控制器的系统故障宜在SIS的操作员站报警，也可在BPCS的操作员站报警。在接口配置上则需要关注I/O卡信号通道应带光电或电磁隔离，I/O卡不应采用现场总线数字信号；检测同一过程变量的多台检测仪表宜接到不同的输入卡件上；冗余的最终元件应接到不同的输出卡件上，每一个输出信号通道应只接一个最终元件。

逻辑控制器的总响应时间包括通信时间、输入处理时间、输入扫描时间、CPU扫描时间、应用程序执行时间、输出扫描时间、输出处理时间、通信时间。而对SIF来说，安全仪表系统的总响应时间则需要包括变送器响应时间（0.1～5s）、输入关联设备时间（0.1s）、逻辑控制器响应时间（0.1～1s）、输出关联设备时间（0.1～1s）、最终元件动作时间（0.2～30s）。

7.3.4 SIF结构设计

在功能安全领域，SIF回路在设计时，要考虑结构约束。结构约束用最低的“硬件故障裕度”或称“硬件故障容错”（hardware fault tolerance，HFT）表征，代表了设备或子系统在构成SIF回路时从硬件结构上对安全完整性等级的限制。不论“经验使用”还是“IEC 61508认证”的选型原则，都是基于“要求时危险失效平均概率”（PFD_{avg}）确定设备或子系统的“SIL能力”。PFD_{avg}衡量随机性失效（random failure）对安全完整性的影响。考虑到系统性失效（systematic failure）对安全完整性的影响，以及随机失效率数据的准确性等因素，有必要从结构配置上作出约束和限制。

在过程工业中，执行SIF的子系统通常可以划分为PE逻辑控制器，以及传感器、最终元件和非PE逻辑控制器两类。这两类子系统根据其结构的复杂度与失效模式是否可知，可以分为A型子系统与B型子系统。

当一个设备用于执行安全功能的部件同时符合下列条件时，该设备定义为A型子系统：所有组成部件的失效模式都被准确地定义；子系统处于故障状态的行为能够被完全确定；有充分的来自现场经验的可信失效率数据，能够表明所声称的检测出的危险失效率和未检测出的危险失效率符合实际情况。可见，A型子系统是指结构简单的常用设备，如阀门、继电器、检测开关等。

当一个设备用于执行安全功能的部件符合下列条件之一时，定义为B型子系统：至少有一个组成部件的失效模式不能被准确地定义；子系统处于故障状态的行为不能被完全确定；没有充分的来自现场经验的可信失效率数据，能够支持所声称的检测出的危险失效率和未检测出的危险失效率符合实际情况。可见，B型子系统是指结构复杂的或者采用微处理器技术的设备，如可编程逻辑控制器、智能变送器等。

A型子系统结构约束见表7-2。

表7-2 A型子系统结构约束

安全失效百分数/%	硬件故障裕度 HFT①		
	0	1	2
<60	SIL1	SIL2	SIL3
60～90	SIL2	SIL3	SIL4
90～99	SIL3	SIL4	SIL4
>99	SIL3	SIL4	SIL4

① HFT为N，意味着$N+1$故障将导致安全功能丧失。

B型子系统结构约束见表7-3。

表7-3 B型子系统结构约束

安全失效百分数/%	硬件故障裕度 HFT①		
	0	1	2
<60	不允许	SIL1	SIL2
60～90	SIL1	SIL2	SIL3
90～99	SIL2	SIL3	SIL4
>99	SIL3	SIL4	SIL4

① HFT为N，意味着$N+1$故障将导致安全功能丧失。

对HFT的定义，过程工业特别强调对危险故障的容错。IEC 61511将HFT定义为：当部件或子系统的硬件中存在一个或多个危险故障时，部件或子系统能够持续执行所要求SIF的能力。例如，HFT为1，表示有两个部件或子系统，它们组成这样的结构形式：当其中任一个出现危险性失效时，不会妨碍安全动作的实现。

IEC 61511要求：SIF的传感器、逻辑控制器和最终元件应有最小的硬件故障裕度。定义最小HFT是为了弥补SIF设计中由于一系列假设或在失效率选择时的不确定性造成的潜在缺陷。设置HFT的要求，代表了部件或子系统最小的冗余策略。

① PE逻辑控制器的最小HFT见表7-4。

表7-4 PE逻辑控制器的最小HFT

SIL	最小 HFT		
	SFF<60%	60%≤SFF≤90%	SFF>90%
1	1	0	0
2	2	1	0
3	3	2	1
4	参照IEC 61508的特别规定		

② 其他子系统的最小 HFT。除 PE 逻辑控制器以外的所有子系统（如传感器、最终元件和非 PE 逻辑控制器）的最小 HFT 见表 7-5。

表 7-5 传感器、最终元件和非 PE 逻辑控制器的最小 HFT

SIL	最小 HFT	SIL	最小 HFT
1	0	3	2
2	1	4	参照 IEC 61508 的特别规定

表 7-5 定义了传感器、最终元件和非 PE 逻辑控制器故障容错的基本水平，SFF 不作为限定条件。IEC 61511 强调，只有当这些子系统的主导失效模式是置于安全状态（故障安全），或者危险失效能够被检测出来时，才适用表 7-5。如果不能满足这些前提条件，HFT 应该加 1。

但是 IEC 61511 也规定，当满足下列所有条件时，表 7-5 中的 HFT 可以减 1。

a. 设备的硬件是按照经验使用的原则选型的。

b. 设备仅允许调整与过程有关的参数。例如，测量量程、失效时偏置到量程上限，或者失效时偏置到量程下限。

c. 与过程有关的参数的调整是受权限保护的。例如，通过跳线（jumper）或密码防护。

d. SIL 要求低于 SIL4。

在 SIS 的工程设计中，要确认 SIF 是否满足所要求的 SIL，一是通过故障模式和影响分析，计算出回路的 PFD_{avg} 值，二是遵循结构约束的规定。

（1）典型的 SIL1 结构

如图 7-6 所示，该安全功能采用单一的（1oo1 表决）传感器、三通电磁阀（SOV），以及单一的（1oo1 表决）切断阀，其中切断阀没有特别的密闭性要求。逻辑控制器可采用安全控制系统，也可在小型场合采用独立的继电器、常规 PLC 等安全、可靠的产品。

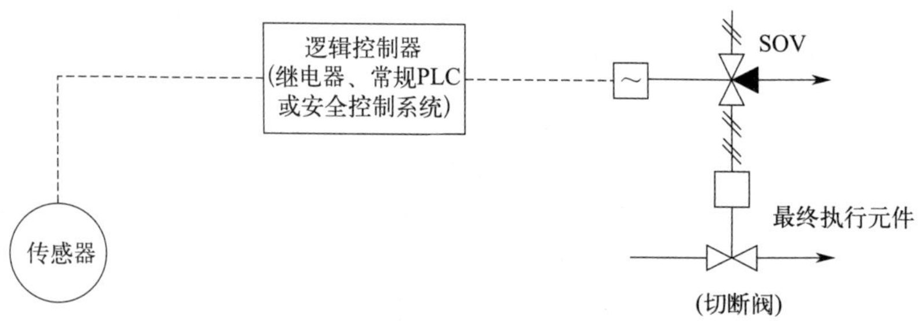

图 7-6 典型的 SIL1 结构

图 7-6 满足的结构约束要求见表 7-6。采用“故障安全”（fail safe）设计原则，即正常操作时为逻辑 1（检测开关闭合，电磁阀带电），联锁动作时为逻辑 0（电磁阀失电）；气源失气时，切断阀关闭（假设正常操作时阀门打开）。

表 7-6 图 7-6 满足的结构约束要求

子系统	结构	HFT	SIL 能力	备注
压力开关	1oo1	0	SIL1	表 7-5
安全控制系统[①]	1oo2D	1	SIL2	表 7-4，60%≤SFF≤90%
电磁阀	1oo1	0	SIL1	表 7-5
切断阀	1oo1	0	SIL1	表 7-4
结构约束决定的 SIL				SIL1

① SIL 能力满足 SIL2 等级的安全控制系统。

（2）典型的 SIL2 结构

如图 7-7 所示，该安全功能采用冗余的（1oo2 表决）变送器；逻辑控制器的输出一路控制切断阀，另一路切断 BPCS 的调节阀（两路组合结构统称最终元件）。逻辑控制器采用 1oo2D 安全控制系统。

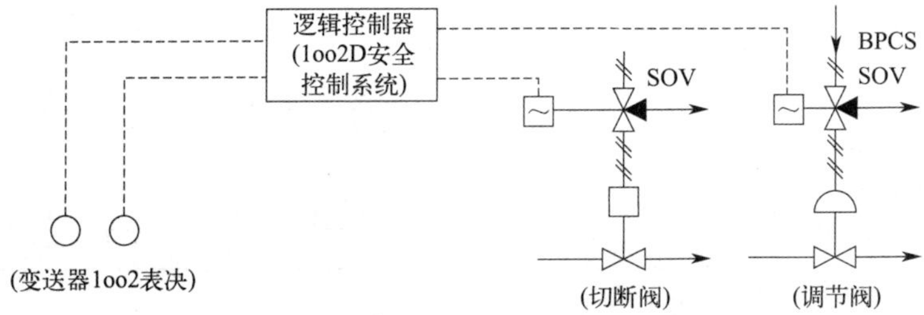

图 7-7　典型的 SIL2 结构

图 7-7 满足的结构约束要求见表 7-7。采用“故障安全”（fail safe）设计原则，即正常操作时为逻辑 1（假设检测压力高高限，变送器故障时偏置到量程上限；电磁阀带电），联锁动作时为逻辑 0（电磁阀失电）；气源失气时，切断阀关闭（假设正常操作时阀门打开）。

表 7-7　满足的结构约束要求

子系统	结构	HFT	SIL 能力	备注
压力开关	1oo1	1	SIL2	表 7-5
安全控制系统①	1oo2D	1	SIL3	表 7-4，60%≤SFF≤90%
电磁阀 1	1oo1	0	SIL1	表 7-5
切断阀	1oo1	0	SIL1	表 7-5
电磁阀 2	1oo1	0	SIL1	表 7-5
调节阀	1oo1	0	SIL1	表 7-5
最终元件	1oo2	1	SIL2	表 7-5
结构约束决定的 SIL				SIL2

① SIL 能力满足 SIL3 等级的安全控制系统。

（3）典型的 SIL3 结构

如图 7-8 所示，该安全功能采用冗余的（1oo2 表决）变送器（通过功能安全认证的智能变送器，SFF＞90%）；逻辑控制器的两路输出控制切断阀，另一路切断 BPCS 的调节阀（三路组合结构统称最终元件）。逻辑控制器采用 1oo2D 安全控制系统。

图 7-8 满足的结构约束要求见表 7-8。采用“故障安全”（fail safe）设计原则，即正常操作时为逻辑 1（假设检测压力高高限，智能变送器故障时偏置到量程上限；电磁阀带电），联锁动作时为逻辑 0（电磁阀失电）；气源失气时，切断阀关闭（假设正常操作时阀门打开）。

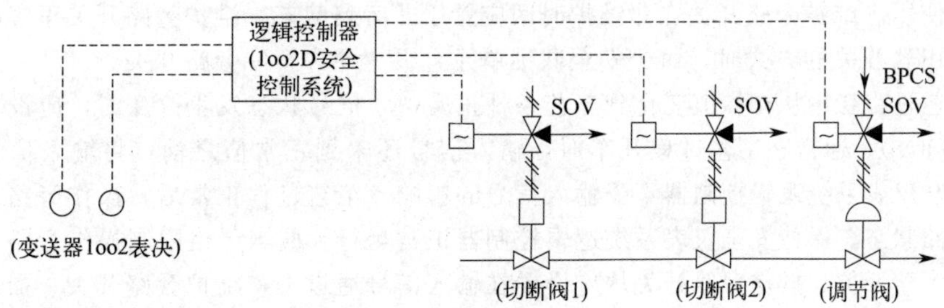

图 7-8　典型的 SIL3 结构

表 7-8　满足的结构约束要求

子系统	结构	HFT	SIL 能力	备注
变送器	1oo2	1	SIL3	表 7-3，B 型，SFF＞90％
安全控制系统①	1oo2D	1	SIL3	表 7-4，SFF＞90％
电磁阀 1	1oo1	0	SIL1	表 7-5
切断阀 1	1oo1	0	SIL1	表 7-5
电磁阀 2	1oo1	0	SIL1	表 7-5
切断阀 2	1oo1	0	SIL1	表 7-5
电磁阀 3	1oo1	0	SIL1	表 7-5
调节阀	1oo1	0	SIL1	表 7-5
最终元件	1oo3	2	SIL3	表 7-5
结构约束决定的 SIL				SIL3

① SIL 能力满足 SIL3 等级的安全控制系统。

7.3.5　人机接口

安全仪表系统的人机接口包括操作员站、工程师站、事件顺序记录站、辅助操作台等。安全仪表系统宜设操作员站。操作员站可采用安全仪表系统的操作员站，也可采用基本过程控制系统的操作员站。在操作员站失效时，安全仪表系统逻辑处理功能不应受影响。操作员站不应修改安全仪表系统的应用软件。操作员站设置的软旁路开关应加键锁或口令保护，应设置旁路状态报警并记录。操作员站应提供程序运行、联锁动作、输入/输出状态、诊断等显示、报警及记录。安全仪表系统应设工程师站。工程师站用于安全仪表系统组态编程、系统诊断、状态监测、编辑、修改及系统维护。工程师站应设不同级别的权限密码保护。工程师站应显示安全仪表系统动作和诊断状态。安全仪表系统应设事件顺序记录站。事件顺序记录站可单独设置，也可与安全仪表系统的工程师站共用。事件顺序记录站记录每个事件的时间、日期、标识、状态等。安全仪表系统应设辅助操作台。辅助操作台安装紧急停车按钮、开关、信号报警器及信号灯等。一般信号报警在操作员站显示，关键信号报警应在辅助操作台上以声光显示。紧急停车按钮、开关、信号报警器等与安全仪表系统连接应采用硬接线方式。

安全仪表系统的维护旁路开关（maintenance override switch，MOS）、操作旁路开关（operational override switch，OOS）、复位按钮可采用下列方式设置：在安全仪表系统的操作员站设置软开关按钮；在基本过程控制系统的操作员站设置软开关按钮；在辅助操作台设置硬开关按钮。安全仪表系统的紧急停车按钮应设置在辅助操作台上。安全仪表系统的维护旁路开关、操作旁路开关、复位按钮、紧急停车按钮的操作应按规定程序进行，并应有报警、记录、备份。维护旁路开关（MOS）用于现场仪表和线路维护时信号暂时从旁路输入，使安全仪表系统逻辑控制器的输入不受维护线路和现场仪表信号的影响，应严格限制维护旁路开关的使用。维护旁路开关在非维护时间应置于非旁路状态。维护旁路开关不应屏蔽报警功能。采用软开关的方式时，每个安全联锁单元宜设“允许”硬旁路开关。

当工艺过程变量从初始值变化到工艺条件正常值，信号状态发生改变时，应设置操作旁路开关（OOS）。通常在工艺过程开车时，输入信号还未到正常值之前，将输入信号暂时旁路，使安全仪表系统逻辑控制器不受输入信号的影响。工艺过程正常后，操作旁路开关必须置于非旁路状态，保持安全仪表系统逻辑控制器正常运行。应当严格限制操作旁路开关的使用。维护旁路开关、操作旁路开关均应设置在输入信号通道上，维护旁路开关、操作旁路开关的动作应有报警、记录和显示。紧急停车按钮应采用硬接线方式与安全仪表系统连接。紧急停车按钮不应设维护及操作旁路开关。旁路操作时应始终保持对工艺过程状态的检测和指示。旁路操作应有操作规程，应仅限于正常工艺过程操作范围之内，不能代替或用作安全保护层功能。MOS 被仪表技术人员使用，OOS 被工艺操作人员使用；MOS 是对变送器的旁路，OOS 是对安全仪表功能的旁路；MOS 用于变送器检修或更换，OOS 用于因工艺原因解除安全仪表功能。

7.4 加氢工艺安全仪表系统设计

加氢反应是石油化工、精细化工和医药化工生产过程中常见的化学单元反应，它是指有机化合物在一定温度、压力和催化剂的作用下与氢气的反应。工业上主要的加氢反应类型有不饱和键加氢、氢解、含氧化合物加氢、含氮化合物加氢、芳环化合物加氢、油品加氢等。加氢反应为强烈的放热反应，大部分是在高温、高压条件下进行的，具有反应温度高、压力大、放热量大、升温快等特点。

图 7-9 为间歇加氢反应釜工艺流程示意图。

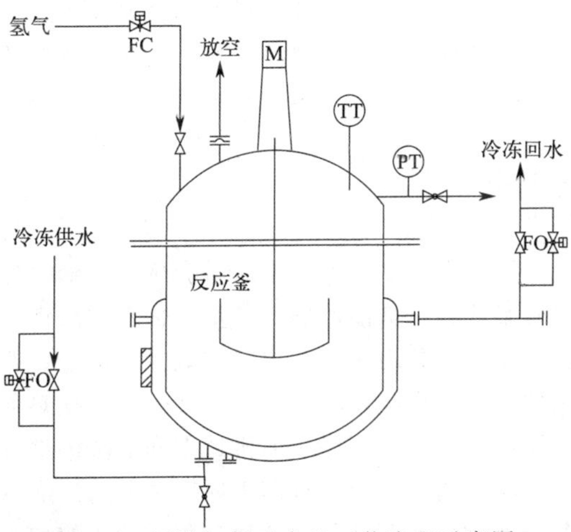

图 7-9 间歇加氢反应釜工艺流程示意图

原国家安全生产监督管理总局 2009 年公布的《国家安全监管总局关于公布首批重点监管的危险化工工艺目录的通知》（安监总管三〔2009〕116 号）文件（简称《通知》）要求："化工企业要按照《首批重点监管的危险化工工艺目录》、《首批重点监管的危险化工工艺安全控制要求、重点监控参数及推荐的控制方案》要求，对照本企业采用的危险化工工艺及其特点，确定重点监控的工艺参数，装备和完善自动控制系统，大型和高度危险化工装置要按照推荐的控制方案装备紧急停车系统。"《通知》中列明了 15 种危险工艺，包含"8. 加氢工艺"，同时明确了重点监管的危险化工工艺中加氢工艺的安全控制要求、重点监控参数及推荐的控制方案。

加氢是在有机化合物分子中加入氢原子的反应，涉及加氢反应的工艺过程为加氢工艺，主要包括不饱和键加氢、芳环化合物加氢、含氮化合物加氢、含氧化合物加氢、氢解等。加氢工艺反应类型属于放热反应，工艺中重点监控单元主要包括加氢反应釜、氢气压缩机等工序。《通知》中明确典型工艺包括：不饱和炔烃、烯烃的三键和双键加氢，如环戊二烯加氢生产环戊烯等；芳烃加氢，如苯加氢生成环己烷、苯酚加氢生产环己醇等；含氧化合物加氢，如一氧化碳加氢生产甲醇、丁醛加氢生产丁醇、辛烯醛加氢生产辛醇等；含氮化合物加氢，如己二腈加氢生产己二胺、硝基苯催化加氢生产苯胺等；油品加氢，如馏分油加氢裂化生产石脑油、柴油和尾油，渣油加氢改质，减压馏分油加氢改质，催化（异构）脱蜡生产低凝柴油、润滑油、基础油等。以上这些工艺都存在以下工艺危险：反应物料具有燃爆危险性，氢气的爆炸极限为4%～75%（体积分数），具有高燃爆危险特性；加氢为强烈的放热反应，氢气在高温、高压下与钢材接触，钢材内的碳分子易与氢气发生反应生成碳氢化合物，使钢制设备强度降低，发生氢脆；催化剂再生和活化过程中易引发爆炸；加氢反应尾气中有未完全反应的氢气和其他杂质，在排放时易引发着火或爆炸。

《通知》中明确加氢工艺重点监控工艺参数主要包括：加氢反应釜或催化剂床层温度、压力；加氢反应釜内搅拌速度；氢气流量；反应物质的配料比；系统氧含量；冷却水流量；氢气压缩机运行参数；加氢反应尾气组成等。

《通知》中对安全控制的基本要求进行了明确，主要包括：温度和压力的报警及联锁；反应物料的比例控制和联锁系统；紧急冷却系统；搅拌的稳定控制系统；氢气紧急切断系统；加装安全阀、爆破片等安全设施；循环氢压缩机停机报警和联锁；氢气检测报警装置等。

《通知》中对安全联锁与泄放等控制方式进行了细化：将加氢反应釜内温度、压力与釜内搅拌电流、氢气流量、加氢反应釜夹套冷却水进水阀形成联锁关系，设立紧急停车系统；加入急冷氮气或氢气的系统；当加氢反应釜内温度或压力超标或搅拌系统发生故障时自动停止加氢，泄压，并进入紧急状态；安全泄放系统。

7.4.1 油品加氢工艺

以某企业汽柴油加氢装置为例。该装置加工原料为焦化汽油、焦化柴油、常压柴油和催化柴油。其主要产品为优质柴油和石脑油，副产少量液化气和酸性气，整个装置主要由加氢反应部分、分馏部分及公用工程部分组成。其中，加氢反应部分主要包括原料油过滤器、加氢进料泵、反应进料加热炉、加氢进料反应器、反应部分高压换热器、高压空冷器、脱盐水罐、冷高压分离器、冷低压分离器、循环氢压缩机、中和清洗等部分；分馏部分主要包括稳定塔、稳定塔回流部分、产品分馏塔、产品分馏塔回流部分、产品分馏塔塔底重沸炉、精制柴油分馏塔换热器、精制柴油空冷器等部分；公用工程部分主要包括注缓蚀剂和硫化机、氮气、低压蒸汽、凝结水、燃料气分液罐、非净化风与净化风、循环回给水与生产水、地下污油罐、防空等部分。

加氢反应是在高温、高压条件下进行的，因此加氢处理单元需要特殊的反应器。其主要反应包括加氢脱硫反应（HDS)、加氢脱氮反应（HDN)、烯烃饱和反应、芳烃饱和反应等。在反应过程中，对结果产生影响的主要因素包括原料油性质、反应器床层温度、反应氢分压、催化剂、氢油比、空速等。

（1）加氢反应部分

汽柴油加氢装置工艺流程框图如图7-10所示。

焦化汽油、焦化柴油和直馏柴油按比例混合，过滤后进入原料油缓冲罐，经加氢进料泵升压，在流量控制下与氢气混合，再经反应馏出物/混合进料换热器换热进入反应加热炉。反应馏出物经反应馏出物/混合进料换热器、反应馏出物/低分油换热器依次与混合进料和低分油换热，然后经反应馏出物空冷器冷却后，进入高压分离器进行汽、油、水三相分离。

（2）分馏部分

分馏部分工艺流程框图如图7-11所示。

产品分馏塔底油经精制柴油泵升压后，依次经稳定塔底重沸器、换热器在产品分馏塔液

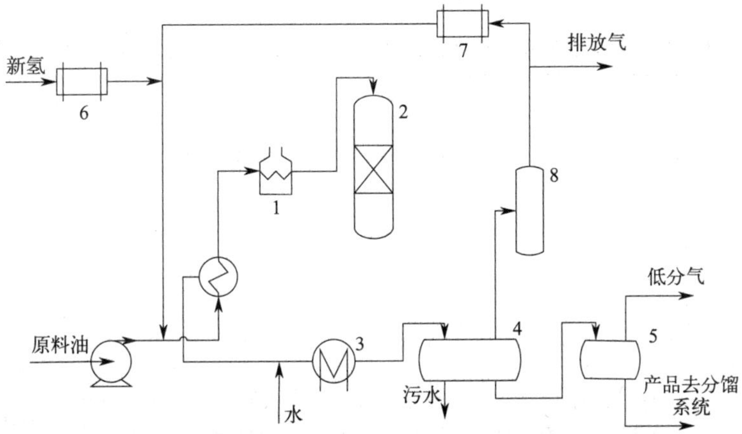

图 7-10 汽柴油加氢装置工艺流程框图

1—反应加热炉；2—反应器；3—空冷器；4—高压分离器；5—低压分离器；6—新氢压缩机；7—循环氢压缩机；8—分液罐

位控制下送出装置。分馏塔热源由分馏塔底重沸炉提供。塔底油经产品分馏塔底重沸炉泵升压、分馏塔底重沸炉加热后返回塔底部。

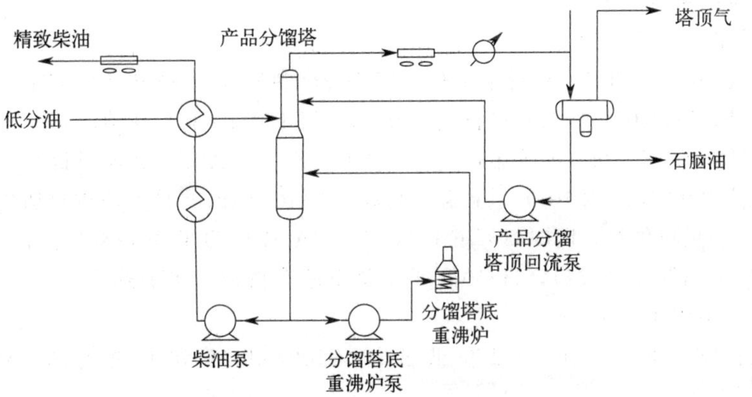

图 7-11 分馏部分工艺流程框图

产品在分馏塔顶粗油换热器换热后在产品分馏塔顶回流罐液位控制下进入稳定塔进行汽、油、水分离，闪蒸出的气体送至后续装置；油相经稳定塔顶回流泵升压后分成两路，一路从塔顶回流，另一路液态烃送至后续装置处理。

（3）装置风险分析

汽柴油加氢处理工艺需要苛刻的温度和压力，并且是在大量过剩氢气存在的条件下进行的。典型的操作条件：平均温度为 320～395℃，反应器入口压力为 6.5MPa。反应器中高的氢分压是通过下述方法实现的：维持高的反应器总压；将富氢循环气与油一起通过反应器；提纯一部分循环气，把补充氢气加入到循环气中，目的是填补脱硫、脱氮、饱和等反应所消耗的氢气，同时，补充氢气必须满足从高压回路排放氢气和从生成油中溶解带走氢气的需要。在急冷部分，把富氢循环气注入到反应器的两个床层之间，以限制加氢处理过程中放热反应引起的温升，使其不至于超高。当转化率高于设计值，或者加工的原料硫含量或金属含量明显地高于设计值时，应该密切注意它们对加氢处理的影响，提前改变操作条件。否则，哪怕是很短的时间，也会使氢耗大幅度上升，并且使催化剂迅速失活。易发生事故重点部位的重要工艺操作指标及引发事故的因素见表 7-9。

表 7-9 易发生事故重点部位的重要工艺操作指标及引发事故的因素

重点部位	P-101A/S	P-201A/S	V-102	C-101A/S
	高压进料泵	常压塔底泵	热高压分离器	压缩机
压力/MPa	约 10	约 1.6	约 6.5	约 7.8
流量/(m^3/h)	140	320	124	73000
液位/%	—	—	50±10	—
人为因素	工作不负责任、巡检不及时、应变能力差、技术素质低、误操作			
机械设备因素	□润滑油泵问题 □封油或封油泵问题	□常压塔底带水 □封油或封油泵问题	出口法兰温度急剧变化导致法兰泄漏	□润滑油泵问题 □封油或封油泵问题 □复水泵问题
外部环境因素	□停电 □停循环水	□停电 □停循环水		□停电 □停循环水 □停蒸汽 □停仪表风

(4)装置安全联锁设计

装置安全联锁主要包括：

① 原料缓冲罐（V-101）的液位低低（LT1002ABC）联锁停 P-101A/S；

② 反应进料加热炉（F-101）燃料气压力低低（PT1011ABC）联锁切断供气阀 XCV1402；

③ 反应进料加热炉（F-101）燃料气压力低低（PT1007ABC）联锁切断供气阀 XCV1403；

④ 加氢精制反应器（R-101）进料温度高高（TT1202ABC）停反应进料加热炉（F-101）；

⑤ F-101 鼓风机停机，同时打开 F-101UV1203A/B/C/D/E/F 快开风门；

⑥热高压分离器（V-102），HS1011 手动紧急停车按钮，停加热炉（F-101）反应进料、停 P-101A/S、关闭 XCV1405；

⑦热高压分离器（V-102）液位低低（LT1007ABC）切断进料阀 LV1203 的电磁阀 LSV1203。

(5) SIS 数据表

SIS 数据表见表 7-10。表 7-10 中需求点数为装置输入/输出点实际需求数量。通常单块 I/O 卡件能处理的 I/O 通道数为 16 点或 32 点，在具体配置上会考虑 20%以上的备用量，其实配点数比需求点数要大很多，同时提供相应的备用空间、连接电缆等。

(6)系统配置清单

根据 I/O 点数与安全要求规格书要求，一般采用国内研发制造的 TCS-900 进行 SIS 逻辑控制器的配置，部分清单见表 7-11。其网络拓扑如图 7-12 所示。

表 7-10 SIS 数据表

序号	信号类型	需求点数	实配点数	备注
1	AI(4～20mA)	81	96	双通道安全栅
2	DI(数字量输入)	45	64	继电器隔离
3	DO(数字量输出)	45	64	继电器隔离
4	通信	30	—	与 DCS 通信

表 7-11 SIS 逻辑控制器部分配置清单

序号	模块名称	模块描述	模块型号	数量
		1. 逻辑控制器		
1.1	主机架	标准安装尺寸，8U 高，可放置控制器、网络通信模块、8 对 I/O 模块，适用于构建 SIL3 安全回路	MCN9010	2
1.2	扩展/远程机架	标准安装尺寸，8U 高，最多可放置 10 对 I/O 模块，适用于构建 SIL3 安全回路	MCN9020	2
1.3	扩展通信模块	用于扩展 I/O 总线，适用于构建 SIL3 安全回路	SCM9010	9
1.4	网络通信模块	安装于主机架中，用于与 PC 通信、与第三方通信、站间通信等，适用于构建 SIL3 安全回路	SCM9040	1
1.5	控制器	三重化、支持冗余、安全组态软件下载，SIL3	SCU9010	2
1.6	空槽盖板	为空槽提供盖板	MCN9030	46
1.7	系统配电盒	为一个控制机架供电，具备监测保护功能	MCN9050	3
1.8	模拟量信号输入模块	32 点 AI，SIL3	SAI9010	8
1.9	数字量信号输入模块	32 点 DI，SIL3	SDI9010	4
1.10	数字量信号输出模块	32 点 DO，SIL3	SDO9010	4
1.11	AI 端子板	32 通道；0～20mA 电流信号；配电型；SIL3	TAI9010	8
1.12	DI 端子板	32 通道；24VDC；触点型；SIL3	TDI9010	4
1.13	DO 端子板	32 通道；24VDC，SIL3	TDO9010	4
1.14	DB37 线(5m 黑 M-M)	AI/DI/DO 5m	LE37111-05	24
		2. 机柜、操作台		
2.1	系统机柜	800mm×800mm×2100mm，RAL 7035，IP42	CN011-SIS-S	2
2.2	辅助机柜	800mm×800mm×2100mm，RAL 7035，IP42	CN011-SIS-A	2
2.3	系统混装机柜	800mm×800mm×2100mm，RAL 7035，IP42	CN011-SIS-M	2
2.4	操作台		OP072-NA	2
2.5	辅助操作台		OP072-NA	2
		3. 工程师站、操作员站		
3.1	工程师站		T5810	2
3.2	操作员站		T5810	4
3.3	DELL 显示器	支持最大分辨率 1920×1080	E2216H22"LED	6
		4. 网络部件		
4.1	网络交换机	14 口 Ethernet 10/100 M ports，导轨式	SUP-5117M	4
4.2	光接口模块	单口单模光接口模块	F-20S	4
4.3	光纤接续盒		SUP-A-12	2
4.4	光纤			2000
		5. 工程师站、操作员站软件		
5.1	Windows 操作系统	Windows 7 Professional 中文版光盘 32 位	Windows7 Professional 32bit	2
5.2	Windows 操作系统序列号	Windows 7 Professional 中文版授权序列号	Windows 7 Professional 32bit	2
5.3	SafeContrix 软件包(光盘)	SafeContrix 软件包(中文版，含安装盘 1 张)	SafeContrix	1
5.4	TCS-900 系统组态软件授权	TCS-900 系统组态软件授权(必配)	TCS-CFG	1
5.5	TCS-900 SOE 软件授权	TCS-900 SOE 软件授权(必配)	TCS-SOE	1
5.6	中控 HMI 监控软件(中文版)	VxSCADA	VxSCADA	2

注：1U=4.445cm。

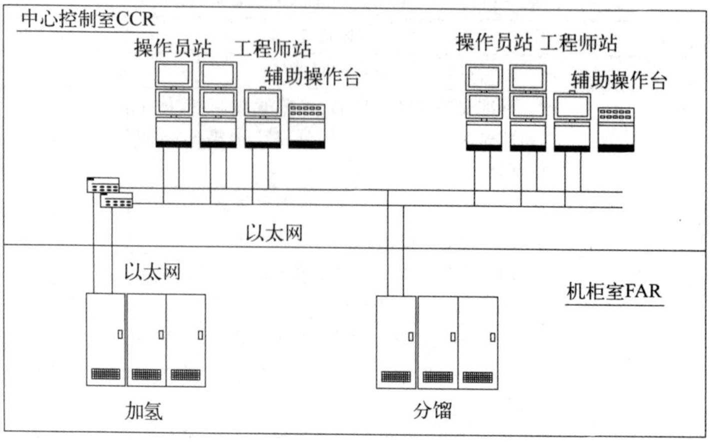

图 7-12　油品加氢装置 SIS 网络拓扑

7.4.2　化工加氢反应

间歇加氢反应在医药化工行业中是一种常见的工艺过程，如图 7-13 所示。由于其存在较大的火灾、爆炸、毒害等风险，引发过很多重大的安全事故。近年来国家及地方政府陆续出台了多项相关法律法规，对加氢工艺装置的设计和安全生产进行了约束。《关于进一步加强危险化学品建设项目安全设计管理的通知》和《国家安全监管总局关于加强精细化工反应安全风险评估工作的指导意见》等文件都有明确要求：凡涉及“两重点一重大”和首次工业化设计的建设项目，必须在初步（基础工程）设计阶段开展危险与可操作性分析（HAZOP 分析）；凡涉及重点监管的危险化工工艺和金属有机物合成反应（包括格式反应）的间歇和半间歇反应，达到有关条件时要开展反应安全风险评估。

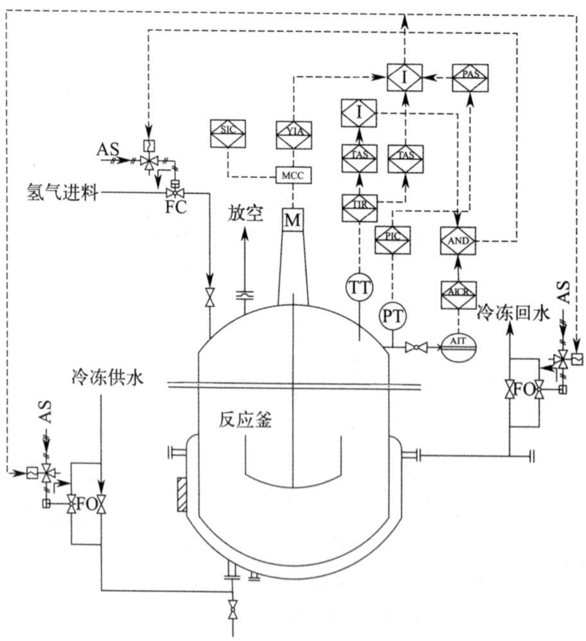

图 7-13　间歇加氢工艺流程简图

化/工/安/全/控/制/工/程

对工艺参数可能发生的各种偏差进行危险与可操作性分析，找出偏差发生的原因及可能导致的后果，提出相应的控制措施；通过反应安全风险评估，研究具体反应和原辅料在工艺过程中的风险，结合保护层分析（LOPA）法确定安全仪表系统的安全完整性等级（SIL）；根据各项建议措施和分析结果设计间歇加氢反应，对提高加氢工艺装置的安全可靠性、预防和减少事故的发生具有重要作用。

分析小组采用 HAZOP 分析方法对含加氢工艺危险化学品建设项目开展了工艺危害分析。企业提供的带控制点的工艺管道仪表流程图（P&ID）详见表 7-12。分析小组发挥小组成员的专业特长，系统识别了工艺系统可能出现的各种值得关注的事故情形，并以风险矩阵（表 7-13）作为依据，对上述事故情形进行了风险评估，共提出了 26 项建议措施，详见表 7-14。

分析小组在 HAZOP 分析结束后，针对事故情形列表进行了 LOPA，共识别并评估了 19 种事故情景，逐一分析了每个情景的现有保护措施，经分析共有 5 个联锁回路需要进入安全仪表系统（SIS），安全完整性等级均为 SIL1，详见表 7-15。

表 7-12　节点目录

节点编号	P&ID 编号	节点名称	节点描述	节点说明	备注
1	S2018F-001-01-01	氢化催化剂配制	配制釜	配制催化剂	部分工艺流程省略
2	S2018F-001-01-01	氢化反应	氢化釜 R01、原液 A 槽	原液 A 泵送反应釜，氮气置换 1 次，加入催化剂，继续氮气置换 3 次，然后通入氢气反应	
3	S2018F-002-01-01	氧化反应	氧化釜 R02、双氧水计量槽、原液 B 高位槽	原液 B 在双氧水作用下发生氧化反应	
4	S2018F-003-01-01	氢化反应	氢化釜 R03、混合釜、溶剂高位槽	来自混合釜的混合液进入氢化釜 R03，加入溶剂，氮气置换、氢气置换、升温反应	
5	S2810F-004-01-01	氧化反应	氧化釜 R04、原液 C 大槽	原液 C 在氧化釜 R04 空气下氧化	

表 7-13　工艺风险矩阵

后果	后果说明
S2 较重	工厂员工残疾伤害 厂外人员需要就医 泄漏至收集系统以外的地方（数量较少并不超出工厂界区） 设备损失＞10 万元，≤100 万元 设备或车间停产＞1 天，≤1 周 不影响销售
S4 重大	2～3 人以内死亡 厂外人员 1 人死亡 明显影响环境，但环境短期内可以恢复，并会造成公众健康影响和就医 会受到省级媒体关注 设备损失＞1000 万元，≤5000 万元 设备或车间停产＞1 个月，≤6 个月 影响市场份额
S5 灾难性	3 人以上死亡 厂外人员多人死亡 对周围社区造成长期的环境影响，会导致厂外居民大面积应急疏散或严重健康影响 会受到国家级媒体关注 设备损失＞5000 万元 设备或车间停产＞6 个月 可能失去市场

续表

后果	后果说明		
风险级别	风险等级代码	对应的行动要求	风险是否可接受
很低风险	E	不需要新增措施	可接受风险
较低风险	D	有条件时，采取安全措施	可接受风险
很高风险	C、B	采用安全措施降低风险(需要含工程措施)	不可接受风险
极高风险	A	立即停产或采取措施	不可接受风险

表 7-14　HAZOP 建议项汇总表

序号	类别	编号	整改措施	关联事务情形	整改落实人	计划完成时间	备注
1	安全	2-01	原液 A 槽高液位报警，增加与进料泵的联锁，液位高时联锁停泵	进料管线阀门故障，阀门故障全开，导致液位过高，釜内物料泄漏至现场，遇点火源可能发生火灾甚至爆炸，可能造成 1 名巡检人员伤亡			部分工艺流程省略。为表格完整，此处未删除“整改落实人”“计划完成时间”
2	安全	2-03	氢气进气管线控制阀应选用故障关闭模式	氢化釜 R01 氧含量在线监测仪表故障，氢化釜内实际氧含量高于显示值，氢气进入后形成爆炸性混合气体，遇点火源可能发生火灾甚至爆炸，可能造成 1 名操作人员伤亡			
3	安全	2-06	装置顶部屋顶应采用轻质屋顶，方便氢气消散，防止氢气积聚	氢气管线(法兰、垫片等处)泄漏，氢气泄漏至生产现场，与空气形成爆炸性混合气体，遇点火源可能发生火灾甚至爆炸，可能造成 1 名巡检人员伤亡			
4	安全	2-07	核算氢化釜 R01 安全阀、爆破片的泄放量、进料管径，确保满足泄压要求	氢化釜 R01 夹套蒸汽控制阀故障全开，釜内压力升高，可能会超压变形，釜内物料从氢化釜泄漏至现场，与空气形成爆炸性混合物，可能发生火灾甚至爆炸，可能造成 1 名巡检人员伤亡			
5	安全	2-08	氢化釜 R01 设置有一个温度测点，DCS 与 SIS 共用此测点。如果此测点出现故障，无法紧急切断，建议增设温度测点，与蒸汽进口管线阀门、冷却水进出口管线阀门、氢气进气管线阀门联锁				
……							
21	安全	3-02	氧化釜 R02 考虑增设在线氧含量报警仪，控制氧化釜气相空间中氧含量不超过 5%。如果气相空间残余氧含量超过 5%，需要联锁切断空气，并打开应急氮气	空气进入氧化釜管线流量计故障，空气进料量大，氧化釜上部气相管线中气体进入冷凝器量会增大，增加尾气排放量，尾气处理装置处于危险状态			
22	安全	3-03	氧化釜 R02 温度测点报警设置值需要设置低于氧化液闪点温度	氧化釜热水进口控制阀故障全开，持续加热氧化釜，温度可能升高至氧化液闪点，挥发量增大，可能在釜内上部气相空间与空气形成爆炸性混合物，遇点火源可能发生火灾甚至爆炸，可能造成 1 名巡检人员伤亡			
……							

续表

序号	类别	编号	整改措施	关联事务情形	整改落实人	计划完成时间	备注
25	安全	G-01	考虑采用密闭式投料系统，减少人员接触时间	操作人员投催化剂时，直接接触催化剂，导致过敏、皮肤瘙痒、红肿等			
26	安全	G-02	进料管道考虑贴壁管设计，减少物料冲击管壁产生的静电	有机溶液流速过快，可能摩擦管壁产生静电，混合物遇静电可能发生火灾甚至爆炸，可能造成1名巡检人员伤亡			

表 7-15 LOPA（SIL）汇总表

事故情形编号	图纸号	描述	SIS 回路	SIL	建议项	备注
2-07	S2018F-001-01-01	氢化釜R01夹套蒸汽进气管线控制阀故障全开，釜内压力升高，可能会超压变形，釜内物料从氢化釜泄漏至现场，与空气形成爆炸性混合物，可能发生火灾甚至爆炸，可能造成1名巡检人员伤亡	氢化釜R01温度与夹套蒸汽进口管线阀门、冷却水进出口管线阀门、氢气进气管线阀门联锁	SIL1	目前氢化釜设置有温度仪表1支，如果此温度仪表故障，无法紧急切断，需要增设温度仪表。与冷冻水进出口管线阀门、夹套双氧水进料管线阀门联锁。紧急情况下切断双氧水进料管线阀门，打开冷冻水进料管线阀门	涉及表7-14中类别为“安全”的26个事故情景，只保留需要进入SIS的5个回路，其他省略
5-03	S2018F-002-01-01	氧化釜热水进口控制阀故障全开，持续加热氧化釜，温度可能升至氧化液闪点，挥发量增大，可能在釜内上部气相空间与空气形成爆炸性混合物，可能造成巡检人员伤亡	氧化釜R02温度测点，与冷冻水进出口管线阀门、双氧水进料管线阀门联锁	SIL1	目前氧化釜设置有温度仪表1支，如果此温度仪表故障，无法紧急切断，需要增设温度仪表。与冷冻水进出口管线阀门、双氧水进料管线阀门联锁。紧急情况下切断双氧水进料管线阀门，打开冷冻水进料管线阀门	
……						
4-01	S2018F-003-01-01	氢化釜R03夹套蒸汽进气管线控制阀故障全开，釜内压力升高，可能会超压变形，釜内物料从氢化釜泄漏至现场，与空气形成爆炸性混合物，可能发生火灾甚至爆炸，可能造成1名巡检人员伤亡	氢化釜R03温度或压力与夹套蒸汽进气管线阀门、冷却水进出口管线阀门、氢气进气管线阀门联锁	SIL1	氢化釜R03目前设置有温度仪表与压力仪表，如温度过高或压力过高，联锁切断蒸汽进气管线阀门，关闭氢气进气管线阀门，并打开冷冻水进料管线阀门	
……						

在HAZOP分析过程中，除了通常的定性分析外，还引入了先进的保护层分析的概念，对各个安全保护层的有效性进行了半定量的分析（精确到数量级）。分析过程中，参考了事先确定的风险矩阵。鉴于我国目前尚无相关标准，因此该风险矩阵的设置参考了欧美同行普遍接受的标准，即将事故情形中导致一名操作人员死亡的概率定为10^{-3}，并以此为基准点，定出导致其他伤害或死亡后果所对应的风险标准（概率值）。如果企业在日后生产过程中遵照国家相关的法规、标准，并在现有生产装置的基础上落实HAZOP分析所提出的建议项，就可以把工厂的运营风险控制在广泛接受的风险水平，即导致一名操作人员死亡的概率不超

过 10^{-3}。

间歇加氢工艺较为复杂，尽管对其进行了半定量性质的 HAZOP 研究，但对其安全风险形成机理和核心安全参数研究不系统、不透彻，极易造成配套的安全技术和工程措施缺乏针对性和有效性，并由此引发灾难性的生产安全事故。因此，应针对间歇加氢工艺过程中涉及的原料、中间体物料、产品等化学品进行热稳定测试，对化学反应过程开展热力学和动力学分析。根据反应热、绝热温升等参数评估反应的危险等级，根据最大反应速率到达时间等参数评估反应失控的可能性，结合相关反应温度参数进行多因素危险度评估，确定反应工艺危险度等级。根据反应工艺危险度等级，明确安全操作条件，从工艺设计、仪表控制、报警与紧急干预（安全仪表系统）、物料释放后的收集与保护、厂区和周边区域的应急响应等方面，提出有关安全风险的防控建议。

反应工艺危险度评估是精细化工反应安全风险评估的重要评估内容。反应工艺危险度指的是工艺反应本身的危险程度，危险度越大的反应，反应失控后造成事故的严重程度就越高。将温度作为评价基准是反应工艺危险度评估的重要原则。一般考虑 4 个重要的温度参数，分别是工艺操作温度（T_p）、技术最高温度（MTT）、失控体系最大反应速率到达时间为 24h 对应的温度（T_{D24}）以及失控后体系可能达到的最高温度（MTSR），评估准则见表 7-16。

表 7-16 反应工艺危险度等级评估准则

等级	温度	后果
1	T_p<MTSR<MTT<T_{D24}	反应危险性较低
2	T_p<MTSR<T_{D24}<MTT	存在潜在的分解风险
3	T_p≤MTT<MTSR<T_{D24}	存在冲料和分解风险
4	T_p≤MTT<T_{D24}<MTSR	冲料和分解风险较高，存在潜在的爆炸风险
5	T_p<T_{D24}<MTSR<MTT	爆炸风险较高

试验测试获取包括工艺操作温度、失控后体系可能达到的最高温度、失控体系最大反应速率到达时间为 24h 对应的温度、技术最高温度等数据。在反应冷却失效后，4 个温度参数值大小排序不同，根据分级原则，对失控反应进行反应工艺危险度评估，形成不同的危险度等级；根据危险度等级，有针对性地采取控制措施。应急冷却、减压等安全措施均可以作为系统安全、有效的保护措施。对于危险度较高的反应工艺，需要对工艺进行优化，或者采取有效的控制措施，降低危险度等级。常规控制措施不能奏效时，需要重新进行工艺研究或工艺优化，改变工艺路线或优化反应条件，减少反应失控后物料的累积程度，保障工艺过程安全。

习 题

1. 安全仪表系统（SIS）在石油化工企业中的重要性是什么？
2. 安全仪表系统全生命周期管理框图包括哪些关键阶段？
3. SRS 在 SIS 设计中的作用是什么？
4. 简述 SRS 编制的主要流程。
5. 解释“共因失效”的含义。
6. 简述 SRS 中逻辑控制要求的主要内容。
7. SRS 中安全完整性要求包括哪些主要内容？
8. SIF 安全要求中通用要求包含哪些主要内容？
9. 逻辑控制要求中，应用软件组态应满足哪些要求？

10. SIF 操作模式与时间间隔的关系是如何定义的？

11. 安全仪表功能设计原则中，最终元件（如控制阀、电磁阀）的设计原则有哪些？

12. 简述安全仪表系统设计过程中，现场仪表选型的重要性。

13. SRS 中安全完整性要求的重要性体现在哪些方面？

14. 某化工企业在加氢工艺装置中增设了安全仪表系统，请结合相关内容，分析在 SRS 编制过程中应特别注意哪些事项，并给出简要说明。

15. 请结合 SRS 编制流程图（图 7-2），设计一个关于加氢工艺装置 SRS 编制的简要步骤说明。

参考答案

参考文献

[1] 赵劲松．化工过程安全［M］．北京：化学工业出版社，2015.

[2] 电气/电子/可编程电子安全相关系统的功能安全［S］．GB/T 20438.2—2017.

[3] 方舟，郇智博．化工安全屏障研究进展综述［J］．中国特种设备安全，2022，38（02）：4-8.

[4] 靳江红，夏侨丽，莫昌瑜．核安全级 DCS 功能安全与信息安全权衡技术［J］．核动力工程，2021，42（1）：100-106.

[5] 郭栋，尹作重，任建勋．工业控制系统安全性防护方法研究［J］．制造业自动化，2020，42（5）：115-117.

[6] 张远领，陆生安，徐宾胜．化工装置自动控制系统的 SIS 与 BPCS 关系［J］．化工安全与环境，2022，35（21）：10-13.

[7] 靳江红，莫昌瑜，李刚．工业控制系统功能安全与信息安全一体化防护措施研究［J］．工业安全与环保，2020，46（1）：53-60.

[8] 王晓鹏．工业控制系统功能安全与信息安全融合初探［J］．新型工业化，2021，11（10）：126-129.

[9] 俞文光，陈建玲，孙勤江．流程工业安全智能工厂：从概念走向现实［J］．仪器仪表标准化与计量，2018，（2）：23-25.

[10] 孟邹清．新工业形态下功能安全技术发展及安全一体化概述［J］．仪器仪表标准化与计量，2020，（1）：12-16.

[11] Center for Chemical Process Safety. 化工过程安全自动化应用指南［M］．2 版．李玉明，姜巍巍，李荣强，译．北京：中国石化出版社，2020.

[12] 吴重光．危险与可操作性分析（HAZOP）应用指南［M］．北京：中国石化出版社，2012.

[13] 粟镇宇．HAZOP 分析方法及实践［M］．北京：化学工业出版社，2018.

[14] T/CCSAS 001—2018 危险与可操作性分析质量控制与审查导则［S］．2018.

[15] 中华人民共和国国家质量监督检验检疫总局，中国国家标准化管理委员会．GB/T 35320—2017 危险与可操作性分析（HAZOP 分析）应用指南［S］．北京：中国标准出版社，2017.

[16] 四川省市场监管总局．DB51/T 2767—2021 安全生产风险分级管控体系通则［S］．2021.

[17] 四川省市场监管总局．DB51/T 2768—2021 生产安全事故隐患排查治理体系通则［S］．2021.

[18] 中华人民共和国国家质量监督检验检疫总局，中国国家标准化管理委员会．GB 18218—2018 危险化学品重大危险源辨识［S］．北京：中国标准出版社，2018.

[19] 俞文光，孟邹清，方来华．化工安全仪表系统［M］．北京：化学工业出版社，2021.

[20] （美）Harry L C，EngCFSE P. 安全仪表系统工程设计与应用［M］．2 版．张建国，李玉明，译．北京：中国石化出版社，2017.

[21] 皮宇．SIL 验证与安全仪表系统的优化设计［J］．炼油技术与工程，2022，（02）：60-64.

[22] 朱东利．SIL 定级与验证［M］．北京：中国石化出版社，2020.

[23] 张建国．浅议 SIS 的安全完整性管理［J］．石油化工自动化，2021，57（2）：1-7.

[24] 王璐，刘晓亮，熊文泽．基于检验测试覆盖率的冗余结构系统 PFD 计算探讨［J］．劳动保护，2021，（10）：98-101.

[25] 朱东利．在役装置 SIL 验证常见问题［J］．石油化工自动化，2022，58（01）：62-67.

[26] 李文超．海洋石油安全仪表系统安全完整性水平评估方法研究［D］．北京：中国石油大学（华东），2021.

[27] 张哲，王璐，徐长峰，等．基于检验测试策略的 PFD 模型建立与分析［J］．中国安全生产科学技术，2021，17（2）：128-134.

[28] 张冬梅，刘伟．基于风险矩阵的轨道交通车辆安全完整性等级分析［J］．城市轨道交通研究，2020，23（08）：62-65.

[29] 关鹏婷．在役化工过程安全仪表系统屏障分析及 SIL 评估［D］．北京：中国石油大学，2023.

[30] 国家安全生产监督管理总局．AQ/T 3054—2015 保护层分析（LOPA）方法应用导则［S］．北京：煤炭工业出版社，2015.

[31] 中华人民共和国国家质量监督检验检疫总局，中国国家标准化委员会．GB/T 32857—2016 保护层分析（LOPA）应用指南［S］．北京：中国标准出版社，2017.

[32] 王洪德．安全系统工程［M］．北京：国防工业出版社，2013.

[33] 周浩东，姚锡文，许开立．基于故障树-贝叶斯-蝴蝶结分析的复合事故风险模型研究［J］．工业安全与环保，

2020，46（08）：6-10，47.

[34] 丁辉，靳江红，汪彤．控制系统的安全功能评估［M］．北京：化学工业出版社，2015.

[35] 中华人民共和国国家质量监督检验检疫总局，中国国家标准化委员会．GB 36894—2018 危险化学品生产装置和储存设施风险基准［S］．北京：中国标准出版社，2018.

[36] 夏侯觊．企业危险化学品安全管理常见问题及对策探讨［J］．当代化工研究，2021（1）：27-28.

[37] 张静．危险化工工艺生产过程的安全管理［J］．天津化工，2023，37（05）：125-127.

[38] 胡忆沩，陈庆，杨梅．危险化学品安全实用技术手册［M］．北京：化学工业出版社，2018.

[39] 李传坤．炼化过程工艺报警管理研究［J］．安全、健康和环境，2021，21（1）：74-78.

[40] 刘强．化工过程安全管理实施指南［M］．北京：中国石化出版社，2014.

[41] 唐东东，陆俊澄，王琰．探讨化工工艺设计中安全管理危险的识别及控制［J］．中国石油和化工标准与质量，2022，42（11）：13-15.

[42] 刘盛兵，徐旭，贾长青．应急管理系统在高含硫气田开发过程中的应用［J］．石油与天然气化工，2019，48（03）：116-120.

[43] 杨冬冬，陈国明，师吉浩．海洋平台爆炸事故后果动态评估方法［J］．中国安全科学学报，2020，30（11）：121-126.

[44] 付荣申．ESD的事件顺序记录在大型合成氨尿素项目中的应用［J］．石油化工自动化，2020，51（01）：80-82.

[45] 李朝兵，赖金平，王西伦．燃烧器间距和偏转角度对对冲锅炉燃烧特性影响数值模拟［J］．节能技术，2024，42（04）：321-326.

[46] 周亮，梁兆惠．TRICON SIS系统在加热炉燃烧器管理系统上的应用［J］．工业仪表与自动化装置，2018，（04）：96-101.

[47] 刘宇，张海峰，路通．火气系统功能有效性的绩效评估方法［J］．自动化仪表，2017，4（38）：22-27.

[48] 国家能源局．SY/T 7351—2016 油气田工程安全仪表系统设计规范［S］．2017.

[49] 国家市场监督管理总局，国家标准化管理委员会．GB/T 21109.1—2022 过程工业领域安全仪表系统的功能安全 第1部分：框架、定义、系统、硬件和应用编程要求［S］．北京：中国标准出版社，2023.

[50] 中华人民共和国住房和城乡建设部．GB/T 50770—2013 石油化工安全仪表系统设计规范［S］．北京：中国计划出版社，2013.

[51] 中华人民共和国工业和信息化部．HG/T 20511—2014 信号报警及联锁系统设计规范［S］．北京：化学工业出版社，2014.

[52] 张建国．安全仪表系统在过程工业中的应用［M］．北京：中国电力出版社，2010.

[53] 阳宪惠，郭海涛．安全仪表系统的功能安全［M］．北京：清华大学出版社，2007.

[54] 程春生，胥维昌，魏振云，等．精细化工反应风险与控制［M］．北京：化学工业出版社，2020.

[55] 靳江红．安全仪表系统安全功能失效评估方法研究［D］．北京：中国矿业大学（北京），2010.

[56] 中华人民共和国住房和城乡建设部．GB 50016—2014 建筑设计防火规范［S］．北京：中国计划出版社，2014.

[57] 中华人民共和国住房和城乡建设部．GB 50058—2014 爆炸危险环境电力装置设计规范［S］．北京：中国计划出版社，2014.

[58] 中华人民共和国工业和信息化部．HG/T 20507—2014 自动化仪表选型设计规范［S］．北京：化学工业出版社，2014.

[59] 中华人民共和国住房和城乡建设部．GB 50160—2008 石油化工企业设计防火标准（2018年版）［S］．北京：中国计划出版社，2008.